Algebra 2

Applications • Equations • Graphs

English-Spanish Chapter Reviews and Tests

This booklet contains chapter review and test material from the Algebra 2 student book translated into Spanish and placed side by side with the corresponding English material. The material is organized by chapter. Included are the chapter summary, chapter review, and chapter test pages from the student book.

A HOUGHTON MIFFLIN COMPANY
Evanston, Illinois • Boston • Dallas

ISBN 0-618-19569-6

Printed in the United States of America.

2 3 4 5 6 7 8 9-DAM-05 04 03 02 01

Contents

CHAPTER 1

Chapter Summary

WHAT did you learn?	*WHY did you learn it?*
Graph and order real numbers. **(1.1)**	Analyze record low temperatures. **(p. 8)**
Identify properties of and perform operations with real numbers. **(1.1)**	Learn how to exchange money. **(p. 6)**
Evaluate and simplify algebraic expressions. **(1.2)**	Find the population of Hawaii. **(p. 16)**
Solve equations. • linear equations **(1.3)**	Find the temperature in degrees Celsius at which dry ice changes from a solid to a gas. **(p. 23)**
• absolute value equations **(1.7)**	Solve problems that involve tolerance. **(p. 52)**
Rewrite equations and common formulas with more than one variable. **(1.4)**	Find how much you should charge for tickets to a benefit concert. **(p. 27)**
Use a problem solving plan and strategies to solve real-life problems. **(1.5)**	Find the average speed of the Bullet Train. **(p. 33)**
Solve and graph inequalities in one variable. • linear inequalities **(1.6)**	Decide how to spend your money at an amusement park. **(p. 46)**
• absolute value inequalities **(1.7)**	Describe recommended weight ranges for balls used in various sports. **(p. 55)**
Write and use algebraic models to solve real-life problems. **(1.2–1.7)**	Use femur length to find a range of possible heights for a person. **(p. 55)**

How does Chapter 1 fit into the BIGGER PICTURE of algebra?

Chapter 1 provides a review of skills and strategies you learned in Algebra 1 and a foundation for continuing your study of algebra and its applications. The primary use of algebra is to model and solve real-life problems. You will use algebra in this way throughout the course, in future courses, and perhaps in a future career.

STUDY STRATEGY

How did you make and use a vocabulary file?

Here is an example of one flashcard for your vocabulary file, following the **Study Strategy** on page 2.

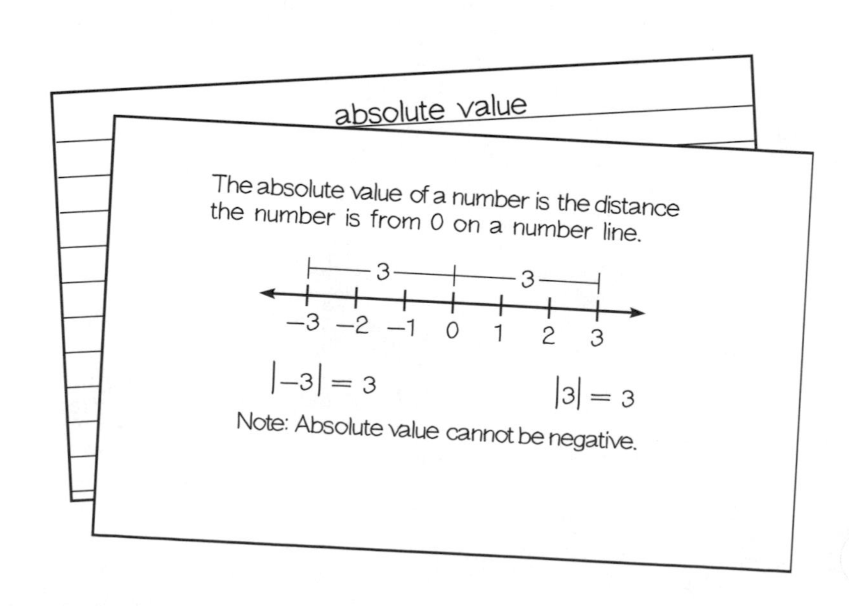

CAPÍTULO 1

Resumen del capítulo

¿QUÉ aprendiste?	*¿PARA QUÉ lo aprendiste?*
Ordenar y hacer gráficas de números reales. **(1.1)**	Analizar las marcas de temperaturas bajas. **(pág. 8)**
Identificar propiedades de, y hacer operaciones con, números reales. **(1.1)**	Aprender a canjear diferentes monedas. **(pág. 6)**
Evaluar y simplificar expresiones algebraicas. **(1.2)**	Hallar la población de Hawaii. **(pág. 18)**
Resolver ecuaciones.	
• ecuaciones lineales **(1.3)**	Hallar la temperatura en grados centígrados a la cual el hielo seco cambia de sólido a gas. **(pág. 23)**
• ecuaciones de valor absoluto **(1.7)**	Resolver problemas referentes a la tolerancia. **(pág. 52)**
Volver a escribir ecuaciones y fórmulas comunes con más de una variable. **(1.4)**	Hallar cuánto se debe cobrar por los boletos para un concierto benéfico. **(pág. 27)**
Usar planes y estrategias para resolver problemas de la vida real. **(1.5)**	Hallar la velocidad promedio de un tren de alta velocidad. **(pág. 33)**
Resolver y hacer gráficas de desigualdades con una variable.	
• desigualdades lineales **(1.6)**	Determinar cómo gastar tu dinero en un parque de diversiones. **(pág. 46)**
• desigualdades absolutas **(1.7)**	Describir los rangos de pesos recomendados para pelotas usadas en deportes diversos. **(pág. 55)**
Escribir y usar modelos algebraicos para resolver problemas de la vida real. **(1.2–1.7)**	Usar el largo del fémur para hallar un rango de estaturas posibles para una persona. **(pág. 55)**

¿Qué parte del álgebra estudiaste en este capítulo?

El Capítulo 1 provee un repaso de las destrezas y estrategias que aprendiste en Álgebra 1 y una base para continuar tu estudio del álgebra y sus aplicaciones. El uso fundamental del álgebra es representar y resolver problemas de la vida real. Usarás el álgebra de esta forma a lo largo de este curso, en cursos futuros y quizás en una carrera futura.

ESTRATEGIA DE ESTUDIO

¿Cómo hiciste y usaste un archivo de vocabulario?

He aquí un ejemplo de una tarjeta para tu archivo de vocabulario, según la **Estrategia de estudio** de la página 2.

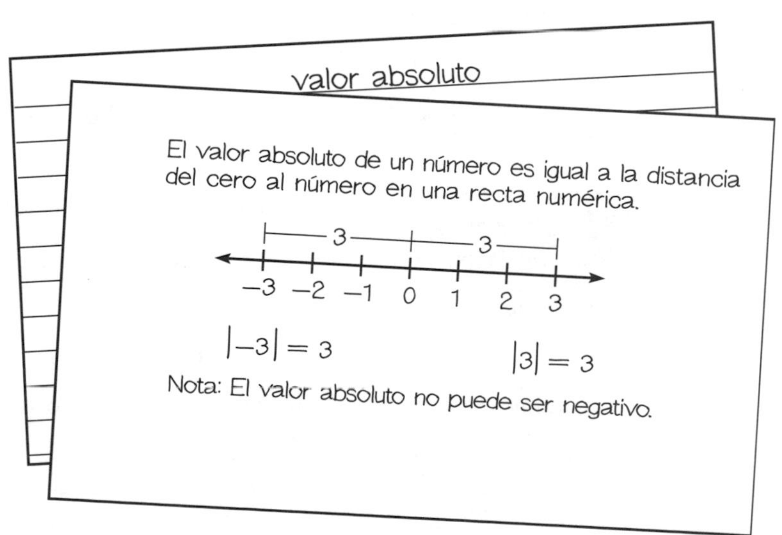

CHAPTER 1

Chapter Review

VOCABULARY

- whole numbers, p. 3
- integers, p. 3
- rational numbers, p. 3
- irrational numbers, p. 3
- origin, p. 3
- graph of a real number, p. 3
- coordinate, p. 3
- opposite, p. 5
- reciprocal, p. 5
- numerical expression, p. 11
- base, p. 11
- exponent, p. 11
- power, p. 11
- order of operations, p. 11
- variable, p. 12
- value of a variable, p. 12
- algebraic expression, p. 12
- value of an expression, p. 12
- mathematical model, p. 12
- terms of an expression, p. 13
- coefficient, p. 13
- like terms, p. 13
- constant terms, p. 13
- equivalent expressions, p. 13
- identity, p. 13
- equation, p. 19
- linear equation, p. 19
- solution of an equation, p. 19
- equivalent equations, p. 19
- verbal model, p. 33
- algebraic model, p. 33
- linear inequality in one variable, p. 41
- solution of a linear inequality in one variable, p. 41
- graph of a linear inequality in one variable, p. 41
- compound inequality, p. 43
- absolute value, p. 50

1.1 REAL NUMBERS AND NUMBER OPERATIONS

Examples on pp. 3–6

EXAMPLE You can use a number line to graph and order real numbers.

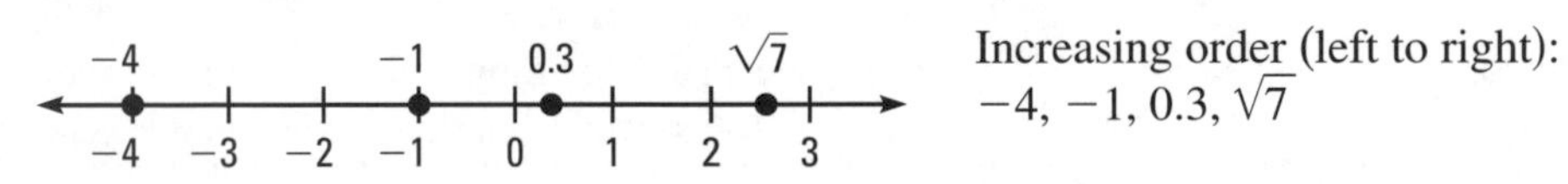

Increasing order (left to right):
$-4, -1, 0.3, \sqrt{7}$

Properties of real numbers include the closure, commutative, associative, identity, inverse, and distributive properties.

Graph the numbers on a number line. Then write the numbers in increasing order.

1. $-2, 0.2, -\pi, -\sqrt{6}, \frac{6}{5}$

2. $\frac{3}{4}, \sqrt{3}, -1.75, -3, -\frac{4}{3}$

Identify the property shown.

3. $4(5 + 1) = 4 \cdot 5 + 4 \cdot 1$

4. $8 + (-8) = 0$

1.2 ALGEBRAIC EXPRESSIONS AND MODELS

Examples on pp. 11–13

EXAMPLES You can use order of operations to evaluate expressions.

Numerical expression: $8(3 + 4^2) - 12 \div 2 = 8(3 + 16) - 6 = 8(19) - 6 = 152 - 6 = 146$

Algebraic expression: $3x^2 - 1$ when $x = -5$

$3(-5)^2 - 1 = 3(25) - 1 = 75 - 1 = 74$

Sometimes you can use the distributive property to simplify an expression.

Combine like terms: $2x^2 - 4x + 10x - 1 = 2x^2 + (-4 + 10)x - 1 = 2x^2 + 6x - 1$

CAPÍTULO 1

Repaso del capítulo

VOCABULARIO

- números enteros positivos, pág. 3
- enteros, pág. 3
- números racionales, pág. 3
- números irracionales, pág. 3
- origen, pág. 3
- gráfica de un número real, pág. 3
- coordenada, pág. 3
- opuesto, pág. 5
- recíproco, pág. 5
- expresión númerica, pág. 11
- base, pág. 11
- exponente, pág. 11
- potencia, pág. 11
- orden de operaciones, pág. 11
- variable, pág. 12
- valor de una variable, pág. 12
- expresión algebraica, pág. 12
- valor de una expresión, pág. 12
- modelo matemático, pág. 12
- términos de una expresión, pág. 13
- coeficiente, pág. 13
- términos semejantes, pág. 13
- términos constantes, pág. 13
- expresiones equivalentes, pág. 13
- identidad, pág. 13
- ecuación, pág. 19
- ecuación lineal, pág. 19
- solución de una ecuación, pág. 19
- ecuaciones equivalentes, pág. 19
- modelo verbal, pág. 33
- modelo algebraico, pág. 33
- desigualdad lineal con una variable, pág. 41
- solución de una desigualdad lineal con una variable, pág. 41
- gráfica de una desigualdad lineal con una variable, pág. 41
- desigualdad compuesta, pág. 43
- valor absoluto, pág. 50

1.1 NÚMEROS REALES Y OPERACIONES NUMÉRICAS

Ejemplos en págs. 3–6

EJEMPLO Puedes usar una recta numérica para ordenar y hacer gráficas de números reales.

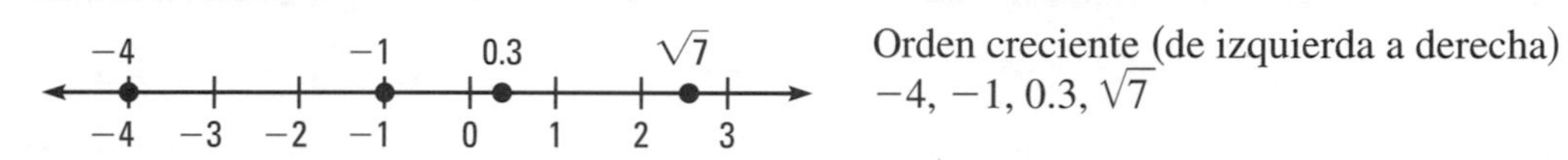

Orden creciente (de izquierda a derecha)
$-4, -1, 0.3, \sqrt{7}$

Los números reales tienen las propiedades de clausura, conmutativa, asociativa, de identidad, del inverso y distributiva.

Representa los números en una recta numérica. Después escribe los números en orden creciente.

1. $-2, 0.2, -\pi, -\sqrt{6}, \frac{6}{5}$

2. $\frac{3}{4}, \sqrt{3}, -1.75, -3, -\frac{4}{3}$

Identifica la propiedad que se muestra.

3. $4(5 + 1) = 4 \cdot 5 + 4 \cdot 1$

4. $8 + (-8) = 0$

1.2 EXPRESIONES Y MODELOS ALGEBRAICOS

Ejemplos en págs. 11–13

EJEMPLOS Puedes usar el orden de operaciones para evaluar expresiones.

Expresión numérica: $8(3 + 4^2) - 12 \div 2 = 8(3 + 16) - 6 = 8(19) - 6 = 152 - 6 = 146$

Expresión algebraica: $3x^2 - 1$ cuando $x = -5$

$3(-5)^2 - 1 = 3(25) - 1 = 75 - 1 = 74$

A veces puedes usar la propiedad distributiva para simplificar una expresión.

Combina términos semejantes: $2x^2 - 4x + 10x - 1 = 2x^2 + (-4 + 10)x - 1 = 2x^2 + 6x - 1$

Evaluate the expression.

5. $-3 - 6 \div 2 - 12$

6. $-5 \div 1 + 2(7 - 10)^2$

7. $7x - 3x - 8x^3$ when $x = -1$

8. $3ab^2 + 5a^2b - 1$ when $a = 2$ and $b = -2$

Simplify the expression.

9. $7y - 2x + 5x - 3y + 2x$

10. $4(3 - x) + 5(x - 6)$

11. $6x^2 - 3x + 5x^2 + 2x$

12. $2(x^2 + x) - 3(x^2 - 4x)$

1.3 SOLVING LINEAR EQUATIONS

Examples on pp. 19–21

EXAMPLE You can use properties of real numbers and transformations that produce equivalent equations to solve linear equations.

Solve: $-2(x - 4) = 12$

$-2x + 8 = 12$

$-2x = 4$

$x = -2$

Then check: $-2(\mathbf{-2} - 4) \stackrel{?}{=} 12$

$-2(-6) \stackrel{?}{=} 12$

$12 = 12$ ✓

Solve the equation. Check your solution.

13. $-5x + 3 = 18$

14. $\frac{2}{3}n - 5 = 1$

15. $\frac{1}{2}y = -\frac{3}{4}y - 40$

16. $2 - 3a = 4 + a$

17. $8(z - 6) = -16$

18. $-4x - 4 = 3(2 - x)$

1.4 REWRITING EQUATIONS AND FORMULAS

Examples on pp. 26–28

EXAMPLES You can solve an equation that has more than one variable, such as a formula, for one of its variables.

Solve the equation for y.

$2x - 3y = 6$

$-3y = -2x + 6$

$y = \frac{2}{3}x - 2$

Solve the formula for the area of a trapezoid for h.

$A = \frac{1}{2}(b_1 + b_2)h$

$2A = (b_1 + b_2)h$

$\frac{2A}{b_1 + b_2} = h$

Solve the equation for *y*.

19. $5x - y = 10$

20. $x + 4y = -8$

21. $0.1x + 0.5y = 3.5$

22. $2x = 3y + 9$

23. $5x - 6y + 12 = 0$

24. $x - 2xy = 1$

Solve the formula for the indicated variable.

25. Perimeter of a Rectangle

Solve for ℓ: $P = 2\ell + 2w$

26. Celsius to Fahrenheit

Solve for C: $F = \frac{9}{5}C + 32$

Evalúa la expresión.

5. $-3 - 6 \div 2 - 12$

6. $-5 \div 1 + 2(7 - 10)^2$

7. $7x - 3x - 8x^3$ cuando $x = -1$

8. $3ab^2 + 5a^2b - 1$ cuando $a = 2$ y $b = -2$

Simplifica la expresión.

9. $7y - 2x + 5x - 3y + 2x$

10. $4(3 - x) + 5(x - 6)$

11. $6x^2 - 3x + 5x^2 + 2x$

12. $2(x^2 + x) - 3(x^2 - 4x)$

1.3 CÓMO RESOLVER ECUACIONES LINEALES

Ejemplos en págs. 19–21

EJEMPLO Puedes usar las propiedades de los números reales y transformaciones que producen ecuaciones equivalentes para resolver ecuaciones lineales.

Resuelve: $-2(x - 4) = 12$

$-2x + 8 = 12$

$-2x = 4$

$x = -2$

Después, comprueba: $-2(\mathbf{-2} - 4) \stackrel{?}{=} 12$

$-2(-6) \stackrel{?}{=} 12$

$12 = 12$ ✓

Resuelve la ecuación. Comprueba tu solución.

13. $-5x + 3 = 18$

14. $\frac{2}{3}n - 5 = 1$

15. $\frac{1}{2}y = -\frac{3}{4}y - 40$

16. $2 - 3a = 4 + a$

17. $8(z - 6) = -16$

18. $-4x - 4 = 3(2 - x)$

1.4 CÓMO VOLVER A ESCRIBIR ECUACIONES Y FÓRMULAS

Ejemplos en págs. 26–28

EJEMPLOS Puedes resolver una ecuación con más de una variable, por ejemplo, una fórmula, para una de sus variables.

Resuelve la ecuación para y.

$2x - 3y = 6$

$-3y = -2x + 6$

$y = \frac{2}{3}x - 2$

Resuelve para h en la fórmula del área de un trapecio.

$A = \frac{1}{2}(b_1 + b_2)h$

$2A = (b_1 + b_2)h$

$\frac{2A}{b_1 + b_2} = h$

Resuelve la ecuación para *y*.

19. $5x - y = 10$

20. $x + 4y = -8$

21. $0.1x + 0.5y = 3.5$

22. $2x = 3y + 9$

23. $5x - 6y + 12 = 0$

24. $x - 2xy = 1$

Resuelve para la variable indicada en la fórmula.

25. Perímetro de un rectángulo

Resuelve para ℓ: $P = 2\ell + 2w$

26. Conversión de centígrado a Fahrenheit

Resuelve para C: $F = \frac{9}{5}C + 32$

1.5 PROBLEM SOLVING USING ALGEBRAIC MODELS

Examples on pp. 33–36

EXAMPLE You can use a problem solving plan in which you write a verbal model, assign labels, write and solve an algebraic model, and then answer the question.

How far can you drive at 55 miles per hour for 4 hours?

VERBAL MODEL Distance = Rate · Time

LABELS Distance = d (miles), Rate = **55** (miles per hour), Time = **4** (hours)

ALGEBRAIC MODEL $d = 55 \cdot 4 = 220$

▶ You can drive 220 miles.

27. How long will it take to drive 325 miles at 55 miles per hour?

28. While on vacation, you take a taxi from the airport to your hotel for $21.85. The taxi costs $2.95 plus $1.35 per mile. How far is it from the airport to the hotel?

1.6 SOLVING LINEAR INEQUALITIES

Examples on pp. 41–44

EXAMPLES You can use transformations to solve inequalities. Reverse the inequality when you multiply or divide both sides by a negative number.

$4x + 1 < 7x - 5$

$-3x < -6$

$x > 2$

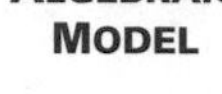

$0 \le 6 - 2n \le 10$

$-6 \le -2n \le 4$

$3 \ge n \ge -2$

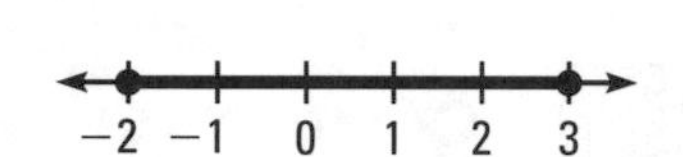

Solve the inequality. Then graph your solution.

29. $2x - 10 > 6$ **30.** $12 - 5x \ge -13$ **31.** $-3x + 4 \ge 2x + 19$

32. $0 < x - 7 \le 5$ **33.** $-3 \le 2y + 1 \le 5$ **34.** $3a + 1 < -2$ or $3a + 1 > 7$

1.7 SOLVING ABSOLUTE VALUE EQUATIONS AND INEQUALITIES

Examples on pp. 50–52

EXAMPLES To solve an absolute value equation, rewrite it as two linear equations. To solve an absolute value inequality, rewrite it as a compound inequality.

$|x + 3| = 5$

$x + 3 = 5$ or $x + 3 = -5$

$x = 2$ or $x = -8$

$|x - 7| \ge 2$

$x - 7 \ge 2$ or $x - 7 \le -2$

$x \ge 9$ or $x \le 5$

Solve the equation or inequality.

35. $|x + 1| = 4$ **36.** $|2x - 1| = 15$ **37.** $|10 - 6x| = 26$

38. $|x + 8| > 0$ **39.** $|2x - 5| < 9$ **40.** $|3x + 4| \ge 2$

1.5 CÓMO RESOLVER PROBLEMAS USANDO MODELOS ALGEBRAICOS

Ejemplos en págs. 33–36

EJEMPLO Puedes usar un plan para resolver problemas en el cual primero escribes un modelo verbal, asignas valores, escribes y resuelves un modelo algebraico, y después respondes la pregunta.

¿Qué distancia recorrerías en 4 horas si conduces a 55 millas por hora?

MODELO VERBAL **Distancia** = **Velocidad** · **Tiempo**

VALORES Distancia = ***d*** (millas), Velocidad = **55** (millas por hora), Tiempo = **4** (horas)

MODELO ALGEBRAICO $\boldsymbol{d} = \mathbf{55} \cdot \mathbf{4} = 220$

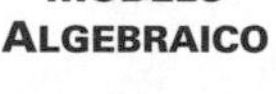

▶ Recorrerías 220 millas.

27. ¿Cuánto tiempo tomará conducir 325 millas a 55 millas por hora?

28. Durante tus vacaciones, tomas un taxi desde el aeropuerto a tu hotel por \$21.85. El taxi cuesta \$2.95 más \$1.35 por milla. ¿Cuál es la distancia entre el aeropuerto y el hotel?

1.6 CÓMO RESOLVER DESIGUALDADES LINEALES

Ejemplos en págs. 41–44

EJEMPLOS Puedes transformar desigualdades para resolverlas. Inviertes la desigualdad cuando multiplicas o divides ambos miembros por un número negativo.

$4x + 1 < 7x - 5$

$-3x < -6$

$x > 2$

1 2 3 4

$0 \le 6 - 2n \le 10$

$-6 \le -2n \le 4$

$3 \ge n \ge -2$

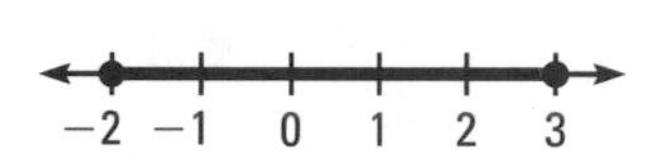

Resuelve la desigualdad. Después haz una gráfica de tu solución.

29. $2x - 10 > 6$ **30.** $12 - 5x \ge -13$ **31.** $-3x + 4 \ge 2x + 19$

32. $0 < x - 7 \le 5$ **33.** $-3 \le 2y + 1 \le 5$ **34.** $3a + 1 < -2$ o $3a + 1 > 7$

1.7 CÓMO RESOLVER ECUACIONES Y DESIGUALDADES ABSOLUTAS

Ejemplos en págs. 50–52

EJEMPLOS Para resolver una ecuación absoluta, escríbela como dos ecuaciones lineales. Para resolver una desigualdad absoluta, escríbela como una desigualdad compuesta.

$|x + 3| = 5$

$x + 3 = 5$ o $x + 3 = -5$

$x = 2$ o $x = -8$

$|x - 7| \ge 2$

$x - 7 \ge 2$ o $x - 7 \le -2$

$x \ge 9$ o $x \le 5$

Resuelve la ecuación o la desigualdad.

35. $|x + 1| = 4$ **36.** $|2x - 1| = 15$ **37.** $|10 - 6x| = 26$

38. $|x + 8| > 0$ **39.** $|2x - 5| < 9$ **40.** $|3x + 4| \ge 2$

CHAPTER 1

Chapter Test

Graph the numbers on a number line. Then write the numbers in increasing order.

1. $-0.98, -0.9, -1, -1.95$
2. $\frac{2}{3}, -\frac{3}{2}, -\frac{2}{3}, 0, \frac{3}{2}$
3. $\sqrt{4}, 4, 2\frac{3}{4}, \sqrt{10}, \frac{7}{2}$

Identify the property shown.

4. $7(11 + 9) = 7 \cdot 11 + 7 \cdot 9$
5. $8xy = 8yx$
6. $50 + 0 = 50$

Select and perform an operation to answer the question.

7. What is the product of -5 and -3?
8. What is the difference of 29 and -20?

Evaluate the expression.

9. $18 - 7 \cdot 15 \div 3$
10. $36 - 5^2 \cdot 2 + 7$
11. $12 - 3(1 - 17) \div 4$
12. $-4x^2 + 6xy$ when $x = -2$ and $y = 5$
13. $\frac{3}{5}x - \frac{7}{2}y$ when $x = 3$ and $y = 4$

Simplify the expression.

14. $-2x + 4y - 10 + x$
15. $4y + 6x - 3(x - 2y)$
16. $5(x^2 - 9x) - 2(3x + 4) + 7$

Solve the equation.

17. $7x + 12 = -16$
18. $1.2x = 2.3x - 2.2$
19. $4x + 21 = 7(x + 9)$
20. $|x - 4| = 15$
21. $|5x + 11| = 9$
22. $|13 + 2x| = 5$

Solve the equation for *y*.

23. $5x + y = 7$
24. $6x - 3y = 1$
25. $2xy + x = 12$

Solve the inequality. Then graph your solution.

26. $4x - 5 \leq 15$
27. $3 < 2x + 11 < 17$
28. $8x < 1$ or $x - 9 > -5$
29. $|3x - 1| > 7$
30. $|x + 3| \geq 4$
31. $|1 - 2x| \leq 3$

32. **GEOMETRY CONNECTION** The formula for the volume of a cylinder is $V = \pi r^2 h$. Solve the formula for h. How tall is a cylindrical can with radius 3 centimeters and volume 200 cubic centimeters?

33. **PHONE CALLS** A company charges \$.09 per minute for any long distance call, along with a \$5 monthly fee. Your monthly bill shows that you owe \$27.23. For how many minutes of long distance calls were you charged?

34. **SAVING MONEY** You plan to save \$15 per week from your allowance to buy a snowboard for \$400. How many *months* will it take?

35. **HOT WATER LAKE** Boiling Lake is a small lake on the island of Dominica. The water temperature of the lake is between 180°F and 197°F. Write a compound inequality for this temperature range. Graph the inequality.

36. **BASKETBALL BOUNCE** If manufactured correctly, a basketball should bounce from 48 inches to 56 inches when dropped from a height of 6 feet. Determine the tolerance for the bounce height of a basketball and write an absolute value inequality for acceptable bounce heights.

CAPÍTULO 1 Prueba del capítulo

Representa los números en una recta numérica. Después, escribe los números en orden creciente.

1. $-0.98, -0.9, -1, -1.95$ **2.** $\frac{2}{3}, -\frac{3}{2}, -\frac{2}{3}, 0, \frac{3}{2}$ **3.** $\sqrt{4}, 4, 2\frac{3}{4}, \sqrt{10}, \frac{7}{2}$

Identifica la propiedad que se muestra.

4. $7(11 + 9) = 7 \cdot 11 + 7 \cdot 9$ **5.** $8xy = 8yx$ **6.** $50 + 0 = 50$

Selecciona una operación y resuelve para responder la pregunta.

7. ¿Cuál es el producto de -5 y -3? **8.** ¿Cuál es la diferencia entre 29 y -20?

Evalúa la expresión.

9. $18 - 7 \cdot 15 \div 3$ **10.** $36 - 5^2 \cdot 2 + 7$ **11.** $12 - 3(1 - 17) \div 4$

12. $-4x^2 + 6xy$ cuando $x = -2$ y $y = 5$ **13.** $\frac{3}{5}x - \frac{7}{2}y$ cuando $x = 3$ y $y = 4$

Simplifica la expresión.

14. $-2x + 4y - 10 + x$ **15.** $4y + 6x - 3(x - 2y)$ **16.** $5(x^2 - 9x) - 2(3x + 4) + 7$

Resuelve la ecuación.

17. $7x + 12 = -16$ **18.** $1.2x = 2.3x - 2.2$ **19.** $4x + 21 = 7(x + 9)$

20. $|x - 4| = 15$ **21.** $|5x + 11| = 9$ **22.** $|13 + 2x| = 5$

Resuelve la ecuación para *y*.

23. $5x + y = 7$ **24.** $6x - 3y = 1$ **25.** $2xy + x = 12$

Resuelve la desigualdad. Después, haz una gráfica de tu solución.

26. $4x - 5 \leq 15$ **27.** $3 < 2x + 11 < 17$ **28.** $8x < 1$ o $x - 9 > -5$

29. $|3x - 1| > 7$ **30.** $|x + 3| \geq 4$ **31.** $|1 - 2x| \leq 3$

32. **CONEXIÓN CON LA GEOMETRÍA** La fórmula para el volumen de un cilindro es $V = \pi r^2 h$. Resuelve la fórmula para *h*. ¿Cuál es la altura de una lata cilíndrica con un radio de 3 centímetros y un volumen de 200 centímetros cúbicos?

33. **LLAMADAS TELEFÓNICAS** Una empresa cobra $0.09 por minuto por cualquier llamada de larga distancia, más un cargo mensual de $5. Tu cuenta para el mes indica que debes $27.23. ¿Cuántos minutos en llamadas de larga distancia te cobraron?

34. **AHORRAR DINERO** Estás planeando ahorrar $15 de tu mesada cada semana para comprar una tabla de esquiar por $400. ¿Cuántos *meses* te llevará ahorrar esa cantidad?

35. **LAGO DE AGUA CALIENTE** El Boiling Lake es un lago pequeño en la isla de Dominica. La temperatura del agua en el lago es entre 180°F y 197°F. Escribe una desigualdad compuesta para este rango de temperaturas. Haz una gráfica de la desigualdad.

36. **REBOTAR UNA PELOTA DE BALONCESTO** Si está fabricada correctamente, una pelota de baloncesto debe rebotar de 48 pulgadas a 56 pulgadas cuando se deja caer de una altura de 6 pies. Determina la tolerancia para la altura del rebote de una pelota de baloncesto y escribe una desigualdad absoluta para las alturas del rebote aceptables.

CHAPTER 2

Chapter Summary

WHAT did you learn?	*WHY did you learn it?*
Represent relations and functions. **(2.1)**	Determine if the diameters of trees are a function of their ages. **(p. 68)**
Graph and evaluate linear functions. **(2.1)**	Model the distance a hot-air balloon travels. **(p. 70)**
Find and use the slope of a line. **(2.2)**	Find the average rate of change in temperature. **(p. 81)**
Write linear equations. **(2.4)**	Predict the number of African-American women who will hold elected public office in 2010. **(p. 93)**
Write direct variation equations. **(2.4)**	Model calories burned while dancing. **(p. 97)**
Use a scatter plot to identify the correlation shown by a set of data. **(2.5)**	Identify the relationship between when and for how long Old Faithful will erupt. **(p. 104)**
Approximate the best-fitting line for a set of data. **(2.5)**	Predict how many people will enroll in City Year in 2010. **(p. 105)**
Graph linear equations, inequalities, and functions.	
• linear equations **(2.3)**	Identify relationships between sales of student and adult basketball tickets. **(p. 88)**
• linear inequalities in two variables **(2.6)**	Model blood pressures in your arm and ankle. **(p. 112)**
• piecewise functions **(2.7)**	Determine the cost of ordering T-shirts. **(p. 119)**
• absolute value functions **(2.8)**	Model the sound level of an orchestra. **(p. 127)**
Use linear equations, inequalities, and functions to solve real-life problems. **(2.3–2.8)**	Determine how much your summer job will pay. **(p. 116)**

How does Chapter 2 fit into the BIGGER PICTURE of algebra?

Your study of functions began in Chapter 2 and will continue throughout Algebra 2 and in future mathematics courses. To represent different kinds of functions with graphs and equations is a very important part of algebra. A relationship between two variables or two sets of data is often linear, but as you will see later in this course, it can also be quadratic, cubic, exponential, logarithmic, or trigonometric.

STUDY STRATEGY

How did you make and use a skills file?

Here is an example of a skill from Lesson 2.4 for your skills file, following the **Study Strategy** on page 66.

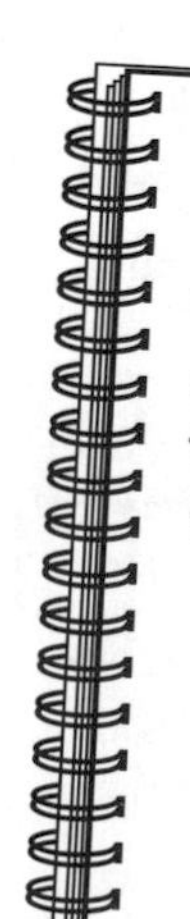

Write an equation of a line that passes through the given points. (Lesson 2.4)

Skills File

Points: $(-1, 6), (3, -2)$

Find slope:

$$m = \frac{-2 - 6}{3 - (-1)} = \frac{-8}{4} = -2$$

Use point-slope form:

$$y - 6 = -2[x - (-1)]$$
$$y - 6 = -2x - 2$$
$$y = -2x + 4$$

Resumen del capítulo

¿QUÉ aprendiste?	*¿PARA QUÉ lo aprendiste?*
Representar relaciones y funciones. **(2.1)**	Determinar si los diámetros de los árboles son una función de sus edades. **(pág. 68)**
Evaluar y hacer gráficas de funciones lineales. **(2.1)**	Hacer un modelo de la distancia que viaja un globo de aire caliente. **(pág. 70)**
Hallar y usar la pendiente de una recta. **(2.2)**	Hallar el factor de cambio promedio en las temperaturas. **(pág. 81)**
Escribir ecuaciones lineales. **(2.4)**	Predecir el número de mujeres afroamericanas que serán elegidas para cargos públicos en 2010. **(pág. 93)**
Escribir ecuaciones de variación directa. **(2.4)**	Hacer un modelo del número de calorías consumidas mientras se baila. **(pág. 97)**
Usar un diagrama de dispersión para identificar la correlación que muestra un conjunto de datos. **(2.5)**	Identificar la relación entre la ocurrencia y duración de cada erupción del géiser Old Faithful. **(pág. 104)**
Trazar la recta ajustada que se aproxime más a un conjunto de datos. **(2.5)**	Predecir cuántas personas se matricularán en el programa City Year en 2010. **(pág. 105)**
Hacer gráficas de ecuaciones, desigualdades y funciones lineales.	
• ecuaciones lineales **(2.3)**	Identificar las relaciones entre las ventas de boletos a adultos y estudiantes para partidos de baloncesto. **(pág. 88)**
• desigualdades lineales con dos variables **(2.6)**	Hacer un modelo de las medidas de la presión vascular en tu brazo y en tu tobillo. **(pág. 112)**
• funciones continuas **(2.7)**	Determinar el costo de ordenar camisetas. **(pág. 119)**
• funciones absolutas **(2.8)**	Hacer un modelo del nivel de sonido de una orquesta. **(pág. 127)**
Usar ecuaciones, desigualdades y funciones lineales para resolver problemas de la vida real. **(2.3–2.8)**	Determinar cuánto podrás ganar en tu empleo de verano. **(pág. 116)**

¿Qué parte del álgebra estudiaste en este capítulo?

El estudio de las funciones empezó en el Capítulo 2 y continuará a lo largo de Álgebra 2 y en futuros cursos de matemáticas. Una parte muy importante del álgebra es representar diferentes tipos de funciones con gráficas y ecuaciones. La relación entre dos variables o dos conjuntos de datos es a menudo lineal, pero como verás más adelante en este curso, también puede ser cuadrática, cúbica, exponencial, logarítmica o trigonométrica.

ESTRATEGIA DE ESTUDIO

¿Cómo hiciste y usaste un archivo de destrezas?

He aquí un ejemplo de una destreza de la lección 2.4 para tu archivo de destrezas, según la **Estrategia de estudio** en la página 66.

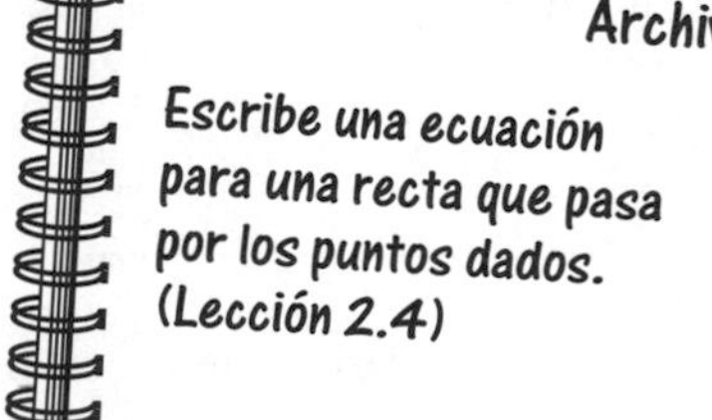

Archivo de destrezas

Escribe una ecuación para una recta que pasa por los puntos dados. (Lección 2.4)

Puntos: $(-1, 6)$, $(3, -2)$

Halla la pendiente:

$$m = \frac{-2 - 6}{3 - (-1)} = \frac{-8}{4} = -2$$

Usa la forma punto-pendiente:

$$y - 6 = -2[x - (-1)]$$
$$y - 6 = -2x - 2$$
$$y = -2x + 4$$

CHAPTER 2

Chapter Review

VOCABULARY

- relation, p. 67
- domain, p. 67
- range, p. 67
- function, p. 67
- ordered pair, p. 67
- coordinate plane, p. 67
- equation in two variables, p. 69
- solution of an equation in two variables, p. 69
- independent variable, p. 69
- dependent variable, p. 69
- graph of an equation in two variables, p. 69
- linear function, p. 69
- function notation, p. 69
- slope, p. 75
- parallel lines, p. 77
- perpendicular lines, p. 77
- *y*-intercept, p. 82
- slope-intercept form of a linear equation, p. 82
- standard form of a linear equation, p. 84
- *x*-intercept, p. 84
- direct variation, p. 94
- constant of variation, p. 94
- scatter plot, p. 100
- positive correlation, p. 100
- negative correlation, p. 100
- relatively no correlation, p. 100
- linear inequality in two variables, p. 108
- solution of a linear inequality in two variables, p. 108
- graph of a linear inequality in two variables, p. 108
- half-plane, p. 108
- piecewise function, p. 114
- step function, p. 115
- vertex of an absolute value graph, p. 122

2.1 FUNCTIONS AND THEIR GRAPHS

Examples on pp. 67–70

EXAMPLE You can represent a relation with a table of values or a graph of ordered pairs.

x	0	1	−2	3	1
y	1	−1	0	0	2

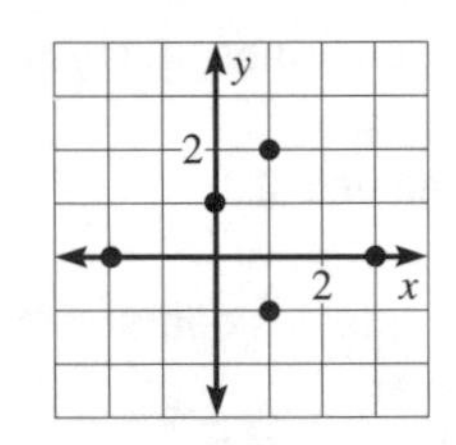

This relation is not a function because $x = 1$ is paired with both $y = -1$ and $y = 2$.

Graph the relation. Then tell whether the relation is a function.

1.

x	−1	0	1	2	3
y	10	7	4	1	−2

2.

x	6	1	0	4	3	5
y	2	4	2	1	5	0

2.2 SLOPE AND RATE OF CHANGE

Examples on pp. 75–78

EXAMPLE You can find the slope of a line passing through two given points.

Points: $(5, 0)$ and $(-3, 4)$ **Slope:** $m = \frac{y_2 - y_1}{x_2 - x_1} = \frac{4 - 0}{-3 - 5} = \frac{4}{-8} = -\frac{1}{2}$

Find the slope of the line passing through the given points.

3. $(3, 6), (-6, 0)$ **4.** $(2, 4), (-2, 4)$ **5.** $(-7, 2), (-1, -4)$ **6.** $(5, 1), (5, 4)$

CAPÍTULO 2

Repaso del capítulo

VOCABULARIO

- relación, pág. 67
- dominio, pág. 67
- rango, pág. 67
- función, pág. 67
- par ordenado, pág. 67
- plano de coordenadas, pág. 67
- ecuación con dos variables, pág. 69
- solución de una ecuación con dos variables, pág. 69
- variable independiente, pág. 69
- variable dependiente, pág. 69
- gráfica de una ecuación con dos variables, pág. 69
- función lineal, pág. 69
- notación de función, pág. 69
- pendiente, pág. 75
- rectas paralelas, pág. 77
- rectas perpendiculares, pág. 77
- intercepto en *y*, pág. 82
- forma pendiente-intercepto de una ecuación lineal, pág. 82
- forma general de una ecuación lineal, pág. 84
- intercepto en *x*, pág. 84
- variación directa, pág. 94
- constante de variación, pág. 94
- diagrama de dispersión, pág. 100
- correlación positiva, pág. 100
- correlación negativa, pág. 100
- relativamente sin correlación, pág. 100
- desigualdad lineal con dos variables, pág. 108
- solución de una desigualdad lineal con dos variables, pág. 108
- gráfica de una desigualdad lineal con dos variables, pág. 108
- semiplano, pág. 108
- función continua, pág. 114
- función por pasos, pág. 115
- vértice de una gráfica de valores absolutos, pág. 122

2.1 FUNCIONES Y SUS GRÁFICAS

Ejemplos en págs. 67–70

EJEMPLO Puedes representar una relación con una tabla de valores o una gráfica de pares ordenados.

x	0	1	−2	3	1
y	1	−1	0	0	2

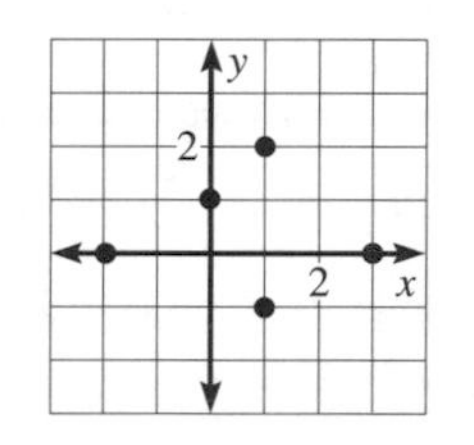

Esta relación no es una función porque $x = 1$ está pareada con ambas, $y = -1$ e $y = 2$.

Haz una gráfica de la relación. Después, indica si la relación es una función.

1.

x	−1	0	1	2	3
y	10	7	4	1	−2

2.

x	6	1	0	4	3	5
y	2	4	2	1	5	0

2.2 PENDIENTE Y RELACIÓN DE CAMBIO

Ejemplos en págs. 75–78

EJEMPLO Puedes hallar la pendiente de una recta que pasa por dos puntos.

Puntos: $(5, 0)$ y $(-3, 4)$ **Pendiente:** $m = \frac{y_2 - y_1}{x_2 - x_1} = \frac{4 - 0}{-3 - 5} = \frac{4}{-8} = -\frac{1}{2}$

Halla la pendiente de la recta que pasa por los puntos dados.

3. $(3, 6), (-6, 0)$ **4.** $(2, 4), (-2, 4)$ **5.** $(-7, 2), (-1, -4)$ **6.** $(5, 1), (5, 4)$

2.3 QUICK GRAPHS OF LINEAR EQUATIONS

Examples on pp. 82–85

EXAMPLES You can graph a linear equation in slope-intercept or in standard form.

$y = -3x + 1$

slope $= -3$

y-intercept $= 1$

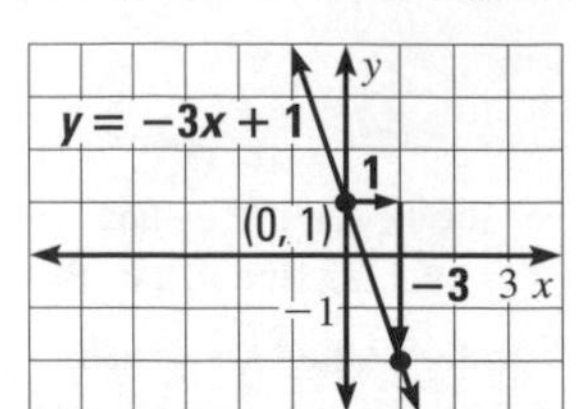

$4x - 3y = 12$

x-intercept $= 3$

y-intercept $= -4$

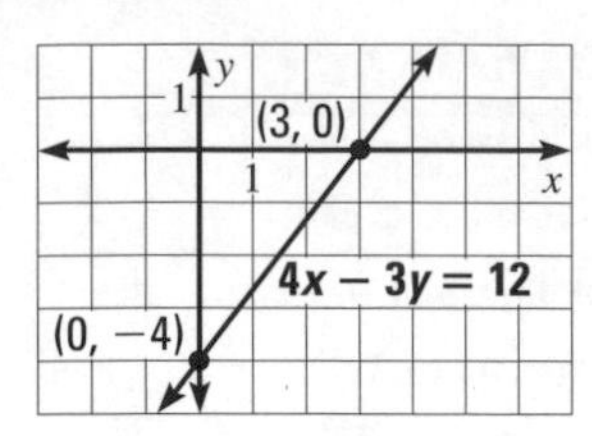

Graph the equation.

7. $y = -x + 3$ **8.** $y = \frac{1}{2}x - 7$ **9.** $4x + y = 2$ **10.** $-4x + 8y = -16$

2.4 WRITING EQUATIONS OF LINES

Examples on pp. 91–94

EXAMPLES You can write an equation of a line using (**a**) the slope and y-intercept, (**b**) the slope and a point on the line, or (**c**) two points on the line.

a. Slope-intercept form, $m = 2$ and $b = -3$: $y = 2x - 3$

b. Point-slope form, $m = 2$ and $(x_1, y_1) = (2, 1)$: $y - 1 = 2(x - 2)$

$y = 2x - 3$

c. Points $(0, -3)$ and $(2, 1)$: slope $= \frac{1 - (-3)}{2 - 0} = 2$

Use either slope-intercept form or point-slope form: $y = 2x - 3$

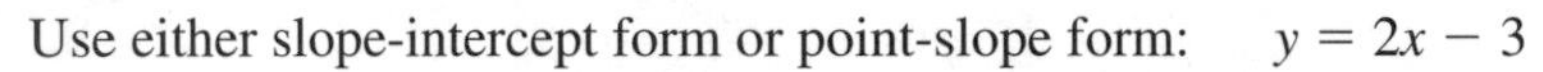

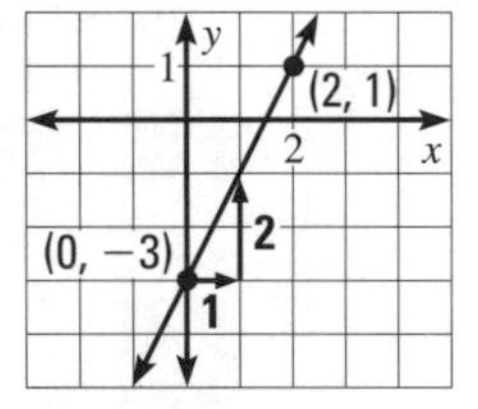

Write an equation of the line that has the given properties.

11. slope: -1, y-intercept: 2 **12.** slope: 3, point: $(-4, 1)$ **13.** points: $(3, -8)$, $(8, 2)$

2.5 CORRELATION AND BEST-FITTING LINES

Examples on pp. 100–102

EXAMPLE You can graph paired data to see what relationship, if any, exists. The table shows the price p (in dollars per pound) of bread where t is the number of years since 1990.

t	0	1	2	3	4	5	6
p	0.70	0.72	0.74	0.76	0.75	0.84	0.87

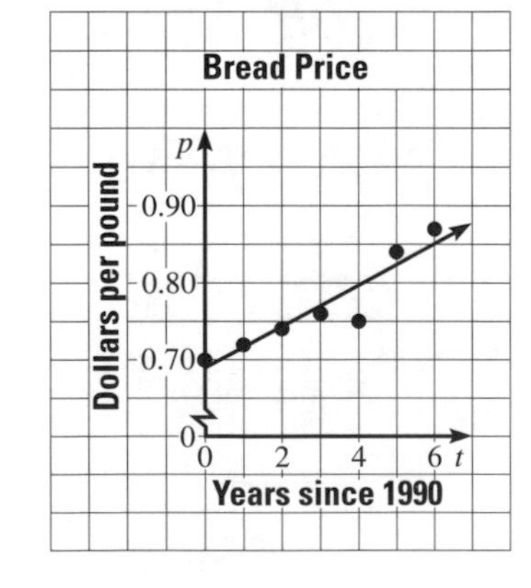

Approximate the best-fitting line using $(4, 0.80)$ and $(6, 0.85)$,

$m = \frac{0.85 - 0.80}{6 - 4} = 0.025$ $y - 0.80 = 0.025(x - 4)$

$y = 0.025x + 0.70$

2.3 FORMA SENCILLA DE HACER GRÁFICAS DE ECUACIONES LINEALES

Ejemplos en págs. 82–85

EJEMPLOS Puedes hacer una gráfica de una ecuación lineal en forma pendiente-intercepto o en forma general.

$y = -3x + 1$

pendiente $= -3$

intercepto en $y = 1$

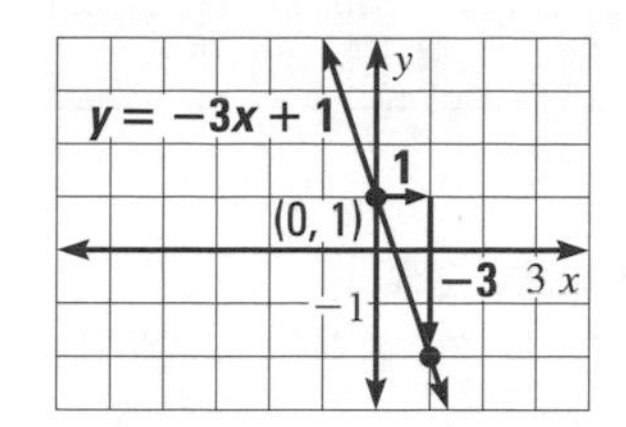

$4x - 3y = 12$

intercepto en $x = 3$

intercepto en $y = -4$

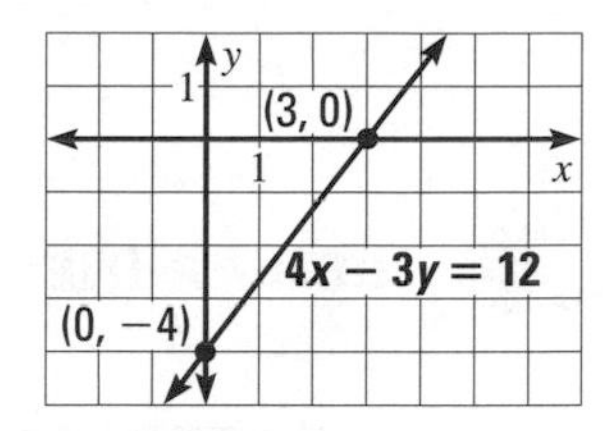

Haz una gráfica de la ecuación.

7. $y = -x + 3$ **8.** $y = \frac{1}{2}x - 7$ **9.** $4x + y = 2$ **10.** $-4x + 8y = -16$

2.4 CÓMO ESCRIBIR ECUACIONES DE RECTAS

Ejemplos en págs. 91–94

EJEMPLOS Puedes escribir una ecuación de una recta usando **(a)** la pendiente y el intercepto en *y*, **(b)** la pendiente y un punto en la recta, o **(c)** dos puntos en la recta.

a. Forma pendiente-intercepto, $m = 2$ y $b = -3$: $y = 2x - 3$

b. Forma punto-pendiente, $m = 2$ y $(x_1, y_1) = (2, 1)$: $y - 1 = 2(x - 2)$
$y = 2x - 3$

c. Puntos $(0, -3)$ y $(2, 1)$:

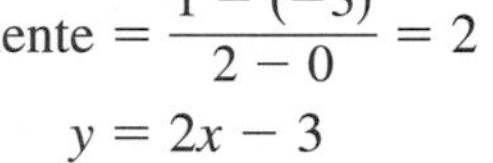

pendiente $= \frac{1 - (-3)}{2 - 0} = 2$

Usa la forma pendiente-intercepto o la forma punto-pendiente: $y = 2x - 3$

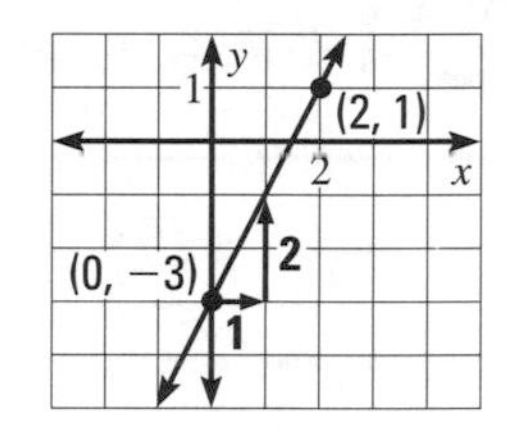

Escribe una ecuación de la recta que tenga las propiedades dadas.

11. pendiente: -1, intercepto en y: 2 **12.** pendiente: 3, punto: $(-4, 1)$ **13.** puntos: $(3, -8)$, $(8, 2)$

2.5 CORRELACIONES Y RECTAS AJUSTADAS

Ejemplos en págs. 100–102

EJEMPLO Puedes hacer una gráfica con pares de datos para determinar si existe alguna relación. En la tabla *p* representa el precio del pan (en dólares por libra) y *t* representa el número de años transcurridos desde 1990.

t	0	1	2	3	4	5	6
p	0.70	0.72	0.74	0.76	0.75	0.84	0.87

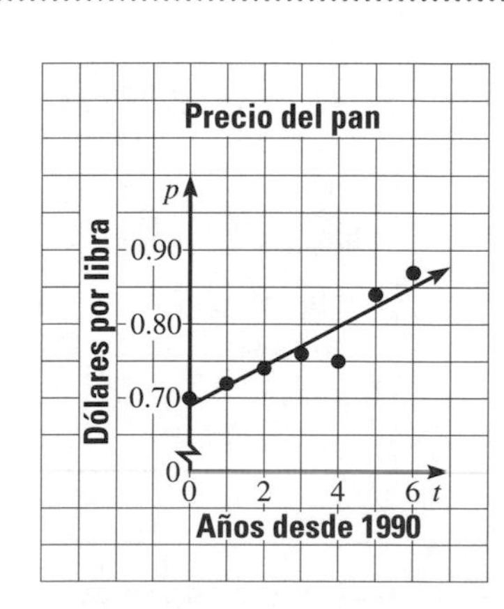

Traza la recta ajustada que se aproxime más a los puntos (4, 0.80) y (6, 0.85),

$m = \frac{0.85 - 0.80}{6 - 4} = 0.025$ $y - 0.80 = 0.025(x - 4)$

$y = 0.025x + 0.70$

Approximate the best-fitting line for the data.

14.

	14	11	21	3	4	19	10	1	17	6
	4	6	1	10	9	0	5	10	2	7

2.6

LINEAR INEQUALITIES IN TWO VARIABLES

Examples on pp. 108–110

EXAMPLE You can graph a linear inequality in two variables in a coordinate plane.

To graph $y < x + 2$, first graph the boundary line $y = x + 2$. Use a dashed line since the symbol is $<$, not $\leq$. Test the point (0, 0). Since (0, 0) *is* a solution of the inequality, shade the half-plane that contains it.

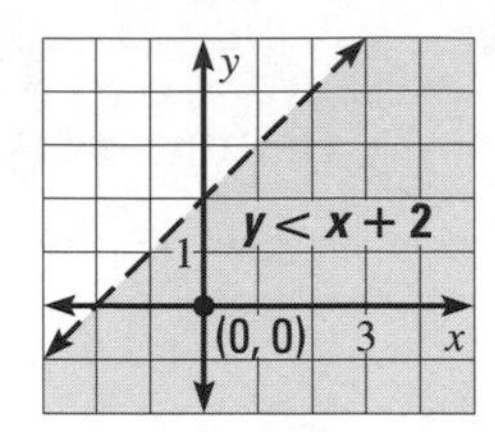

Graph the inequality in a coordinate plane.

15. $2x < 6$ **16.** $y \leq 7$ **17.** $y \geq -x + 4$ **18.** $x + 8y > 8$

2.7

PIECEWISE FUNCTIONS

Examples on pp. 114–116

EXAMPLE You can graph a piecewise function by graphing each piece separately.

$$y = \begin{cases} x - 1, & \text{if } x < 0 \\ -x + 2, & \text{if } x \geq 0 \end{cases}$$

Graph $y = x - 1$ to the left of $x = 0$.
Graph $y = -x + 2$ to the right of and including $x = 0$.

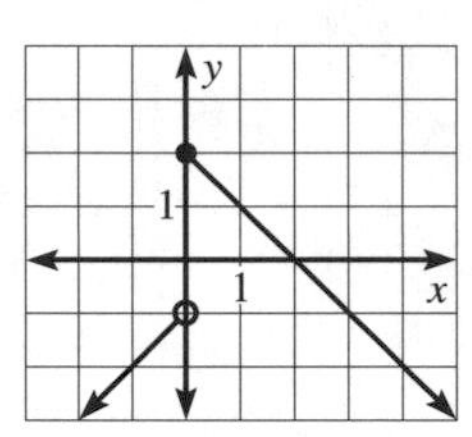

Graph the function.

19. $y = \begin{cases} 2x, & \text{if } x < -1 \\ 2x + 1, & \text{if } x \geq -1 \end{cases}$ **20.** $y = \begin{cases} -x, & \text{if } x \leq 0 \\ 3x, & \text{if } x > 0 \end{cases}$ **21.** $y = \begin{cases} -2, & \text{if } x \leq 2 \\ 2, & \text{if } x > 2 \end{cases}$

2.8

ABSOLUTE VALUE FUNCTIONS

Examples on pp. 122–124

EXAMPLE You can graph an absolute value function using symmetry.

The graph of $y = 3|x + 1| - 2$ has vertex $(-1, -2)$. Plot a second point such as (0, 1). Use symmetry to plot a third point, $(-2, 1)$. Note that $a = 3 > 0$ and $|a| > 1$, so the graph opens up and is narrower than the graph of $y = |x|$.

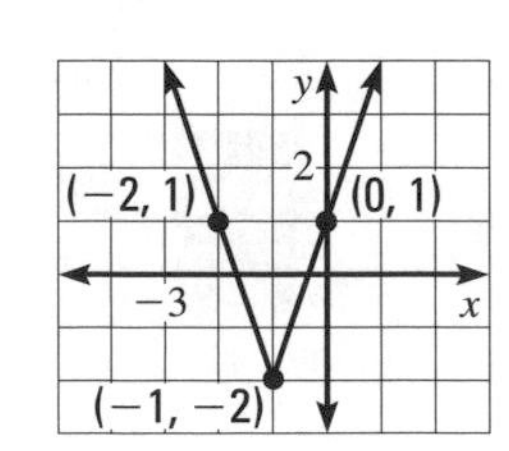

Graph the function.

22. $y = -|x| + 1$ **23.** $y = |x - 4| + 3$ **24.** $y = 2|x| - 5$ **25.** $y = 3|x + 6| - 2$

2.5 continúa

Traza la recta ajustada que se aproxime más a los datos.

14.

	14	11	21	3	4	19	10	1	17	6
	4	6	1	10	9	0	5	10	2	7

2.6 DESIGUALDADES LINEALES CON DOS VARIABLES

Ejemplos en págs. 108–110

EJEMPLO Puedes hacer gráficas de desigualdades lineales en un plano de coordenadas.

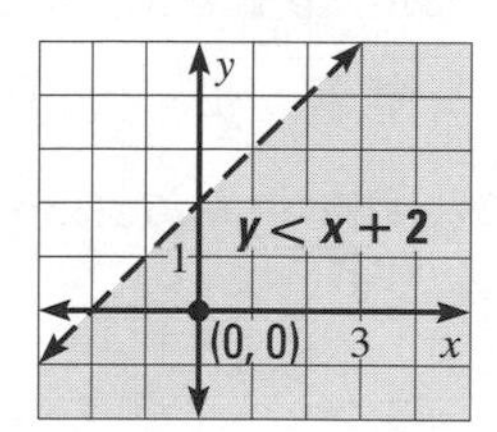

Para hacer una gráfica de $y < x + 2$, primero representa el borde de semiplanos $y = x + 2$. Usa una línea de puntos ya que el símbolo es $<$ y no $\leq$. Prueba el punto (0,0). Como (0,0) *es* una solución para la desigualdad, sombrea el semiplano que lo contiene.

Haz una gráfica de la desigualdad en un plano de coordenadas.

15. $2x < 6$ **16.** $y \leq 7$ **17.** $y \geq -x + 4$ **18.** $x + 8y > 8$

2.7 FUNCIONES CONTINUAS

Ejemplos en págs. 114–116

EJEMPLO Puedes hacer una gráfica de una función continua haciendo gráficas de cada ecuación por separado.

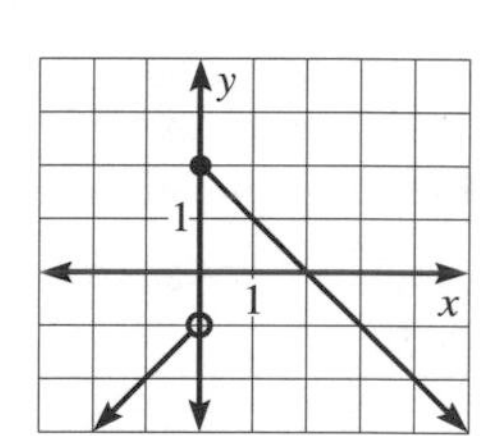

$$y = \begin{cases} x - 1, & \text{si } x < 0 \\ -x + 2, & \text{si } x \geq 0 \end{cases}$$

Representa $y = x - 1$ a la izquierda de $x = 0$.
Representa $y = -x + 2$ a la derecha e incluyendo $x = 0$.

Haz una gráfica de la función.

19. $y = \begin{cases} 2x, & \text{si } x < -1 \\ 2x + 1, & \text{si } x \geq -1 \end{cases}$ **20.** $y = \begin{cases} -x, & \text{si } x \leq 0 \\ 3x, & \text{si } x > 0 \end{cases}$ **21.** $y = \begin{cases} -2, & \text{si } x \leq 2 \\ 2, & \text{si } x > 2 \end{cases}$

2.8 FUNCIONES ABSOLUTAS

Ejemplos en págs. 122–124

EJEMPLO Puedes hacer una gráfica de una función absoluta usando simetría.

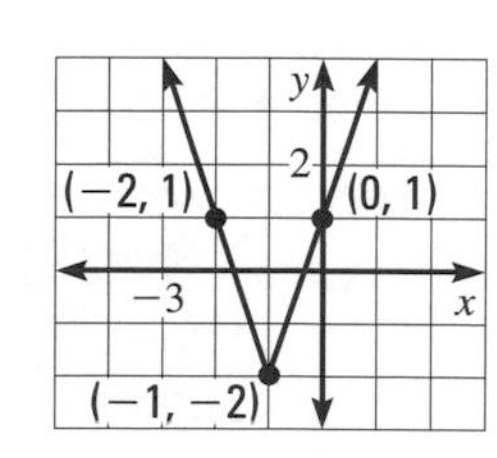

La gráfica de $y = 3|x + 1| - 2$ tiene un vértice en el punto $(-1, -2)$. Sitúa otro punto tal como $(0, 1)$. Usa simetría para situar un tercer punto $(-2, 1)$. Nota que cuando $a = 3 > 0$ y $|a| > 1$, la gráfica se abre hacía arriba y es más estrecha que la gráfica de $y = |x|$.

Haz una gráfica de la función.

22. $y = -|x| + 1$ **23.** $y = |x - 4| + 3$ **24.** $y = 2|x| - 5$ **25.** $y = 3|x + 6| - 2$

CHAPTER 2

Chapter Test

Graph the relation. Then tell whether the relation is a function.

1.

x	−4	−2	0	2	4
y	−1	0	1	2	3

2.

x	2	−3	4	0	−3	1
y	2	−2	0	2	3	−1

Evaluate the function for the given value of *x*.

3. $f(x) = 80 - 3x$; $f(5)$ **4.** $f(x) = x^2 + 4x - 7$; $f(-1)$ **5.** $f(x) = 3|x - 4| + 2$; $f(2)$

Graph the equation.

6. $y = -\frac{2}{3}x + 2$ **7.** $y = -3$ **8.** $5x - 2y = 10$ **9.** $x = 4$

Write an equation of the line with the given characteristics.

10. slope: $\frac{3}{4}$, y-intercept: -5 **11.** slope: -1, point: $(2, -4)$ **12.** points: $(-2, 5)$, $(-6, 8)$

13. Write an equation of the line that passes through $(-3, 2)$ and is parallel to the line $x - y = 7$.

14. Write an equation of the line that passes through $(1, 4)$ and is perpendicular to the line $y = -3x + 1$.

Graph the inequality in a coordinate plane.

15. $x + 4y \leq 0$ **16.** $y > 3x - 1$ **17.** $x - y > 3$ **18.** $-x \geq 2$

Graph the function.

19. $f(x) = \begin{cases} -2x + 3, & \text{if } x \leq 1 \\ x, & \text{if } x > 1 \end{cases}$

20. $f(x) = \begin{cases} 2, & \text{if } -4 < x \leq -2 \\ 5, & \text{if } -2 < x \leq 0 \\ 7, & \text{if } 0 < x \leq 2 \\ 10, & \text{if } 2 < x \leq 4 \end{cases}$

21. $f(x) = \begin{cases} x - 2, & \text{if } x \leq 0 \\ x + 2, & \text{if } x > 0 \end{cases}$

22. $y = -|x + 3|$ **23.** $y = 2|x| - 1$ **24.** $y = -\frac{1}{3}|x - 2| + 2$

25. **ROLLER COASTERS** One of the world's faster roller coasters is located in a theme park in Valencia, California. Riders go from 0 to 100 miles per hour in 7 seconds. Find the acceleration of the roller coaster during this time interval in miles per second squared.

26. **MIRROR LENGTH** To be able to see your complete reflection in a mirror that is hanging on a wall, the mirror must have a minimum length of m inches. The value of m varies directly with your height h (in inches). A person 71 inches tall requires a 35.5 inch mirror. Write a linear model that gives m as a function of h. Then find the minimum mirror length required for a person who is 66 inches tall.

27. **PATENTS** The table shows the number p (in thousands) of patents issued to United States residents where t is the number of years since 1985. Draw a scatter plot of the data and describe the correlation shown. Then approximate the best-fitting line for the data.

▶ Source: *Statistical Abstract of the United States*

t	0	1	2	3	4	5	6	7	8	9	10
p	43.3	42.0	47.7	44.6	54.6	52.8	57.7	58.7	61.1	64.2	64.4

CAPÍTULO 2

Prueba del capítulo

Haz una gráfica de las relaciones. Después, indica si dichas relaciones son una función.

1.

x	-4	-2	0	2	4
y	-1	0	1	2	3

2.

x	2	-3	4	0	-3	1
y	2	-2	0	2	3	-1

Evalúa la función para el valor dado de *x*.

3. $f(x) = 80 - 3x; f(5)$ **4.** $f(x) = x^2 + 4x - 7; f(-1)$ **5.** $f(x) = 3|x - 4| + 2; f(2)$

Haz una gráfica de la ecuación.

6. $y = -\frac{2}{3}x + 2$ **7.** $y = -3$ **8.** $5x - 2y = 10$ **9.** $x = 4$

Escribe una ecuación para la recta con las características dadas.

10. pendiente: $\frac{3}{4}$, intercepto en y: -5 **11.** pendiente: -1, punto: $(2, -4)$ **12.** puntos: $(-2, 5)$, $(-6, 8)$

13. Escribe una ecuación para la recta que pasa por $(-3, 2)$ y es paralela a la recta $x - y = 7$.

14. Escribe una ecuación para la recta que pasa por $(1, 4)$ y es perpendicular a la recta $y = -3x + 1$.

Representa la desigualdad en un plano de coordenadas.

15. $x + 4y \leq 0$ **16.** $y > 3x - 1$ **17.** $x - y > 3$ **18.** $-x \geq 2$

Haz una gráfica de la función.

19. $f(x) = \begin{cases} -2x + 3, & \text{si } x \leq 1 \\ x, & \text{si } x > 1 \end{cases}$

20. $f(x) = \begin{cases} 2, & \text{si } -4 < x \leq -2 \\ 5, & \text{si } -2 < x \leq 0 \\ 7, & \text{si } 0 < x \leq 2 \\ 10, & \text{si } 2 < x \leq 4 \end{cases}$

21. $f(x) = \begin{cases} x - 2, & \text{si } x \leq 0 \\ x + 2, & \text{si } x > 0 \end{cases}$

22. $y = -|x + 3|$ **23.** $y = 2|x| - 1$ **24.** $y = -\frac{1}{3}|x - 2| + 2$

25. **MONTAÑAS RUSAS** Una de las montañas rusa más rápidas del mundo está ubicada en un parque de diversiones en Valencia, California. Los pasajeros van de 0 a 100 millas por hora en 7 segundos. Halla la aceleración de la montaña rusa durante este intervalo de tiempo en millas por segundos al cuadrado.

26. **LONGITUD DE UN ESPEJO** Para poder ver tu reflejo completo en un espejo que está colgado en una pared, dicho espejo deber tener una longitud mínima de m pulgadas. El valor de m varía directamente con tu altura h (en pulgadas). Una persona de 71 pulgadas de estatura necesita un espejo de 35.5 pulgadas. Escribe un modelo lineal que haga a m una función de h. Halla la longitud menor de espejo requerida para que una persona que tenga 66 pulgadas de estatura se pueda ver por completo.

27. **PATENTES** La tabla muestra el número p de patentes (en miles) aprobadas a residentes de EE.UU. donde t es el número de años transcurridos desde 1985. Haz un diagrama de dispersión de los datos y describe la correlaciónque se muestra. Después traza la recta ajustada que se aproxime más a los datos.

▶ Datos compilados de: *Statistical Abstract of the United States*

t	0	1	2	3	4	5	6	7	8	9	10
p	43.3	42.0	47.7	44.6	54.6	52.8	57.7	58.7	61.1	64.2	64.4

CHAPTER 3

Chapter Summary

WHAT did you learn? / *WHY did you learn it?*

Solve systems of linear equations in two variables.
- by graphing **(3.1)** → Plan a vacation within a budget. **(p. 141)**
- using algebraic methods **(3.2)** → Find the weights of atoms in a molecule. **(p. 153)**

Graph and solve systems of linear inequalities. **(3.3)** → Describe conditions that will satisfy nutritional requirements of wildlife. **(p. 161)**

Solve linear programming problems. **(3.4)** → Plan a meal that minimizes cost while satisfying nutritional requirements. **(p. 167)**

Graph linear equations in three variables. **(3.5)** → Find the volume of a geometric figure graphed in a three-dimensional coordinate system. **(p. 174)**

Model real-life problems with functions of two variables. **(3.5)** → Evaluate advertising costs of a commercial. **(p. 175)**

Solve systems of linear equations in three variables. **(3.6)** → Use regional data to find the number of voters for different political parties in the United States. **(p. 183)**

Identify the number of solutions of a linear system. **(3.1, 3.2, 3.6)** → See if a bus catches up to another one before arriving at a common destination. **(p. 144)**

Solve real-life problems.
- using a system of linear equations **(3.1, 3.2, 3.6)** → Find the break-even point of a business. **(p. 153)**
- using a system of linear inequalities **(3.3, 3.4)** → Display possible sale prices for shoes. **(p. 161)**

How does Chapter 3 fit into the BIGGER PICTURE of algebra?

Linear algebra is an important branch of mathematics that begins with solving linear systems. It has widespread applications to other areas of mathematics and to real-life problems, especially in business and the sciences. You will continue your study of linear algebra in the next chapter with matrices.

STUDY STRATEGY

Did you recognize when new skills related to previously learned skills?

The two-column list you made, following the **Study Strategy** on page 138, may resemble this one.

Building on Previous Skills

Chapter 3	Chapter 2
Graph a system of linear equations or inequalities.	Graph a linear equation or inequality.
Check a solution of a system.	Check a solution of an equation or inequality.
Tell the number of solutions a system has.	Decide if lines are parallel.
Plot an ordered triple.	Plot an ordered pair.
Graph $ax + by + cx = d$.	Graph $Ax + By = C$.
Function notation: $f(x, y)$	Function notation: $f(x)$

CAPÍTULO 3

Resumen del capítulo

¿QUÉ aprendiste? / *¿PARA QUÉ lo aprendiste?*

Resolver sistemas de ecuaciones lineales con dos variables.

- haciendo gráficas **(3.1)** → Planificar unas vacaciones dentro de un presupuesto. **(pág. 141)**
- usando métodos algebraicos **(3.2)** → Hallar los pesos de los átomos en una molécula. **(pág. 153)**

Hacer gráficas y resolver sistemas de desigualdades lineales. **(3.3)** → Describir condiciones que cumplirán con los requisitos nutricionales de la fauna. **(pág. 161)**

Resolver problemas de programación lineal. **(3.4)** → Planear una comida que minimice costos pero que cumpla con requisitos nutricionales. **(pág. 167)**

Hacer gráficas de ecuaciones lineales con tres variables. **(3.5)** → Hallar el volumen de una figura geométrica con una gráfica hecha en un sistema de coordenadas tridimensionales. **(pág. 174)**

Hacer modelos de problemas de la vida real con funciones de dos variables. **(3.5)** → Evaluar los costos promocionales de un anuncio. **(pág. 175)**

Resolver sistemas de ecuaciones lineales con tres variables. **(3.6)** → Usar datos regionales para hallar el número de votantes para los diferentes partidos políticos en EE.UU. **(pág. 183)**

Identificar el número de soluciones de un sistema lineal. **(3.1, 3.2, 3.6)** → Determinar si un autobús alcanza otro antes de llegar a un destino común. **(pág. 144)**

Resolver problemas de la vida real.

- usando un sistema de ecuaciones lineales **(3.1, 3.2, 3.6)** → Hallar el umbral de rentabilidad para un negocio. **(pág. 153)**
- usando un sistema de desigualdades lineales **(3.3, 3.4)** → Mostrar los posibles precios de venta de zapatos. **(pág. 161)**

¿Qué parte del álgebra estudiaste en este capítulo?

El álgebra lineal es una rama importante de las matemáticas que trata la resolución de sistemas lineales. Tiene aplicaciones que se extienden a otras áreas de las matemáticas y a problemas de la vida real, especialmente en el comercio y en las ciencias. Continuarás estudiando álgebra lineal en el próximo capítulo que trata sobre matrices.

ESTRATEGIA DE ESTUDIO

¿Te diste cuenta de la relación entre las destrezas nuevas y las que ya habías aprendido?

La lista de dos columnas que hiciste, según la **Estrategia de estudio** en la página 138, puede guardar similitud con la que aparece a la derecha.

Ampliando destrezas previamente adquiridas

Capítulo 3	Capítulo 2
Hacer una gráfica de un sistema de ecuaciones o desigualdades lineales.	Hacer una gráfica de una ecuación o desigualdad lineal.
Comprobar la solución de un sistema.	Comprobar la solución de una ecuación o desigualdad lineal.
Indicar el número de soluciones que tiene un sistema.	Determinar si las rectas son paralelas.
Representar un trío ordenado.	Representar un par ordenado.
Hacer una gráfica de $ax + by + cx = d$.	Hacer una gráfica de $Ax + By = C$.
Notación de función: $f(x, y)$	Notación de función: $f(x)$

CHAPTER 3

Chapter Review

VOCABULARY

- system of two linear equations in two variables, p. 139
- solution of a system of linear equations, p. 139
- substitution method, p. 148
- linear combination method, p. 149
- System of linear inequalities in two variables, p. 156
- solution of a system of linear inequalities, p. 156
- graph of a system of linear inequalities, p. 156
- optimization, p. 163
- linear programming, p. 163
- objective function, p. 163
- constraints, p. 163
- feasible region, p. 163
- three-dimensional coordinate system, p. 170
- *z*-axis, p. 170
- ordered triple, p. 170
- octants, p. 170
- linear equation in three variables, p. 171
- function of two variables, p. 171
- system of three linear equations in three variables, p. 177
- solution of a system of three linear equations, p. 177

3.1 SOLVING LINEAR SYSTEMS BY GRAPHING

Examples on pp. 139–141

EXAMPLE You can solve a system of two linear equations in two variables by graphing.

$x + 2y = -4$ **Equation 1**

$3x + 2y = 0$ **Equation 2**

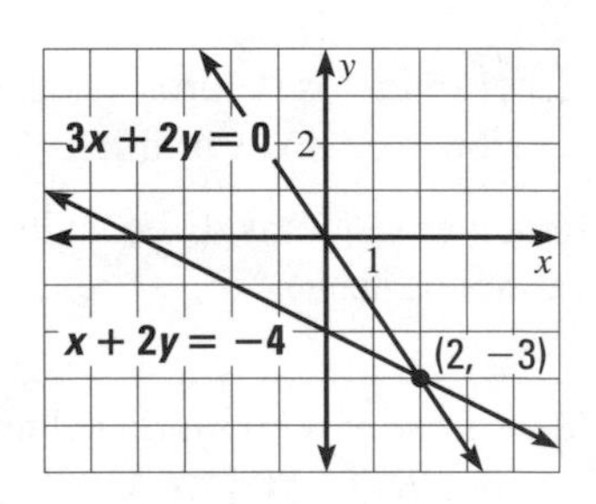

From the graph, the lines appear to intersect at $(2, -3)$. You can check this algebraically as follows.

$2 + 2(-3) = -4$ ✓ **Equation 1 checks.**

$3(2) + 2(-3) = 0$ ✓ **Equation 2 checks.**

Graph the linear system and tell how many solutions it has. If there is exactly one solution, estimate the solution and check it algebraically.

1. $x + y = 2$
$-3x + 4y = 36$

2. $x - 5y = 10$
$-2x + 10y = -20$

3. $2x - y = 5$
$2x + 3y = 9$

4. $y = \frac{1}{3}x$
$y = \frac{1}{3}x - 2$

3.2 SOLVING LINEAR SYSTEMS ALGEBRAICALLY

Examples on pp. 148–151

EXAMPLE 1 You can use the substitution method to solve a system algebraically.

❶ Solve the first equation for x.

❷ Substitute the value of x into the second equation and solve for y.

$x - 4y = -25$ → $\mathbf{x = 4y - 25}$ → $2(\mathbf{4y - 25}) + 12y = 10$

$2x + 12y = 10$ $\qquad \mathbf{y = 3}$

When you substitute $y = 3$ into one of the original equations, you get $x = -13$.

CAPÍTULO 3 Repaso del capítulo

VOCABULARIO

- sistema de dos ecuaciones lineales con dos variables, pág. 139
- solución de un sistema de ecuaciones lineales, pág. 139
- método de sustitución, pág. 148
- método de combinación lineal, pág. 149
- sistema de desigualdades lineales con dos variables, pág. 156
- solución de un sistema de desigualdades lineales, pág. 156
- gráfica de un sistema de desigualdades lineales, pág. 156
- optimización, pág. 163
- programación lineal, pág. 163
- función objetivo, pág. 163
- restricciones, pág. 163
- región factible, pág. 163
- sistema de coordenadas tridimensionales, pág. 170
- eje de *z*, pág. 170
- trío ordenado, pág. 170
- octantes, pág. 170
- ecuación lineal con tres variables, pág. 171
- función de dos variables, pág. 171
- sistema de tres ecuaciones lineales con tres variables, pág. 177
- solución de un sistema de tres ecuaciones lineales, pág. 177

3.1 CÓMO RESOLVER SISTEMAS LINEALES MEDIANTE GRÁFICAS

Ejemplos en págs. 139–141

EJEMPLO Puedes resolver un sistema de dos ecuaciones lineales con dos variables mediante una gráfica.

$x + 2y = -4$ **Ecuación 1**
$3x + 2y = 0$ **Ecuación 2**

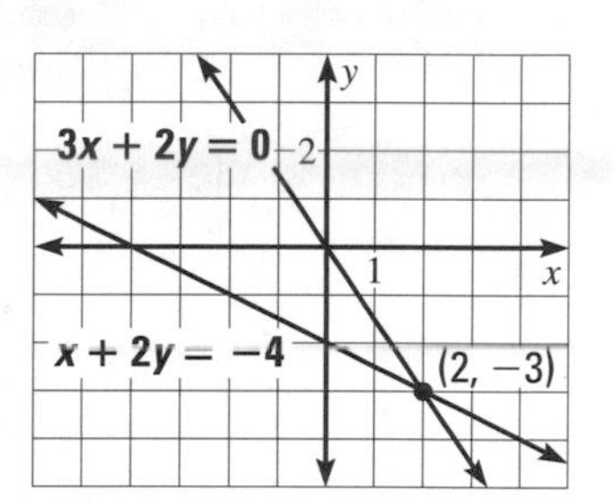

En la gráfica, las rectas parecen intersecarse en $(2, -3)$. Puedes comprobarlo algebraicamente de la manera siguiente.

$\mathbf{2} + 2(\mathbf{-3}) = -4$ ✓ **La ecuación 1 se cumple.**

$3(\mathbf{2}) + 2(\mathbf{-3}) = 0$ ✓ **La ecuación 2 se cumple.**

Haz una gráfica del sistema lineal e indica cuántas soluciones tiene. Si hay exactamente una solución, estima la solución y compruébala algebraicamente.

1. $x + y = 2$
$-3x + 4y = 36$

2. $x - 5y = 10$
$-2x + 10y = -20$

3. $2x - y = 5$
$2x + 3y = 9$

4. $y = \frac{1}{3}x$
$y = \frac{1}{3}x - 2$

3.2 CÓMO RESOLVER ALGEBRAICAMENTE SISTEMAS LINEALES

Ejemplos en págs. 148–151

EJEMPLO 1 Puedes usar el método de sustitución para resolver algebraicamente un sistema.

❶ Primero resuelve la ecuación para *x*.

❷ Sustituye el valor de *x* en la segunda ecuación y resuelve para *y*.

$x - 4y = -25$ → $\mathbf{x = 4y - 25}$ → $2(\mathbf{4y - 25}) + 12y = 10$
$2x + 12y = 10$ $\qquad\qquad\qquad\qquad$ $\mathbf{y = 3}$

Cuando sustituyes $y = 3$ en una de las ecuaciones originales, obtienes $x = -13$.

EXAMPLE 2 You can also use the linear combination method to solve a system of equations algebraically.

$x - 4y = -25$
$2x + 12y = 10$

❶ Multiply the first equation by 3 and add to the second equation. Solve for x.

$3x - 12y = -75$
$2x + 12y = 10$
$5x = -65$
$\mathbf{x = -13}$

❷ Substitute $\mathbf{x = -13}$ into the original first equation and solve for y.

$\mathbf{-13} - 4y = -25$
$-4y = -12$
$\mathbf{y = 3}$

Solve the system using any algebraic method.

5. $9x - 5y = -30$
$x + 2y = 12$

6. $x + 3y = -2$
$x + y = 2$

7. $2x + 3y = -7$
$-4x - 5y = 13$

8. $3x + 3y = 0$
$-2x + 6y = -24$

3.3 GRAPHING AND SOLVING SYSTEMS OF LINEAR INEQUALITIES

Examples on pp. 156–158

EXAMPLE You can use a graph to show all the solutions of a system of linear inequalities.

$x \geq 0$
$y \geq 0$
$x + 2y < 10$

Graph each inequality. The graph of the system is the region common to *all* of the shaded half-planes and includes any solid boundary line.

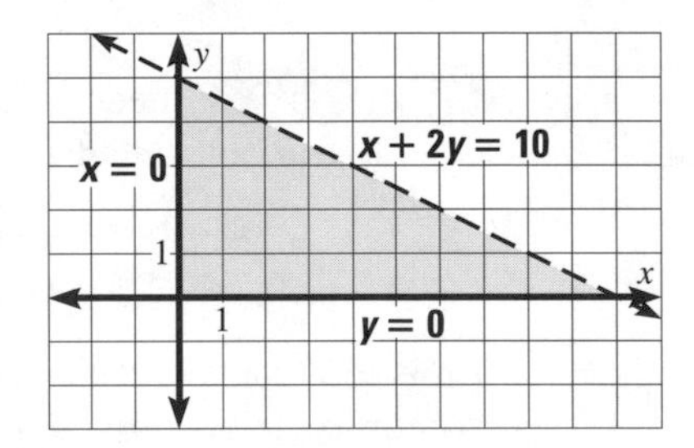

Graph the system of linear inequalities.

9. $y < -3x + 3$
$y > x - 1$

10. $x \geq 0$
$y \geq 0$
$-x + 2y < 8$

11. $x \geq -2$
$x \leq 5$
$y \geq -1$
$y \leq 3$

12. $x + y \leq 8$
$2x - y > 0$
$y \leq 4$

3.4 LINEAR PROGRAMMING

Examples on pp. 163–165

EXAMPLE You can find the minimum and maximum values of the objective function $C = 6x + 5y$ subject to the constraints graphed below. They must occur at vertices of the feasible region.

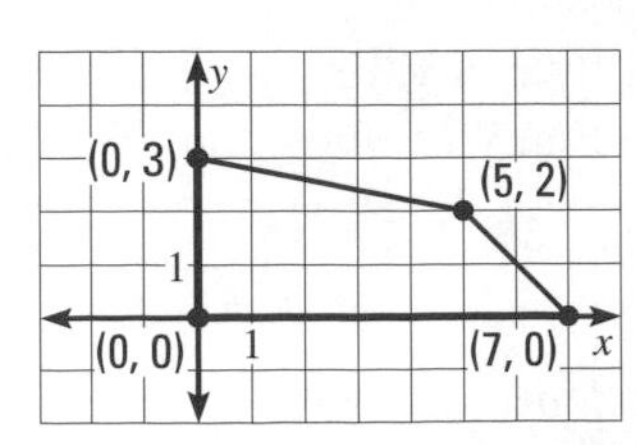

At (0, 0): $C = 6(\mathbf{0}) + 5(\mathbf{0}) = 0$ ← **Minimum**

At (0, 3): $C = 6(\mathbf{0}) + 5(\mathbf{3}) = 15$

At (5, 2): $C = 6(\mathbf{5}) + 5(\mathbf{2}) = 40$

At (7, 0): $C = 6(\mathbf{7}) + 5(\mathbf{0}) = 42$ ← **Maximum**

EJEMPLO 2 Puedes usar el método de combinación lineal para resolver algebraicamente un sistema de ecuaciones.

$$x - 4y = -25 \quad\rightarrow\quad 3x - 12y = -75$$
$$2x + 12y = 10 \quad\rightarrow\quad 2x + 12y = 10$$

1 Multiplica la primera ecuación por 3 y súmala a la segunda ecuación. Resuelve para x.

$$5x = -65$$
$$\mathbf{x = -13}$$

2 Sustituye $\mathbf{x = -13}$ en la primera ecuación original y resuelve para y.

$$\mathbf{-13} - 4y = -25$$
$$-4y = -12$$
$$\mathbf{y = 3}$$

Resuelve el sistema usando un método algebraico.

5. $9x - 5y = -30$, $x + 2y = 12$

6. $x + 3y = -2$, $x + y = 2$

7. $2x + 3y = -7$, $-4x - 5y = 13$

8. $3x + 3y = 0$, $-2x + 6y = -24$

3.3 CÓMO HACER GRÁFICAS Y RESOLVER SISTEMAS DE DESIGUALDADES LINEALES

Ejemplos en págs. 156–158

EJEMPLO Puedes usar una gráfica para mostrar todas las soluciones de un sistema de desigualdades lineales.

$$x \geq 0$$
$$y \geq 0$$
$$x + 2y < 10$$

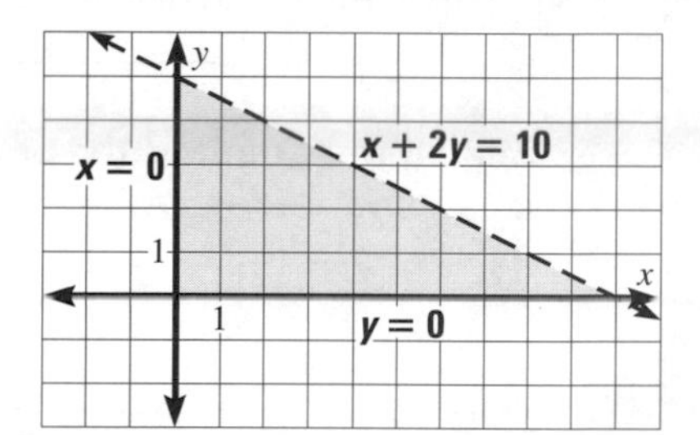

Haz una gráfica de cada desigualdad. La gráfica del sistema es la región común a todas los semiplanos sombreados e incluye cualquiera de sus bordes.

Haz una gráfica del sistema de desigualdades lineales.

9. $y < -3x + 3$, $y > x - 1$

10. $x \geq 0$, $y \geq 0$, $-x + 2y < 8$

11. $x \geq -2$, $x \leq 5$, $y \geq -1$, $y \leq 3$

12. $x + y \leq 8$, $2x - y > 0$, $y \leq 4$

3.4 PROGRAMACIÓN LINEAL

Ejemplos en págs. 163–165

EJEMPLO Puedes hallar los valores mínimos y máximos de la función objetivo $C = 6x + 5y$ sujeta a las restricciones que aparecen en la gráfica de abajo. Deben estar situados en los vértices de la región factible.

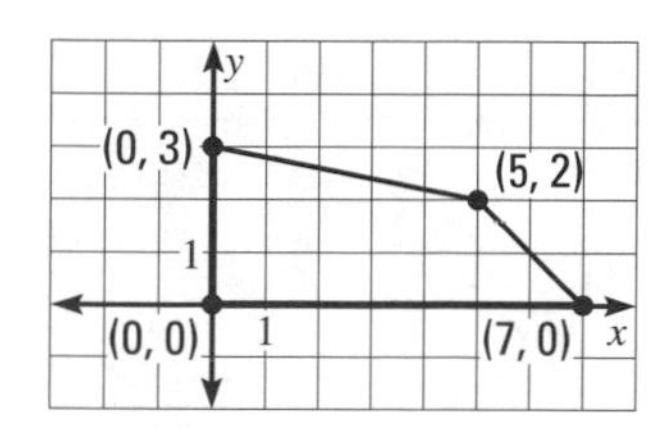

En (0, 0): $C = 6(\mathbf{0}) + 5(\mathbf{0}) = 0$ ← **Mínimo**

En (0, 3): $C = 6(\mathbf{0}) + 5(\mathbf{3}) = 15$

En (5, 2): $C = 6(\mathbf{5}) + 5(\mathbf{2}) = 40$

En (7, 0): $C = 6(\mathbf{7}) + 5(\mathbf{0}) = 42$ ← **Máximo**

Find the minimum and maximum values of the objective function $C = 5x + 2y$ subject to the given constraints.

13. $x \geq 0$
$y \geq 0$
$x + y \leq 10$

14. $x \geq 0$
$y \geq 0$
$4x + 5y \leq 20$

15. $x \geq 1; x \leq 4$
$y \geq 0; y \leq 9$

16. $y \leq 6; x + y \leq 10$
$x \geq 0; x - y \leq 0$

3.5 GRAPHING LINEAR EQUATIONS IN THREE VARIABLES

Examples on pp. 170–172

EXAMPLE You can sketch the graph of an equation in three variables in a three-dimensional coordinate system.

To graph $3x + 4y - 3z = 12$, find x-, y-, and z-intercepts.

If $y = 0$ and $z = 0$, then $x = 4$. Plot (4, 0, 0).

If $x = 0$ and $z = 0$, then $y = 3$. Plot (0, 3, 0).

If $x = 0$ and $y = 0$, then $z = -4$. Plot (0, 0, −4).

Draw the plane that contains (4, 0, 0), (0, 3, 0), and (0, 0, −4).

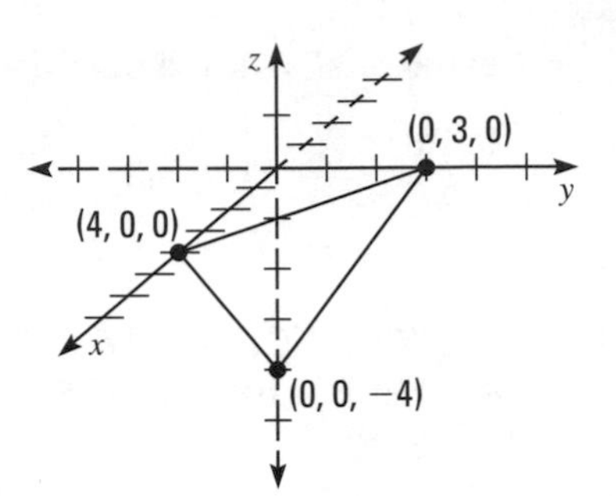

Sketch the graph of the equation. Label the points where the graph crosses the *x*-, *y*-, and *z*-axes.

17. $x + y + z = 5$

18. $5x + 3y + 6z = 30$

19. $3x + 6y - 4z = -12$

3.6 SOLVING SYSTEMS OF LINEAR EQUATIONS IN THREE VARIABLES

Examples on pp. 177–180

EXAMPLE You can use algebraic methods to solve a system of linear equations in three variables. First rewrite it as a system in two variables.

1 Add the first and second equations.

$$x - 3y + z = 22$$
$$2x - 2y - z = -9$$
$$x + y + 3z = 24$$

$$\begin{array}{r} x - 3y + z = 22 \\ 2x - 2y - z = -9 \\ \hline 3x - 5y = 13 \end{array}$$

2 Multiply the second equation by 3 and add to the third equation.

$$\begin{array}{r} 6x - 6y - 3z = -27 \\ x + y + 3z = 24 \\ \hline 7x - 5y = -3 \end{array}$$

3 Solve the new system.

$$\begin{array}{r} 3x - 5y = 13 \\ -7x + 5y = 3 \\ \hline -4x = 16 \end{array}$$

$\mathbf{x = -4}$ and $\mathbf{y = -5}$

When you substitute $\mathbf{x = -4}$ and $\mathbf{y = -5}$ into one of the original equations, you get the value of the last variable: $\mathbf{z = 11}$.

Solve the system using any algebraic method.

20. $x + 2y - z = 3$
$-x + y + 3z = -5$
$3x + y + 2z = 4$

21. $2x - 4y + 3z = 1$
$6x + 2y + 10z = 19$
$-2x + 5y - 2z = 2$

22. $x + y + z = 3$
$x + y - z = 3$
$2x + 2y + z = 6$

Halla los valores mínimos y máximos de la función objetivo $C = 5x + 2y$ sujeta a las restricciones siguientes.

13. $x \geq 0$
$y \geq 0$
$x + y \leq 10$

14. $x \geq 0$
$y \geq 0$
$4x + 5y \leq 20$

15. $x \geq 1; x \leq 4$
$y \geq 0; y \leq 9$

16. $y \leq 6; x + y \leq 10$
$x \geq 0; x - y \leq 0$

3.5 CÓMO HACER GRÁFICAS DE ECUACIONES LINEALES CON TRES VARIABLES

Ejemplos en págs. 170–172

EJEMPLO Puedes hacer la gráfica de una ecuación con tres variables en un sistema de coordenadas tridimensionales.

Para hacer una gráfica de $3x + 4y - 3z = 12$, halla los interceptos en *x*, en *y* y en *z*.

Si $y = 0$ y $z = 0$, entonces $x = 4$. Traza (4, 0, 0).

Si $x = 0$ y $z = 0$, entonces $y = 3$. Traza (0, 3, 0).

Si $x = 0$ e $y = 0$, entonces $z = -4$. Traza (0, 0, −4).

Dibuja el plano que contenga (4, 0, 0), (0, 3, 0), y (0, 0, −4).

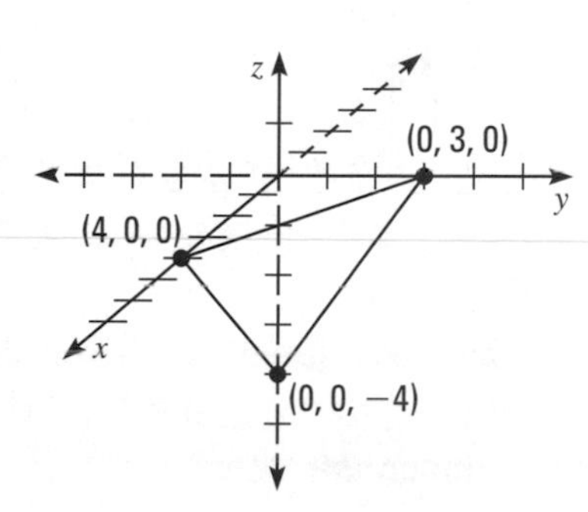

Haz la gráfica de la ecuación. Escribe los puntos donde la gráfica corta los ejes de *x*, *y* y *z*.

17. $x + y + z = 5$

18. $5x + 3y + 6z = 30$

19. $3x + 6y - 4z = -12$

3.6 CÓMO RESOLVER SISTEMAS DE ECUACIONES LINEALES CON TRES VARIABLES

Ejemplos en págs. 177–180

EJEMPLO Puedes usar métodos algebraicos para resolver un sistema de ecuaciones lineales con tres variables. Primero vuelve a escribirlo como un sistema con dos variables.

1 Suma la primera ecuación a la segunda.

$x - 3y + z = 22$
$2x - 2y - z = -9$
$x + y + 3z = 24$

$$\begin{array}{r} x - 3y + z = 22 \\ 2x - 2y - z = -9 \\ \hline 3x - 5y = 13 \end{array}$$

2 Multiplica la segunda ecuación por 3 y súmala a la tercera.

$$\begin{array}{r} 6x - 6y - 3z = -27 \\ x + y + 3z = 24 \\ \hline 7x - 5y = -3 \end{array}$$

3 Resuelve el nuevo sistema.

$$\begin{array}{r} 3x - 5y = 13 \\ -7x + 5y = 3 \\ \hline -4x = 16 \end{array}$$

$\mathbf{x = -4}$ e $\mathbf{y = -5}$

Cuando sustituyes $\mathbf{x = -4}$ e $\mathbf{y = -5}$ en una de las ecuaciones originales, obtienes el valor de la última variable: $\mathbf{z = 11}$.

Resuelve el sistema usando un método algebraico.

20. $x + 2y - z = 3$
$-x + y + 3z = -5$
$3x + y + 2z = 4$

21. $2x - 4y + 3z = 1$
$6x + 2y + 10z = 19$
$-2x + 5y - 2z = 2$

22. $x + y + z = 3$
$x + y - z = 3$
$2x + 2y + z = 6$

CHAPTER 3

Chapter Test

Graph the linear system and tell how many solutions it has. If there is exactly one solution, estimate the solution and check it algebraically.

1. $x + y = 1$
$2x - 3y = 12$

2. $y = -\frac{1}{3}x + 4$
$y = 6$

3. $y = 2x + 2$
$y = 2x - 3$

4. $\frac{1}{2}x + 5y = 2$
$-x - 10y = -4$

Solve the system using any algebraic method.

5. $3x + 6y = -9$
$x + 2y = -3$

6. $x - y = -5$
$x + y = 11$

7. $7x + y = -17$
$3x - 10y = 24$

8. $8x + 3y = -2$
$-5x + y = -3$

Graph the system of linear inequalities.

9. $2x + y \geq 1$
$x \leq 3$

10. $x \geq 0$
$y < x$
$y > -x$

11. $x + 2y \geq -6$
$x + 2y \leq 2$
$y \geq -1$

12. $x + y < 7$
$2x - y \geq 5$
$x \geq -2$

Find the minimum and maximum values of the objective function subject to the given constraints.

13. Objective function: $C = 7x + 4y$

Constraints: $x \geq 0$
$y \geq 0$
$4x + 3y \leq 24$

14. Objective function: $C = 3x + 4y$

Constraints: $x + y \leq 10$
$-x + y \leq 5$
$2x + 4y \leq 32$

Plot the ordered triple in a three-dimensional coordinate system.

15. $(-1, 3, 2)$ **16.** $(0, 4, -2)$ **17.** $(-5, -1, 2)$ **18.** $(6, -2, 1)$

Sketch the graph of the equation. Label the points where the graph crosses the *x*-, *y*-, and *z*-axes.

19. $2x + 3y + 5z = 30$ **20.** $4x + y + 2z = 8$ **21.** $3x + 12y - 6z = 24$

22. Write the linear equation $2x - 5y + z = 9$ as a function of x and y. Then evaluate the function when $x = 10$ and $y = 3$.

Solve the system using any algebraic method.

23. $x + 2y - 6z = 23$
$x + 3y + z = 4$
$2x + 5y - 4z = 24$

24. $x + y + 2z = 1$
$x - y + z = 0$
$3x + 3y + 6z = 4$

25. $x + 3y - z = 1$
$-4x - 2y + 5z = 16$
$7x + 10y + 6z = -15$

26. **CRAFT SUPPLIES** You are buying beads and string to make a necklace. The string costs $1.50, a package of 10 decorative beads costs $.50, and a package of 25 plain beads costs $.75. You can spend only $7.00 and you need 150 beads. How many packages of each type of bead should you buy?

27. **BUSINESS** An appliance store manager is ordering chest and upright freezers. One chest freezer costs $250 and delivers a $40 profit. One upright freezer costs $400 and delivers a $60 profit. Based on previous sales, the manager expects to sell at least 100 freezers. Total profit must be at least $4800. Find the least number of each type of freezer the manager should order to minimize costs.

CAPÍTULO 3

Prueba del capítulo

Haz una gráfica del sistema lineal e indica cuántas soluciones tiene. Si hay exactamente una solución, estima la solución y compruébala algebraicamente.

1. $x + y = 1$
$2x - 3y = 12$

2. $y = -\frac{1}{3}x + 4$
$y = 6$

3. $y = 2x + 2$
$y = 2x - 3$

4. $\frac{1}{2}x + 5y = 2$
$-x - 10y = -4$

Resuelve el sistema usando un método algebraico.

5. $3x + 6y = -9$
$x + 2y = -3$

6. $x - y = -5$
$x + y = 11$

7. $7x + y = -17$
$3x - 10y = 24$

8. $8x + 3y = -2$
$-5x + y = -3$

Haz una gráfica del sistema de desigualdades lineales.

9. $2x + y \geq 1$
$x \leq 3$

10. $x \geq 0$
$y < x$
$y > -x$

11. $x + 2y \geq -6$
$x + 2y \leq 2$
$y \geq -1$

12. $x + y < 7$
$2x - y \geq 5$
$x \geq -2$

Halla los valores mínimos y máximos de la función objetivo sujeta a las restricciones siguientes.

13. Función objetivo: $C = 7x + 4y$
Restricciones: $x \geq 0$
$y \geq 0$
$4x + 3y \leq 24$

14. Función objetivo: $C = 3x + 4y$
Restricciones: $x + y \leq 10$
$-x + y \leq 5$
$2x + 4y \leq 32$

Representa el trío ordenado en un sistema de coordenadas tridimensionales.

15. $(-1, 3, 2)$

16. $(0, 4, -2)$

17. $(-5, -1, 2)$

18. $(6, -2, 1)$

Haz la gráfica de la ecuación. Escribe los puntos donde la gráfica corta los ejes de *x, y* y *z*.

19. $2x + 3y + 5z = 30$

20. $4x + y + 2z = 8$

21. $3x + 12y - 6z = 24$

22. Escribe la ecuación lineal $2x - 5y + z = 9$ como una función de x e y. Después, evalúa la función cuando $x = 10$ e $y = 3$.

Resuelve el sistema usando un método algebraico.

23. $x + 2y - 6z = 23$
$x + 3y + z = 4$
$2x + 5y - 4z = 24$

24. $x + y + 2z = 1$
$x - y + z = 0$
$3x + 3y + 6z = 4$

25. $x + 3y - z = 1$
$-4x - 2y + 5z = 16$
$7x + 10y + 6z = -15$

26. **SUMINISTROS DE ARTESANÍA** Estás comprando cuentas y un cordel para hacer un collar. El cordel cuesta \$1.50, un paquete de 10 cuentas decorativas cuesta \$.50 y un paqueta de cuentas sencillas cuesta \$.75. Solamente puedes gastar \$7.00 y necesitas 150 cuentas. ¿Cuántos paquetes de cada tipo de cuentas puedes comprar?

27. **COMERCIO** El gerente de una tienda de electrodomésticos está haciendo un pedido de congeladores de tipo horizontal y vertical. Un congelador horizontal cuesta \$250 y proporciona una ganancia de \$40. Un congelador vertical cuesta \$400 y proporciona una ganancia de \$60. Basado en ventas anteriores, el gerente espera vender por lo menos 100 congeladores. La ganancia debe ser un mínimo de \$4,800. Halla el menor número de congeladores de cada tipo que el gerente debe pedir para minimizar los costos.

CHAPTER 4 Chapter Summary

WHAT did you learn?	*WHY did you learn it?*
Use matrices and determinants in real-life situations. **(4.1–4.5)**	Organize data, such as the number and dollar value of Hispanic music products shipped. **(p. 204)**
Perform matrix operations.	
• add and subtract matrices **(4.1)**	Find the total cost of college tuition plus room and board. **(p. 205)**
• multiply a matrix by a scalar **(4.1)**	Write U.S. population data as percents of total population. **(p. 205)**
• multiply two matrices **(4.2)**	Calculate the cost of softball equipment. **(p. 210)**
Evaluate the determinant of a matrix. **(4.3)**	Find the area of the Golden Triangle. **(p. 220)**
Find the inverse of a matrix. **(4.4)**	Encode or decode a cryptogram. **(pp. 225, 226)**
Solve matrix equations. **(4.1, 4.4, 4.5)**	Extend the process of equation solving to equations whose solutions are matrices. **(pp. 201, 224)**
Solve systems of linear equations.	
• using Cramer's rule **(4.3)**	Find the cost of gasoline. **(p. 220)**
• using inverse matrices **(4.5)**	Calculate a budget. **(p. 235)**
Use systems of linear equations to solve real-life problems. **(4.3, 4.5)**	Decide how much money to invest in each of three types of mutual funds. **(p. 232)**

How does Chapter 4 fit into the BIGGER PICTURE of algebra?

Your study of linear algebra has continued with Chapter 4. Matrices are used throughout linear algebra, especially for solving linear systems. This introduction to matrices, their uses, and properties of matrix operations also connects to your past. For example, instead of multiplying real numbers, or variables that represent real numbers, you multiplied matrices. You also saw properties, such as the commutative property of multiplication, that apply to real numbers but not to matrices.

STUDY STRATEGY

Did you write out the steps?

Here is an example of several steps you can write when multiplying two matrices, following the **Study Strategy** on page 198.

Writing Out the Steps

$$\begin{bmatrix} 1 & -6 \\ -3 & 2 \end{bmatrix}\begin{bmatrix} -9 & 0 \\ -2 & 7 \end{bmatrix}$$

$$= \begin{bmatrix} 1(-9) + (-6)(-2) & 1(0) + (-6)7 \\ -3(-9) + 2(-2) & -3(0) + 2(7) \end{bmatrix}$$

$$= \begin{bmatrix} -9 + 12 & 0 - 42 \\ 27 - 4 & 0 + 14 \end{bmatrix}$$

$$= \begin{bmatrix} 3 & -42 \\ 23 & 14 \end{bmatrix}$$

CAPÍTULO 4

Resumen del capítulo

¿QUÉ aprendiste?	*¿PARA QUÉ lo aprendiste?*
Usar matrices y determinantes en situaciones de la vida real. **(4.1–4.5)**	Organizar datos tales como el número y el valor en dólares de las ventas de productos musicales hispanos. **(pág. 204)**
Efectuar operaciones con matrices.	
• sumar y restar matrices **(4.1)**	Hallar el costo total de la matrícula universitaria más los costos de hospedaje. **(pág. 205)**
• multiplicar una matriz por un escalar **(4.1)**	Escribir datos de la población de EE.UU. como porcentajes de la población total. **(pág. 205)**
• multiplicar dos matrices **(4.2)**	Calcular el costo de equipos de *softball.* **(pág. 210)**
Evaluar el determinante de una matriz. **(4.3)**	Hallar el área del *Golden Triangle.* **(pág. 220)**
Hallar el inverso de una matriz. **(4.4)**	Cifrar y descifrar un criptograma. **(págs. 225, 226)**
Resolver ecuaciones matriciales. **(4.1, 4.4, 4.5)**	Extender el proceso de resolución de ecuaciones a ecuaciones cuyas soluciones son matrices. **(págs. 201, 224)**
Resolver sistemas de ecuaciones lineales.	
• usando la regla de Cramer **(4.3)**	Hallar el costo de la gasolina. **(pág. 220)**
• usando matrices inversas **(4.5)**	Calcular un presupuesto. **(pág. 235)**
Usar sistemas de ecuaciones lineales para resolver problemas de la vida real. **(4.3, 4.5)**	Determinar la cantidad de dinero a invertir en tres tipos de fondos de inversión. **(pág. 232)**

¿Qué parte del álgebra estudiaste en este capítulo?

Tu estudio del álgebra lineal ha continuado en el Capítulo 4. Las matrices se usan a lo largo del álgebra lineal, especialmente para resolver sistemas lineales. Esta introducción a las matrices, sus usos y a las propiedades de las operaciones de las mismas también está relacionada con tu pasado. Por ejemplo, en vez de multiplicar números reales o variables que representan números reales, multiplicaste matrices. También aprendiste que hay propiedades, tal como la propiedad conmutativa de la multiplicación, que aplican a los números reales pero no a las matrices.

ESTRATEGIA DE ESTUDIO

¿Escribiste todos los pasos?

He aquí un ejemplo de varios pasos que puedes escribir cuando multiplicas dos matrices según la **Estrategia de estudio** en la página 198.

Escribiendo los pasos

$$\begin{bmatrix} 1 & -6 \\ -3 & 2 \end{bmatrix}\begin{bmatrix} -9 & 0 \\ -2 & 7 \end{bmatrix}$$

$$= \begin{bmatrix} 1(-9) + (-6)(-2) & 1(0) + (-6)7 \\ -3(-9) + 2(-2) & -3(0) + 2(7) \end{bmatrix}$$

$$= \begin{bmatrix} -9 + 12 & 0 - 42 \\ 27 - 4 & 0 + 14 \end{bmatrix}$$

$$= \begin{bmatrix} 3 & -42 \\ 23 & 14 \end{bmatrix}$$

CHAPTER 4

Chapter Review

VOCABULARY

- matrix, p. 199
- dimensions of a matrix, p. 199
- entries of a matrix, p. 199
- row matrix, p. 199
- column matrix, p. 199
- square matrix, p. 199
- zero matrix, p. 199
- equal matrices, p. 199
- scalar, p. 200
- determinant, p. 214
- Cramer's rule, p. 216
- coefficient matrix, p. 216
- identity matrix, p. 223
- inverse matrix, p. 223
- matrix of variables, p. 230
- matrix of constants, p. 230

4.1 MATRIX OPERATIONS

Examples on pp. 199–202

EXAMPLES You can add or subtract matrices that have the same dimensions by adding or subtracting corresponding entries.

$$\begin{bmatrix} 5 & -2 \\ 0 & 6 \end{bmatrix} + \begin{bmatrix} 9 & 1 \\ -4 & 4 \end{bmatrix} = \begin{bmatrix} 5+9 & -2+1 \\ 0+(-4) & 6+4 \end{bmatrix} = \begin{bmatrix} 14 & -1 \\ -4 & 10 \end{bmatrix}$$

You cannot subtract these matrices because they have different dimensions.

$$\begin{bmatrix} -2 & 1 \\ 0 & -3 \end{bmatrix} - \begin{bmatrix} 1 & -5 & -4 \\ 2 & 7 & 1 \end{bmatrix}$$

To do scalar multiplication, multiply each entry in the matrix by the scalar.

$$-3\begin{bmatrix} -12 & -6 \\ 3 & 1 \\ 2 & 8 \end{bmatrix} = \begin{bmatrix} (-3)(-12) & (-3)(-6) \\ (-3)(3) & (-3)(1) \\ (-3)(2) & (-3)(8) \end{bmatrix} = \begin{bmatrix} 36 & 18 \\ -9 & -3 \\ -6 & -24 \end{bmatrix}$$

To solve this matrix equation, equate corresponding entries and solve for x and y.

$$\begin{bmatrix} x+2 & 2 \\ -1 & 9 \end{bmatrix} = \begin{bmatrix} -6 & 2 \\ -1 & 3y \end{bmatrix}$$

Perform the indicated operation if possible. If not possible, state the reason.

1. $\begin{bmatrix} 15 & 4 \\ 3 & 12 \end{bmatrix} - \begin{bmatrix} 0 & 9 \\ 2 & 7 \end{bmatrix}$

2. $\begin{bmatrix} 3 & -2 \\ -4 & 1 \end{bmatrix} - \begin{bmatrix} 5 \\ -3 \end{bmatrix}$

3. $\begin{bmatrix} 6 & 10 \\ 9 & 6 \\ 4 & -1 \end{bmatrix} + \begin{bmatrix} 2 & 1 \\ 0 & 7 \\ 4 & 7 \end{bmatrix}$

4. $\begin{bmatrix} 0 & 1 & 5 \\ -2 & 3 & 1 \\ 1 & 2 & -4 \end{bmatrix} + \begin{bmatrix} 1 & -2 \\ 4 & 1 \\ 2 & -3 \end{bmatrix}$

5. $2\begin{bmatrix} 4 & 6 & -1 \\ 10 & -5 & 2 \\ 0 & 11 & 1 \end{bmatrix}$

6. $\frac{1}{2}\begin{bmatrix} -2 & 0 \\ 4 & 8 \\ -6 & -2 \end{bmatrix}$

Solve the matrix equation for *x* and *y*.

7. $\begin{bmatrix} 1 & 14 \\ -5x & 10 \end{bmatrix} = \begin{bmatrix} y-9 & 14 \\ 5 & 10 \end{bmatrix}$

8. $\begin{bmatrix} 3 & 4y \\ -1 & 13 \end{bmatrix} + \begin{bmatrix} -6 & 5 \\ 8 & 0 \end{bmatrix} = \begin{bmatrix} -3 & -7 \\ x & 13 \end{bmatrix}$

9. $\begin{bmatrix} 2 & 3y \\ 4 & -1 \end{bmatrix} + \begin{bmatrix} 0 & -4 \\ x & -2 \end{bmatrix} = \begin{bmatrix} 2 & 11 \\ 3 & -3 \end{bmatrix}$

10. $\begin{bmatrix} 7y & -2 \\ -3 & 5 \end{bmatrix} - \begin{bmatrix} 1 & 5 \\ x & -3 \end{bmatrix} = \begin{bmatrix} 6 & -7 \\ -2 & 8 \end{bmatrix}$

CAPÍTULO 4 Repaso del capítulo

VOCABULARIO

- matriz, pág. 199
- dimensiones de una matriz, pág. 199
- elementos de una matriz, pág. 199
- matriz fila, pág. 199
- matriz columna, pág. 199
- matriz cuadrada, pág. 199
- matriz cero, pág. 199
- matrices iguales, pág. 199
- escalar, pág. 200
- determinante, pág. 214
- regla de Cramer, pág. 216
- matriz coeficiente, pág. 216
- matriz identidad, pág. 223
- matriz inversa, pág. 223
- matriz de variables, pág. 230
- matriz de constantes, pág. 230

4.1 OPERACIONES CON MATRICES

Ejemplos en págs. 199–202

EJEMPLOS Puedes sumar o restar matrices que tienen las mismas dimensiones sumando o restando los elementos correspondientes.

$$\begin{bmatrix} 5 & -2 \\ 0 & 6 \end{bmatrix} + \begin{bmatrix} 9 & 1 \\ -4 & 4 \end{bmatrix} = \begin{bmatrix} 5+9 & -2+1 \\ 0+(-4) & 6+4 \end{bmatrix} = \begin{bmatrix} 14 & -1 \\ -4 & 10 \end{bmatrix}$$

No puedes restar estas matrices porque tienes dimensiones diferentes.

$$\begin{bmatrix} -2 & 1 \\ 0 & -3 \end{bmatrix} - \begin{bmatrix} 1 & -5 & -4 \\ 2 & 7 & 1 \end{bmatrix}$$

Para hacer la multiplicación escalar, multiplica cada elemento en la matriz por el escalar.

$$-3\begin{bmatrix} -12 & -6 \\ 3 & 1 \\ 2 & 8 \end{bmatrix} = \begin{bmatrix} (-3)(-12) & (-3)(-6) \\ (-3)(3) & (-3)(1) \\ (-3)(2) & (-3)(8) \end{bmatrix} = \begin{bmatrix} 36 & 18 \\ -9 & -3 \\ -6 & -24 \end{bmatrix}$$

Para resolver esta ecuación matricial, iguala los elementos correspondientes y resuelve para x e y.

$$\begin{bmatrix} x+2 & 2 \\ -1 & 9 \end{bmatrix} = \begin{bmatrix} -6 & 2 \\ -1 & 3y \end{bmatrix}$$

Si es posible, efectúa la operación indicada. Si no es posible, explica la razón.

1. $\begin{bmatrix} 15 & 4 \\ 3 & 12 \end{bmatrix} - \begin{bmatrix} 0 & 9 \\ 2 & 7 \end{bmatrix}$

2. $\begin{bmatrix} 3 & -2 \\ -4 & 1 \end{bmatrix} - \begin{bmatrix} 5 \\ -3 \end{bmatrix}$

3. $\begin{bmatrix} 6 & 10 \\ 9 & 6 \\ 4 & -1 \end{bmatrix} + \begin{bmatrix} 2 & 1 \\ 0 & 7 \\ 4 & 7 \end{bmatrix}$

4. $\begin{bmatrix} 0 & 1 & 5 \\ -2 & 3 & 1 \\ 1 & 2 & -4 \end{bmatrix} + \begin{bmatrix} 1 & -2 \\ 4 & 1 \\ 2 & -3 \end{bmatrix}$

5. $2\begin{bmatrix} 4 & 6 & -1 \\ 10 & -5 & 2 \\ 0 & 11 & 1 \end{bmatrix}$

6. $\frac{1}{2}\begin{bmatrix} -2 & 0 \\ 4 & 8 \\ -6 & -2 \end{bmatrix}$

Resuelve la ecuación matricial para *x* e *y*.

7. $\begin{bmatrix} 1 & 14 \\ -5x & 10 \end{bmatrix} = \begin{bmatrix} y-9 & 14 \\ 5 & 10 \end{bmatrix}$

8. $\begin{bmatrix} 3 & 4y \\ -1 & 13 \end{bmatrix} + \begin{bmatrix} -6 & 5 \\ 8 & 0 \end{bmatrix} = \begin{bmatrix} -3 & -7 \\ x & 13 \end{bmatrix}$

9. $\begin{bmatrix} 2 & 3y \\ 4 & -1 \end{bmatrix} + \begin{bmatrix} 0 & -4 \\ x & -2 \end{bmatrix} = \begin{bmatrix} 2 & 11 \\ 3 & -3 \end{bmatrix}$

10. $\begin{bmatrix} 7y & -2 \\ -3 & 5 \end{bmatrix} - \begin{bmatrix} 1 & 5 \\ x & -3 \end{bmatrix} = \begin{bmatrix} 6 & -7 \\ -2 & 8 \end{bmatrix}$

4.2 MULTIPLYING MATRICES

Examples on pp. 208–210

EXAMPLE You can multiply a matrix with n columns by a matrix with n rows.

$$\begin{bmatrix} -6 & 1 \\ 5 & -2 \end{bmatrix}\begin{bmatrix} 6 & 3 \\ 0 & 1 \end{bmatrix} = \begin{bmatrix} (-6)(6) + (1)(0) & (-6)(3) + (1)(1) \\ (5)(6) + (-2)(0) & (5)(3) + (-2)(1) \end{bmatrix} = \begin{bmatrix} -36 & -17 \\ 30 & 13 \end{bmatrix}$$

Write the product. If it is not defined, state the reason.

11. $\begin{bmatrix} 12 \\ -4 \end{bmatrix}\begin{bmatrix} -10 & -7 \end{bmatrix}$

12. $\begin{bmatrix} 2 & 15 \\ -3 & 10 \end{bmatrix}\begin{bmatrix} -5 & 12 \\ 1 & 0 \end{bmatrix}$

13. $\begin{bmatrix} 1 & 7 \\ 0 & 9 \end{bmatrix}\begin{bmatrix} 3 & -1 & 8 \\ 2 & -4 & 8 \end{bmatrix}$

4.3 DETERMINANTS AND CRAMER'S RULE

Examples on pp. 214–217

EXAMPLE You can evaluate the determinant of a 2×2 or a 3×3 matrix. Find products of the entries on the diagonals and subtract.

$$\det\begin{bmatrix} -2 & -6 \\ 1 & 4 \end{bmatrix} = \begin{vmatrix} -2 & -6 \\ 1 & 4 \end{vmatrix} = -2(4) - 1(-6) = -8 + 6 = -2$$

$$\det\begin{bmatrix} 2 & 1 & 5 \\ -1 & 6 & 3 \\ 2 & -4 & 2 \end{bmatrix} = \begin{vmatrix} 2 & 1 & 5 \\ -1 & 6 & 3 \\ 2 & -4 & 2 \end{vmatrix}\begin{matrix} 2 & 1 \\ -1 & 6 \\ 2 & -4 \end{matrix} = (24 + 6 + 20) - [60 + (-24) + (-2)] = 16$$

You can find the area of a triangle with vertices (x_1, y_1), (x_2, y_2), and (x_3, y_3) using

$$\text{Area} = \pm\frac{1}{2}\begin{vmatrix} x_1 & y_1 & 1 \\ x_2 & y_2 & 1 \\ x_3 & y_3 & 1 \end{vmatrix}$$

where $\pm$ indicates you should choose the sign that yields a positive value.

You can use Cramer's rule to solve a system of linear equations. First find the determinant of the coefficient matrix and then use Cramer's rule to solve for x and y.

$3x - 4y = 12$
$x + 2y = 14$

$$\det\begin{bmatrix} 3 & -4 \\ 1 & 2 \end{bmatrix} = \begin{vmatrix} 3 & -4 \\ 1 & 2 \end{vmatrix} = 3(2) - 1(-4) = 6 + 4 = 10$$

$$x = \frac{\begin{vmatrix} 12 & -4 \\ 14 & 2 \end{vmatrix}}{10} = \frac{12(2) - 14(-4)}{10} = \frac{80}{10} = 8 \qquad y = \frac{\begin{vmatrix} 3 & 12 \\ 1 & 14 \end{vmatrix}}{10} = \frac{3(14) - 1(12)}{10} = \frac{30}{10} = 3$$

Evaluate the determinant of the matrix.

14. $\begin{bmatrix} -9 & 1 \\ 3 & 2 \end{bmatrix}$

15. $\begin{bmatrix} 6 & -3 \\ 2 & 1 \end{bmatrix}$

16. $\begin{bmatrix} 3 & 1 & 0 \\ 2 & 1 & 1 \\ 0 & 3 & 4 \end{bmatrix}$

17. $\begin{bmatrix} 2 & -3 & 4 \\ 0 & 1 & -2 \\ 1 & 2 & -3 \end{bmatrix}$

18. Find the area of a triangle with vertices $A(0, 1)$, $B(2, 4)$, and $C(1, 8)$.

Use Cramer's rule to solve the linear system.

19. $7x - 4y = -3$
$2x + 5y = -7$

20. $2x + y = -2$
$x - 2y = 19$

21. $5x - 4y + 4z = 18$
$-x + 3y - 2z = 0$
$4x - 2y + 7z = 3$

4.4 IDENTITY AND INVERSE MATRICES

Examples on pp. 222–226

EXAMPLES You can find the inverse of an $n \times n$ matrix provided its determinant does not equal zero.

The inverse of $A = \begin{bmatrix} a & b \\ c & d \end{bmatrix}$ is $A^{-1} = \frac{1}{|A|}\begin{bmatrix} d & -b \\ -c & a \end{bmatrix}$.

If $A = \begin{bmatrix} 7 & 3 \\ 5 & 2 \end{bmatrix}$, then $A^{-1} = \frac{1}{7(2) - 5(3)}\begin{bmatrix} 2 & -3 \\ -5 & 7 \end{bmatrix} = -1\begin{bmatrix} 2 & -3 \\ -5 & 7 \end{bmatrix} = \begin{bmatrix} -2 & 3 \\ 5 & -7 \end{bmatrix}$.

You can use the inverse of a matrix A to solve a matrix equation $AX = B$: $X = A^{-1}B$.

$$\begin{bmatrix} 1 & 3 \\ 2 & 7 \end{bmatrix} X = \begin{bmatrix} 3 & 0 \\ 5 & 2 \end{bmatrix}$$

$$A^{-1} = \frac{1}{7 - 6}\begin{bmatrix} 7 & -3 \\ -2 & 1 \end{bmatrix} = \begin{bmatrix} 7 & -3 \\ -2 & 1 \end{bmatrix}$$

$$X = \begin{bmatrix} 7 & -3 \\ -2 & 1 \end{bmatrix}\begin{bmatrix} 3 & 0 \\ 5 & 2 \end{bmatrix} = \begin{bmatrix} 6 & -6 \\ -1 & 2 \end{bmatrix}$$

Find the inverse of the matrix.

22. $\begin{bmatrix} 2 & 3 \\ 7 & 11 \end{bmatrix}$ **23.** $\begin{bmatrix} 2 & 2 \\ 1 & 3 \end{bmatrix}$ **24.** $\begin{bmatrix} -3 & 6 \\ 2 & -4 \end{bmatrix}$ **25.** $\begin{bmatrix} 6 & -1 \\ -5 & 1 \end{bmatrix}$

Solve the matrix equation.

26. $\begin{bmatrix} 5 & 3 \\ 3 & 2 \end{bmatrix} X = \begin{bmatrix} 0 & 9 \\ -1 & 4 \end{bmatrix}$ **27.** $\begin{bmatrix} -7 & -5 \\ 4 & 3 \end{bmatrix} X + \begin{bmatrix} 8 & -2 \\ 6 & 1 \end{bmatrix} = \begin{bmatrix} 9 & -3 \\ 6 & 2 \end{bmatrix}$

4.5 SOLVING SYSTEMS USING INVERSE MATRICES

Examples on pp. 230–232

EXAMPLE You can use inverse matrices to solve a system of linear equations.

$x + 3y = 10$
$2x + 5y = -2$

Write in matrix form. $\begin{bmatrix} 1 & 3 \\ 2 & 5 \end{bmatrix}\begin{bmatrix} x \\ y \end{bmatrix} = \begin{bmatrix} 10 \\ -2 \end{bmatrix}$

$A \quad X = B$

Then $X = A^{-1}B = \frac{1}{1(5) - 2(3)}\begin{bmatrix} 5 & -3 \\ -2 & 1 \end{bmatrix}\begin{bmatrix} 10 \\ -2 \end{bmatrix} = -1\begin{bmatrix} 56 \\ -22 \end{bmatrix} = \begin{bmatrix} -56 \\ 22 \end{bmatrix}$.

The solution is $(-56, 22)$.

Use an inverse matrix to solve the linear system.

28. $9x + 8y = -6$
$-x - y = 1$

29. $x - 3y = -2$
$5x + 3y = 17$

30. $4x - 14y = -15$
$18x - 12y = 9$

Use an inverse matrix and a graphing calculator to solve the linear system.

31. $x - y - 4z = 3$
$-x + 3y - z = -1$
$x - y + 5z = 3$

32. $4x + 10y - z = -3$
$11x + 28y - 4z = 1$
$-6x - 15y + 2z = -1$

33. $5x - 3y + 5z = -1$
$3x + 2y + 4z = 11$
$2x - y + 3z = 4$

4.2 CÓMO MULTIPLICAR MATRICES

Ejemplos en págs. 208–210

EJEMPLO Puedes multiplicar una matriz con n columnas por una matriz con n filas.

$$\begin{bmatrix} -6 & 1 \\ 5 & -2 \end{bmatrix}\begin{bmatrix} 6 & 3 \\ 0 & 1 \end{bmatrix} = \begin{bmatrix} (-6)(6) + (1)(0) & (-6)(3) + (1)(1) \\ (5)(6) + (-2)(0) & (5)(3) + (-2)(1) \end{bmatrix} = \begin{bmatrix} -36 & -17 \\ 30 & 13 \end{bmatrix}$$

Escribe el producto. Si no está definido, explica la razón.

11. $\begin{bmatrix} 12 \\ -4 \end{bmatrix}\begin{bmatrix} -10 & -7 \end{bmatrix}$

12. $\begin{bmatrix} 2 & 15 \\ -3 & 10 \end{bmatrix}\begin{bmatrix} -5 & 12 \\ 1 & 0 \end{bmatrix}$

13. $\begin{bmatrix} 1 & 7 \\ 0 & 9 \end{bmatrix}\begin{bmatrix} 3 & -1 & 8 \\ 2 & -4 & 8 \end{bmatrix}$

4.3 DETERMINANTES Y LA REGLA DE CRAMER

Ejemplos en págs. 214–217

EJEMPLOS Puedes evaluar el determinante de una matriz 2×2 ó 3×3. Halla los productos de los elementos en las diagonales y resta.

$$\det \begin{bmatrix} -2 & -6 \\ 1 & 4 \end{bmatrix} = \begin{vmatrix} -2 & -6 \\ 1 & 4 \end{vmatrix} = -2(4) - 1(-6) = -8 + 6 = -2$$

$$\det \begin{bmatrix} 2 & 1 & 5 \\ -1 & 6 & 3 \\ 2 & -4 & 2 \end{bmatrix} = \begin{vmatrix} 2 & 1 & 5 \\ -1 & 6 & 3 \\ 2 & -4 & 2 \end{vmatrix} \begin{matrix} 2 & 1 \\ -1 & 6 \\ 2 & -4 \end{matrix} = (24 + 6 + 20) - [60 + (-24) + (-2)] = 16$$

Puedes hallar el área de un triángulo con vértices (x_1, y_1), (x_2, y_2) y (x_3, y_3) usando

$$\text{Área} = \pm\frac{1}{2}\begin{vmatrix} x_1 & y_1 & 1 \\ x_2 & y_2 & 1 \\ x_3 & y_3 & 1 \end{vmatrix}$$

donde $\pm$ indica que debes usar el signo que resulte en un valor positivo.

Puede usar la regla de Cramer para resolver un sistema de ecuaciones lineales. Primero halla el determinante de la matriz coeficiente y después usa la regla de Cramer para resolver x e y.

$$\begin{aligned} 3x - 4y &= 12 \\ x + 2y &= 14 \end{aligned} \qquad \det \begin{bmatrix} 3 & -4 \\ 1 & 2 \end{bmatrix} = \begin{vmatrix} 3 & -4 \\ 1 & 2 \end{vmatrix} = 3(2) - 1(-4) = 6 + 4 = 10$$

$$x = \frac{\begin{vmatrix} 12 & -4 \\ 14 & 2 \end{vmatrix}}{10} = \frac{12(2) - 14(-4)}{10} = \frac{80}{10} = 8 \qquad y = \frac{\begin{vmatrix} 3 & 12 \\ 1 & 14 \end{vmatrix}}{10} = \frac{3(14) - 1(12)}{10} = \frac{30}{10} = 3$$

Evalúa el determinante de la matriz.

14. $\begin{bmatrix} -9 & 1 \\ 3 & 2 \end{bmatrix}$

15. $\begin{bmatrix} 6 & -3 \\ 2 & 1 \end{bmatrix}$

16. $\begin{bmatrix} 3 & 1 & 0 \\ 2 & 1 & 1 \\ 0 & 3 & 4 \end{bmatrix}$

17. $\begin{bmatrix} 2 & -3 & 4 \\ 0 & 1 & -2 \\ 1 & 2 & -3 \end{bmatrix}$

18. Halla el área de un triángulo con vértices $A(0, 1)$, $B(2, 4)$ y $C(1, 8)$.

Usa la regla de Cramer para resolver el sistema lineal.

19. $7x - 4y = -3$
$2x + 5y = -7$

20. $2x + y = -2$
$x - 2y = 19$

21. $5x - 4y + 4z = 18$
$-x + 3y - 2z = 0$
$4x - 2y + 7z = 3$

4.4 MATRICES IDENTIDAD E INVERSA

Ejemplos en págs. 222–226

EJEMPLOS Puedes hallar la inversa de una matriz $n \times n$ siempre que su determinante no sea igual a cero.

La inversa de $A = \begin{bmatrix} a & b \\ c & d \end{bmatrix}$ es $A^{-1} = \frac{1}{|A|}\begin{bmatrix} d & -b \\ -c & a \end{bmatrix}$.

Si $A = \begin{bmatrix} 7 & 3 \\ 5 & 2 \end{bmatrix}$, entonces $A^{-1} = \frac{1}{7(2) - 5(3)}\begin{bmatrix} 2 & -3 \\ -5 & 7 \end{bmatrix} = -1\begin{bmatrix} 2 & -3 \\ -5 & 7 \end{bmatrix} = \begin{bmatrix} -2 & 3 \\ 5 & -7 \end{bmatrix}$.

Puedes usar la inversa de una matriz A para resolver una ecuación matricial $AX = B$: $X = A^{-1}B$.

$$\begin{bmatrix} 1 & 3 \\ 2 & 7 \end{bmatrix}X = \begin{bmatrix} 3 & 0 \\ 5 & 2 \end{bmatrix}$$

$$A^{-1} = \frac{1}{7-6}\begin{bmatrix} 7 & -3 \\ -2 & 1 \end{bmatrix} = \begin{bmatrix} 7 & -3 \\ -2 & 1 \end{bmatrix}$$

$$X = \begin{bmatrix} 7 & -3 \\ -2 & 1 \end{bmatrix}\begin{bmatrix} 3 & 0 \\ 5 & 2 \end{bmatrix} = \begin{bmatrix} 6 & -6 \\ -1 & 2 \end{bmatrix}$$

Halla la inversa de la matriz.

22. $\begin{bmatrix} 2 & 3 \\ 7 & 11 \end{bmatrix}$ **23.** $\begin{bmatrix} 2 & 2 \\ 1 & 3 \end{bmatrix}$ **24.** $\begin{bmatrix} -3 & 6 \\ 2 & -4 \end{bmatrix}$ **25.** $\begin{bmatrix} 6 & -1 \\ -5 & 1 \end{bmatrix}$

Resuelve la ecuación matricial.

26. $\begin{bmatrix} 5 & 3 \\ 3 & 2 \end{bmatrix}X = \begin{bmatrix} 0 & 9 \\ -1 & 4 \end{bmatrix}$

27. $\begin{bmatrix} -7 & -5 \\ 4 & 3 \end{bmatrix}X + \begin{bmatrix} 8 & -2 \\ 6 & 1 \end{bmatrix} = \begin{bmatrix} 9 & -3 \\ 6 & 2 \end{bmatrix}$

4.5 CÓMO RESOLVER SISTEMAS USANDO MATRICES INVERSAS

Ejemplos en págs. 230–232

EJEMPLO Puedes usar matrices inversas para resolver un sistema de ecuaciones lineales.

$x + 3y = 10$
$2x + 5y = -2$

Escribe en forma matricial.

$$\underset{A}{\begin{bmatrix} 1 & 3 \\ 2 & 5 \end{bmatrix}}\underset{X}{\begin{bmatrix} x \\ y \end{bmatrix}} = \underset{B}{\begin{bmatrix} 10 \\ -2 \end{bmatrix}}$$

Entonces $X = A^{-1}B = \frac{1}{1(5) - 2(3)}\begin{bmatrix} 5 & -3 \\ -2 & 1 \end{bmatrix}\begin{bmatrix} 10 \\ -2 \end{bmatrix} = -1\begin{bmatrix} 56 \\ -22 \end{bmatrix} = \begin{bmatrix} -56 \\ 22 \end{bmatrix}$.

La solución es $(-56, 22)$.

Usa una matriz inversa para resolver el sistema lineal.

28. $9x + 8y = -6$
$-x - y = 1$

29. $x - 3y = -2$
$5x + 3y = 17$

30. $4x - 14y = -15$
$18x - 12y = 9$

Usa una matriz inversa y una calculadora de gráficas para resolver el sistema lineal.

31. $x - y - 4z = 3$
$-x + 3y - z = -1$
$x - y + 5z = 3$

32. $4x + 10y - z = -3$
$11x + 28y - 4z = 1$
$-6x - 15y + 2z = -1$

33. $5x - 3y + 5z = -1$
$3x + 2y + 4z = 11$
$2x - y + 3z = 4$

CHAPTER 4

Chapter Test

Perform the indicated operation(s).

1. $\begin{bmatrix} 2 & 5 & -4 \\ 3 & 0 & -2 \end{bmatrix} + \begin{bmatrix} 3 & 2 & 7 \\ -2 & -5 & 7 \end{bmatrix}$

2. $0.25\begin{bmatrix} 8 & 20 & -12 \\ -8 & -4 & 36 \end{bmatrix}$

3. $-4\left(\begin{bmatrix} 1 & 10 \\ -4 & -6 \end{bmatrix} - \begin{bmatrix} 4 & 8 \\ -3 & -8 \end{bmatrix}\right)$

4. $\begin{bmatrix} 4 & 1 & 4 \\ -1 & 8 & -3 \\ 4 & 3 & 0 \end{bmatrix}\begin{bmatrix} -2 \\ 2 \\ 6 \end{bmatrix}$

5. $\begin{bmatrix} -6 & 1 \\ 9 & 2 \end{bmatrix}\begin{bmatrix} 3 & 0 \\ -5 & 4 \end{bmatrix}$

6. $\begin{bmatrix} 0 & 1 & 0 \\ 2 & -1 & 1 \\ 0 & 2 & -1 \end{bmatrix}\begin{bmatrix} -1 & 2 & 0 \\ 4 & 6 & 0 \\ 1 & 0 & 1 \end{bmatrix}$

Solve the matrix equation for *x* and *y*.

7. $\begin{bmatrix} -1 & y+6 \\ x-4 & 3 \end{bmatrix} = \begin{bmatrix} -1 & 8 \\ -9 & 3 \end{bmatrix}$

8. $\begin{bmatrix} -22 & 9 \\ 1 & -y \end{bmatrix} = \begin{bmatrix} 2x & 9 \\ 1 & 4 \end{bmatrix}$

9. $3\begin{bmatrix} x & 1 \\ 8 & -4 \end{bmatrix} = \begin{bmatrix} -15 & 3 \\ y & -12 \end{bmatrix}$

Evaluate the determinant of the matrix.

10. $\begin{bmatrix} 7 & -9 \\ -3 & 4 \end{bmatrix}$

11. $\begin{bmatrix} -2 & -1 \\ 1 & -1 \end{bmatrix}$

12. $\begin{bmatrix} 4 & 0 & 1 \\ 1 & 5 & 3 \\ 2 & 2 & 0 \end{bmatrix}$

13. $\begin{bmatrix} -1 & 3 & 4 \\ 6 & 0 & -2 \\ 0 & -5 & 1 \end{bmatrix}$

Find the area of the triangle with the given vertices.

14. $A(2, 1), B(5, 3), C(7, 1)$

15. $A(-1, 0), B(-3, 3), C(0, 4)$

16. $A(-3, 2), B(-1, 4), C(-4, 3)$

Use Cramer's rule to solve the linear system.

17. $2x + y = 12$
    $5x + 3y = 27$

18. $-4x + 5y = -10$
    $5x - 6y = 13$

19. $x + y = 2$
    $2y - z = 0$
    $-x - y + z = -1$

20. $5x - 2y + 7z = 12$
    $2x + 5y + 3z = 10$
    $3x - y + 4z = 8$

Find the inverse of the matrix.

21. $\begin{bmatrix} 4 & 5 \\ 3 & 9 \end{bmatrix}$

22. $\begin{bmatrix} -1 & -2 \\ 1 & 1 \end{bmatrix}$

23. $\begin{bmatrix} -6 & 4 \\ 6 & -5 \end{bmatrix}$

24. $\begin{bmatrix} 1 & 0 \\ 0 & -5 \end{bmatrix}$

Solve the matrix equation.

25. $\begin{bmatrix} 8 & 7 \\ 1 & 1 \end{bmatrix}X = \begin{bmatrix} 3 & -6 \\ -2 & 9 \end{bmatrix}$

26. $\begin{bmatrix} 2 & 5 \\ 2 & 6 \end{bmatrix}X = \begin{bmatrix} 1 & 0 \\ 0 & 1 \end{bmatrix}$

27. $\begin{bmatrix} 1 & 0 \\ -6 & 2 \end{bmatrix}X = \begin{bmatrix} 10 & 6 & 8 \\ 4 & 12 & 2 \end{bmatrix}$

Use an inverse matrix to solve the linear system.

28. $x - y = 5$
    $-2x + 3y = -9$

29. $3x + 2y = -8$
    $-2x + 5y = 18$

30. $2x - 7y = 6$
    $-3x + 11y = -10$

31. **STAINED GLASS** You are making a stained glass panel using different colors as shown. The coordinates given are measured in inches. Find the area of the striped triangle.

32. **DECODING** Use the inverse of $A = \begin{bmatrix} 2 & -1 \\ 3 & -1 \end{bmatrix}$ and the coding information on pages 225 and 226 to decode the message below.

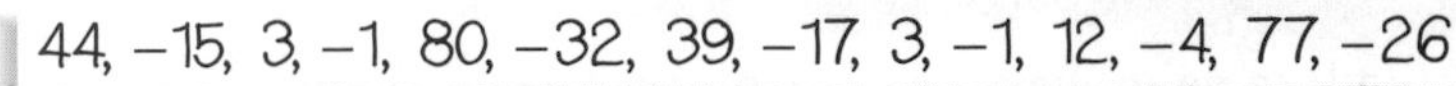
44, −15, 3, −1, 80, −32, 39, −17, 3, −1, 12, −4, 77, −26

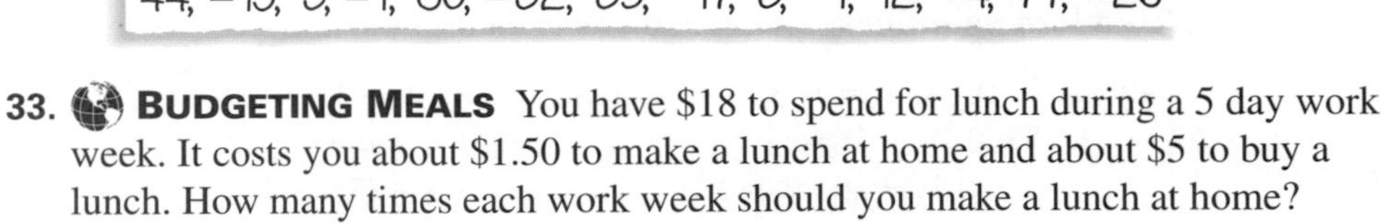

33. **BUDGETING MEALS** You have \$18 to spend for lunch during a 5 day work week. It costs you about \$1.50 to make a lunch at home and about \$5 to buy a lunch. How many times each work week should you make a lunch at home?

CAPÍTULO 4

Prueba del capítulo

Efectúa las operaciones indicadas.

1. $\begin{bmatrix} 2 & 5 & -4 \\ 3 & 0 & -2 \end{bmatrix} + \begin{bmatrix} 3 & 2 & 7 \\ -2 & -5 & 7 \end{bmatrix}$

2. $0.25\begin{bmatrix} 8 & 20 & -12 \\ -8 & -4 & 36 \end{bmatrix}$

3. $-4\left(\begin{bmatrix} 1 & 10 \\ -4 & -6 \end{bmatrix} - \begin{bmatrix} 4 & 8 \\ -3 & -8 \end{bmatrix}\right)$

4. $\begin{bmatrix} 4 & 1 & 4 \\ -1 & 8 & -3 \\ 4 & 3 & 0 \end{bmatrix}\begin{bmatrix} -2 \\ 2 \\ 6 \end{bmatrix}$

5. $\begin{bmatrix} -6 & 1 \\ 9 & 2 \end{bmatrix}\begin{bmatrix} 3 & 0 \\ -5 & 4 \end{bmatrix}$

6. $\begin{bmatrix} 0 & 1 & 0 \\ 2 & -1 & 1 \\ 0 & 2 & -1 \end{bmatrix}\begin{bmatrix} -1 & 2 & 0 \\ 4 & 6 & 0 \\ 1 & 0 & 1 \end{bmatrix}$

Resuelve la ecuación matricial para *x* e *y*.

7. $\begin{bmatrix} -1 & y+6 \\ x-4 & 3 \end{bmatrix} = \begin{bmatrix} -1 & 8 \\ -9 & 3 \end{bmatrix}$

8. $\begin{bmatrix} -22 & 9 \\ 1 & -y \end{bmatrix} = \begin{bmatrix} 2x & 9 \\ 1 & 4 \end{bmatrix}$

9. $3\begin{bmatrix} x & 1 \\ 8 & -4 \end{bmatrix} = \begin{bmatrix} -15 & 3 \\ y & -12 \end{bmatrix}$

Evalúa el determinante de la matriz.

10. $\begin{bmatrix} 7 & -9 \\ -3 & 4 \end{bmatrix}$

11. $\begin{bmatrix} -2 & -1 \\ 1 & -1 \end{bmatrix}$

12. $\begin{bmatrix} 4 & 0 & 1 \\ 1 & 5 & 3 \\ 2 & 2 & 0 \end{bmatrix}$

13. $\begin{bmatrix} -1 & 3 & 4 \\ 6 & 0 & -2 \\ 0 & -5 & 1 \end{bmatrix}$

Halla el área del triángulo con los vértices dados.

14. $A(2, 1), B(5, 3), C(7, 1)$

15. $A(-1, 0), B(-3, 3), C(0, 4)$

16. $A(-3, 2), B(-1, 4), C(-4, 3)$

Usa la regla de Cramer para resolver el sistema lineal.

17. $2x + y = 12$
$5x + 3y = 27$

18. $-4x + 5y = -10$
$5x - 6y = 13$

19. $x + y = 2$
$2y - z = 0$
$-x - y + z = -1$

20. $5x - 2y + 7z = 12$
$2x + 5y + 3z = 10$
$3x - y + 4z = 8$

Halla la inversa de la matriz.

21. $\begin{bmatrix} 4 & 5 \\ 3 & 9 \end{bmatrix}$

22. $\begin{bmatrix} -1 & -2 \\ 1 & 1 \end{bmatrix}$

23. $\begin{bmatrix} -6 & 4 \\ 6 & -5 \end{bmatrix}$

24. $\begin{bmatrix} 1 & 0 \\ 0 & -5 \end{bmatrix}$

Resuelve la ecuación matricial.

25. $\begin{bmatrix} 8 & 7 \\ 1 & 1 \end{bmatrix}X = \begin{bmatrix} 3 & -6 \\ -2 & 9 \end{bmatrix}$

26. $\begin{bmatrix} 2 & 5 \\ 2 & 6 \end{bmatrix}X = \begin{bmatrix} 1 & 0 \\ 0 & 1 \end{bmatrix}$

27. $\begin{bmatrix} 1 & 0 \\ -6 & 2 \end{bmatrix}X = \begin{bmatrix} 10 & 6 & 8 \\ 4 & 12 & 2 \end{bmatrix}$

Usa una matriz inversa para resolver el sistema lineal.

28. $x - y = 5$
$-2x + 3y = -9$

29. $3x + 2y = -8$
$-2x + 5y = 18$

30. $2x - 7y = 6$
$-3x + 11y = -10$

31. **VITRALES** Estás haciendo un vitral con cristales de colores diferentes como se muestra en la gráfica. Las coordenadas están dadas en pulgadas. Halla el área del triángulo rayado.

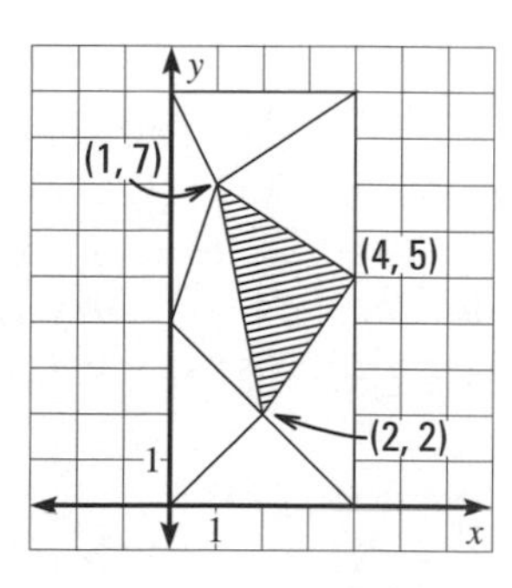

32. **DESCIFRAR** Usa el inverso de $A = \begin{bmatrix} 2 & -1 \\ 3 & -1 \end{bmatrix}$ y las cifras de información en las páginas 225 y 226 para descifrar el mensaje siguiente.

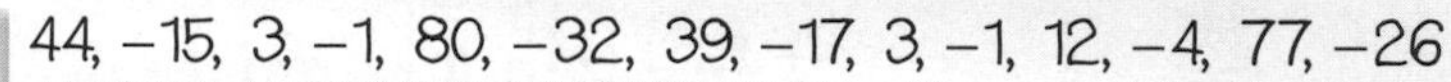

33. **PRESUPUESTAR COMIDAS** Tienes \$18 para gastar en el almuerzo durante una semana laboral de 5 días. Te cuesta aproximadamente \$1.50 preparar un almuerzo en casa y aproximadamente \$5 comprar una comida hecha. ¿Cuántas veces en cada semana laboral debes preparar el almuerzo en casa?

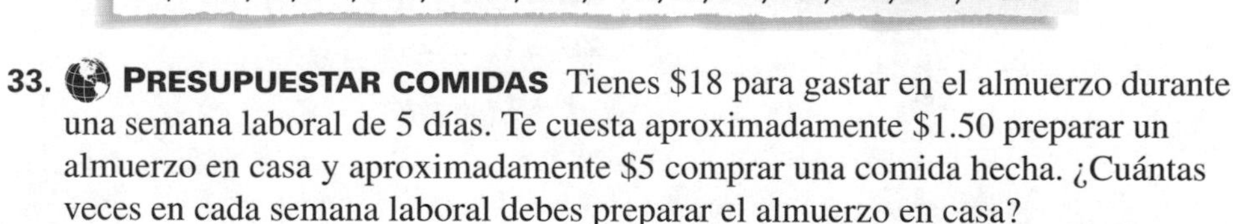

CHAPTER 5

Chapter Summary

WHAT did you learn?	WHY did you learn it?
Graph quadratic functions. **(5.1)**	Model the suspension cables on the Golden Gate Bridge. **(p. 252)**
Write quadratic functions in standard, intercept, and vertex forms. **(5.1, 5.2, 5.5)**	Find the amount of fertilizer that maximizes the sugar yield from sugarbeets. **(p. 285)**
Find zeros of quadratic functions. **(5.2)**	Determine what subscription price to charge for a Web site in order to maximize revenue. **(p. 259)**
Solve quadratic equations.	
• by factoring **(5.2)**	Calculate dimensions for a mural. **(p. 262)**
• by finding square roots **(5.3)**	Find a falling rock's time in the air. **(p. 268)**
• by completing the square **(5.5)**	Tell how a firefighter should position a hose. **(p. 288)**
• by using the quadratic formula **(5.6)**	Find the speed and duration of a thrill ride. **(p. 297)**
Perform operations with complex numbers. **(5.4)**	Determine whether a complex number belongs to the Mandelbrot set. **(p. 276)**
Find the discriminant of a quadratic equation. **(5.6)**	Identify the number and type of solutions of a quadratic equation. **(p. 293)**
Graph quadratic inequalities in two variables. **(5.7)**	Calculate the weight that a rope can support. **(p. 304)**
Solve quadratic inequalities in one variable. **(5.7)**	Relate a driver's age and reaction time. **(p. 302)**
Find quadratic models for data. **(5.8)**	Determine the effect of wind on a runner's performance. **(p. 311)**

How does Chapter 5 fit into the BIGGER PICTURE of algebra?

In Chapter 5 you saw the relationship between the *solutions* of the quadratic equation $ax^2 + bx + c = 0$, the *zeros* of the quadratic function $y = ax^2 + bx + c$, and the *x-intercepts* of this function's graph. You'll continue to see this relationship with other types of functions. Also, the graph of a quadratic function—a parabola—is one of the four conic sections. You'll study all the conic sections in Chapter 10.

STUDY STRATEGY

How did you troubleshoot?

Here is an example of a trouble spot identified and eliminated, following the **Study Strategy** on page 248.

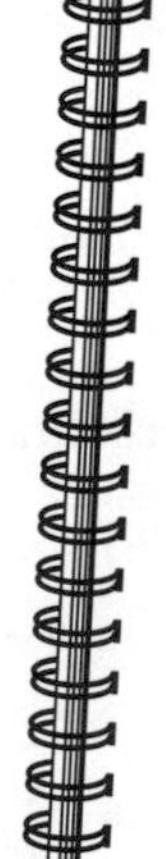

Troubleshoot

Trouble spot: Changing a quadratic function from standard form to vertex form by completing the square.

How to eliminate: Remember to add the same constant to *both* sides of the equation for the function.

Example:

$$y = x^2 + 10x - 3$$
$$y + 25 = (x^2 + 10x + 25) - 3$$
$$y + 25 = (x + 5)^2 - 3$$
$$y = (x + 5)^2 - 28$$

CAPÍTULO 5

Resumen del capítulo

¿QUÉ aprendiste? / ¿PARA QUÉ lo aprendiste?

¿QUÉ aprendiste?	¿PARA QUÉ lo aprendiste?
Hacer gráficas de funciones cuadráticas. **(5.1)**	Hacer un modelo de los cables de suspensión del puente *Golden Gate.* **(pág. 252)**
Escribir funciones cuadráticas en forma general, en forma intercepto y en forma vértice. **(5.1, 5.2, 5.5)**	Hallar la cantidad de fertilizante que maximizaría el rendimiento de azúcar de las remolachas. **(pág. 285)**
Hallar ceros en las funciones cuadráticas. **(5.2)**	Determinar el precio de subscripción a cobrar para una página de Internet para maximizar los ingresos. **(pág. 259)**
Resolver ecuaciones cuadráticas.	
• por factorización **(5.2)**	Calcular las dimensiones para un mural. **(pág. 262)**
• hallando la raíz cuadrada **(5.3)**	Hallar el tiempo en el aire de una piedra en descenso. **(pág. 268)**
• completando el cuadrado **(5.5)**	Indicar cómo un bombero debía colocar una manguera. **(pág. 288)**
• usando la fórmula cuadrática **(5.6)**	Hallar la velocidad y la duración de un salto electrizante. **(pág. 297)**
Efectuar operaciones con números complejos. **(5.4)**	Determinar si un número complejo pertenece al conjunto de Mandelbrot. **(pág. 276)**
Hallar el discriminante de una ecuación cuadrática. **(5.6)**	Identificar número y tipo de soluciones de una ecuación cuadrática. **(pág. 293)**
Hacer una gráfica de desigualdades cuadráticas en dos variables. **(5.7)**	Calcular el peso que puede soportar una soga. **(pág. 304)**
Resolver desigualdades cuadráticas en una variable. **(5.7)**	Relacionar la edad y el tiempo de reacción de un conductor. **(pág. 302)**
Hacer modelos cuadráticos para los datos. **(5.8)**	Determinar el efecto del viento en la velocidad de un corredor. **(pág. 311)**

¿Qué parte del álgebra estudiaste en este capítulo?

En el Capítulo 5 viste la relación entre las *soluciones* de la ecuación cuadrática $ax^2 + bx + c = 0$, los *ceros* de la función cuadrática $y = ax^2 + bx + c$, y los interceptos en x de la gráfica de esta función. Continuarás viendo esta relación con otros tipos de funciones. La gráfica de una función cuadrática (una parábola) es además una de las cuatro secciones cónicas. Estudiarás todas las secciones cónicas en el Capítulo 10.

ESTRATEGIA DE ESTUDIO

¿Cómo resolviste el problema?

He aquí un ejemplo de un punto problemático identificado y eliminado según la **Estrategia de estudio** en la página 248.

Resolver problemas

Punto problemático: Convertir una función cuadrática de forma general a forma vértice completando el cuadrado.

Cómo eliminarlo: Recuerda sumar la misma constante a los dos miembros de la ecuación para la función.

Ejemplo:

$$y = x^2 + 10x - 3$$
$$y + 25 = (x^2 + 10x + 25) - 3$$
$$y + 25 = (x + 5)^2 - 3$$
$$y = (x + 5)^2 - 28$$

CHAPTER 5

Chapter Review

VOCABULARY

- quadratic function, p. 249
- parabola, p. 249
- vertex of a parabola, p. 249
- axis of symmetry, p. 249
- standard form of a quadratic function, p. 250
- vertex form of a quadratic function, p. 250
- intercept form of a quadratic function, p. 250
- binomial, p. 256
- trinomial, p. 256
- factoring, p. 256
- monomial, p. 257
- quadratic equation, p. 257
- standard form of a quadratic equation, p. 257
- zero product property, p. 257
- zero of a function, p. 259
- square root, p. 264
- radical sign, p. 264
- radicand, p. 264
- radical, p. 264
- rationalizing the denominator, p. 265
- imaginary unit *i*, p. 272
- complex number, p. 272
- standard form of a complex number, p. 272
- imaginary number, p. 272
- pure imaginary number, p. 272
- complex plane, p. 273
- complex conjugates, p. 274
- absolute value of a complex number, p. 275
- completing the square, p. 282
- quadratic formula, p. 291
- discriminant, p. 293
- quadratic inequality, pp. 299, 301
- best-fitting quadratic model, p. 308

5.1 GRAPHING QUADRATIC FUNCTIONS

Examples on pp. 249–252

EXAMPLE You can graph a quadratic function given in standard form, vertex form, or intercept form. For instance, the same function is given below in each of these forms, and its graph is shown.

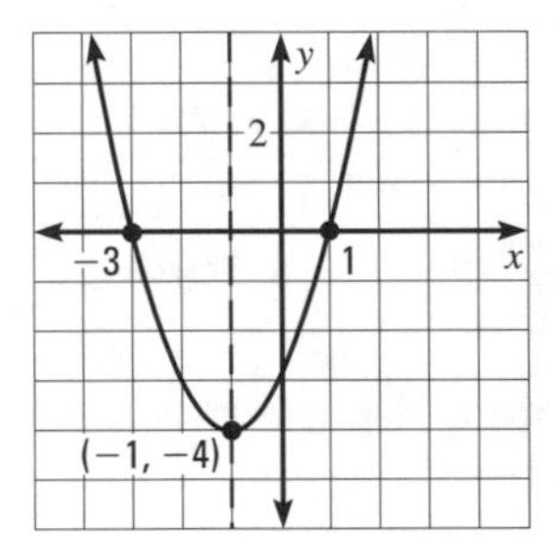

Standard form: $y = x^2 + 2x - 3$;

axis of symmetry: $x = -\frac{b}{2a} = -\frac{2}{2(1)} = -1$

Vertex form: $y = (x + 1)^2 - 4$; vertex: $(-1, -4)$

Intercept form: $y = (x + 3)(x - 1)$; x-intercepts: $-3, 1$

Graph the quadratic function.

1. $y = x^2 + 4x + 7$

2. $y = -3(x - 2)^2 + 5$

3. $y = \frac{1}{2}(x + 1)(x - 5)$

5.2–5.3 SOLVING BY FACTORING AND BY FINDING SQUARE ROOTS

Examples on pp. 256–259, 264–266

EXAMPLES You can use factoring or square roots to solve quadratic equations.

Solving by factoring:

$x^2 - 4x - 21 = 0$

$(x + 3)(x - 7) = 0$

$x + 3 = 0$ or $x - 7 = 0$

$x = -3$ or $x = 7$

Solving by finding square roots:

$4x^2 - 7 = 65$

$4x^2 = 72$

$x^2 = 18$

$x = \pm\sqrt{18} = \pm 3\sqrt{2}$

CAPÍTULO 5

Repaso del capítulo

VOCABULARIO

- función cuadrática, pág. 249
- parábola, pág. 249
- vértice de una parábola, pág. 249
- eje de simetría, pág. 249
- forma general de una función cuadrática, pág. 250
- forma vértice de una función cuadrática, pág. 250
- forma intercepto de una función cuadrática, pág. 250
- binomio, pág. 256
- trinomio, pág. 256
- factorización, pág. 256
- monomio, pág. 257
- ecuación cuadrática, pág. 257
- forma general de una ecuación cuadrática, pág. 257
- propiedad del producto cero, pág. 257
- cero de una función, pág. 259
- raíz cuadrada, pág. 264
- signo radical, pág. 264
- radicando, pág. 264
- radical, pág. 264
- racionalizar el denominador, pág. 265
- unidad imaginaria *i*, pág. 272
- número complejo, pág. 272
- forma general de un número complejo, pág. 272
- número imaginario, pág. 272
- número imaginario puro, pág. 272
- plano complejo, pág. 273
- complejos conjugados, pág. 274
- valor absoluto de un número complejo, pág. 275
- completar el cuadrado, pág. 282
- fórmula cuadrática, pág. 291
- discriminante, pág. 293
- desigualdad cuadrática, págs. 299, 301
- modelo cuadrático más ajustado, pág. 308

5.1 CÓMO HACER GRÁFICAS DE FUNCIONES CUADRÁTICAS

Ejemplos en págs. 249–252

EJEMPLO Puedes hacer una gráfica de una función cuadrática dada en forma general, vértice o intercepto. Por ejemplo, la misma función está dada abajo en cada una de estás formas, y su gráfica se muestra a la derecha.

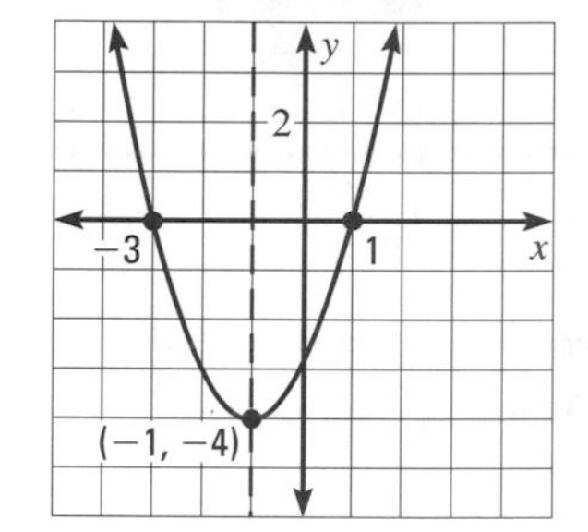

Forma general: $y = x^2 + 2x - 3$;

eje de simetría: $x = -\frac{b}{2a} = -\frac{2}{2(1)} = -1$

Forma vértice: $y = (x + 1)^2 - 4$; vértice: $(-1, -4)$

Forma intercepto: $y = (x + 3)(x - 1)$; interceptos en x: -3, 1

Haz una gráfica de la función cuadrática.

1. $y = x^2 + 4x + 7$

2. $y = -3(x - 2)^2 + 5$

3. $y = \frac{1}{2}(x + 1)(x - 5)$

5.2–5.3 CÓMO RESOLVER POR FACTORIZACIÓN Y HALLANDO RAÍCES CUADRADAS

Ejemplos en págs. 256–259, 264–266

EJEMPLOS Puedes usar factorización o raíces cuadradas para resolver ecuaciones cuadráticas.

Resolver por factorización:

$x^2 - 4x - 21 = 0$

$(x + 3)(x - 7) = 0$

$x + 3 = 0$ o $x - 7 = 0$

$x = -3$ o $x = 7$

Resolver hallando raíces cuadradas:

$4x^2 - 7 = 65$

$4x^2 = 72$

$x^2 = 18$

$x = \pm\sqrt{18} = \pm 3\sqrt{2}$

Solve the quadratic equation.

4. $x^2 + 11x + 24 = 0$ **5.** $x^2 - 8x + 16 = 0$ **6.** $2x^2 + 3x + 1 = 0$

7. $3u^2 = -4u + 15$ **8.** $25v^2 - 30v = -9$ **9.** $2x^2 = 200$

10. $5x^2 - 2 = 13$ **11.** $4(t + 6)^2 = 160$ **12.** $-(k - 1)^2 + 7 = -43$

5.4 COMPLEX NUMBERS

Examples on pp. 272–276

EXAMPLES You can add, subtract, multiply, and divide complex numbers. You can also find the absolute value of a complex number.

Addition: $(1 + 8i) + (2 - 3i) = (1 + 2) + (8 - 3)i = 3 + 5i$

Subtraction: $(1 + 8i) - (2 - 3i) = (1 - 2) + (8 + 3)i = -1 + 11i$

Multiplication: $(1 + 8i)(2 - 3i) = 2 - 3i + 16i - 24i^2 = 2 + 13i - 24(-1) = 26 + 13i$

Division: $\frac{1 + 8i}{2 - 3i} = \frac{1 + 8i}{2 - 3i} \cdot \frac{2 + 3i}{2 + 3i} = \frac{-22 + 19i}{13} = -\frac{22}{13} + \frac{19}{13}i$

Absolute value: $|1 + 8i| = \sqrt{1^2 + 8^2} = \sqrt{65}$

In Exercises 13–16, write the expression as a complex number in standard form.

13. $(7 - 4i) + (-2 + 5i)$ **14.** $(2 + 11i) - (6 - i)$

15. $(3 + 10i)(4 - 9i)$ **16.** $\frac{8 + i}{1 - 2i}$

17. Find the absolute value of $6 + 9i$.

5.5 COMPLETING THE SQUARE

Examples on pp. 282–285

EXAMPLES You can use completing the square to solve quadratic equations and change quadratic functions from standard form to vertex form.

Solving an equation:

$x^2 + 6x + 13 = 0$

$x^2 + 6x = -13$

$x^2 + 6x + \mathbf{9} = -13 + \mathbf{9}$

$(x + 3)^2 = -4$

$x + 3 = \pm\sqrt{-4}$

$x = -3 \pm 2i$

Writing a function in vertex form:

$y = x^2 + 6x + 13$

$y + \underline{?} = (x^2 + 6x + \underline{?}) + 13$

$y + \mathbf{9} = (x^2 + 6x + \mathbf{9}) + 13$

$y + 9 = (x + 3)^2 + 13$

$y = (x + 3)^2 + 4$

Note that the vertex is $(-3, 4)$.

Solve the quadratic equation by completing the square.

18. $x^2 + 4x = 3$ **19.** $x^2 - 10x + 26 = 0$ **20.** $2w^2 + w - 7 = 0$

Write the quadratic function in vertex form and identify the vertex.

21. $y = x^2 - 8x + 17$ **22.** $y = -x^2 - 2x - 6$ **23.** $y = 4x^2 + 16x + 23$

Resuelve la ecuación cuadrática.

4. $x^2 + 11x + 24 = 0$
5. $x^2 - 8x + 16 = 0$
6. $2x^2 + 3x + 1 = 0$
7. $3u^2 = -4u + 15$
8. $25v^2 - 30v = -9$
9. $2x^2 = 200$
10. $5x^2 - 2 = 13$
11. $4(t + 6)^2 = 160$
12. $-(k - 1)^2 + 7 = -43$

5.4 NÚMEROS COMPLEJOS

Ejemplos en págs. 272–276

EJEMPLOS Puedes sumar, restar, multiplicar y dividir números complejos. También puedes hallar el valor absoluto de un número complejo.

Suma: $(1 + 8i) + (2 - 3i) = (1 + 2) + (8 - 3)i = 3 + 5i$

Resta: $(1 + 8i) - (2 - 3i) = (1 - 2) + (8 + 3)i = -1 + 11i$

Multiplicación: $(1 + 8i)(2 - 3i) = 2 - 3i + 16i - 24i^2 = 2 + 13i - 24(-1) = 26 + 13i$

División: $\frac{1 + 8i}{2 - 3i} = \frac{1 + 8i}{2 - 3i} \cdot \frac{2 + 3i}{2 + 3i} = \frac{-22 + 19i}{13} = -\frac{22}{13} + \frac{19}{13}i$

Valor absoluto: $|1 + 8i| = \sqrt{1^2 + 8^2} = \sqrt{65}$

En los ejercicios 13–16, escribe la expresión como un número complejo en forma general.

13. $(7 - 4i) + (-2 + 5i)$
14. $(2 + 11i) - (6 - i)$
15. $(3 + 10i)(4 - 9i)$
16. $\frac{8 + i}{1 - 2i}$
17. Halla el valor absoluto de $6 + 9i$.

5.5 COMPLETAR EL CUADRADO

Ejemplos en págs. 282–285

EJEMPLOS Puedes completar el cuadrado para resolver ecuaciones cuadráticas y convertir funciones cuadráticas de la forma general a la forma vértice.

Resolver una ecuación:

$x^2 + 6x + 13 = 0$

$x^2 + 6x = -13$

$x^2 + 6x + \mathbf{9} = -13 + \mathbf{9}$

$(x + 3)^2 = -4$

$x + 3 = \pm\sqrt{-4}$

$x = -3 \pm 2i$

Escribir una función en forma vértice:

$y = x^2 + 6x + 13$

$y + \underline{?} = (x^2 + 6x + \underline{?}) + 13$

$y + \mathbf{9} = (x^2 + 6x + \mathbf{9}) + 13$

$y + 9 = (x + 3)^2 + 13$

$y = (x + 3)^2 + 4$

Nota que el vértice es $(-3, 4)$.

Resuelve la ecuación cuadrática completando el cuadrado.

18. $x^2 + 4x = 3$
19. $x^2 - 10x + 26 = 0$
20. $2w^2 + w - 7 = 0$

Escribe la función cuadrática en forma vértice e identifica el vértice.

21. $y = x^2 - 8x + 17$
22. $y = -x^2 - 2x - 6$
23. $y = 4x^2 + 16x + 23$

5.6 THE QUADRATIC FORMULA AND THE DISCRIMINANT

Examples on pp. 291–294

EXAMPLE You can use the quadratic formula to solve any quadratic equation.

$$3x^2 - 5x = -1$$

$$3x^2 - 5x + 1 = 0$$

$$x = \frac{-b \pm \sqrt{b^2 - 4ac}}{2a} = \frac{5 \pm \sqrt{(-5)^2 - 4(3)(1)}}{2(3)} = \frac{5 \pm \sqrt{13}}{6}$$

Use the quadratic formula to solve the equation.

24. $x^2 - 8x + 5 = 0$

25. $9x^2 = 1 - 7x$

26. $5v^2 + 6v + 7 = v^2 - 4v$

5.7 GRAPHING AND SOLVING QUADRATIC INEQUALITIES

Examples on pp. 299–302

EXAMPLES You can graph a quadratic inequality in two variables and solve a quadratic inequality in one variable.

Graphing an inequality in two variables: To graph $y < -x^2 + 4$, draw the dashed parabola $y = -x^2 + 4$. Test a point inside the parabola, such as (0, 0). Since (0, 0) is a solution of the inequality, shade the region inside the parabola.

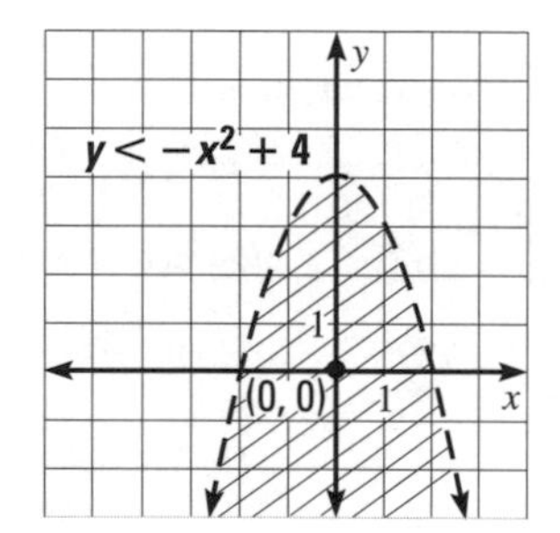

Solving an inequality in one variable: To solve $-x^2 + 4 < 0$, graph $y = -x^2 + 4$ and identify the x-values where the graph lies below the x-axis. Or, solve $-x^2 + 4 = 0$ to find the critical x-values -2 and 2, then test an x-value in each interval determined by -2 and 2 to find the solution. The solution is $x < -2$ or $x > 2$.

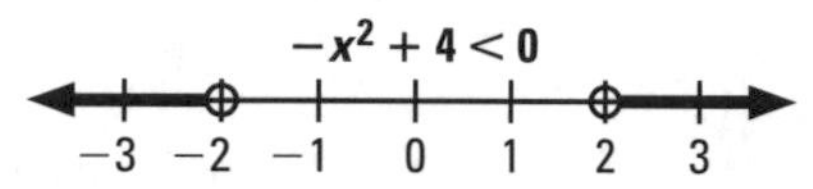

Graph the quadratic inequality.

27. $y \geq x^2 - 4x + 4$

28. $y < x^2 + 6x + 5$

29. $y > -2x^2 + 3$

Solve the quadratic inequality.

30. $x^2 - 3x - 4 \leq 0$

31. $2x^2 + 7x + 2 \geq 0$

32. $9x^2 > 49$

5.8 MODELING WITH QUADRATIC FUNCTIONS

Examples on pp. 306–308

EXAMPLE You can write a quadratic function given characteristics of its graph.

To find a function for the parabola with vertex $(1, -3)$ and passing through $(0, -1)$, use the vertex form $y = a(x - h)^2 + k$ with $(h, k) = (1, -3)$ to write $y = a(x - 1)^2 - 3$. Use the point $(0, -1)$ to find a: $-1 = a(0 - 1)^2 - 3$, so $-1 = a - 3$, and therefore $a = 2$. The function is $y = 2(x - 1)^2 - 3$.

Write a quadratic function whose graph has the given characteristics.

33. vertex: (6, 1)
point on graph: (4, 5)

34. x-intercepts: -4, 3
point on graph: (1, 20)

35. points on graph:
$(-5, 1)$, $(-4, -2)$, $(3, 5)$

5.6 LA FÓRMULA CUADRÁTICA Y EL DISCRIMINANTE

Ejemplos en págs. 291–294

EJEMPLO Puedes usar la fórmula cuadrática para resolver una ecuación cuadrática.

$$3x^2 - 5x = -1$$

$$3x^2 - 5x + 1 = 0$$

$$x = \frac{-b \pm \sqrt{b^2 - 4ac}}{2a} = \frac{5 \pm \sqrt{(-5)^2 - 4(3)(1)}}{2(3)} = \frac{5 \pm \sqrt{13}}{6}$$

Usa la fórmula cuadrática para resolver la ecuación.

24. $x^2 - 8x + 5 = 0$ **25.** $9x^2 = 1 - 7x$ **26.** $5v^2 + 6v + 7 = v^2 - 4v$

5.7 CÓMO HACER GRÁFICAS Y RESOLVER DESIGUALDADES CUADRÁTICAS

Ejemplos en págs. 299–302

EJEMPLOS Puedes hacer una gráfica de una desigualdad cuadrática en dos variables y resolver una desigualdad en una variable.

Hacer una gráfica de una desigualdad cuadrática en dos variables: Para una gráfica de $y < -x^2 + 4$, dibuja la parábola de líneas punteadas $y = -x^2 + 4$. Verifica un punto dentro de la parábola tal como (0, 0). Como (0, 0) es una solución de la desigualdad, sombrea la región dentro de la parábola.

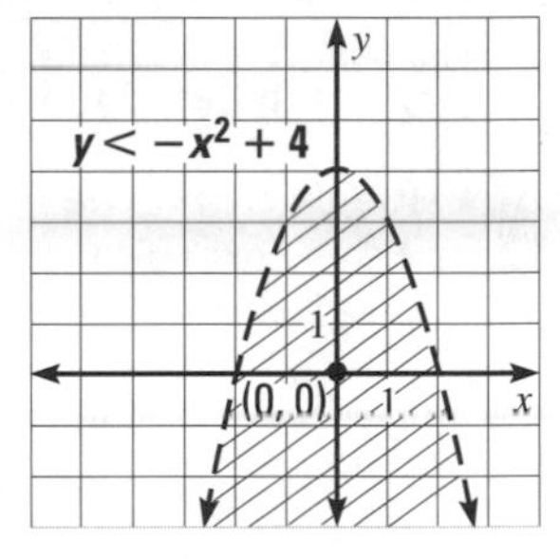

Resolver una desigualdad en una variable: Para resolver $-x^2 + 4 < 0$, haz una gráfica de $y = -x^2 + 4$ e identifica los valores de x en la región de la gráfica que está debajo del eje de la x. Como alternativa, resuelve $-x^2 + 4 = 0$ para hallar los valores críticos de x -2 y 2. Después, verifica un valor x en cada intervalo determinado por -2 y 2 para hallar la solución. La solución es $x < -2$ ó $x > 2$.

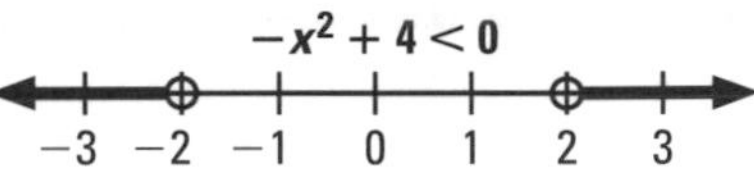

Haz una gráfica de la desigualdad cuadrática.

27. $y \geq x^2 - 4x + 4$ **28.** $y < x^2 + 6x + 5$ **29.** $y > -2x^2 + 3$

Resuelve la desigualdad cuadrática.

30. $x^2 - 3x - 4 \leq 0$ **31.** $2x^2 + 7x + 2 \geq 0$ **32.** $9x^2 > 49$

5.8 CÓMO HACER MODELOS DE FUNCIONES CUADRÁTICAS

Ejemplos en págs. 306–308

EJEMPLO Puedes escribir una función cuadrática con las características dadas en su gráfica.

Para hallar una función para la parábola cuyo vértice es $(1, -3)$ y pasa por $(0, -1)$, usa la forma vértice $y = a(x - h)^2 + k$ con $(h, k) = (1, -3)$ para escribir $y = a(x - 1)^2 - 3$. Usa el punto $(0, -1)$ para hallar a: $-1 = a(0 - 1)^2 - 3$, entonces $-1 = a - 3$, y por tanto $a = 2$. La función es $y = 2(x - 1)^2 - 3$.

Escribe una función cuadrática cuya gráfica tiene las características dada.

33. vértice: (6, 1)
punto en la gráfica: (4, 5)

34. interceptos en x: -4, 3
punto en la gráfica: (1, 20)

35. puntos en la gráfica:
$(-5, 1)$, $(-4, -2)$, $(3, 5)$

CHAPTER 5

Chapter Test

Graph the quadratic function.

1. $y = -2x^2 + 8x - 5$
2. $y = (x + 3)^2 + 1$
3. $y = -\frac{1}{3}(x + 1)(x - 5)$
4. Write $y = 4(x - 3)^2 - 7$ in standard form.

Factor the expression.

5. $x^2 - x - 20$
6. $9x^2 + 6x + 1$
7. $3u^2 - 108$
8. Write $y = x^2 - 10x + 16$ in intercept form and give the function's zeros.
9. Simplify the radical expressions $\sqrt{500}$ and $\sqrt{\frac{8}{3}}$.
10. Plot these numbers in the same complex plane: $4 + 2i$, $-5 + i$, and $-3i$.

Write the expression as a complex number in standard form.

11. $(3 + i) + (1 - 5i)$
12. $(-4 + 2i) - (7 - 3i)$
13. $(8 + i)(6 + 2i)$
14. $\frac{9 + 2i}{1 - 4i}$
15. Is $c = -0.5i$ in the Mandelbrot set? Use absolute value to justify your answer.

Find the value of *c* that makes the expression a perfect square trinomial. Then write the expression as the square of a binomial.

16. $x^2 - 4x + c$
17. $x^2 + 11x + c$
18. $x^2 - 0.6x + c$
19. Write $y = x^2 + 18x - 4$ in vertex form and identify the vertex.

Solve the quadratic equation using any appropriate method.

20. $7x^2 - 3 = 11$
21. $5x^2 - 60x + 180 = 0$
22. $4x^2 + 28x - 15 = 0$
23. $m^2 + 8m = -3$
24. $3(p - 9)^2 = 81$
25. $6t^2 - 2t + 2 = 4t^2 + t$
26. Find the discriminant of $7x^2 - x + 10 = 0$. What does the discriminant tell you about the number and type of solutions of the equation?

Graph the quadratic inequality.

27. $y \geq x^2 + 1$
28. $y \leq -x^2 + 4x + 2$
29. $y < 2x^2 + 12x + 15$

Solve the quadratic inequality.

30. $-x^2 + x + 6 \geq 0$
31. $2x^2 - 9 > 23$
32. $x^2 - 7x < -4$

Write a quadratic function whose graph has the given characteristics.

33. vertex: $(-3, 2)$
    point on graph: $(-1, -18)$
34. x-intercepts: 1, 8
    point on graph: $(2, -2)$
35. points on graph:
    $(1, 7), (4, -2), (5, -1)$
36. **WATERFALLS** Niagara Falls in New York is 167 feet high. How long does it take for water to fall from the top to the bottom of Niagara Falls?
37. **INSURANCE** An insurance company charges a 35-year-old nonsmoker an annual premium of $118 for a $100,000 term life insurance policy. The premiums for 45-year-old and 55-year-old nonsmokers are $218 and $563, respectively. Write a quadratic model for the premium *p* as a function of age *a*.

CAPÍTULO 5

Prueba del capítulo

Haz una gráfica de la función cuadrática.

1. $y = -2x^2 + 8x - 5$

2. $y = (x + 3)^2 + 1$

3. $y = -\frac{1}{3}(x + 1)(x - 5)$

4. Escribe $y = 4(x - 3)^2 - 7$ en forma general.

Factoriza la expresión.

5. $x^2 - x - 20$

6. $9x^2 + 6x + 1$

7. $3u^2 - 108$

8. Escribe $y = x^2 - 10x + 16$ en forma intercepto e indica los ceros de la función.

9. Simplifica las expresiones radicales $\sqrt{500}$ y $\sqrt{\frac{8}{3}}$.

10. Representa estos números en el mismo plano complejo: $4 + 2i$, $-5 + i$, y $-3i$.

Escribe la expresión como un número complejo en forma general.

11. $(3 + i) + (1 - 5i)$

12. $(-4 + 2i) - (7 - 3i)$

13. $(8 + i)(6 + 2i)$

14. $\frac{9 + 2i}{1 - 4i}$

15. ¿Es $c = -0.5i$ parte del conjunto de Mandelbrot? Usa valor absoluto para justificar tu respuesta.

Halla el valor de *c* que haría a la expresión un trinomio cuadrado perfecto. Después, escribe la expresión como el cuadrado de un binomio.

16. $x^2 - 4x + c$

17. $x^2 + 11x + c$

18. $x^2 - 0.6x + c$

19. Escribe $y = x^2 + 18x - 4$ en forma vértice e identifica el vértice.

Resuelve la ecuación cuadrática usando un método apropiado.

20. $7x^2 - 3 = 11$

21. $5x^2 - 60x + 180 = 0$

22. $4x^2 + 28x - 15 = 0$

23. $m^2 + 8m = -3$

24. $3(p - 9)^2 = 81$

25. $6t^2 - 2t + 2 = 4t^2 + t$

26. Halla el discriminante de $7x^2 - x + 10 = 0$. ¿Qué es lo que te indica el discriminante sobre el número y tipo de soluciones de la ecuación?

Haz una gráfica de la desigualdad cuadrática.

27. $y \geq x^2 + 1$

28. $y \leq -x^2 + 4x + 2$

29. $y < 2x^2 + 12x + 15$

Resuelve la desigualdad cuadrática.

30. $-x^2 + x + 6 \geq 0$

31. $2x^2 - 9 > 23$

32. $x^2 - 7x < -4$

Escribe una función cuadrática cuya gráfica tiene las características dadas.

33. vértice: $(-3, 2)$
punto en la gráfica: $(-1, -18)$

34. interceptos en x: 1, 8
punto en la gráfica: $(2, -2)$

35. puntos en la gráfica:
$(1, 7)$, $(4, -2)$, $(5, -1)$

36. **CATARATAS** Las cataratas del Niágara en Nueva York tienen una altura de 167 pies. ¿Cuánto tiempo le toma al agua para caer desde la cima hasta el fondo de la catarata?

37. **SEGUROS** Una empresa de seguros cobra una tarifa anual de $118 por una póliza de vida de $100,000 para un hombre de 35 años que no fuma. Las tarifas anuales para hombres de 45 y 55 años que no fumen son $218 y $563, respectivamente. Escribe un modelo cuadrático para la tarifa t como una función de la edad e.

CHAPTER 6

Chapter Summary

WHAT did you learn?	*WHY did you learn it?*
Use properties of exponents to evaluate and simplify expressions. **(6.1)**	Use scientific notation to find the ratio of a state's park space to its total area. **(p. 328)**
Evaluate polynomial functions using direct or synthetic substitution. **(6.2)**	Estimate the amount of prize money awarded at a tennis tournament. **(p. 335)**
Sketch and analyze graphs of polynomial functions. **(6.2, 6.8)**	Find maximum or minimum values of a function such as oranges consumed in the U.S. **(p. 377)**
Add, subtract, and multiply polynomials. **(6.3)**	Write a polynomial model for the power needed to move a bicycle at a certain speed. **(p. 342)**
Factor polynomial expressions. **(6.4)**	Find the dimensions of a block discovered by archeologists. **(p. 347)**
Solve polynomial equations. **(6.4)**	Find the dimensions of a sculpture. **(p. 350)**
Divide polynomials using long division or synthetic division. **(6.5)**	Write a function for the average annual amount of money spent per person at the movies. **(p. 358)**
Find zeros of polynomial functions. **(6.6, 6.7)**	Find dimensions for a candle-wax model of the Louvre pyramid. **(p. 361)**
Use finite differences and cubic regression to find polynomial models for data. **(6.9)**	Write and use a polynomial model for the speed of a space shuttle. **(p. 385)**
Use polynomials to solve real-life problems. **(6.1–6.9)**	Find the maximum volume and dimensions of a box made from a piece of cardboard. **(p. 375)**

How does Chapter 6 fit into the BIGGER PICTURE of algebra?

Chapter 6 contains the fundamental theorem of algebra. Finding the solutions of a polynomial equation is the most classic problem in all of algebra. It is equivalent to finding the zeros of a polynomial function. Real-life situations have been modeled by polynomial functions for hundreds of years.

STUDY STRATEGY

How did you make and use a flow chart?

Here is a flow chart for finding all the zeros of a polynomial function, following the **Study Strategy** on page 322.

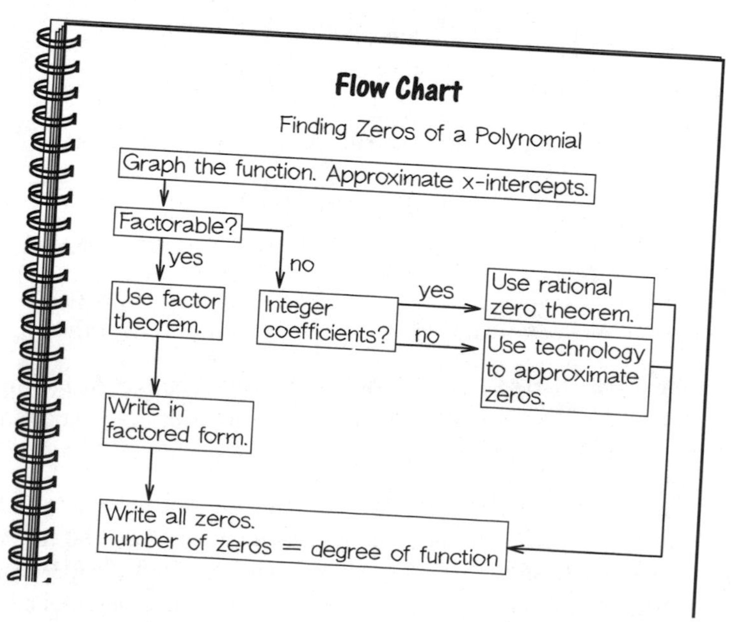

CAPÍTULO 6

Resumen del capítulo

¿QUÉ aprendiste?	*¿PARA QUÉ lo aprendiste?*
Usar propiedades de los exponentes para evaluar y simplificar expresiones. **(6.1)**	Usar notación científica para hallar la razón entre el área total de un estado y el área total de sus parques. **(pág. 328)**
Evaluar funciones polinómicas usando sustitución directa o sintetizada. **(6.2)**	Hallar la cantidad de dinero de los premios otorgados en un torneo de tenis. **(pág. 335)**
Dibujar y analizar gráficas de funciones polinómicas. **(6.2, 6.8)**	Hallar los valores máximos y mínimos de una función que describe el número de naranjas consumidas en EE.UU. **(pág. 377)**
Sumar, restar y multiplicar polinomios. **(6.3)**	Escribe un modelo polinómico que describa la fuerza necesaria para mover una bicicleta a cierta velocidad. **(pág. 342)**
Factorizar expresiones polinómicas. **(6.4)**	Hallar las dimensiones de un bloque descubierto por arqueólogos. **(pág. 347)**
Resolver ecuaciones polinómicas. **(6.4)**	Hallar las dimensiones de una escultura. **(pág. 350)**
Dividir polinomios usando división larga o división sintetizada. **(6.5)**	Escribir una función de la cantidad de dinero anual promedio gastado por una persona en el cine. **(pág. 358)**
Hallar los ceros de las funciones polinómicas. **(6.6, 6.7)**	Hallar las dimensiones de un modelo de cera de la pirámide del Louvre. **(pág. 361)**
Usar diferencias finitas y regresión cúbica para hallar modelos polinómicos para datos. **(6.9)**	Escribir y usar un modelo polinómico de la velocidad del transbordador espacial. **(pág. 385)**
Usar polinomios para resolver problemas de la vida real. **(6.1–6.9)**	Halla el volumen máximo y las dimensiones de una caja hecha de una pedazo de cartón. **(pág. 375)**

¿Qué parte del álgebra estudiaste en este capítulo?

El Capítulo 6 contiene el teorema fundamental del álgebra. Hallar las soluciones de una ecuación polinómica es el problema más clásico del álgebra. Es equivalente a hallar los ceros de una función polinómica. Por cientos de años situaciones de la vida real han sido representadas mediante funciones polinómicas.

ESTRATEGIA DE ESTUDIO

¿Cómo hiciste y usaste un organigrama?

He aquí un organigrama para hallar todos los ceros de una función polinómica, según la **Estrategia de estudio** en la página 322.

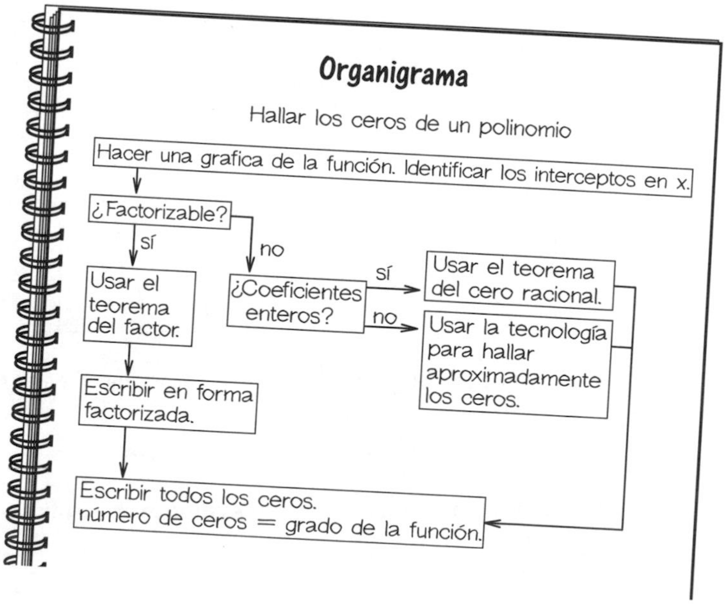

Organigrama

Hallar los ceros de un polinomio

Hacer una grafica de la función. Identificar los interceptos en x.

¿Factorizable?
- sí → Usar el teorema del factor. → Escribir en forma factorizada. → Escribir todos los ceros. número de ceros = grado de la función.
- no → ¿Coeficientes enteros?
  - sí → Usar el teorema del cero racional. → Escribir todos los ceros.
  - no → Usar la tecnología para hallar aproximadamente los ceros. → Escribir todos los ceros.

CHAPTER 6

Chapter Review

VOCABULARY

- scientific notation, p. 325
- polynomial function, p. 329
- leading coefficient, p. 329
- constant term, p. 329
- degree of a polynomial function, p. 329
- standard form of a polynomial function, p. 329
- synthetic substitution, p. 330
- end behavior, p. 331
- factor by grouping, p. 346
- quadratic form, p. 346
- polynomial long division, p. 352
- remainder theorem, p. 353
- synthetic division, p. 353
- factor theorem, p. 354
- rational zero theorem, p. 359
- fundamental theorem of algebra, p. 366
- repeated solution, p. 366
- local maximum, p. 374
- local minimum, p. 374
- finite differences, p. 380

6.1 USING PROPERTIES OF EXPONENTS

Examples on pp. 323–325

EXAMPLE You can use properties of exponents to evaluate numerical expressions and to simplify algebraic expressions.

$$\frac{(3x^2y)^5}{9x^{10}y^6} = \frac{3^5x^{2\cdot5}y^5}{9x^{10}y^6} = \frac{243}{9}x^{10-10}y^{5-6} = 27x^0y^{-1} = \frac{27}{y}$$ **all positive exponents**

Simplify the expression. Tell which properties of exponents you used.

1. $\left(\frac{2}{3}\right)^2 \cdot (6xy^{-1})^3$ **2.** $x^4(x^{-5}x^3)^2$ **3.** $\frac{-63xy^9}{18x^{-2}y^3}$ **4.** $\frac{5x^2}{y^{-2}} \cdot \frac{1}{25x^2y}$

6.2 EVALUATING AND GRAPHING POLYNOMIAL FUNCTIONS

Examples on pp. 329–332

EXAMPLES Use direct or synthetic substitution to evaluate a polynomial function.

Evaluate $f(x) = x^3 - 2x - 1$ when $x = 3$ (synthetic substitution):

$$\begin{array}{r|rrrr} 3 & 1 & 0 & -2 & -1 \\ & & 3 & 9 & 21 \\ \hline & 1 & 3 & 7 & 20 \end{array} \leftarrow f(3) = 20$$

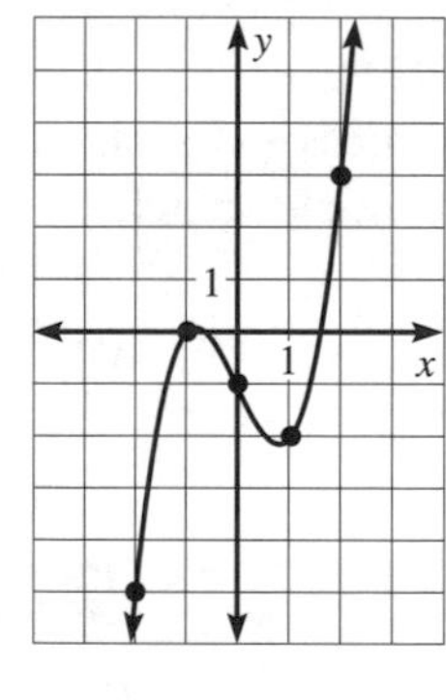

To graph, make a table of values, plot points, and identify end behavior.

x	−3	−2	−1	0	1	2	3
$f(x)$	−22	−5	0	−1	−2	3	20

The leading coefficient is positive and the degree is odd, so $f(x) \to -\infty$ as $x \to -\infty$ and $f(x) \to +\infty$ as $x \to +\infty$.

Use synthetic substitution to evaluate the polynomial function for the given value of *x*.

5. $f(x) = x^3 + 3x^2 - 12x + 7, x = 3$

6. $f(x) = x^4 - 5x^3 - 3x^2 + x - 5, x = -1$

CAPÍTULO 6

Repaso del capítulo

VOCABULARIO

- notación científica, pág. 325
- función polinómica, pág. 329
- coeficiente principal, pág. 329
- término constante, pág. 329
- grado de una función polinómica, pág. 329
- forma general de una función polinómica, pág. 329
- sustitución sintetizada, pág. 330
- comportamiento final, pág. 331
- factorización mediante agrupación, pág. 346
- forma cuadrática, pág. 346
- división larga de polinomios, pág. 352
- teorema del resto, pág. 353
- división sintetizada, pág. 353
- teorema del factor, pág. 354
- teorema del cero racional, pág. 359
- teorema fundamental del álgebra, pág. 366
- solución repetida, pág. 366
- máximo local, pág. 374
- mínimo local, pág. 374
- diferencias finitas, pág. 380

6.1 CÓMO USAR LAS PROPIEDADES DE LOS EXPONENTES

Ejemplos en págs. 323–325

EJEMPLO Puedes usar las propiedades de los exponentes para evaluar expresiones numéricas y simplificar expresiones algebraicas.

$$\frac{(3x^2y)^5}{9x^{10}y^6} = \frac{3^5x^{2\cdot 5}y^5}{9x^{10}y^6} = \frac{243}{9}x^{10-10}y^{5-6} = 27x^0y^{-1} = \frac{27}{y}$$ **todos los exponentes son positivos**

Simplifica la expresión. Indica cuáles propiedades de los exponentes usaste.

1. $\left(\frac{2}{3}\right)^2 \cdot (6xy^{-1})^3$
2. $x^4(x^{-5}x^3)^2$
3. $\frac{-63xy^9}{18x^{-2}y^3}$
4. $\frac{5x^2}{y^{-2}} \cdot \frac{1}{25x^2y}$

6.2 CÓMO EVALUAR Y HACER GRÁFICAS DE FUNCIONES POLINÓMICAS

Ejemplos en págs. 329–332

EJEMPLOS Usa la sustitución directa o sintetizada para evaluar una función polinómica.

Evalua $f(x) = x^3 - 2x - 1$ cuando $x = 3$ (sustitución sintetizada):

$$\begin{array}{r|rrrr} 3 & 1 & 0 & -2 & -1 \\ & & 3 & 9 & 21 \\ \hline & 1 & 3 & 7 & 20 \end{array} \leftarrow f(3) = 20$$

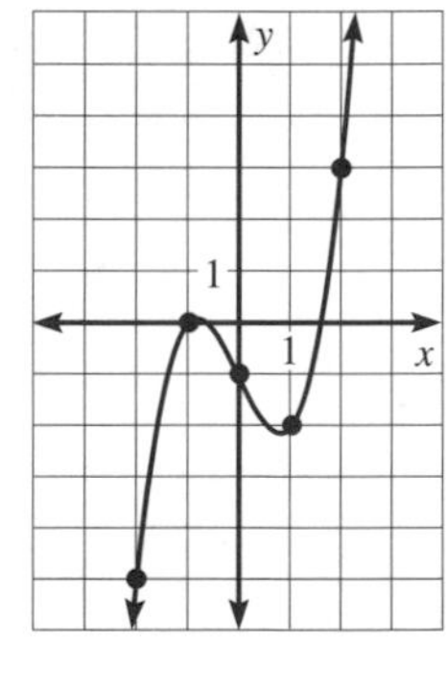

Para hacer una gráfica, haz un tabla de valores, sitúa los puntos y identifica su comportamiento final.

x	-3	-2	-1	0	1	2	3
$f(x)$	-22	-5	0	-1	-2	3	20

El coeficiente principal es positivo y el grado es impar, por lo tanto, $f(x) \to -\infty$ cuando $x \to -\infty$ y $f(x) \to +\infty$ cuando $x \to +\infty$.

Usa la sustitución sintetizada para evaluar la función polinómica para el valor dado de *x*.

5. $f(x) = x^3 + 3x^2 - 12x + 7, x = 3$
6. $f(x) = x^4 - 5x^3 - 3x^2 + x - 5, x = -1$

Graph the polynomial function.

7. $f(x) = -x^3 + 2$ **8.** $f(x) = x^4 - 3$ **9.** $f(x) = x^3 - 4x + 1$

6.3 ADDING, SUBTRACTING, AND MULTIPLYING POLYNOMIALS

Examples on pp. 338–340

EXAMPLES You can add, subtract, or multiply polynomials.

$$\begin{array}{r} 4x^3 + 2x^2 \quad + 1 \\ - \qquad (x^2 + x - 5) \\ \hline 4x^3 + x^2 - x + 6 \end{array}$$

$$\begin{aligned}(x-3)(x^2+5x-1) &= (x-3)(x^2) + (x-3)(5x) + (x-3)(-1) \\ &= x^3 - 3x^2 + 5x^2 - 15x - x + 3 \\ &= x^3 + 2x^2 - 16x + 3\end{aligned}$$

Perform the indicated operation.

10. $(3x^3 + x^2 + 1) - (x^3 + 3)$ **11.** $(x - 3)(x^2 + x - 7)$ **12.** $(x + 3)(x - 5)(2x + 1)$

6.4 FACTORING AND SOLVING POLYNOMIAL EQUATIONS

Examples on pp. 345–347

EXAMPLES You can solve some polynomial equations by factoring.

Factor $8x^3 - 125$.

$$\begin{aligned}8x^3 - 125 &= (2x)^3 - 5^3 \\ &= (2x - 5)\big((2x)^2 + (2x \cdot 5) + 5^2\big) \\ &= (2x - 5)(4x^2 + 10x + 25)\end{aligned}$$

Solve $x^3 - 3x^2 - 5x + 15 = 0$.

$$\begin{aligned}x^2(x - 3) - 5(x - 3) &= 0 \\ (x - 3)(x^2 - 5) &= 0 \\ x = 3 \text{ or } x &= \pm\sqrt{5}\end{aligned}$$

Find the real-number solutions of the equation.

13. $x^3 + 64 = 0$ **14.** $x^4 - 6x^2 = 27$ **15.** $x^3 + 3x^2 - x - 3 = 0$

6.5 THE REMAINDER AND FACTOR THEOREMS

Examples on pp. 352–355

EXAMPLES You can use polynomial long division, and in some cases synthetic division, to divide polynomials.

$$\begin{array}{r} x^2 - \ 7x + \ 6 \\ x + 9 \overline{)x^3 + 2x^2 - 57x + 54} \\ \underline{x^3 + 9x^2} \qquad\qquad\quad \\ -7x^2 - 57x \qquad \\ \underline{-7x^2 - 63x} \qquad \\ 6x + 54 \\ \underline{6x + 54} \\ 0 \end{array}$$

$$\frac{x^3 + 2x^2 - 57x + 54}{x + 9} = x^2 - 7x + 6$$

Divide $3x^3 + 2x^2 - x + 4$ by $x + 5$.

$$\begin{array}{r|rrrr} -5 & 3 & 2 & -1 & 4 \\ & & -15 & 65 & -320 \\ \hline & 3 & -13 & 64 & -316 \end{array}$$

$$\frac{3x^3 + 2x^2 - x + 4}{x + 5} = 3x^2 - 13x + 64 + \frac{-316}{x + 5}$$

Divide. Use synthetic division if possible.

16. $(x^4 + 5x^3 - x^2 - 3x - 1) \div (x - 1)$ **17.** $(2x^3 - 5x^2 + 5x + 4) \div (2x - 5)$

Haz una gráfica de la función polinómica.

7. $f(x) = -x^3 + 2$ **8.** $f(x) = x^4 - 3$ **9.** $f(x) = x^3 - 4x + 1$

6.3 SUMAR, RESTAR Y MULTIPLICAR POLINOMIOS

Ejemplos en págs. 338–340

EJEMPLOS Puedes sumar, restar y multiplicar polinomios.

$$\begin{array}{r} 4x^3 + 2x^2 \qquad + 1 \\ - \qquad (x^2 + x - 5) \\ \hline 4x^3 + \ x^2 - x + 6 \end{array}$$

$$\begin{aligned} (x-3)(x^2+5x-1) &= (x-3)(x^2) + (x-3)(5x) + (x-3)(-1) \\ &= x^3 - 3x^2 + 5x^2 - 15x - x + 3 \\ &= x^3 + 2x^2 - 16x + 3 \end{aligned}$$

Efectúa la operación indicada.

10. $(3x^3 + x^2 + 1) - (x^3 + 3)$ **11.** $(x - 3)(x^2 + x - 7)$ **12.** $(x + 3)(x - 5)(2x + 1)$

6.4 CÓMO FACTORIZAR Y RESOLVER ECUACIONES POLINÓMICAS

Ejemplos en págs. 345–347

EJEMPLOS Puedes resolver algunas ecuaciones polinómicas factorizando.

Factoriza $8x^3 - 125$.

$$\begin{aligned} 8x^3 - 125 &= (2x)^3 - 5^3 \\ &= (2x - 5)\left((2x)^2 + (2x \cdot 5) + 5^2\right) \\ &= (2x - 5)(4x^2 + 10x + 25) \end{aligned}$$

Resuelve $x^3 - 3x^2 - 5x + 15 = 0$.

$$x^2(x - 3) - 5(x - 3) = 0$$
$$(x - 3)(x^2 - 5) = 0$$
$$x = 3 \text{ o } x = \pm\sqrt{5}$$

Halla las soluciones con números reales de la ecuación.

13. $x^3 + 64 = 0$ **14.** $x^4 - 6x^2 = 27$ **15.** $x^3 + 3x^2 - x - 3 = 0$

6.5 TEOREMAS DEL RESTO Y DEL FACTOR

Ejemplos en págs. 352–355

EJEMPLOS Puedes usar la división polinómica larga, y en algunos casos la división sintetizada, para dividir polinomios.

$$\begin{array}{r} x^2 - \ 7x + \ 6 \\ x + 9 \overline{\smash{)}\, x^3 + 2x^2 - 57x + 54} \\ \underline{x^3 + 9x^2} \qquad\qquad \\ -7x^2 - 57x \qquad \\ \underline{-7x^2 - 63x} \qquad \\ 6x + 54 \\ \underline{6x + 54} \\ 0 \end{array}$$

$$\frac{x^3 + 2x^2 - 57x + 54}{x + 9} = x^2 - 7x + 6$$

Divide $3x^3 + 2x^2 - x + 4$ by $x + 5$.

$$\begin{array}{r|rrrr} -5 & 3 & 2 & -1 & 4 \\ & & -15 & 65 & -320 \\ \hline & 3 & -13 & 64 & -316 \end{array}$$

$$\frac{3x^3 + 2x^2 - x + 4}{x + 5} = 3x^2 - 13x + 64 + \frac{-316}{x + 5}$$

Divide. Si es posible usa la división sintetizada.

16. $(x^4 + 5x^3 - x^2 - 3x - 1) \div (x - 1)$ **17.** $(2x^3 - 5x^2 + 5x + 4) \div (2x - 5)$

6.6–6.7 FINDING ZEROS OF POLYNOMIAL FUNCTIONS

Examples on pp. 359–361 and pp. 366–368

EXAMPLE You can use the rational zero theorem and the fundamental theorem of algebra to find all the zeros of a polynomial function.

$f(x) = x^4 + 3x^3 - 5x^2 - 21x + 22$ Possible rational zeros: $\frac{\pm 1, \pm 2, \pm 11, \pm 22}{1}$

Using synthetic division, you can find that the rational zeros are 1 and 2.
The degree of f is 4, so f has 4 zeros. To find the other two zeros, write in factored form: $f(x) = (x - 1)(x - 2)(x^2 + 6x + 11)$. Solve $x^2 + 6x + 11 = 0$: $x = -3 \pm \sqrt{2}i$.
So the zeros of $f(x) = x^4 + 3x^3 - 5x^2 - 21x + 22$ are $1, 2, -3 + \sqrt{2}i, -3 - \sqrt{2}i$.

Find all the real zeros of the function.

18. $f(x) = x^3 + 12x^2 + 21x + 10$

19. $f(x) = x^4 + x^3 - x^2 + x - 2$

6.8 ANALYZING GRAPHS OF POLYNOMIAL FUNCTIONS

Examples on pp. 373–375

EXAMPLE You can identify x-intercepts and turning points when you analyze the graph of a polynomial function.
The graph of $f(x) = 3x^3 - 9x + 6$ has

- two x-intercepts, -2 and 1.
- a local maximum at $(-1, 12)$.
- a local minimum at $(1, 0)$.

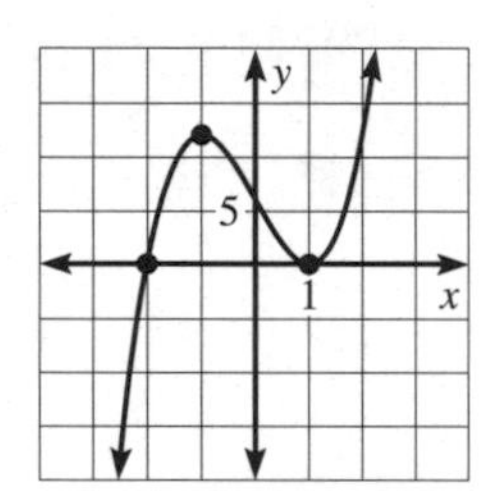

Graph the polynomial function. Identify the x-intercepts and the points where the local maximums and local minimums occur.

20. $f(x) = (x - 2)^2(x + 2)$

21. $f(x) = x^3 - 3x^2$

22. $f(x) = 3x^4 + 4x^3$

6.9 MODELING WITH POLYNOMIALS

Examples on pp. 380–382

EXAMPLE Sometimes you can use finite differences or cubic regression to find a polynomial model for a set of data.

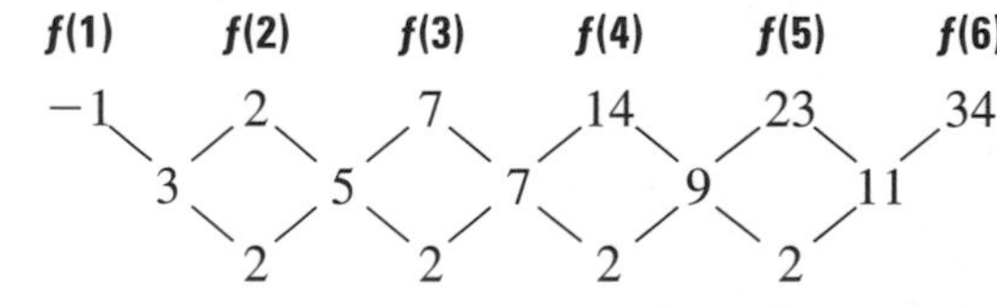

Since second-order differences are nonzero and constant, the data set can be modeled by a polynomial function of degree 2. The function is $f(x) = x^2 - 2$.

23. Show that the third-order differences for the function $f(n) = n^3 + 1$ are nonzero and constant.

24. Write a cubic function whose graph passes through points $(1, 0)$, $(-1, 0)$, $(4, 0)$, and $(2, -12)$. Use cubic regression on a graphing calculator to verify your answer.

6.6–6.7 CÓMO HALLAR LOS CEROS DE LAS FUNCIONES POLINÓMICAS

Ejemplos en págs. 359–361 y págs. 366–368

EJEMPLO Puedes usar el teorema del cero racional y el teorema fundamental del álgebra para hallar los ceros de una función polinómica.

$f(x) = x^4 + 3x^3 - 5x^2 - 21x + 22$ Posibles ceros racionales: $\frac{\pm 1, \pm 2, \pm 11, \pm 22}{1}$

Usando la división sintetizada puedes hallar que los ceros racionales son 1 y 2.
El grado de f es 4, por lo tanto f tiene 4 ceros. Para hallar los otros dos ceros, escribe en forma factorizada: $f(x) = (x - 1)(x - 2)(x^2 + 6x + 11)$. Resuelve $x^2 + 6x + 11 = 0$: $x = -3 \pm \sqrt{2}i$.

Por lo tanto, los ceros de $f(x) = x^4 + 3x^3 - 5x^2 - 21x + 22$ son $1, 2, -3 + \sqrt{2}i, -3 - \sqrt{2}i$.

Halla todos los ceros reales de la función.

18. $f(x) = x^3 + 12x^2 + 21x + 10$

19. $f(x) = x^4 + x^3 - x^2 + x - 2$

6.8 CÓMO ANALIZAR GRÁFICAS DE FUNCIONES POLINÓMICAS

Ejemplos en págs. 373–375

EJEMPLO Puedes identificar los interceptos en x y los puntos máximo y mínimo en la curva cuando analizas la gráfica de una función polinómica.

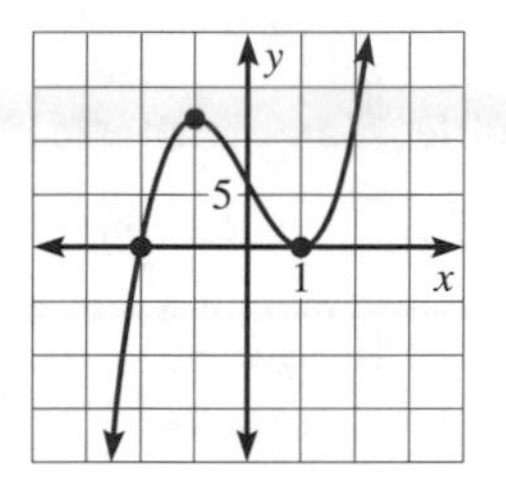

La gráfica de $f(x) = 3x^3 - 9x + 6$ tiene

- dos interceptos en x, -2 y 1.
- un máximo local en $(-1, 12)$.
- un mínimo local en $(1, 0)$.

Haz una gráfica de la función polinómica. Identifica los interceptos en *x* y los puntos donde el máximo y mínimo local ocurren.

20. $f(x) = (x - 2)^2(x + 2)$

21. $f(x) = x^3 - 3x^2$

22. $f(x) = 3x^4 + 4x^3$

6.9 CÓMO HACER MODELOS CON POLINOMIOS

Ejemplos en págs. 380–382

EJEMPLO A veces puedes usar diferencias finitas o regresión cúbica para hallar un modelo polinómico para un conjunto de datos.

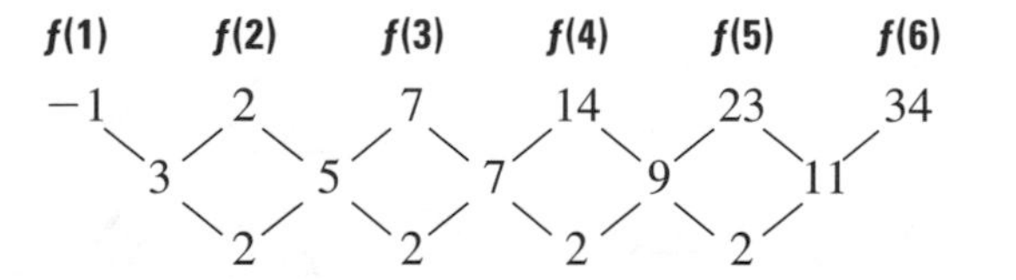

valores de la función

diferencias de primer orden

diferencias de segundo orden

Dado que las diferencias de segundo orden no son en cero y son constantes, se puede hacer un modelo del conjunto de datos con una función polinómica de segundo grado. La función es $f(x) = x^2 - 2$.

23. Demuestra que las diferencias de tercer orden para la función $f(n) = n^3 + 1$ no son cero y son constantes.

24. Escribe una función cúbica cuya gráfica pasa por los puntos $(1, 0)$, $(-1, 0)$, $(4, 0)$, y $(2, -12)$. Usa la regresión cúbica en una calculadora de gráficas para verificar tu respuesta.

CHAPTER 6 Chapter Test

Simplify the expression. Tell which properties of exponents you used.

1. $x^7 \cdot \frac{1}{x^2}$ **2.** $(3^2x^6)^3$ **3.** $\frac{x^9}{x^{-2}}$ **4.** $(8x^3y^2)^{-3}$ **5.** $\frac{15x^2y}{6x^4y^5} \cdot \frac{6x^3y^2}{5xy}$

Describe the end behavior of the graph of the polynomial function. Then evaluate the function for $x = -4, -3, -2, \ldots, 4$. Then graph the function.

6. $y = x^4 - 2x^2 - x - 1$ **7.** $y = -3x^3 - 6x^2$ **8.** $y = (x - 3)(x + 1)(x + 2)$

Perform the indicated operation.

9. $(3x^2 - 5x + 7) - (2x^2 + 9x - 1)$ **10.** $(2x - 3)(5x^2 - x + 6)$ **11.** $(x - 4)(x + 1)(x + 3)$

Factor the polynomial.

12. $64x^3 + 343$ **13.** $400x^2 - 25$ **14.** $x^4 + 8x^2 - 9$ **15.** $2x^3 - 3x^2 + 4x - 6$

Solve the equation.

16. $3x^4 - 11x^2 - 20 = 0$ **17.** $81x^4 = 16$ **18.** $4x^3 - 8x^2 - x + 2 = 0$

Divide. Use synthetic division if possible.

19. $(8x^4 + 5x^3 + 4x^2 - x + 7) \div (x + 1)$ **20.** $(12x^3 + 31x^2 - 17x - 6) \div (x + 3)$

List all the possible rational zeros of f using the rational zero theorem. Then find all the zeros of the function.

21. $f(x) = x^3 - 5x^2 - 14x$ **22.** $f(x) = x^3 + 4x^2 + 9x + 36$ **23.** $f(x) = x^4 + x^3 - 2x^2 + 4x - 24$

Write a polynomial function of least degree that has real coefficients, the given zeros, and a leading coefficient of 1.

24. $1, -3, 4$ **25.** $2, 2, -1, 0$ **26.** $5, 2i, -2i$ **27.** $3, -3, 2 - i$

28. Use technology to approximate the real zeros of $f(x) = 0.25x^3 - 7x^2 + 15$.

29. Identify the x-intercepts, local maximum, and local minimum of the graph of $f(x) = \frac{1}{9}(x - 3)^2(x + 3)^2$. Then describe the end behavior of the graph.

30. Show that $f(x) = x^4 - 2x + 8$ has nonzero constant fourth-order differences.

31. The table gives the number of triangles that point upward that you can find in a large triangle that is n units on a side and divided into triangles that are each one unit on a side. Find a polynomial model for $f(n)$.

$f(2) = 4$

n	1	2	3	4	5	6	7
$f(n)$	1	4	10	20	35	56	84

32. **CELLS** An adult human body contains about 75,000,000,000,000 cells. Each is about 0.001 inch wide. If the cells were laid end to end to form a chain, about how long would the chain be in miles? Give your answer in scientific notation.

CAPÍTULO 6

Prueba del capítulo

Simplifica la expresión. Indica cuáles propiedades de los exponentes usaste.

1. $x^7 \cdot \frac{1}{x^2}$ **2.** $(3^2x^6)^3$ **3.** $\frac{x^9}{x^{-2}}$ **4.** $(8x^3y^2)^{-3}$ **5.** $\frac{15x^2y}{6x^4y^5} \cdot \frac{6x^3y^2}{5xy}$

Describe el comportamiento final de la gráfica de la función polinómica. Después, evalúa la función para $x = -4, -3, -2, \ldots, 4$. Por último, haz una gráfica de la función.

6. $y = x^4 - 2x^2 - x - 1$ **7.** $y = -3x^3 - 6x^2$ **8.** $y = (x - 3)(x + 1)(x + 2)$

Efectúa la operación indicada.

9. $(3x^2 - 5x + 7) - (2x^2 + 9x - 1)$ **10.** $(2x - 3)(5x^2 - x + 6)$ **11.** $(x - 4)(x + 1)(x + 3)$

Factoriza el polinomio.

12. $64x^3 + 343$ **13.** $400x^2 - 25$ **14.** $x^4 + 8x^2 - 9$ **15.** $2x^3 - 3x^2 + 4x - 6$

Resuelve la ecuación.

16. $3x^4 - 11x^2 - 20 = 0$ **17.** $81x^4 = 16$ **18.** $4x^3 - 8x^2 - x + 2 = 0$

Divide. Si es posible, usa la división sintetizada.

19. $(8x^4 + 5x^3 + 4x^2 - x + 7) \div (x + 1)$ **20.** $(12x^3 + 31x^2 - 17x - 6) \div (x + 3)$

Haz una lista de todos los ceros racionales de f usando el teorema del cero racional. Después, halla todos los ceros de la función.

21. $f(x) = x^3 - 5x^2 - 14x$ **22.** $f(x) = x^3 + 4x^2 + 9x + 36$ **23.** $f(x) = x^4 + x^3 - 2x^2 + 4x - 24$

Escribe una función polinómica del menor grado posible que tenga coeficientes reales, los ceros dados y un coeficiente principal de 1.

24. 1, −3, 4 **25.** 2, 2, −1, 0 **26.** 5, $2i$, $-2i$ **27.** 3, −3, $2 - i$

28. Usa la tecnología para hallar aproximadamente los ceros reales de $f(x) = 0.25x^3 - 7x^2 + 15$.

29. Identifica los interceptos en x y el máximo y mínimo local de la gráfica de $f(x) = \frac{1}{9}(x - 3)^2(x + 3)^2$. Después, describe el comportamiento final de la gráfica.

30. Muestra que $f(x) = x^4 - 2x + 8$ tiene diferencias constantes de cuarto orden que no son cero.

31. La tabla da el número de triángulos que apuntan hacia arriba que puedes hallar en un triángulo mayor que tiene n unidades por lado y que está dividido en triángulos que tienen una unidad por lado cada uno. Halla un modelo polinómico para $f(n)$.

$f(2) = 4$

n	1	2	3	4	5	6	7
$f(n)$	1	4	10	20	35	56	84

32. **CÉLULAS** El cuerpo de un humano adulto tiene aproximadamente 75,000,000,000,000 células. Cada una de ellas tiene aproximadamente 0.001 pulgada de ancho. Si las células fueran colocadas una tras otra para formar una cadena, ¿qué largo tendría la cadena en millas? Da tu respuesta en notación científica.

CHAPTER 7

Chapter Summary

WHAT did you learn?	*WHY did you learn it?*
Evaluate *n*th roots of real numbers. **(7.1)**	Find the number of reptile and amphibian species that Puerto Rico can support. **(p. 405)**
Use properties of rational exponents to evaluate and simplify expressions. **(7.2)**	Model frequencies in the musical range of a trumpet. **(p. 413)**
Perform function operations. **(7.3)**	Find the height of a dinosaur. **(p. 419)**
Find inverses of linear and nonlinear functions. **(7.4)**	Find your bowling average. **(p. 428)**
Graph square root and cube root functions. **(7.5)**	Find the age of an African elephant. **(p. 433)**
Solve equations that contain radicals or rational exponents. **(7.6)**	Determine which boats satisfy the rule for competing in the America's Cup. **(p. 443)**
Use roots and rational exponents in real-life problems. **(7.1–7.6)**	Find surface areas of mammals. **(p. 410)**
Use power functions, inverse functions, and radical functions to solve real-life problems. **(7.3–7.6)**	Find wind speeds that correspond to Beaufort wind scale numbers. **(p. 440)**
Use measures of central tendency and measures of dispersion to describe data sets. **(7.7)**	Analyze data sets such as the free-throw percentages for the players in the WNBA. **(pp. 445 and 446)**
Represent data graphically with box-and-whisker plots and histograms. **(7.7)**	Graph data sets such as the ages of the Presidents and Vice Presidents of the United States. **(p. 451)**

How does Chapter 7 fit into the BIGGER PICTURE of algebra?

In Chapter 7 you saw the familiar ideas of squares and square roots extended. This was a significant step in your study of powers and roots as you used exponents that were *not* whole numbers in expressions, functions, and many real-life problems. You will continue to build on these ideas as long as you study mathematics.

STUDY STRATEGY

How did you quiz yourself?

Here is an example of a quiz that was written for Lesson 7.3 and used before a class quiz was given, following the **Study Strategy** on page 400.

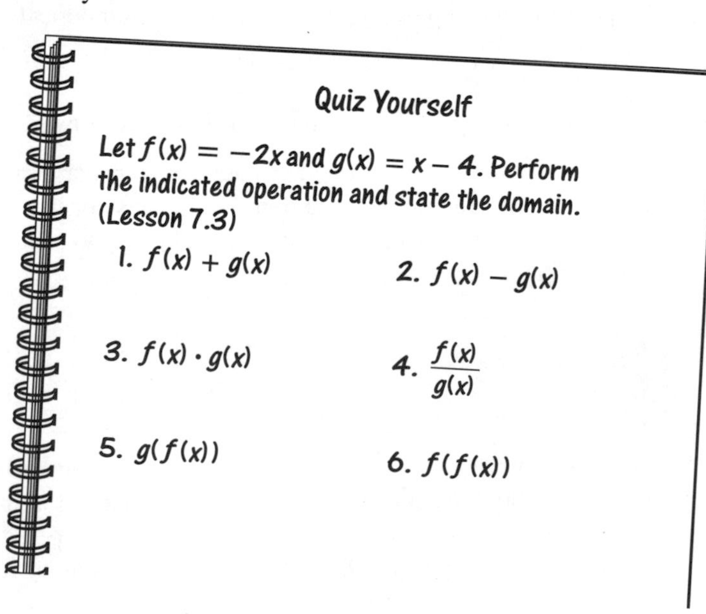

CAPÍTULO 7

Resumen del capítulo

¿QUÉ aprendiste?	*¿PARA QUÉ lo aprendiste?*
Evaluar la raíz *n*-ésima de números reales. **(7.1)**	Hallar el número de especies anfibias y reptiles que Puerto Rico puede tolerar ecológicamente. **(pág. 405)**
Usar las propiedades de los exponentes racionales para evaluar y simplificar expresiones. **(7.2)**	Hacer un modelo de las frecuencias en la amplitud musical de una trompeta. **(pág. 413)**
Efectuar operaciones con funciones. **(7.3)**	Hallar la estatura de un dinosaurio. **(pág. 419)**
Hallar la inversa de funciones lineales y no lineales. **(7.4)**	Hallar tu promedio en el juego de bolos. **(pág. 428)**
Hacer gráficas de funciones con raíz cuadrada y raíz cúbica. **(7.5)**	Hallar la edad de un elefante africano. **(pág. 433)**
Resolver ecuaciones que contengan radicales o exponentes racionales. **(7.6)**	Determinar cuáles embarcaciones satisfacen los requisitos para competir en la *America's Cup.* **(pág. 443)**
Usar raíces y exponentes racionales en problemas de la vida real. **(7.1–7.6)**	Hallar las áreas superficiales de mamíferos. **(pág. 410)**
Usar funciones potenciales, inversas y radicales para resolver problemas de la vida real. **(7.3–7.6)**	Hallar las velocidades del viento que corresponden a los números de la escala Beaufort. **(pág. 440)**
Usar medidas de tendencia central y medidas de dispersión para describir conjuntos de datos. **(7.7)**	Analizar conjuntos de datos tales como los porcentajes de tiros libres para las jugadoras de baloncesto en la *WNBA.* **(págs. 445 y 446)**
Representar datos con gráficas de frecuencias acumuladas e histogramas. **(7.7)**	Hacer una gráfica de conjuntos tales como las edades de los Presidentes y Vicepresidentes de EE.UU. **(pág. 451)**

¿Qué parte del álgebra estudiaste en este capítulo?

En el Capítulo 7 viste como los conceptos ya conocidos de cuadrados y raíces cuadradas se ampliaron. Cuando usaste exponentes que no eran números enteros en expresiones, en funciones y en muchos problemas de la vida real, diste un paso significativo en tu estudio de las potencias y raíces. Continuarás ampliando estas ideas según sigas estudiando matemáticas.

ESTRATEGIA DE ESTUDIO

¿Cómo te evalúas antes de la prueba?

He aquí un ejemplo de una evaluación breve que fue escrita para la Lección 7.3 y que fue usada antes de la prueba de clase, según la **Estrategia de estudio** en la página 400.

Autoevaluación

Sea $f(x) = -2x$ y $g(x) = x - 4$. Efectúa la operación indicada y determina el dominio. (Lección 7.3)

1. $f(x) + g(x)$
2. $f(x) - g(x)$
3. $f(x) \cdot g(x)$
4. $\frac{f(x)}{g(x)}$
5. $g(f(x))$
6. $f(f(x))$

CHAPTER 7

Chapter Review

VOCABULARY

- *n*th root of *a*, p. 401
- index, p. 401
- simplest form, p. 408
- like radicals, p. 408
- power function, p. 415
- composition, p. 416
- inverse relation, p. 422
- inverse function, p. 422
- radical function, p. 431
- extraneous solution, p. 439
- statistics, p. 445
- measure of central tendency, p. 445
- mean, p. 445
- median, p. 445
- mode, p. 445
- measure of dispersion, p. 446
- range, p. 446
- standard deviation, p. 446
- box-and-whisker plot, p. 447
- lower quartile, p. 447
- upper quartile, p. 447
- histogram, p. 448
- frequency, p. 448
- frequency distribution, p. 448

7.1 *N*TH ROOTS AND RATIONAL EXPONENTS

Examples on pp. 401–403

EXAMPLES You can evaluate *n*th roots using radicals or rational exponents.

Radical notation: $27^{-2/3} = \frac{1}{27^{2/3}} = \frac{1}{(\sqrt[3]{27})^2} = \frac{1}{3^2} = \frac{1}{9}$

Rational exponent notation: $27^{-2/3} = \frac{1}{27^{2/3}} = \frac{1}{(27^{1/3})^2} = \frac{1}{3^2} = \frac{1}{9}$

Evaluate the expression without using a calculator.

1. $\sqrt[4]{16}$ **2.** $(\sqrt[3]{64})^2$ **3.** $9^{-5/2}$ **4.** $216^{1/3}$ **5.** $\sqrt[5]{-32}$

6. Find the real *n*th root(s) of a if $n = 4$ and $a = 81$.

7. Find the real *n*th root(s) of a if $n = 5$ and $a = -1$.

8. Find the real *n*th root(s) of a if $n = 7$ and $a = 0$.

7.2 PROPERTIES OF RATIONAL EXPONENTS

Examples on pp. 407–410

EXAMPLES You can use properties of rational exponents to simplify expressions.

$\sqrt[3]{12} \cdot \sqrt[3]{4} = \sqrt[3]{12 \cdot 4} = \sqrt[3]{48} = \sqrt[3]{8 \cdot 6} = \sqrt[3]{8} \cdot \sqrt[3]{6} = 2\sqrt[3]{6}$

$\frac{(x^{1/2}y)^2}{x^{1/2}y^{3/4}} = \frac{x^{(1/2 \cdot 2)}y^2}{x^{1/2}y^{3/4}} = \frac{xy^2}{x^{1/2}y^{3/4}} = x^{(1 - 1/2)}y^{(2 - 3/4)} = x^{1/2}y^{5/4}$

Simplify the expression. Assume all variables are positive.

9. $5^{1/4} \cdot 5^{-9/4}$ **10.** $(100^{1/3})^{3/4}$ **11.** $\sqrt[3]{\frac{16}{1000}}$ **12.** $5\sqrt[3]{17} - 4\sqrt[3]{17}$

13. $(81x)^{1/4}$ **14.** $\frac{(4x)^2}{(4x)^{1/2}}$ **15.** $\sqrt[6]{6x^6y^7z^{10}}$ **16.** $\sqrt[3]{4a^6} + a\sqrt[3]{108a^3}$

CAPÍTULO 7 Repaso del capítulo

VOCABULARIO

- raíz *n*-ésima de *a*, pág. 401
- índice, pág. 401
- mínima expresión, pág. 408
- radicales semejantes, pág. 408
- funciones potenciales, pág. 415
- composición, pág. 416
- relación inversa, pág. 422
- función inversa, pág. 422
- función radical, pág. 431
- raíz extraña, pág. 439
- estadísticas, pág. 445
- medida de tendencia central, pág. 445
- media, pág. 445
- mediana, pág. 445
- moda, pág. 445
- medida de dispersión, pág. 446
- amplitud, pág. 446
- desviación media, pág. 446
- gráfica de frecuencias acumuladas, pág. 447
- cuartil inferior, pág. 447
- cuartil superior, pág. 447
- histograma, pág. 448
- frecuencia, pág. 448
- distribución de frecuencias, pág. 448

7.1 RAÍCES *N*-ÉSIMAS Y EXPONENTES RACIONALES

Ejemplos en págs. 401–403

EJEMPLOS Puedes evaluar raíces *n*-ésimas usando radicales o exponentes racionales.

Notación radical: $27^{-2/3} = \frac{1}{27^{2/3}} = \frac{1}{(\sqrt[3]{27})^2} = \frac{1}{3^2} = \frac{1}{9}$

Notación con exponentes racionales: $27^{-2/3} = \frac{1}{27^{2/3}} = \frac{1}{(27^{1/3})^2} = \frac{1}{3^2} = \frac{1}{9}$

Evalúa la expresión sin usar una calculadora.

1. $\sqrt[4]{16}$ **2.** $(\sqrt[3]{64})^2$ **3.** $9^{-5/2}$ **4.** $216^{1/3}$ **5.** $\sqrt[5]{-32}$

6. Halla las raíces *n*-ésimas reales de a si $n = 4$ y $a = 81$.

7. Halla las raíces *n*-ésimas reales de a si $n = 5$ y $a = -1$.

8. Halla las raíces *n*-ésimas reales de a si $n = 7$ y $a = 0$.

7.2 PROPIEDADES DE LOS EXPONENTES RACIONALES

Ejemplos en págs. 407–410

EJEMPLOS Puedes usar las propiedades de los exponentes racionales para simplificar expresiones.

$\sqrt[3]{12} \cdot \sqrt[3]{4} = \sqrt[3]{12 \cdot 4} = \sqrt[3]{48} = \sqrt[3]{8 \cdot 6} = \sqrt[3]{8} \cdot \sqrt[3]{6} = 2\sqrt[3]{6}$

$\frac{(x^{1/2}y)^2}{x^{1/2}y^{3/4}} = \frac{x^{(1/2 \cdot 2)}y^2}{x^{1/2}y^{3/4}} = \frac{xy^2}{x^{1/2}y^{3/4}} = x^{(1 - 1/2)}y^{(2 - 3/4)} = x^{1/2}y^{5/4}$

Simplifica la expresión. Asume que todas las variables son positivas.

9. $5^{1/4} \cdot 5^{-9/4}$ **10.** $(100^{1/3})^{3/4}$ **11.** $\sqrt[3]{\frac{16}{1000}}$ **12.** $5\sqrt[3]{17} - 4\sqrt[3]{17}$

13. $(81x)^{1/4}$ **14.** $\frac{(4x)^2}{(4x)^{1/2}}$ **15.** $\sqrt[6]{6x^6y^7z^{10}}$ **16.** $\sqrt[3]{4a^6} + a\sqrt[3]{108a^3}$

7.3 POWER FUNCTIONS AND FUNCTION OPERATIONS

Examples on pp. 415–417

EXAMPLES You can add, subtract, multiply, or divide any two functions f and g. You can also find the composition of any two functions.

Let $f(x) = 2x^{1/2}$ and $g(x) = x^4$

Addition: $f(x) + g(x) = 2x^{1/2} + x^4$

Multiplication: $f(x) \cdot g(x) = 2x^{1/2} \cdot x^4 = 2x^{9/2}$

Composition: $f(g(x)) = f(x^4) = 2(x^4)^{1/2} = 2x^2$

Let $f(x) = 2x - 4$ and $g(x) = x - 2$. Perform the indicated operation.

17. $f(x) + g(x)$ **18.** $f(x) - g(x)$ **19.** $f(x) \cdot g(x)$ **20.** $\frac{f(x)}{g(x)}$ **21.** $f(g(x))$

7.4 INVERSE FUNCTIONS

Examples on pp. 422–425

EXAMPLES You can find the inverse relation of any function. To verify that two functions are inverses of each other, show that $f(f^{-1}(x)) = f^{-1}(f(x)) = x$.

$f(x) = y = 2x - 5$

$x = 2y - 5$

$x + 5 = 2y$

$\frac{1}{2}x + \frac{5}{2} = y = f^{-1}(x)$

$f(f^{-1}(x)) = 2\left(\frac{1}{2}x + \frac{5}{2}\right) - 5 = x + 5 - 5 = x$

$f^{-1}(f(x)) = \frac{1}{2}(2x - 5) + \frac{5}{2} = x - \frac{5}{2} + \frac{5}{2} = x$

Find the inverse function.

22. $f(x) = -2x + 1$ **23.** $f(x) = -x^4, x \geq 0$ **24.** $f(x) = 5x^3 + 7$

25. Verify that $f(x) = -2x^5$ and $g(x) = \sqrt[5]{-\frac{x}{2}}$ are inverse functions.

7.5 GRAPHING SQUARE ROOT AND CUBE ROOT FUNCTIONS

Examples on pp. 431–433

EXAMPLE You can graph a square root function by starting with the graph of $y = \sqrt{x}$. You can graph a cube root function by starting with the graph of $y = \sqrt[3]{x}$.

To graph $y = \sqrt[3]{x - 5} - 2$, first sketch $y = \sqrt[3]{x}$ (shown as solid line). Then shift the graph right 5 units and down 2 units. From the graph of $y = \sqrt[3]{x - 5} - 2$, you can see that the domain and range of the function are both all real numbers.

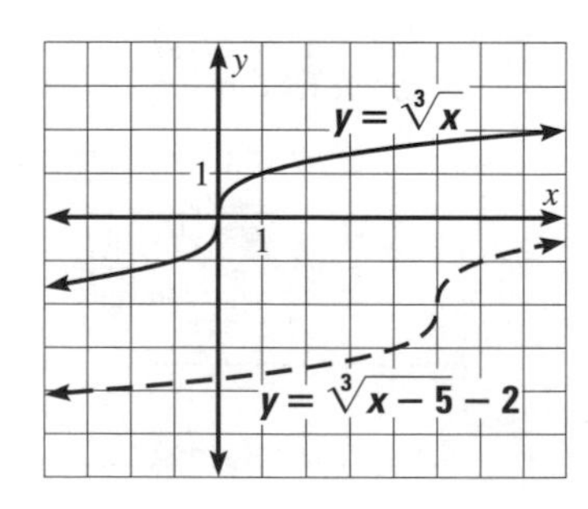

Graph the function. Then state the domain and range.

26. $y = (x - 7)^{1/3}$ **27.** $y = \sqrt{x} + 6$ **28.** $y = -2(x - 3)^{1/2}$ **29.** $y = 3\sqrt[3]{x + 4} - 9$

7.3 FUNCIONES POTENCIALES Y OPERACIONES CON FUNCIONES

Ejemplos en págs. 415–417

EJEMPLOS Puedes sumar, restar, multiplicar o dividir dos funciones f y g cualesquiera. También puedes hallar la composición de dos funciones cualesquiera.

Sea $f(x) = 2x^{1/2}$ y $g(x) = x^4$

Suma: $f(x) + g(x) = 2x^{1/2} + x^4$

Multiplicación: $f(x) \cdot g(x) = 2x^{1/2} \cdot x^4 = 2x^{9/2}$

Composición: $f(g(x)) = f(x^4) = 2(x^4)^{1/2} = 2x^2$

Sea $f(x) = 2x - 4$ y $g(x) = x - 2$. Efectúa la operación indicada.

17. $f(x) + g(x)$ **18.** $f(x) - g(x)$ **19.** $f(x) \cdot g(x)$ **20.** $\dfrac{f(x)}{g(x)}$ **21.** $f(g(x))$

7.4 FUNCIONES INVERSAS

Ejemplos en págs. 422–425

EJEMPLOS Puedes hallar la relación inversa de una función. Para verificar que una función es la inversa de la otra, demuestra que $f(f^{-1}(x)) = f^{-1}(f(x)) = x$.

$f(x) = y = 2x - 5$

$x = 2y - 5$

$x + 5 = 2y$

$\frac{1}{2}x + \frac{5}{2} = y = f^{-1}(x)$

$f(f^{-1}(x)) = 2\left(\frac{1}{2}x + \frac{5}{2}\right) - 5 = x + 5 - 5 = x$

$f^{-1}(f(x)) = \frac{1}{2}(2x - 5) + \frac{5}{2} = x - \frac{5}{2} + \frac{5}{2} = x$

Halla la función inversa.

22. $f(x) = -2x + 1$ **23.** $f(x) = -x^4, x \geq 0$ **24.** $f(x) = 5x^3 + 7$

25. Verifica que $f(x) = -2x^5$ y $g(x) = \sqrt[5]{-\frac{x}{2}}$ son funciones inversas.

7.5 CÓMO HACER GRÁFICAS DE FUNCIONES CON RAÍZ CUADRADA Y RAÍZ CÚBICA

Ejemplos en págs. 431–433

EJEMPLO Puedes hacer una gráfica de una función con raíz cuadrada comenzando la gráfica de $y = \sqrt{x}$. Puedes hacer una gráfica de una función con raíz cúbica comenzando con la gráfica de $y = \sqrt[3]{x}$.

Para hacer una gráfica de $y = \sqrt[3]{x - 5} - 2$, primero representa $y = \sqrt[3]{x}$ (línea continua). Después mueve la gráfica 5 unidades hacia la derecha y dos unidades hacia abajo. De la gráfica de $y = \sqrt[3]{x - 5} - 2$, puedes observar que el dominio y la imagen de la función son números reales.

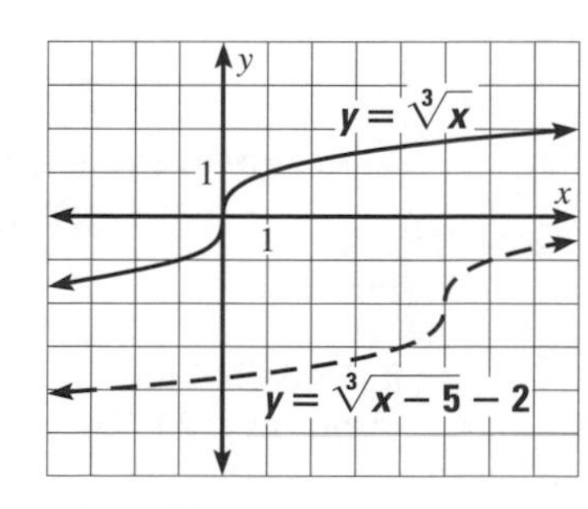

Haz una gráfica de la función. Después, indica el dominio y la imagen.

26. $y = (x - 7)^{1/3}$ **27.** $y = \sqrt{x} + 6$ **28.** $y = -2(x - 3)^{1/2}$ **29.** $y = 3\sqrt[3]{x + 4} - 9$

7.6 SOLVING RADICAL EQUATIONS

Examples on pp. 437–440

EXAMPLES You can solve equations that contain radicals or rational exponents by raising each side of the equation to the same power.

$\sqrt{x-4} = 6$

$(\sqrt{x-4})^2 = 6^2$ **Square each side.**

$x - 4 = 36$

$x = 40$

$4x^{2/3} = 100$

$x^{2/3} = 25$

$(x^{2/3})^{3/2} = 25^{3/2}$ **Raise each side to $\frac{3}{2}$ power.**

$x = 125$

Solve the equation. Check for extraneous solutions.

30. $3(x+1)^{1/5} + 5 = 11$

31. $\sqrt[3]{5x+3} - \sqrt[3]{4x} = 0$

32. $\sqrt{4x} = x - 8$

7.7 STATISTICS AND STATISTICAL GRAPHS

Examples on pp. 445–448

EXAMPLES The table shows the normal daily high temperatures (in degrees Fahrenheit) for Phoenix, Arizona, from 1961 to 1990.

Jan.	Feb.	Mar.	Apr.	May	June	July	Aug.	Sept.	Oct.	Nov.	Dec.
65.9	70.7	75.5	84.5	93.6	103.5	105.9	103.7	98.3	88.1	74.9	66.2

MEAN Find the average of the numbers: $\frac{65.9 + 70.7 + \cdots + 66.2}{12} = \frac{1030.8}{12} = 85.9$

MEDIAN Write the numbers in increasing order and locate the middle number(s):
65.9, 66.2, 70.7, 74.9, 75.5, **84.5**, **88.1**, 93.6, 98.3, 103.5, 103.7, 105.9
There are two middle numbers, so find their mean: $\frac{84.5 + 88.1}{2} = 86.3$

MODE Find the number(s) that occur most frequently: none

RANGE Find the difference between the greatest and least numbers: $105.9 - 65.9 = 40$

STANDARD DEVIATION Use the formula: $\sqrt{\frac{(65.9 - 85.9)^2 + (70.7 - 85.9)^2 + \cdots + (66.2 - 85.9)^2}{12}} \approx 14.4$

BOX-AND-WHISKER PLOT Find the quartiles: $\frac{70.7 + 74.9}{2} = 72.8$ and $\frac{98.3 + 103.5}{2} = 100.9$
Plot the minimum, maximum, median, and quartiles. Then draw the box and the whiskers (not shown).

HISTOGRAM Using five intervals beginning with 60–69, tally the data values for each interval. Then draw a histogram of the data set (not shown).

In Exercises 33 and 34, use the following data set of employees' ages at a small company: 21, 25, 30, 36, 39, 40, 44, 45, 46, 51, 51, 63.

33. Find the mean, median, mode, range, and standard deviation of the data set.

34. Draw a box-and-whisker plot and a histogram of the data set. For the histogram, use five intervals beginning with 20–29.

7.6 CÓMO RESOLVER ECUACIONES CON RADICALES

Ejemplos en págs. 437–440

EJEMPLOS Puedes resolver ecuaciones que contengan radicales o exponentes racionales elevando cada miembro de la ecuación a la misma potencia.

$\sqrt{x-4} = 6$

$(\sqrt{x-4})^2 = 6^2$ **Eleva cada miembro al cuadrado.**

$x - 4 = 36$

$x = 40$

$4x^{2/3} = 100$

$x^{2/3} = 25$

$(x^{2/3})^{3/2} = 25^{3/2}$ **Eleva cada miembro a la potencia $\frac{3}{2}$.**

$x = 125$

Resuelve la ecuación. Comprueba si hay raíces extrañas.

30. $3(x+1)^{1/5} + 5 = 11$

31. $\sqrt[3]{5x+3} - \sqrt[3]{4x} = 0$

32. $\sqrt{4x} = x - 8$

7.7 ESTADÍSTICAS Y GRÁFICAS ESTADÍSTICAS

Ejemplos en págs. 445–448

EJEMPLOS La tabla muestra las temperaturas máximas diarias normales (en grados Fahrenheit) en Phoenix, Arizona de 1961 a 1990.

En.	Feb.	Mar.	Abr.	May.	Jun.	Jul.	Ag.	Sept.	Oct.	Nov.	Dic.
65.9	70.7	75.5	84.5	93.6	103.5	105.9	103.7	98.3	88.1	74.9	66.2

MEDIA Halla el promedio de los números: $\frac{65.9 + 70.7 + \cdots + 66.2}{12} = \frac{1030.8}{12} = 85.9$

MEDIANA Escribe los números en orden creciente y localiza los números del medio:
65.9, 66.2, 70.7, 74.9, 75.5, **84.5**, **88.1**, 93.6, 98.3, 103.5, 103.7, 105.9
Hay dos números en el medio, por lo tanto, halla su media: $\frac{84.5 + 88.1}{2} = 86.3$

MODA Halla los números que ocurren más frecuentemente: ninguno

AMPLITUD Halla la diferencia entre los números mayor y menor: $105.9 - 65.9 = 40$

DESVIACIÓN MEDIA Usa la fórmula: $\sqrt{\frac{(65.9 - 85.9)^2 + (70.7 - 85.9)^2 + \cdots + (66.2 - 85.9)^2}{12}} \approx 14.4$

GRÁFICA DE FRECUENCIAS ACUMULADAS Halla los cuartiles: $\frac{70.7 + 74.9}{2} = 72.8$ y $\frac{98.3 + 103.5}{2} = 100.9$
Traza el mínimo, el máximo, la mediana y los cuartiles. Después, dibuja la gráfica de frecuencias acumuladas (no mostrada).

HISTOGRAMA Usando cinco intervalos comenzando con el de 60–69 para hacer un conteo de valores de datos para cada intervalo. Después, dibuja un histograma del conjunto de los datos (no mostrado).

En los ejercicios 33 y 34, usa el conjunto de datos siguientes de las edades de los empleados de una compañía pequeña: 21, 25, 30, 36, 39, 40, 44, 45, 46, 51, 51, 63.

33. Halla la media, la mediana, la moda, la amplitud y la desviación media del conjunto de datos.

34. Dibuja una gráfica de frecuencias acumuladas y un histograma del conjunto de datos. Para el histograma, usa cinco intervalos comenzando con 20–29.

CHAPTER 7

Chapter Test

Evaluate the expression without using a calculator.

1. $\sqrt[3]{-1000}$
2. $4^{5/2}$
3. $(-64)^{2/3}$
4. $243^{-1/5}$
5. $\sqrt[4]{16}$

Simplify the expression. Assume all variables are positive.

6. $(2^{1/3} \cdot 5^{1/2})^4$
7. $\sqrt[3]{27x^3y^6z^9}$
8. $\dfrac{3xy^{-1}}{12x^{1/2}y}$
9. $\left(\dfrac{81x^2}{y}\right)^{3/4}$
10. $\sqrt{18} + \sqrt{200}$

Perform the indicated operation and state the domain.

11. $f + g$; $f(x) = x - 8$, $g(x) = 3x$
12. $f - g$; $f(x) = 2x^{1/4}$, $g(x) = 5x^{1/4}$
13. $f \cdot g$; $f(x) = 5x + 7$, $g(x) = x - 9$
14. $\dfrac{f}{g}$; $f(x) = x^{-1/5}$, $g(x) = x^{3/5}$
15. $f(g(x))$; $f(x) = 4x^2 - 5$, $g(x) = -x$
16. $g(f(x))$; $f(x) = x^2 + 3x$, $g(x) = 2x + 1$

Find the inverse function.

17. $f(x) = \frac{1}{3}x - 4$
18. $f(x) = -5x + 5$
19. $f(x) = \frac{3}{4}x^2, x \geq 0$
20. $f(x) = x^5 - 2$

Graph the function. Then state the domain and range.

21. $f(x) = \sqrt{x - 6}$
22. $f(x) = \sqrt[3]{x} + 3$
23. $f(x) = 3(x + 4)^{1/3} - 2$
24. $f(x) = -2x^{1/2} + 4$

Solve the equation. Check for extraneous solutions.

25. $x^{5/2} - 10 = 22$
26. $(x + 8)^{1/4} + 1 = 0$
27. $\sqrt[3]{7x - 9} + 11 = 14$
28. $\sqrt{4x + 15} - 3\sqrt{x} = 0$

29. **BIOLOGY CONNECTION** Some biologists study the structure of animals. By studying a series of antelopes, biologists have found that the length l (in millimeters) of an antelope's bone can be modeled by

$$l = 24.1d^{2/3}$$

where d is the midshaft diameter of the bone (in millimeters). If the bone of an antelope has a midshaft diameter of 20 millimeters, what is the length of the bone? ▶ Source: *On Size and Life*

ACADEMY AWARDS In Exercises 30–33, use the tables below which give the ages of the Academy Award winners for best actress and for best actor from 1980 to 1998.

Best actress
21, 25, 26, 29, 31, 33, 33, 34, 34, 38, 39, 41, 42, 45, 49, 49, 61, 72, 80

Best actor
30, 32, 35, 37, 37, 38, 39, 42, 43, 45, 45, 46, 51, 52, 52, 54, 60, 61, 76

30. Find the mean, median, mode, range, and standard deviation of each data set.
31. Draw a box-and-whisker plot of each data set.
32. Make a frequency distribution of each data set using six intervals beginning with 21–30. Then draw a histogram of each data set.
33. *Writing* Compare the ages of the best actresses with the ages of the best actors. Use statistics and statistical graphs to support your statements.

CAPÍTULO 7

Prueba del capítulo

Evalúa la expresión sin usar una calculadora.

1. $\sqrt[3]{-1000}$ **2.** $4^{5/2}$ **3.** $(-64)^{2/3}$ **4.** $243^{-1/5}$ **5.** $\sqrt[4]{16}$

Simplifica la expresión. Asume que todas las variables son positivas.

6. $(2^{1/3} \cdot 5^{1/2})^4$ **7.** $\sqrt[3]{27x^3y^6z^9}$ **8.** $\dfrac{3xy^{-1}}{12x^{1/2}y}$ **9.** $\left(\dfrac{81x^2}{y}\right)^{3/4}$ **10.** $\sqrt{18} + \sqrt{200}$

Efectúa la operación indicada y determina el dominio.

11. $f + g$; $f(x) = x - 8$, $g(x) = 3x$

12. $f - g$; $f(x) = 2x^{1/4}$, $g(x) = 5x^{1/4}$

13. $f \cdot g$; $f(x) = 5x + 7$, $g(x) = x - 9$

14. $\dfrac{f}{g}$; $f(x) = x^{-1/5}$, $g(x) = x^{3/5}$

15. $f(g(x))$; $f(x) = 4x^2 - 5$, $g(x) = -x$

16. $g(f(x))$; $f(x) = x^2 + 3x$, $g(x) = 2x + 1$

Halla la función inversa.

17. $f(x) = \frac{1}{3}x - 4$ **18.** $f(x) = -5x + 5$ **19.** $f(x) = \frac{3}{4}x^2, x \geq 0$ **20.** $f(x) = x^5 - 2$

Haz una gráfica de la función. Después, indica el dominio y la imagen.

21. $f(x) = \sqrt{x - 6}$ **22.** $f(x) = \sqrt[3]{x} + 3$ **23.** $f(x) = 3(x + 4)^{1/3} - 2$ **24.** $f(x) = -2x^{1/2} + 4$

Resuelve la ecuación. Comprueba si hay raíces extrañas.

25. $x^{5/2} - 10 = 22$ **26.** $(x + 8)^{1/4} + 1 = 0$ **27.** $\sqrt[3]{7x - 9} + 11 = 14$ **28.** $\sqrt{4x + 15} - 3\sqrt{x} = 0$

29. **CONEXIÓN CON LA BIOLOGÍA** Algunos biólogos estudian la estructura de los animales. Estudiando un grupo de antílopes, los biólogos hallaron que la longitud l (en milímetros) de un hueso de antílope puede ser representa por

$$l = 24.1d^{2/3}$$

donde d es el diámetro de la cavidad media del hueso (en milímetros). Si el hueso de un antílope tiene una cavidad media con diámetro de 20 milímetros, ¿cuál es la longitud del hueso? ▶ Fuente: *On Size and Life*

PREMIOS *OSCARS* En los ejercicios 30–33, usa las tablas de abajo que dan las edades de los ganadores de *Oscars* en las categorías de mejor actriz y mejor actor de 1980 a 1998.

Mejor actriz
21, 25, 26, 29, 31, 33, 33, 34, 34, 38, 39, 41, 42, 45, 49, 49, 61, 72, 80

Mejor actor
30, 32, 35, 37, 37, 38, 39, 42, 43, 45, 45, 46, 51, 52, 52, 54, 60, 61, 76

30. Halla la media, la mediana, la moda, la amplitud y la desviación media para cada conjunto de datos.

31. Dibuja una gráfica de frecuencias acumuladas para cada conjunto de datos.

32. Haz una distribución de las frecuencias para cada conjunto de datos usando seis intervalos comenzando con 21–30. Después, dibuja un histograma para cada conjunto de datos.

33. ***Por escrito*** Compara las edades de las mejores actrices con las edades de los mejores actores. Usa estadísticas y gráficas estadísticas para apoyar tus conclusiones.

CHAPTER 8

Chapter Summary

WHAT did you learn? / *WHY did you learn it?*

WHAT did you learn?	WHY did you learn it?
Graph exponential functions.	
• exponential growth functions **(8.1)**	Estimate wind energy generated by turbines. **(p. 470)**
• exponential decay functions **(8.2)**	Find the depreciated value of a car. **(p. 476)**
• natural base functions **(8.3)**	Find the number of endangered species. **(p. 482)**
Evaluate and simplify expressions.	
• exponential expressions with base *e* **(8.3)**	Find air pressure on Mount Everest. **(p. 484)**
• logarithmic expressions **(8.4)**	Approximate distance traveled by a tornado. **(p. 491)**
Graph logarithmic functions. **(8.4)**	Estimate the average diameter of sand particles for a beach with given slope. **(p. 489)**
Use properties of logarithms. **(8.5)**	Compare loudness of sounds. **(p. 495)**
Solve exponential and logarithmic equations. **(8.6)**	Use Newton's law of cooling. **(p. 502)**
Model data with exponential and power functions. **(8.7)**	Model the number of U.S. stamps issued. **(p. 515)**
Evaluate and graph logistic growth functions. **(8.8)**	Model the height of a sunflower. **(p. 519)**
Use exponential, logarithmic, and logistic growth functions to model real-life situations. **(8.1–8.8)**	Model a telescope's limiting magnitude. **(p. 507)**

How does Chapter 8 fit into the BIGGER PICTURE of algebra?

In Chapter 2 you began your study of functions and learned that quantities that increase by the same *amount* over equal periods of time are modeled by linear functions. In Chapter 8 you saw that quantities that increase by the same *percent* over equal periods of time are modeled by exponential functions.

Exponential functions and logarithmic functions are two important "families" of functions. They model many real-life situations, and they are used in advanced mathematics topics such as calculus and probability.

STUDY STRATEGY

How did you study with a group?

Here is an example of a summary prepared for Lesson 8.4 and presented to the group, following the **Study Strategy** on page 464.

Study Group

Lesson 8.4 Summary

Definition of logarithm: $\log_b y = x$ if and only if $b^x = y$

Common logarithm (base 10): $\log_{10} x = \log x$

Natural logarithm (base e): $\log_e x = \ln x$

Inverse functions: $f(x) = b^x$ (exponential) and $g(x) = \log_b x$ (logarithmic)

Graph of logarithmic function $f(x) = \log_b (x - h) + k$: asymptote $x = h$; domain $x > h$; range all real numbers; up $b > 0$; down $0 < b < 1$

CHAPTER 8

Chapter Review

VOCABULARY

- exponential function, p. 465
- base of an exponential function, p. 465
- asymptote, p. 465
- exponential growth function, p. 466
- growth factor, p. 467
- exponential decay function, p. 474
- decay factor, p. 476
- natural base *e*, or Euler number, p. 480
- logarithm of *y* with base *b*, p. 486
- common logarithm, p. 487
- natural logarithm, p. 487
- change-of-base formula, p. 494
- logistic growth function, p. 517

8.1 EXPONENTIAL GROWTH

Examples on pp. 465–468

EXAMPLE An exponential growth function has the form $y = ab^x$ with $a > 0$ and $b > 1$.

To graph $y = 2 \cdot 5^{x+2} - 4$, first lightly sketch the graph of $y = 2 \cdot 5^x$, which passes through (0, 2) and (1, 10). Then translate the graph 2 units to the left and 4 units down. The graph passes through $(-2, -2)$ and $(-1, 6)$. The asymptote is the line $y = -4$. The domain is all real numbers, and the range is $y > -4$.

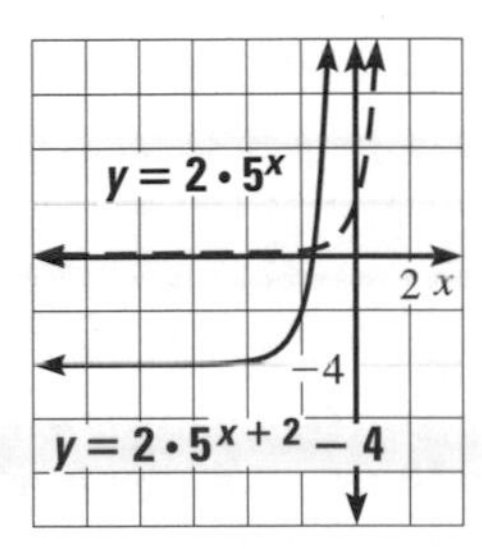

Graph the function. State the domain and range.

1. $y = -2^x + 4$ **2.** $y = 3 \cdot 2^x$ **3.** $y = 5 \cdot 3^{x-2}$ **4.** $y = 4^{x+3} - 1$

8.2 EXPONENTIAL DECAY

Examples on pp. 474–476

EXAMPLE An exponential decay function has the form $y = ab^x$ with $a > 0$ and $0 < b < 1$.

To graph $y = 4\left(\frac{1}{3}\right)^x$, plot (0, 4) and $\left(1, \frac{4}{3}\right)$. From *right* to *left* draw a curve that begins just above the *x*-axis, passes through the two points, and moves up. The asymptote is the line $y = 0$. The domain is all real numbers, and the range is $y > 0$.

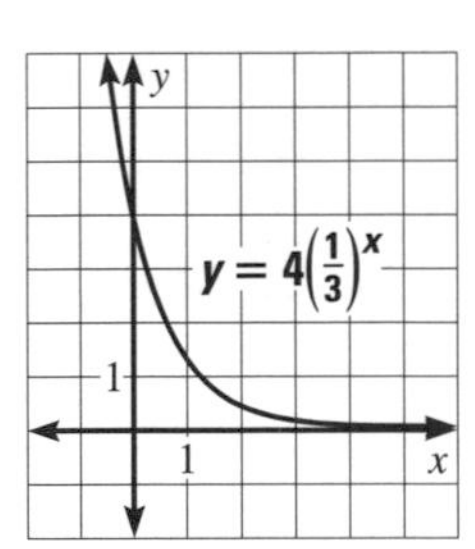

Tell whether the function represents *exponential growth* or *exponential decay*.

5. $f(x) = 5\left(\frac{3}{4}\right)^x$ **6.** $f(x) = 2\left(\frac{5}{4}\right)^x$ **7.** $f(x) = 3(6)^{-x}$ **8.** $f(x) = 4(3)^x$

Graph the function. State the domain and range.

9. $y = \left(\frac{1}{4}\right)^x$ **10.** $y = 2\left(\frac{3}{5}\right)^{x-1}$ **11.** $y = \left(\frac{1}{2}\right)^x - 5$ **12.** $y = -3\left(\frac{3}{4}\right)^x + 2$

CAPÍTULO 8

Resumen del capítulo

¿QUÉ aprendiste? / *¿PARA QUÉ lo aprendiste?*

Hacer gráficas de funciones exponenciales.

- funciones de crecimiento exponencial **(8.1)** → Estimar la energía del viento creado por unas turbinas. **(pág. 470)**
- funciones de depreciación exponencial **(8.2)** → Hallar el valor depreciado de un automóvil. **(pág. 476)**
- funciones de base natural **(8.3)** → Hallar el número de especies en vía de extinción. **(pág. 482)**

Evaluar y simplificar expresiones.

- expresiones exponenciales con base *e* **(8.3)** → Hallar la presión de aire en el Monte Everest. **(pág. 484)**
- expresiones logarítmicas **(8.4)** → Estimar la distancia aproximada que recorre un tornado. **(pág. 491)**

Hacer gráficas de funciones logarítmicas **(8.4)** → Estimar el diámetro promedio de las partículas de arena en una playa con una pendiente dada. **(pág. 489)**

Usar las propiedades de logaritmos **(8.5)** → Comparar el volumen de varios sonidos. **(pág. 495)**

Resolver ecuaciones exponenciales y logarítmicas **(8.6)** → Usar la Ley de enfriamiento de Newton. **(pág. 502)**

Representar datos con funciones exponenciales y potenciales. **(8.7)** → Hacer un modelo del número de timbres postales que circula por EE.UU. **(pág. 515)**

Evaluar y hacer gráficas de funciones de crecimiento logístico. **(8.8)** → Hacer un modelo de la altura de un girasol. **(pág. 519)**

Usar funciones exponenciales, logarítmicas y de crecimiento logístico para representar problemas de la vida real. **(8.1–8.8)** → Hacer un modelo de la magnitud limitativa de un telescopio. **(pág. 507)**

¿Qué parte del álgebra estudiaste en este capítulo?

En el Capítulo 2 comenzaste a estudiar funciones y aprendiste que cantidades que aumentan en la misma *medida* sobre períodos iguales de tiempo se representan por funciones lineales. En el Capítulo 8 observaste que cantidades que aumentan en el mismo *porcentaje* sobre períodos iguales de tiempo se representan por funciones exponenciales.

Las funciones exponenciales y logarítmicas forman dos importantes "familias" de funciones. Con ellas se representan muchas situaciones de la vida real y se utilizan en temas de las matemáticas avanzadas tales como cálculo y probabilidad.

ESTRATEGIA DE ESTUDIO

¿Cómo estudiaste con un grupo?

He aquí un ejemplo de un resumen preparado para la Lección 8.4 y presentado al grupo, según la **Estrategia de estudio** en la página 464.

Grupo de estudio

Lección 8.4 Resumen

Definición de un logaritmo: $\log_b y = x$ siempre y cuando $b^x = y$

Logaritmo vulgar (base 10): $\log_{10} x = \log x$

Logaritmo natural (base e): $\log_e x = \ln x$

Funciones inversas: $f(x) = b^x$ (exponencial) y $g(x) = \log_b x$ (logarítmica)

Representación gráfica de la función logarítmica $f(x) = \log_b (x - h) + k$:
asíntota $x = h$; dominio $x > h$; imagen: todos los números reales; extremo superior $b > 0$; extremo inferior $0 < b < 1$

CAPÍTULO 8

Repaso del capítulo

VOCABULARIO

- **función exponencial, pág. 465**
- **base de una función exponencial, pág. 465**
- **asíntota, pág. 465**
- **función de crecimiento exponencial, pág. 465**
- **factor de crecimiento, pág. 467**
- **función de depreciación exponencial, pág. 474**
- **factor de depreciación, pág. 476**
- **base natural *e*, o número de Euler, pág. 480**
- **logaritmo de *y* con base *b*, pág. 486**
- **logaritmo vulgar, pág. 487**
- **logaritmo natural, pág. 487**
- **fórmula para cambiar de base, pág. 494**
- **función de crecimiento logístico, pág. 517**

8.1 CRECIMIENTO EXPONENCIAL

Ejemplos en págs. 465–468

EJEMPLO Una función de crecimiento exponencial tiene la forma $y = ab^x$ cuando $a > 0$ y $b > 1$.

Para hacer una gráfica de $y = 2 \cdot 5^{x+2} - 4$, primero representa la gráfica de $y = 2 \cdot 5^x$, la cual pasa por (0, 2) y (1, 10). Después, traslada la gráfica 2 unidades hacia la izquierda y 4 unidades hacia abajo. La gráfica pasa por (−2, −2) y (−1, 6). La asíntota es la recta $y = -4$. El dominio es todos los números reales y la imagen es $y > -4$.

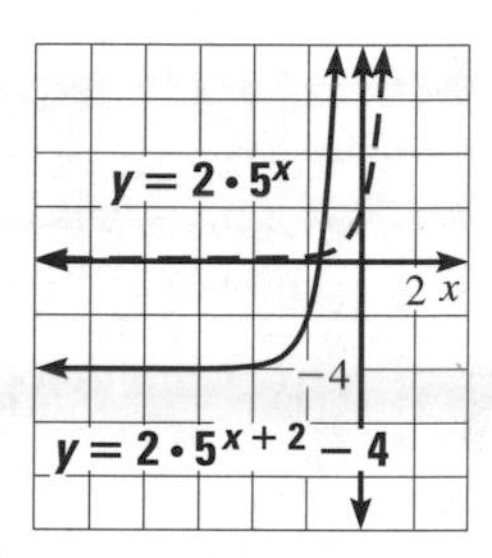

Haz una gráfica de la función. Indica el dominio y la imagen.

1. $y = -2^x + 4$ **2.** $y = 3 \cdot 2^x$ **3.** $y = 5 \cdot 3^{x-2}$ **4.** $y = 4^{x+3} - 1$

8.2 DEPRECIACIÓN EXPONENCIAL

Ejemplos en págs. 474–476

EJEMPLO Una función de depreciación exponencial tiene la forma $y = ab^x$ cuando $a > 0$ y $0 < b < 1$.

Para representar gráficamente $y = 4\left(\frac{1}{3}\right)^x$, sitúa (0, 4) y $\left(1, \frac{4}{3}\right)$. De *izquierda* a *derecha,* traza una curva que comienza justo arriba del eje de la *x,* pasa por los dos puntos y avanza hacia arriba. La asíntota es la recta $y = 0$. El dominio es todos los números reales y la imagen es $y > 0$.

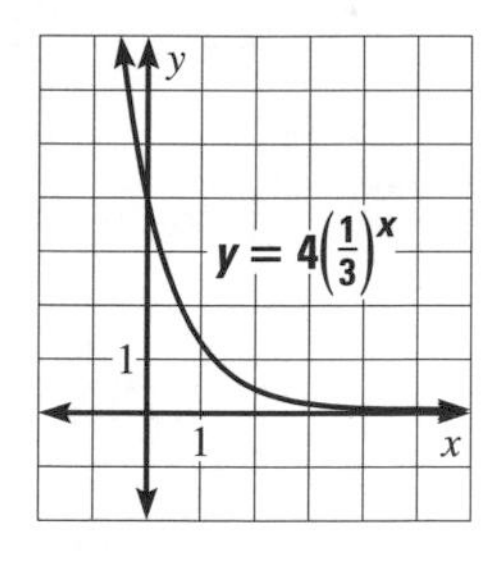

Indica si la función representa *crecimiento* o *depreciación exponencial.*

5. $f(x) = 5\left(\frac{3}{4}\right)^x$ **6.** $f(x) = 2\left(\frac{5}{4}\right)^x$ **7.** $f(x) = 3(6)^{-x}$ **8.** $f(x) = 4(3)^x$

Representa gráficamente la función. Indica el dominio y la imagen.

9. $y = \left(\frac{1}{4}\right)^x$ **10.** $y = 2\left(\frac{3}{5}\right)^{x-1}$ **11.** $y = \left(\frac{1}{2}\right)^x - 5$ **12.** $y = -3\left(\frac{3}{4}\right)^x + 2$

8.3 THE NUMBER e

Examples on pp. 480–482

EXAMPLES You can use e as the base of an exponential function. To graph such a function, use $e \approx 2.718$ and plot some points.

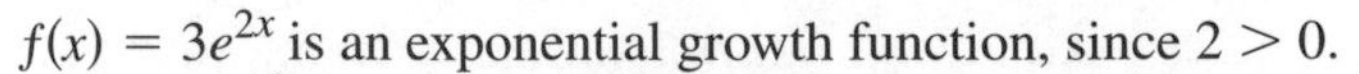

$f(x) = 3e^{2x}$ is an exponential growth function, since $2 > 0$.
$g(x) = 3e^{-2x}$ is an exponential decay function, since $-2 < 0$.

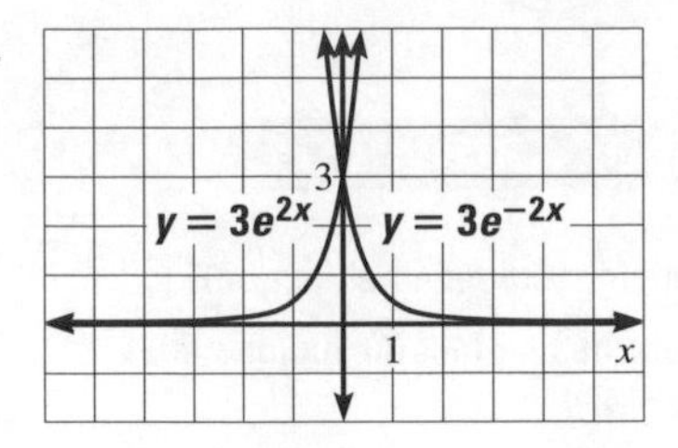

For both functions, the y-intercept is 3, the asymptote is $y = 0$, the domain is all real numbers, and the range is $y > 0$.

Graph the function. State the domain and range.

13. $y = e^{x+5}$ **14.** $y = 0.4e^{x} - 3$ **15.** $y = 4e^{-2x}$ **16.** $y = -e^{x} + 3$

8.4 LOGARITHMIC FUNCTIONS

Examples on pp. 486–489

EXAMPLES You can use the definition of logarithm to evaluate expressions: $\log_b y = x$ if and only if $b^x = y$. The common logarithm has base 10 ($\log_{10} x = \log x$). The natural logarithm has base e ($\log_e x = \ln x$).

To evaluate $\log_8 4096$, write $\log_8 4096 = \log_8 8^4 = 4$.

To graph the logarithmic function $f(x) = 2 \log x + 1$, plot points such as (1, 1) and (10, 3). The vertical line $x = 0$ is an asymptote. The domain is $x > 0$, and the range is all real numbers.

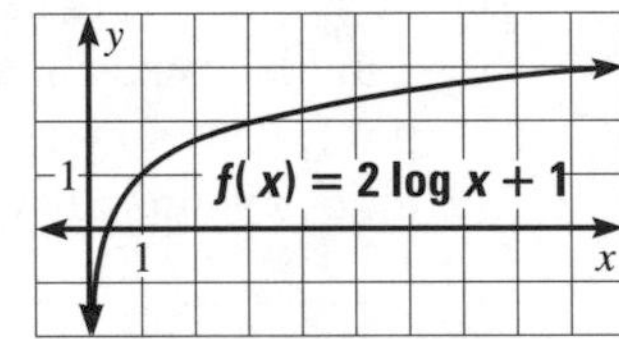

Evaluate the expression without using a calculator.

17. $\log_4 64$ **18.** $\log_2 \frac{1}{8}$ **19.** $\log_3 \frac{1}{9}$ **20.** $\log_6 1$

Graph the function. State the domain and range.

21. $y = 3 \log_5 x$ **22.** $y = \log 4x$ **23.** $y = \ln x + 4$ **24.** $y = \log (x - 2)$

8.5 PROPERTIES OF LOGARITHMS

Examples on pp. 493–495

EXAMPLES You can use product, quotient, and power properties of logarithms.

Expand: $\log_2 \frac{3x}{y} = \log_2 3x - \log_2 y = \log_2 3 + \log_2 x - \log_2 y$

Condense: $3 \log_6 4 + \log_6 2 = \log_6 4^3 + \log_6 2 = \log_6 (64 \cdot 2) = \log_6 128$

Expand the expression.

25. $\log_3 6xy$ **26.** $\ln \frac{7x}{3}$ **27.** $\log 5x^3$ **28.** $\log \frac{x^5 y^{-2}}{2y}$

Condense the expression.

29. $2 \ln 3 - \ln 5$ **30.** $\log_4 3 + 3 \log_4 2$ **31.** $0.5 \log 4 + 2(\log 6 - \log 2)$

8.3 EL NÚMERO *e*

Ejemplos en págs. 480–482

EJEMPLOS Puedes usar e como base de una función exponencial. Para representarla gráficamente, usa $e \approx 2.718$ y representa varios puntos.

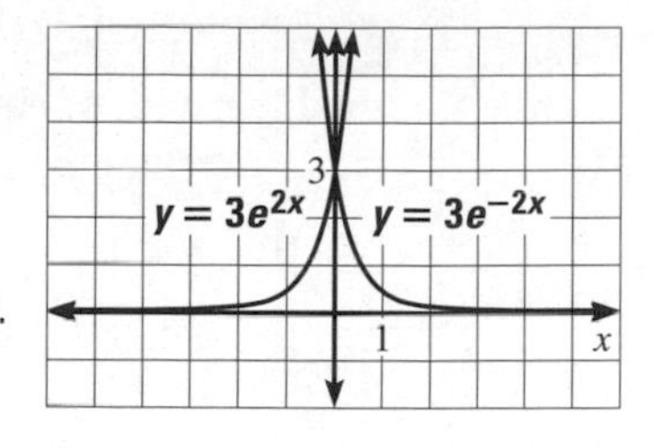

$f(x) = 3e^{2x}$ es una función de crecimiento exponencial, ya que $2 > 0$.
$g(x) = 3e^{-2x}$ es una función de depreciación exponencial, ya que $-2 < 0$.

En las dos funciones, el intercepto en y es 3, la asíntota es $y = 0$, el dominio es todos los números reales y la imagen es $y > 0$.

Haz una gráfica de la función. Indica el dominio y la imagen.

13. $y = e^{x+5}$ **14.** $y = 0.4e^x - 3$ **15.** $y = 4e^{-2x}$ **16.** $y = -e^x + 3$

8.4 FUNCIONES LOGARÍTMICAS

Ejemplos en págs. 486–489

EJEMPLOS Puedes usar la definición de logaritmo para evaluar expresiones: $\log_b y = x$ siempre y cuando $b^x = y$. El logaritmo vulgar tiene base 10 ($\log_{10} x = \log x$). El logaritmo natural tiene base e ($\log_e x = \ln x$).

Para evaluar $\log_8 4096$, escribe $\log_8 4096 = \log_8 8^4 = 4$.

Para hacer una gráfica de la función $f(x) = 2 \log x + 1$, representa los puntos (1, 1) y (10, 3). La recta vertical $x = 0$ es una asíntota. El dominio es $x > 0$ y la imagen es todos los números reales.

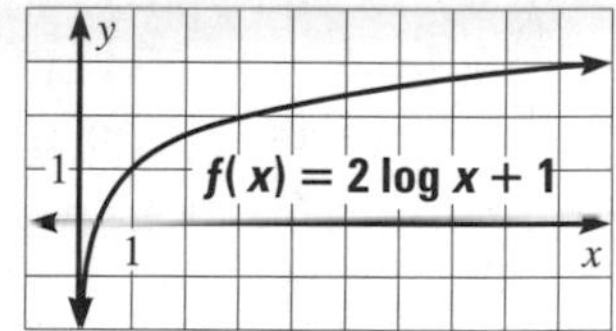

Evalúa la expresión sin usar una calculadora.

17. $\log_4 64$ **18.** $\log_2 \frac{1}{8}$ **19.** $\log_3 \frac{1}{9}$ **20.** $\log_6 1$

Haz una gráfica de la función. Indica el dominio y la imagen.

21. $y = 3 \log_5 x$ **22.** $y = \log 4x$ **23.** $y = \ln x + 4$ **24.** $y = \log (x - 2)$

8.5 PROPIEDADES DE LOS LOGARITMOS

Ejemplos en págs. 493–495

EJEMPLOS Puedes usar las propiedades del producto, del cociente y la potencia de los logaritmos.

Desarrolla: $\log_2 \frac{3x}{y} = \log_2 3x - \log_2 y = \log_2 3 + \log_2 x - \log_2 y$

Condensa: $3 \log_6 4 + \log_6 2 = \log_6 4^3 + \log_6 2 = \log_6 (64 \cdot 2) = \log_6 128$

Desarrolla la expresión.

25. $\log_3 6xy$ **26.** $\ln \frac{7x}{3}$ **27.** $\log 5x^3$ **28.** $\log \frac{x^5 y^{-2}}{2y}$

Condensa la expresión.

29. $2 \ln 3 - \ln 5$ **30.** $\log_4 3 + 3 \log_4 2$ **31.** $0.5 \log 4 + 2(\log 6 - \log 2)$

8.6 SOLVING EXPONENTIAL AND LOGARITHMIC EQUATIONS

Examples on pp. 501–504

EXAMPLES You can solve exponential equations by equating exponents or by taking the logarithm of each side. You can solve logarithmic equations by exponentiating each side of the equation.

$10^x = 4.3$

$\log 10^x = \log 4.3$ ← **Take log of each side.**

$x = \log 4.3 \approx 0.633$

$\log_4 x = 3$

$4^{\log_4 x} = 4^3$ ← **Exponentiate each side.**

$x = 4^3 = 64$

Solve the equation. Check for extraneous solutions.

32. $2(3)^{2x} = 5$ **33.** $3e^{-x} - 4 = 9$ **34.** $3 + \ln x = 8$ **35.** $5 \log (x - 2) = 11$

8.7 MODELING WITH EXPONENTIAL AND POWER FUNCTIONS

Examples on pp. 509–512

EXAMPLE You can write an exponential function of the form $y = ab^x$ or a power function of the form $y = ax^b$ that passes through two given points.

To find a power function given (3, 2) and (9, 12), substitute the coordinates into $y = ax^b$ to get the equations $2 = a \cdot 3^b$ and $12 = a \cdot 9^b$. Solve the system of equations by substitution: $a \approx 0.333$ and $b \approx 1.631$. So, the function is $y = 0.333x^{1.631}$.

Find an exponential function of the form $y = ab^x$ whose graph passes through the given points.

36. (2, 6), (3, 8) **37.** (2, 8.9), (4, 20) **38.** (2, 4.2), (4, 3.6)

Find a power function of the form $y = ax^b$ whose graph passes through the given points.

39. (2, 3.4), (6, 7.3) **40.** (2, 12.5), (4, 33.2) **41.** (0.5, 1), (10, 150)

8.8 LOGISTIC GROWTH FUNCTIONS

Examples on pp. 517–519

EXAMPLE You can graph logistic growth functions by plotting points and identifying important characteristics of the graph.

The graph of $y = \frac{6}{1 + 3e^{-2x}}$ is shown. It has asymptotes $y = 0$ and $y = 6$. The y-intercept is 1.5. The point of maximum growth is $\left(\frac{\ln 3}{2}, \frac{6}{2}\right) \approx (0.55, 3)$.

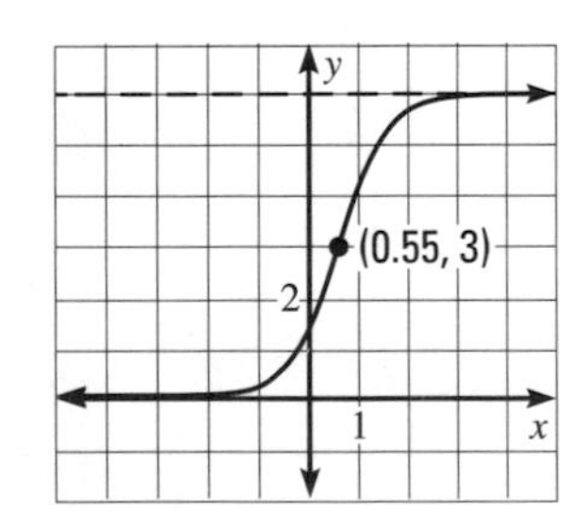

Graph the function. Identify the asymptotes, y-intercept, and point of maximum growth.

42. $y = \frac{2}{1 + e^{-2x}}$ **43.** $y = \frac{4}{1 + 2e^{-3x}}$ **44.** $y = \frac{3}{1 + 0.5e^{-0.5x}}$

8.6 CÓMO RESOLVER ECUACIONES EXPONENCIALES Y LOGARÍTMICAS

Ejemplos en págs. 501–504

EJEMPLOS Puedes resolver ecuaciones igualando los exponentes o aplicando el logaritmo a cada miembro. Puedes resolver ecuaciones logarítmicas elevando cada miembro a su exponente correspondiente.

$10^x = 4.3$

$\log 10^x = \log 4.3$ ← **Aplica el logaritmo a cada miembro.**

$x = \log 4.3 \approx 0.633$

$\log_4 x = 3$

$4^{\log_4 x} = 4^3$ ← **Eleva cada miembro a su exponente correspondiente.**

$x = 4^3 = 64$

Resuelve la ecuación. Comprueba si hay raíces extrañas.

32. $2(3)^{2x} = 5$ **33.** $3e^{-x} - 4 = 9$ **34.** $3 + \ln x = 8$ **35.** $5 \log (x - 2) = 11$

8.7 CÓMO HACER MODELOS DE FUNCIONES EXPONENCIALES Y POTENCIALES

Ejemplos en págs. 509–512

EJEMPLO Puedes escribir una función exponencial de la forma $y = ab^x$ o una función potencial de la forma $y = ax^b$ que pasa por dos puntos dados.

Para hallar una función potencial dado (3, 2) y (9, 12), sustituye las coordenadas en $y = ax^b$ para obtener las ecuaciones $2 = a \cdot 3^b$ y $12 = a \cdot 9^b$. Resuelve el sistema de ecuaciones sustituyendo: $a \approx 0.333$ y $b \approx 1.631$. De modo que, la función es $y = 0.333x^{1.631}$.

Halla una función exponencial de la forma $y = ab^x$ cuya gráfica pasa por los puntos dados.

36. (2, 6), (3, 8) **37.** (2, 8.9), (4, 20) **38.** (2, 4.2), (4, 3.6)

Halla una función potencial de la forma $y = ax^b$ cuya gráfica pasa por los puntos dados.

39. (2, 3.4), (6, 7.3) **40.** (2, 12.5), (4, 33.2) **41.** (0.5, 1), (10, 150)

8.8 FUNCIONES DE CRECIMIENTO LOGÍSTICO

Ejemplos en págs. 517–519

EJEMPLO Puedes hacer una gráfica de funciones de crecimiento logístico situando puntos e identificando características importantes de la gráfica.

Se muestra la gráfica de $y = \dfrac{6}{1 + 3e^{-2x}}$. Tiene las asíntotas $y = 0$ e $y = 6$. El intercepto en y es 1.5. El punto de crecimiento máximo es $\left(\dfrac{\ln 3}{2}, \dfrac{6}{2}\right) \approx (0.55, 3)$.

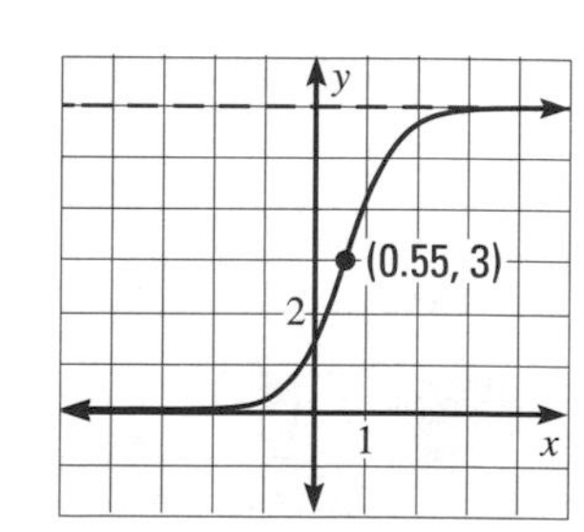

Haz una gráfica de la función. Identifica las asíntotas, el intercepto en y y el punto de crecimiento máximo.

42. $y = \dfrac{2}{1 + e^{-2x}}$ **43.** $y = \dfrac{4}{1 + 2e^{-3x}}$ **44.** $y = \dfrac{3}{1 + 0.5e^{-0.5x}}$

CHAPTER 8

Chapter Test

Graph the function. State the domain and range.

1. $y = 2\left(\frac{1}{6}\right)^x$
2. $y = 4^{x-2} - 1$
3. $y = \frac{1}{2}e^x + 1$
4. $y = e^{-0.4x}$
5. $y = \log_{1/2} x$
6. $y = \ln x - 4$
7. $y = \log(x + 6)$
8. $y = \dfrac{2}{1 + 2e^{-x}}$

Simplify the expression.

9. $(2e^{-1})(3e^2)$
10. $\dfrac{-4e^x}{2e^{5x}}$
11. $e^6 \cdot e^x \cdot e^{-3x}$
12. $\log 1000^2$
13. $8^{\log_8 x}$

Evaluate the expression without using a calculator.

14. $\log_4 0.25$
15. $\log_{1/3} 27$
16. $\log 1$
17. $\ln e^{-2}$
18. $\log_3 243^2$

Solve the equation. Check for extraneous solutions.

19. $12 = 10^{x+5} - 7$
20. $5 - \ln x = 7$
21. $\log_2 4x = \log_2 (x + 15)$
22. $\dfrac{4}{1 + 2.5e^{-4x}} = 3.3$

23. Tell whether the function $f(x) = 10(0.87)^x$ represents *exponential growth* or *exponential decay*.

24. Find the inverse of the function $y = \log_6 x$.

25. Use $\log_2 5 \approx 2.322$ to approximate $\log_2 50$ and $\log_2 0.4$.

26. Condense the expression $3 \log_4 14 - 3 \log_4 42$.

27. Expand the expression $\ln 2y^2x$.

28. Use the change-of-base formula to evaluate the expression $\log_7 15$.

29. Find an exponential function of the form $y = ab^x$ whose graph passes through the points (4, 6) and (7, 10).

30. Find a power function of the form $y = ax^b$ whose graph passes through the points (2, 3) and (10, 21).

31. **CAR DEPRECIATION** The value of a new car purchased for $24,900 decreases by 10% per year. Write an exponential decay model for the value of the car. After about how many years will the car be worth half its purchase price?

32. **EARNING INTEREST** You deposit $4000 in an account that pays 7% annual interest compounded continuously. Find the balance at the end of 5 years.

33. **COD WEIGHT** The table gives the mean weight w (in kilograms) and age x (in years) of Atlantic cod from the Gulf of Maine.

x	1	2	3	4	5	6	7	8
w	0.751	1.079	1.702	2.198	3.438	4.347	7.071	11.518

a. Draw a scatter plot of $\ln w$ versus x. Is an exponential model a good fit for the original data?

b. Find an exponential model for the original data. Estimate the weight of a cod that is 9 years old.

CAPÍTULO 8

Prueba del capítulo

Haz una gráfica de la función. Indica el dominio y la imagen.

1. $y = 2\left(\frac{1}{6}\right)^x$ **2.** $y = 4^{x-2} - 1$ **3.** $y = \frac{1}{2}e^x + 1$ **4.** $y = e^{-0.4x}$

5. $y = \log_{1/2} x$ **6.** $y = \ln x - 4$ **7.** $y = \log(x + 6)$ **8.** $y = \dfrac{2}{1 + 2e^{-x}}$

Simplifica la expresión.

9. $(2e^{-1})(3e^2)$ **10.** $\dfrac{-4e^x}{2e^{5x}}$ **11.** $e^6 \cdot e^x \cdot e^{-3x}$ **12.** $\log 1000^2$ **13.** $8^{\log_8 x}$

Evalúa la expresión sin usar una calculadora.

14. $\log_4 0.25$ **15.** $\log_{1/3} 27$ **16.** $\log 1$ **17.** $\ln e^{-2}$ **18.** $\log_3 243^2$

Resuelve la ecuación. Comprueba si hay raíces extrañas.

19. $12 = 10^{x+5} - 7$ **20.** $5 - \ln x = 7$ **21.** $\log_2 4x = \log_2 (x + 15)$ **22.** $\dfrac{4}{1 + 2.5e^{-4x}} = 3.3$

23. Indica si la función $f(x) = 10(0.87)^x$ representa *crecimiento* o *depreciación exponencial.*

24. Halla el inverso de la función $y = \log_6 x$.

25. Usa$_2$ $5 \approx 2.322$ para aproximar $\log_2 50$ y $\log_2 0.4$.

26. Condensa la expresión $3 \log_4 14 - 3 \log_4 42$.

27. Desarrolla la expresión $\ln 2y^2x$.

28. Usa la fórmula para cambiar de base para evaluar la expresión $\log_7 15$.

29. Halla una función exponencial de la forma $y = ab^x$ cuya gráfica pasa por los puntos (4, 6) y (7, 10).

30. Halla una función potencial de la forma $y = ax^b$ cuya gráfica pasa por los puntos (2, 3) y (10, 21).

31. **DEPRECIACIÓN DE AUTOMÓVILES** El valor de un automóvil nuevo comprado por $24,900 deprecia 10% cada año. Escribe un modelo de depreciación exponencial para el valor del automóvil. ¿En cuántos años tendrá el automóvil la mitad del precio original de compra?

32. **INTERÉS COMPUESTO** Depositas $4000 en una cuenta que paga continuamente un interés anual capitalizado de 7% . Halla cuál será el balance en 5 años.

33. **PESOS DEL BACALAO** La tabla muestra el peso medio w (en kilogramos) y edad x (en años) del bacalao del Atlántico proveniente del Golfo de Maine.

x	1	2	3	4	5	6	7	8
w	0.751	1.079	1.702	2.198	3.438	4.347	7.071	11.518

a. Representa un diagrama de dispersión de $\ln w$ en comparación con x. ¿Se ajusta bien un modelo exponencial a los datos originales?

b. Halla un modelo exponencial para los datos originales. Estima el peso de un bacalao de 9 años.

CHAPTER 9

Chapter Summary

WHAT did you learn?	*WHY did you learn it?*
Write and use variation models.	
• inverse variation **(9.1)**	Find the speed of a whirlpool's current. **(p. 535)**
• joint variation **(9.1)**	Find the heat loss through a window. **(p. 539)**
Graph rational functions.	
• simple rational functions **(9.2)**	Describe the frequency of an approaching ambulance siren. **(p. 545)**
• general rational functions **(9.3)**	Find the energy expenditure of a parakeet. **(p. 551)**
Perform operations with rational expressions.	
• multiply and divide **(9.4)**	Compare the velocities of two skydivers. **(p. 557)**
• add and subtract **(9.5)**	Write a model for the number of male college graduates in the United States. **(p. 566)**
Simplify complex fractions. **(9.5)**	Write a simplified model for the focal length of a camera lens. **(p. 564)**
Solve rational equations. **(9.6)**	Find the amount of water to add when diluting an acid solution. **(p. 570)**
Use rational models to solve real-life problems. **(9.1–9.6)**	Find the year in which a certain amount of rodeo prize money was earned. **(p. 570)**

How does Chapter 9 fit into the BIGGER PICTURE of algebra?

In Chapter 9 you studied rational functions. A rational function is the ratio of two polynomial functions, which you studied in Chapter 2 (linear functions), Chapter 5 (quadratic functions), and Chapter 6 (polynomial functions).

A hyperbola is the graph of one important type of rational function. In the next chapter you will learn more about hyperbolas, parabolas, circles, and ellipses, which together are called the conic sections.

STUDY STRATEGY

How did you make and use a dictionary of functions?

Here is an example of one entry in a dictionary of functions, following the **Study Strategy** on page 532.

Dictionary of Functions

Rational Function

A rational function is a function of the form $f(x) = \frac{p(x)}{q(x)}$ where $p(x)$ and $q(x)$ are polynomials and $q(x) \neq 0$.

Example: $f(x) = \frac{x^2}{2x - 1}$

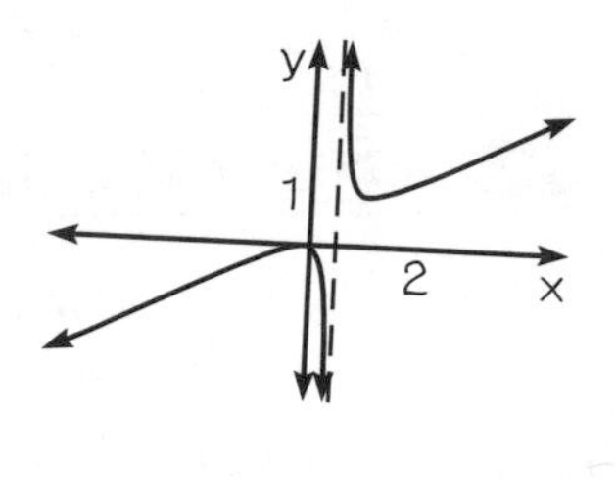

CAPÍTULO 9 Resumen del capítulo

¿QUÉ aprendiste?	*¿PARA QUÉ lo aprendiste?*
Escribir y usar modelos de proporcionalidad.	
• proporcionalidad inversa **(9.1)**	Hallar la velocidad de la corriente de un remolino. **(pág. 535)**
• proporcionalidad conjunta **(9.1)**	Hallar la pérdida térmica que ocurre a través de una ventana. **(pág. 539)**
Hacer gráficas de funciones racionales.	
• funciones racionales simples **(9.2)**	Describir la frecuencia de la sirena de una ambulancia que se aproxima. **(pág. 545)**
• funciones racionales generales **(9.3)**	Hallar la energía gastada por un perico. **(pág. 551)**
Efectuar operaciones con expresiones racionales.	
• multiplicar y dividir **(9.4)**	Comparar las velocidades de dos paracaidistas en caída libre. **(pág. 557)**
• sumar y restar **(9.5)**	Escribir un modelo para el número de graduados universitarios masculinos en EE.UU. **(pág. 566)**
Simplificar fracciones complejas. **(9.5)**	Escribir un modelo simplificado para la longitud focal del lente de una cámara. **(pág. 564)**
Resolver ecuaciones racionales. **(9.6)**	Hallar la cantidad de agua que se debe añadir para diluir una solución ácida. **(pág. 570)**
Usar modelos racionales para resolver problemas de la vida real. **(9.1–9.6)**	Hallar el año en que cierta cantidad de premios en dinero fue distribuida en un rodeo. **(pág. 570)**

¿Qué parte del álgebra estudiaste en este capítulo?

En el Capítulo 9 estudiaste funciones racionales. Una función racional es la razón de dos funciones polinómicas, las cuales estudiaste en el Capítulo 2 (funciones lineales), en el Capítulo 5 (funciones cuadráticas) y en el Capítulo 6 (funciones polinómicas).

Una hipérbola es la representación gráfica de un tipo importante de función racional. En el próximo capítulo aprenderás más sobre las hipérbolas, parábolas, círculos y elipses, las cuales en conjunto son llamadas cónicas.

ESTRATEGIA DE ESTUDIO

¿Cómo hiciste y usaste un diccionario de funciones?

He aquí un ejemplo de una partida en un diccionario de funciones, según la **Estrategia de estudio** en la página 532.

Diccionario de funciones

Función racional

Una función racional es una función en la forma $f(x) = \frac{p(x)}{q(x)}$, donde $p(x)$ y $q(x)$ son polinomios y $q(x) \neq 0$.

Ejemplo: $f(x) = \frac{x^2}{2x - 1}$

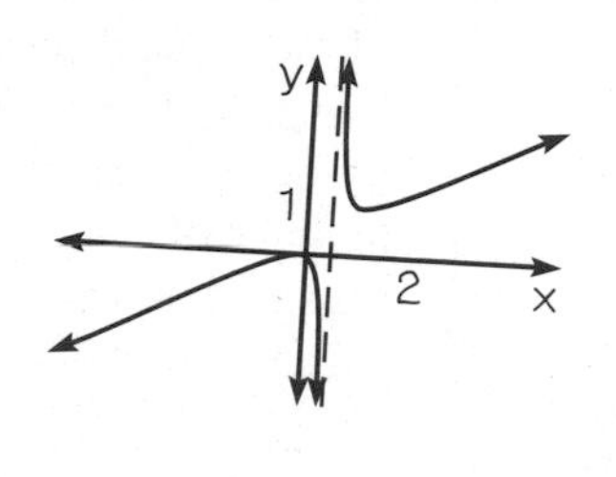

CHAPTER 9

Chapter Review

VOCABULARY

- inverse variation, p. 534
- constant of variation, p. 534
- joint variation, p. 536
- rational function, p. 540
- hyperbola, p. 540
- branches of a hyperbola, p. 540
- simplified form of a rational expression, p. 554
- complex fraction, p. 564
- cross multiplying, p. 569

9.1 INVERSE AND JOINT VARIATION

Examples on pp. 534–536

EXAMPLES You can write an inverse or joint variation equation using a general equation for the variation and given values of the variables.

Inverse variation: $x = 5, y = 4$

$y = \frac{k}{x}$ **y varies inversely with x.**

$4 = \frac{k}{5}$ **Substitute for x and y.**

$20 = k$ **Solve for k.**

The inverse variation equation is $y = \frac{20}{x}$.

Joint variation: $x = 3, y = 8, z = 30$

$z = kxy$ **z varies jointly with x and y.**

$\mathbf{30} = k(\mathbf{3})(\mathbf{8})$ **Substitute for x, y, and z.**

$30 = 24k$ **Multiply.**

$k = \frac{30}{24} = \frac{5}{4}$ **Solve for k.**

The joint variation equation is $z = \frac{5}{4}xy$.

The variables x and y vary inversely. Use the given values to write an equation relating x and y. Then find y when $x = 2$.

1. $x = 1, y = 5$ **2.** $x = 15, y = \frac{2}{3}$ **3.** $x = \frac{1}{4}, y = 8$ **4.** $x = -2, y = 2$

The variable z varies jointly with x and y. Use the given values to write an equation relating x, y, and z. Then find z when $x = 5$ and $y = -6$.

5. $x = 1, y = 12, z = 4$ **6.** $x = 6, y = 8, z = -6$ **7.** $x = \frac{3}{4}, y = 4, z = 9$

9.2 GRAPHING SIMPLE RATIONAL FUNCTIONS

Examples on pp. 540–542

EXAMPLE 1 To graph $y = \frac{1}{x+2} + 3$, note that the asymptotes are $x = -2$ and $y = 3$. Plot two points to the left of the vertical asymptote, such as $(-3, 2)$ and $(-4, 2.5)$, and two points to the right, such as $(-1, 4)$ and $(0, 3.5)$. Use the asymptotes and plotted points to draw the branches of the hyperbola. The domain is all real numbers except -2, and the range is all real numbers except 3.

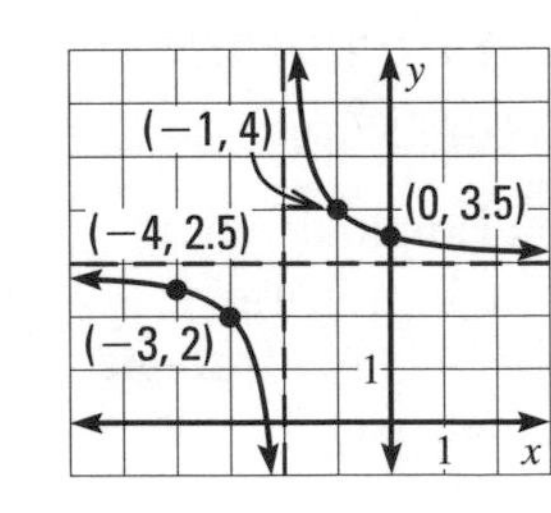

CAPÍTULO 9

Repaso del capítulo

VOCABULARIO

- proporcionalidad inversa, pág. 534
- constante de proporcionalidad, pág. 534
- proporcionalidad conjunta, pág. 536
- función racional, pág. 540
- hipérbola, pág. 540
- ramas de una hipérbola, pág. 540
- forma simplificada de una expresión racional, pág. 554
- fracciones complejas, pág. 564
- multiplicación cruzada, pág. 569

9.1 PROPORCIONALIDAD INVERSA Y CONJUNTA

Ejemplos en págs. 534–536

EJEMPLOS Puedes escribir una ecuación de proporcionalidad inversa o conjunta usando una ecuación general para la proporcionalidad y los valores dados de las variables.

Proporcionalidad inversa: $x = 5, y = 4$

$y = \frac{k}{x}$ — **y es inversamente proporcional a x.**

$4 = \frac{k}{5}$ — **Sustituye para x e y.**

$20 = k$ — **Resuelve para k.**

La ecuación de proporcionalidad inversa es $y = \frac{20}{x}$.

Proporcionalidad conjunta: $x = 3, y = 8, z = 30$

$z = kxy$ — **z es conjuntamente proporcional a x e y.**

$30 = k(3)(8)$ — **Sustituye para x, y y z.**

$30 = 24k$ — **Multiplica.**

$k = \frac{30}{24} = \frac{5}{4}$ — **Resuelve para k.**

La ecuación de proporcionalidad conjunta es $z = \frac{5}{4}xy$.

Las variables x e y son inversamente proporcionales. Usa los valores dados para escribir una ecuación relacionando x e y. Después, halla y cuando $x = 2$.

1. $x = 1, y = 5$ **2.** $x = 15, y = \frac{2}{3}$ **3.** $x = \frac{1}{4}, y = 8$ **4.** $x = -2, y = 2$

La variable z es conjuntamente proporcional a x e y. Usa los valores dados para escribir una ecuación relacionando x, y y z. Después, halla z cuando $x = 5$ e $y = -6$.

5. $x = 1, y = 12, z = 4$ **6.** $x = 6, y = 8, z = -6$ **7.** $x = \frac{3}{4}, y = 4, z = 9$

9.2 CÓMO HACER GRÁFICAS DE FUNCIONES RACIONALES SIMPLES

Ejemplos en págs. 540–542

EJEMPLO 1 Para representar gráficamente $y = \frac{1}{x+2} + 3$, nota que las asíntotas son $x = -2$ e $y = 3$. Sitúa dos puntos a la izquierda de la asíntota vertical como $(-3, 2)$ y $(-4, 2.5)$ y dos puntos a la derecha como $(-1, 4)$ y $(0, 3.5)$. Usa las asíntotas y los puntos situados para representar las ramas de la hipérbola. El dominio es todo los números reales excepto -2 y la imagen es todos los números reales excepto 3.

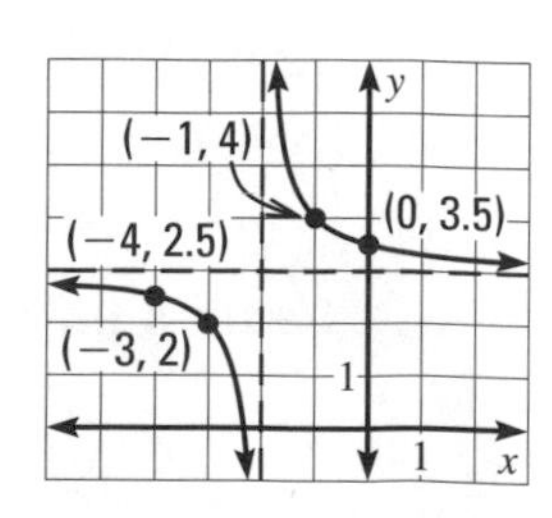

EXAMPLE 2 To graph $y = \frac{x+1}{x-3}$, note that when the denominator equals zero, $x = 3$. So the vertical asymptote is $x = 3$. The horizontal asymptote, which occurs at the ratio of the x-coefficients, is $y = 1$. Plot some points to the left and right of the vertical asymptote. Use the asymptotes and plotted points to draw the branches of the hyperbola. The domain is all real numbers except 3, and the range is all real numbers except 1.

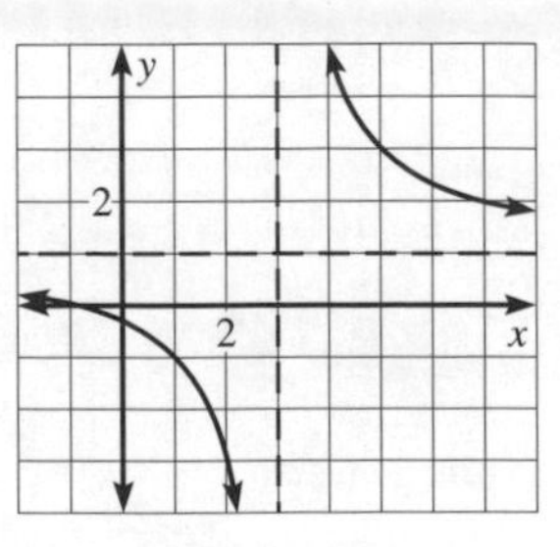

Graph the function. State the domain and range.

8. $y = \frac{3}{x-5}$ **9.** $y = \frac{1}{x+4} + 2$ **10.** $y = \frac{-6x}{x+2}$ **11.** $y = \frac{2x+5}{x-1}$

9.3 GRAPHING GENERAL RATIONAL FUNCTIONS

Examples on pp. 547–549

EXAMPLE To graph $y = \frac{3x^2}{x+2}$, note that the numerator has 0 as its only real zero, so the graph has one x-intercept at (0, 0). The only zero of the denominator is -2, so the only vertical asymptote is $x = -2$. The degree of the numerator is greater than the denominator, so there is no horizontal asymptote.

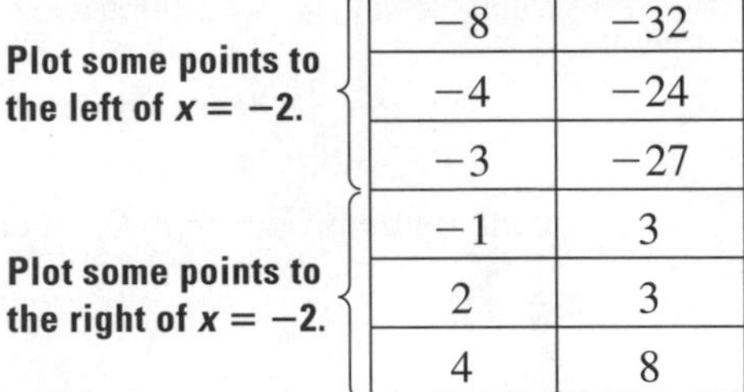
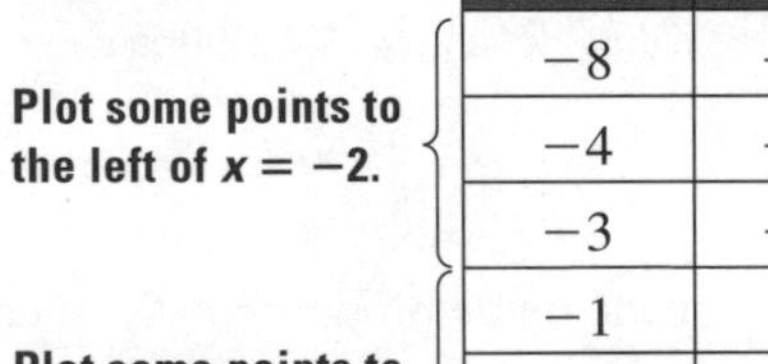

Plot some points to the left of $x = -2$. / Plot some points to the right of $x = -2$.

x	y
-8	-32
-4	-24
-3	-27
-1	3
2	3
4	8

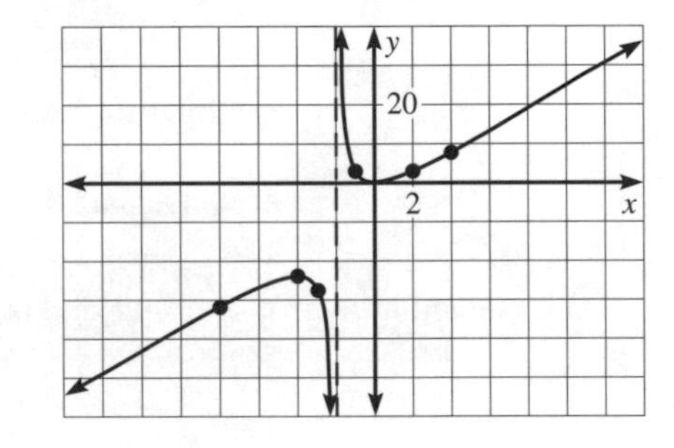

Graph the function.

12. $y = \frac{3x^2+1}{x^2-1}$ **13.** $y = \frac{x^3}{10}$ **14.** $y = \frac{x}{x^2-4}$ **15.** $y = \frac{3x^2-4x+1}{x^2-2x-3}$

9.4 MULTIPLYING AND DIVIDING RATIONAL EXPRESSIONS

Examples on pp. 554–557

EXAMPLE Dividing rational expressions is like dividing numerical fractions.

$$\frac{x^2-9}{5(x+2)} \div \frac{x-3}{5(x^2-4)} = \frac{x^2-9}{5(x+2)} \cdot \frac{5(x^2-4)}{x-3}$$ **Multiply by reciprocal.**

$$= \frac{(x+3)\cancel{(x-3)}\cancel{(5)}\cancel{(x+2)}(x-2)}{\cancel{5}\cancel{(x+2)}\cancel{(x-3)}}$$ **Factor and divide out common factors.**

$$= (x+3)(x-2)$$ **Simplified form**

Perform the indicated operation(s). Simplify the result.

16. $\frac{x^2-3x}{4x^2-8x} \cdot (4x^2-16)$ **17.** $5x \div \frac{1}{x-6} \cdot \frac{x^2-9}{x}$ **18.** $\frac{x^2-2x-3}{x+1} \div \frac{x^2+x-12}{x^2} - 1$

EJEMPLO 2 Para representar gráficamente $y = \frac{x+1}{x-3}$, nota que cuando el denominador es igual a cero, $x = 3$. De modo que, la asíntota vertical es $x = 3$. La asíntota horizontal, la cual ocurre como resultado de la razón de los coeficientes x, es $y = 1$. Sitúa algunos puntos a la izquierda y la derecha de la asíntota vertical. Usa las asíntotas y los puntos situados para representar las ramas de la hipérbola. El dominio es todo los números reales excepto 3 y la imagen es todos los números reales excepto 1.

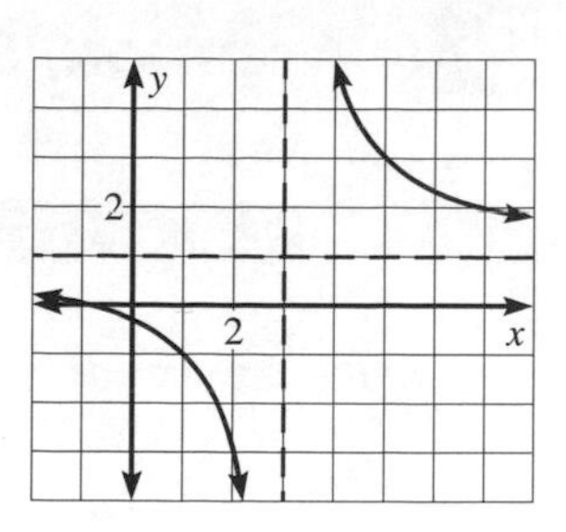

Haz una gráfica de la función. Indica el dominio y la imagen.

8. $y = \frac{3}{x-5}$ **9.** $y = \frac{1}{x+4} + 2$ **10.** $y = \frac{-6x}{x+2}$ **11.** $y = \frac{2x+5}{x-1}$

9.3 CÓMO HACER GRÁFICAS DE FUNCIONES RACIONALES GENERALES

Ejemplos en págs. 547–549

EJEMPLO Para representar gráficamente $y = \frac{3x^2}{x+2}$, nota que el numerador tiene 0 como su único cero real, por lo tanto la gráfica tiene un intercepto en x en (0, 0). El único cero del denominador es -2, por lo tanto la única asíntota vertical es $x = -2$. El grado del numerador es mayor que el grado del denominador, por lo tanto no hay asíntota horizontal.

	x	y
Sitúa algunos puntos a la izquierda de $x = -2$.	−8	−32
	−4	−24
	−3	−27
Sitúa algunos puntos a la derecha de $x = -2$.	−1	3
	2	3
	4	8

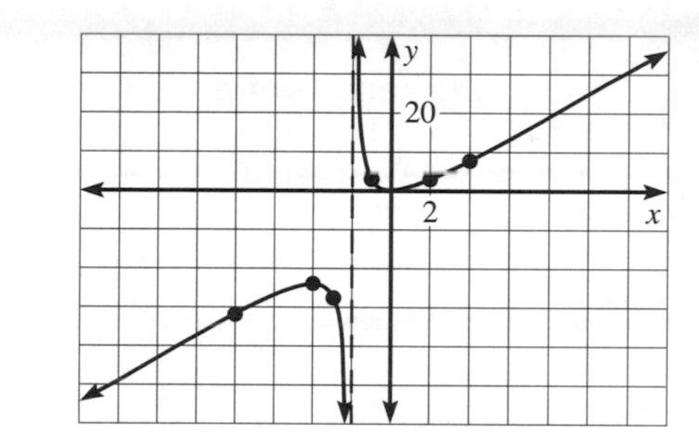

Haz una gráfica de la función.

12. $y = \frac{3x^2+1}{x^2-1}$ **13.** $y = \frac{x^3}{10}$ **14.** $y = \frac{x}{x^2-4}$ **15.** $y = \frac{3x^2-4x+1}{x^2-2x-3}$

9.4 CÓMO MULTIPLICAR Y DIVIDIR EXPRESIONES RACIONALES

Ejemplos en págs. 554–557

EJEMPLO Las expresiones racionales se dividen como las fracciones numéricas.

$$\frac{x^2-9}{5(x+2)} \div \frac{x-3}{5(x^2-4)} = \frac{x^2-9}{5(x+2)} \cdot \frac{5(x^2-4)}{x-3}$$ **Multiplica por el recíproco.**

$$= \frac{(x+3)\cancel{(x-3)}\cancel{(5)}\cancel{(x+2)}(x-2)}{\cancel{5}\cancel{(x+2)}\cancel{(x-3)}}$$ **Factoriza y divide por los factores comunes.**

$$= (x+3)(x-2)$$ **Forma simplificada**

Efectúa las operaciones indicadas. Simplifica el resultado.

16. $\frac{x^2-3x}{4x^2-8x} \cdot (4x^2-16)$ **17.** $5x \div \frac{1}{x-6} \cdot \frac{x^2-9}{x}$ **18.** $\frac{x^2-2x-3}{x+1} \div \frac{x^2+x-12}{x^2} - 1$

9.5 ADDITION, SUBTRACTION, AND COMPLEX FRACTIONS

Examples on pp. 562–564

EXAMPLES You can use the LCD to add or subtract rational expressions.

$$\frac{3}{x-3} - \frac{5}{x+2} = \frac{3(x+2)}{(x-3)(x+2)} - \frac{5(x-3)}{(x-3)(x+2)}$$ **Rewrite each expression using the LCD.**

$$= \frac{3(x+2) - 5(x-3)}{(x-3)(x+2)}$$ **Subtract.**

$$= \frac{3x + 6 - 5x + 15}{(x-3)(x+2)}$$ **Multiply.**

$$= \frac{-2x + 21}{(x-3)(x+2)}$$ **Simplified form**

To simplify a complex fraction, divide the numerator by the denominator.

$$\frac{\frac{2}{x} + 4}{\frac{2x+1}{5x^2}} = \frac{\frac{2+4x}{x}}{\frac{2x+1}{5x^2}} = \frac{2+4x}{x} \cdot \frac{5x^2}{2x+1} = \frac{2(1+2x)(5x^2)}{x(2x+1)} = 10x$$

Perform the indicated operation(s) and simplify.

19. $\frac{5}{x^2(x-2)} + \frac{x}{x-2}$

20. $\frac{x+5}{x-5} - \frac{3}{x+5}$

21. $\frac{x-2}{5x(x-1)} + \frac{1}{x-1} - \frac{3x+2}{x^2+4x-5}$

Simplify the complex fraction.

22. $\frac{\frac{x+3}{6}}{1 + \frac{x}{3}}$

23. $\frac{\frac{x}{2} - 4}{9 + \frac{2}{x}}$

24. $\frac{\frac{1}{x+1} + \frac{1}{x-1}}{\frac{x}{x+1}}$

25. $\frac{\frac{4}{5-x}}{\frac{2}{5-x} + \frac{1}{3x-15}}$

9.6 SOLVING RATIONAL EQUATIONS

Examples on pp. 568–570

EXAMPLES You can solve rational equations by multiplying each side of the equation by the LCD of the terms. If each side of the equation is a single rational expression, you can use cross multiplying. Check for extraneous solutions.

$$\frac{4}{x} + \frac{3}{2x} = 11$$

$$(2x)\frac{4}{x} + (2x)\frac{3}{2x} = (2x)11$$ **Multiply each side by 2*x*.**

$$8 + 3 = 22x$$

$$x = \frac{1}{2}$$

$$\frac{2}{3x+6} = \frac{x+2}{x^2-10}$$

$$2(x^2 - 10) = (x+2)(3x+6)$$ **Cross multiply.**

$$2x^2 - 20 = 3x^2 + 12x + 12$$

$$0 = x^2 + 12x + 32$$

$$0 = (x+8)(x+4)$$

$$x = -8 \text{ or } x = -4$$

Solve the equation using any method. Check each solution.

26. $\frac{x}{x-1} = \frac{2x+10}{x+11}$

27. $\frac{x+3}{x} - 1 = \frac{1}{x-1}$

28. $\frac{2}{x-2} - \frac{2x}{3} = \frac{x-3}{3}$

29. $\frac{3x+2}{x+1} = 2 - \frac{2x+3}{x+1}$

30. $\frac{2}{x-6} = \frac{-5}{x+1}$

31. $1 + \frac{3}{x-3} = \frac{4}{x^2-9}$

9.5 SUMA, RESTA Y FRACCIONES COMPLEJAS

Ejemplos en págs. 562–564

EJEMPLOS Puedes usar el mínimo común denominador (m.c.d.) para sumar o restar expresiones racionales.

$$\frac{3}{x-3} - \frac{5}{x+2} = \frac{3(x+2)}{(x-3)(x+2)} - \frac{5(x-3)}{(x-3)(x+2)}$$ **Vuelve a escribir cada expresión usando el mínimo común denominador (m.c.d.).**

$$= \frac{3(x+2) - 5(x-3)}{(x-3)(x+2)}$$ **Resta.**

$$= \frac{3x+6-5x+15}{(x-3)(x+2)}$$ **Multiplica.**

$$= \frac{-2x+21}{(x-3)(x+2)}$$ **Forma simplificada**

Para simplificar una fracción compleja, divide el numerador entre el denominador.

$$\frac{\frac{2}{x}+4}{\frac{2x+1}{5x^2}} = \frac{\frac{2+4x}{x}}{\frac{2x+1}{5x^2}} = \frac{2+4x}{x} \cdot \frac{5x^2}{2x+1} = \frac{2(1+2x)(5x^2)}{x(2x+1)} = 10x$$

Efectúa las operaciones indicadas. Simplifica el resultado.

19. $\frac{5}{x^2(x-2)} + \frac{x}{x-2}$ **20.** $\frac{x+5}{x-5} - \frac{3}{x+5}$ **21.** $\frac{x-2}{5x(x-1)} + \frac{1}{x-1} - \frac{3x+2}{x^2+4x-5}$

Simplifica la fracción compleja.

22. $\frac{\frac{x+3}{6}}{1+\frac{x}{3}}$ **23.** $\frac{\frac{x}{2}-4}{9+\frac{2}{x}}$ **24.** $\frac{\frac{1}{x+1}+\frac{1}{x-1}}{\frac{x}{x+1}}$ **25.** $\frac{\frac{4}{5-x}}{\frac{2}{5-x}+\frac{1}{3x-15}}$

9.6 CÓMO RESOLVER ECUACIONES RACIONALES

Ejemplos en págs. 568–570

EJEMPLOS Puedes resolver ecuaciones racionales multiplicando cada miembro por el mínimo común denominador de los términos. Si cada miembro de la ecuación es una sola expresión racional, puedes usar la multiplicación cruzada. Comprueba si existen raíces extrañas.

$$\frac{4}{x} + \frac{3}{2x} = 11$$

$$(2x)\frac{4}{x} + (2x)\frac{3}{2x} = (2x)11$$ **Multiplica cada miembro por 2*x*.**

$$8 + 3 = 22x$$

$$x = \frac{1}{2}$$

$$\frac{2}{3x+6} = \frac{x+2}{x^2-10}$$

$$2(x^2-10) = (x+2)(3x+6)$$ **Usa la multiplicación cruzada.**

$$2x^2 - 20 = 3x^2 + 12x + 12$$

$$0 = x^2 + 12x + 32$$

$$0 = (x+8)(x+4)$$

$$x = -8 \text{ o } x = -4$$

Resuelve la ecuación usando uno de los métodos. Comprueba cada solución.

26. $\frac{x}{x-1} = \frac{2x+10}{x+11}$ **27.** $\frac{x+3}{x} - 1 = \frac{1}{x-1}$ **28.** $\frac{2}{x-2} - \frac{2x}{3} = \frac{x-3}{3}$

29. $\frac{3x+2}{x+1} = 2 - \frac{2x+3}{x+1}$ **30.** $\frac{2}{x-6} = \frac{-5}{x+1}$ **31.** $1 + \frac{3}{x-3} = \frac{4}{x^2-9}$

CHAPTER 9

Chapter Test

The variables x and y vary inversely. Use the given values to write an equation relating x and y. Then find y when $x = 3$.

1. $x = -4, y = 9$
2. $x = \frac{1}{2}, y = 5$
3. $x = 12, y = \frac{2}{3}$
4. $x = 6, y = -1$

The variable z varies jointly with x and y. Use the given values to write an equation relating x, y, and z. Then find z when $x = -2$ and $y = 4$.

5. $x = 5, y = 4, z = 2$
6. $x = -3, y = 2, z = 18$
7. $x = \frac{1}{3}, y = \frac{3}{4}, z = \frac{5}{2}$

Graph the function.

8. $y = \frac{-1}{x+1} - 2$
9. $y = \frac{4}{x-2}$
10. $y = \frac{x}{2x+5}$
11. $y = \frac{4x-3}{x-4}$
12. $y = \frac{6}{x^2+4}$
13. $y = \frac{-3x^2}{2x-1}$
14. $y = \frac{x^2-2}{x^2-9}$
15. $y = \frac{x^2-2x+15}{x+1}$

Perform the indicated operation. Simplify the result.

16. $\frac{x^2-4}{x+3} \cdot \frac{x^2+4x+3}{2x-4}$
17. $\frac{4x-8}{x^2-3x+2} \div \frac{3x-6}{x-1}$
18. $\frac{x+4}{x^2-25} \cdot (x^2+3x-10)$
19. $\frac{5}{6x} + \frac{7}{18x}$
20. $\frac{x-1}{x-2} - \frac{x-4}{x+1}$
21. $\frac{3x}{x^2-10x+21} + \frac{5}{x-3}$

Simplify the complex fraction.

22. $\frac{1+\frac{3}{x}}{2-\frac{5}{x^2}}$
23. $\frac{\frac{4+x}{10}}{\frac{x^2-16}{8}}$
24. $\frac{\frac{2}{x-1}+5}{\frac{x}{3}}$
25. $\frac{36}{\frac{1}{x}+\frac{7}{2x}}$

Solve the equation using any method. Check each solution.

26. $\frac{9}{x} + \frac{11}{5} = \frac{31}{x}$
27. $\frac{-15}{x} = \frac{x+16}{4}$
28. $\frac{8}{x+3} = \frac{5}{x-3}$
29. $\frac{4x}{x+3} = \frac{37}{x^2-9} - 3$

30. **SCIENCE CONNECTION** A lever pivots on a support called a *fulcrum*. For a balanced lever, the distance d (in feet) an object is from the fulcrum varies inversely with the object's weight w (in pounds). An object weighing 140 pounds is placed 6 feet from a fulcrum. How far from the fulcrum must a 112 pound object be placed to balance the lever?

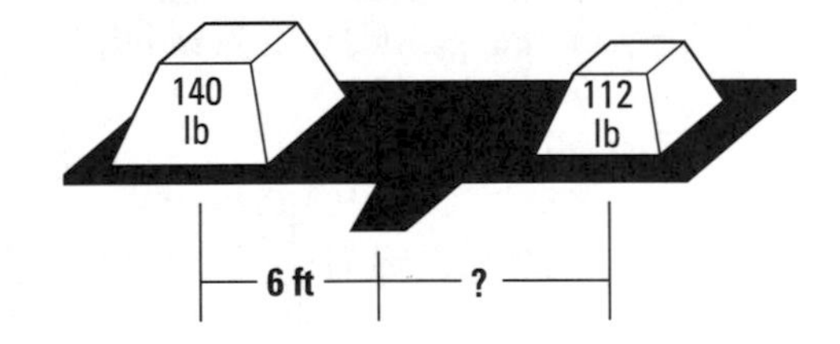

31. **GEOMETRY CONNECTION** A sphere with radius r is inscribed in a cube as shown. Find the ratio of the volume of the cube to the volume of the sphere. Write your answer in simplified form.

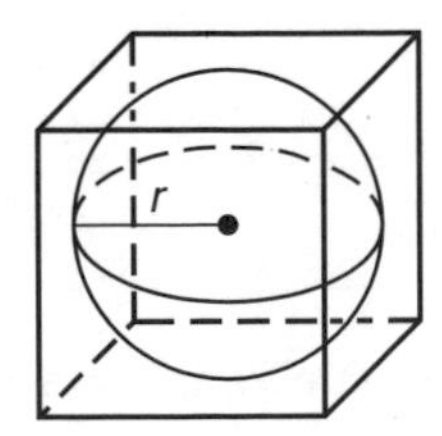

32. **STARTING A BUSINESS** You start a small bee-keeping business, spending \$500 for equipment and bees. You figure it will cost \$1.25 per pound to collect, clean, bottle, and label the honey. How many pounds of honey must you produce before your average cost per pound is \$1.79?

CAPÍTULO 9

Prueba del capítulo

Las variables x e y son inversamente proporcionales. Usa los valores dados para escribir una ecuación relacionando x e y. Después, halla y cuando $x = 3$.

1. $x = -4, y = 9$ **2.** $x = \frac{1}{2}, y = 5$ **3.** $x = 12, y = \frac{2}{3}$ **4.** $x = 6, y = -1$

La variable z es conjuntamente proporcional a x e y. Usa los valores dados para escribir una ecuación relacionando x, y y z. Después, halla z cuando $x = -2$ e $y = 4$.

5. $x = 5, y = 4, z = 2$ **6.** $x = -3, y = 2, z = 18$ **7.** $x = \frac{1}{3}, y = \frac{3}{4}, z = \frac{5}{2}$

Haz una gráfica de la función.

8. $y = \frac{-1}{x + 1} - 2$ **9.** $y = \frac{4}{x - 2}$ **10.** $y = \frac{x}{2x + 5}$ **11.** $y = \frac{4x - 3}{x - 4}$

12. $y = \frac{6}{x^2 + 4}$ **13.** $y = \frac{-3x^2}{2x - 1}$ **14.** $y = \frac{x^2 - 2}{x^2 - 9}$ **15.** $y = \frac{x^2 - 2x + 15}{x + 1}$

Efectúa la operación indicada. Simplifica el resultado.

16. $\frac{x^2 - 4}{x + 3} \cdot \frac{x^2 + 4x + 3}{2x - 4}$ **17.** $\frac{4x - 8}{x^2 - 3x + 2} \div \frac{3x - 6}{x - 1}$ **18.** $\frac{x + 4}{x^2 - 25} \cdot (x^2 + 3x - 10)$

19. $\frac{5}{6x} + \frac{7}{18x}$ **20.** $\frac{x - 1}{x - 2} - \frac{x - 4}{x + 1}$ **21.** $\frac{3x}{x^2 - 10x + 21} + \frac{5}{x - 3}$

Simplifica la fracción compleja.

22. $\frac{1 + \frac{3}{x}}{2 - \frac{5}{x^2}}$ **23.** $\frac{\frac{4 + x}{10}}{\frac{x^2 - 16}{8}}$ **24.** $\frac{\frac{2}{x - 1} + 5}{\frac{x}{3}}$ **25.** $\frac{36}{\frac{1}{x} + \frac{7}{2x}}$

Resuelve la ecuación usando uno de los métodos. Comprueba cada solución.

26. $\frac{9}{x} + \frac{11}{5} = \frac{31}{x}$ **27.** $\frac{-15}{x} = \frac{x + 16}{4}$ **28.** $\frac{8}{x + 3} = \frac{5}{x - 3}$ **29.** $\frac{4x}{x + 3} = \frac{37}{x^2 - 9} - 3$

30. **CONEXIÓN CON LA CIENCIA** Una balanza gira alrededor de un eje llamado *fulcro*. Si una balanza está en equilibrio, la distancia d (en pies) del objeto al fulcro es inversamente proporcional al peso p (en libras) del objeto. Un objeto que pesa 140 libras se coloca a 6 pies del fulcro. ¿A qué distancia del fulcro se debe colocar un objeto que pesa 112 libras para que la balanza esté en equilibrio?

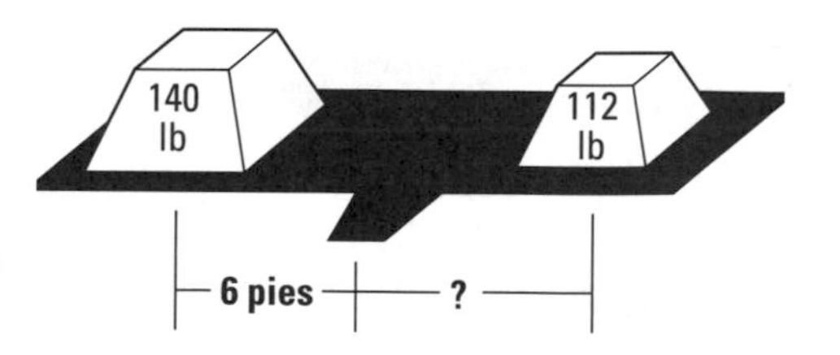

31. **CONEXIÓN CON LA GEOMETRÍA** Una esfera de radio r está inscrita en un cubo como el que se muestra a la derecha. Halla la razón de volumen del cubo al volumen de la esfera. Escribe tu respuesta en forma simplificada.

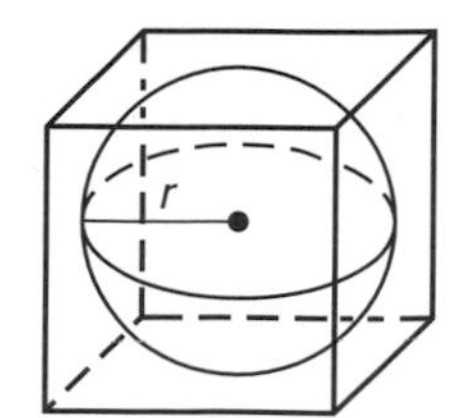

32. **COMENZAR UN NEGOCIO** Comienzas un negocio de apicultura gastando \$500 en equipo y en abejas. Calculas que costará \$1.25 por libra recoger, limpiar, embotellar y rotular la miel. ¿Cuántas libras de miel debes producir antes que el costo promedio por libra sea \$1.79?

CHAPTER 10

Chapter Summary

WHAT did you learn?	*WHY did you learn it?*
Find the distance between two points. **(10.1)**	Find the distance a medical helicopter must travel. **(p. 593)**
Find the midpoint of the line segment connecting two points. **(10.1)**	Find the diameter of a broken dish. **(p. 591)**
Use distance and midpoint formulas in real-life situations. **(10.1)**	Design a city park. **(p. 593)**
Graph and write equations of conics.	
• parabolas **(10.2, 10.6)**	Model a solar energy collector. **(p. 597)**
• circles **(10.3, 10.6)**	Model the region lit by a lighthouse. **(p. 603)**
• ellipses **(10.4, 10.6)**	Model the shape of an Australian football field. **(p. 614)**
• hyperbolas **(10.5, 10.6)**	Model the curved sides of a sculpture. **(p. 617)**
Classify a conic using its equation. **(10.6)**	Classify mirrors in a Cassegrain telescope. **(p. 627)**
Solve systems of quadratic equations. **(10.7)**	Find the epicenter of an earthquake. **(p. 634)**
Use conics to solve real-life problems. **(10.2–10.7)**	Find the area of The Ellipse at the White House. **(p. 611)**

How does Chapter 10 fit into the BIGGER PICTURE of algebra?

In Chapter 5 you studied parabolas as graphs of quadratic functions, and in Chapter 9 you studied hyperbolas as graphs of rational functions. In a previous course you studied circles, and possibly ellipses, in the context of geometry. In Chapter 10 you studied all four conic sections (parabolas, hyperbolas, circles, and ellipses) as graphs of equations of the form $Ax^2 + Bxy + Cy^2 + Dx + Ey + F = 0$.

The conic sections are an important part of your study of algebra and geometry because they have many different real-life applications.

STUDY STRATEGY

How did you make and use a dictionary of graphs?

Here is an example of one entry for your dictionary of graphs, following the **Study Strategy** on page 588.

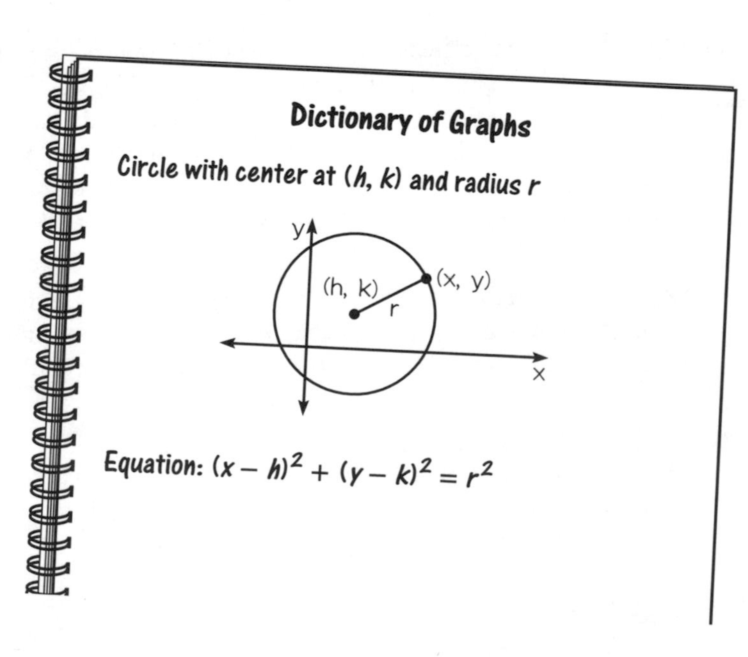

CAPÍTULO 10

Resumen del capítulo

¿QUÉ aprendiste?	*¿PARA QUÉ lo aprendiste?*
Hallar la distancia entre dos puntos. **(10.1)**	Hallar la distancia que un helicóptero médico debe recorrer. **(pág. 593)**
Hallar el punto medio del segmento de recta que une dos puntos. **(10.1)**	Hallar el diámetro de un plato roto. **(pág. 591)**
Usar las fórmulas de distancia y punto medio en situaciones de la vida real. **(10.1)**	Diseñar un parque urbano. **(pág. 593)**
Representar gráficamente y escribir ecuaciones de cónicas.	
• parábolas **(10.2, 10.6)**	Hacer un modelo de un recolector de energía solar. **(pág. 597)**
• círculos **(10.3, 10.6)**	Hacer un modelo del área iluminada por un faro. **(pág. 603)**
• elipses **(10.4, 10.6)**	Hacer un modelo de la forma de un terreno de fútbol australiano. **(pág. 614)**
• hipérbolas **(10.5, 10.6)**	Hacer un modelo de los lados curvos de una escultura. **(pág. 617)**
Clasificar una cónica usando su ecuación. **(10.6)**	Clasificar los espejos de un telescopio Cassegrain. **(pág. 627)**
Resolver sistemas de ecuaciones cuadráticas. **(10.7)**	Hallar el epicentro de un terremoto. **(pág. 634)**
Usar cónicas para resolver problemas de la vida real. **(10.2–10.7)**	Hallar el área del jardín "The Ellipse" en la Casa Blanca. **(pág. 611)**

¿Qué parte del álgebra estudiaste en este capítulo?

En el Capítulo 5 estudiaste parábolas como representaciones gráficas de las funciones cuadráticas y en el Capítulo 9 estudiaste hipérbolas como representaciones gráficas de funciones racionales. En un curso previo estudiaste círculos y posiblemente elipses en el contexto de la geometría. En el Capítulo 10 estudiaste las cuatro cónicas (parábolas, hipérbolas, círculos y elipses) como representaciones gráficas de ecuaciones de la forma $Ax^2 + Bxy + Cy^2 + Dx + Ey + F = 0$.

Las cónicas son una parte importante de tu estudio del álgebra y de la geometría porque tienen diversas aplicaciones en la vida real.

ESTRATEGIA DE ESTUDIO

¿Cómo hiciste y usaste un diccionario de gráficas?

He aquí un ejemplo de una partida para tu diccionario de gráficas, según la **Estrategia de estudio** en la página 588.

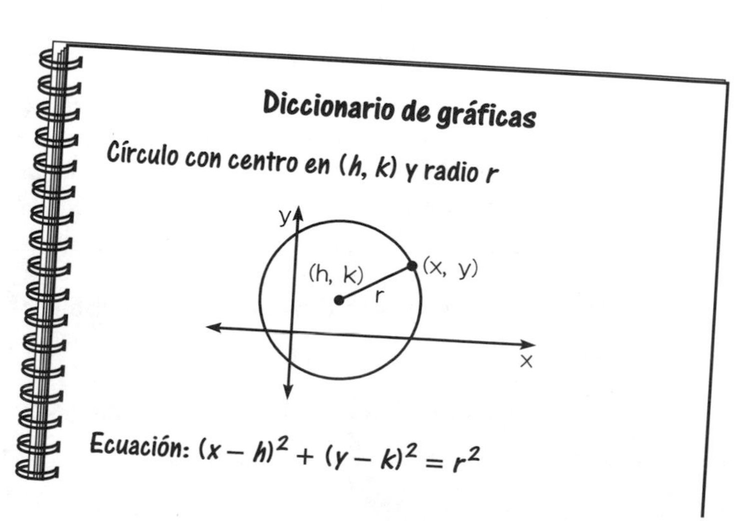

CHAPTER 10

Chapter Review

VOCABULARY

- distance formula, p. 589
- midpoint formula, p. 590
- focus, p. 595, 609, 615
- directrix, p. 595
- circle, p. 601
- center, p. 601, 609, 615
- radius, p. 601
- equation of a circle, p. 601
- ellipse, p. 609
- vertex, p. 609, 615
- major axis, p. 609
- co-vertex, p. 609
- minor axis, p. 609
- equation of an ellipse, p. 609
- hyperbola, p. 615
- transverse axis, p. 615
- equation of a hyperbola, p. 615
- conic sections, p. 623
- general second-degree equation, p. 626
- discriminant, p. 626

10.1 THE DISTANCE AND MIDPOINT FORMULAS

Examples on pp. 589–591

EXAMPLES Let $A = (-2, 4)$ and $B = (2, -3)$.

$$\text{Distance between } A \text{ and } B = \sqrt{(x_2 - x_1)^2 + (y_2 - y_1)^2}$$
$$= \sqrt{(2 - (-2))^2 + (-3 - 4)^2}$$
$$= \sqrt{16 + 49} = \sqrt{65} \approx 8.06$$

$$\text{Midpoint of } \overline{AB} = M\left(\frac{x_1 + x_2}{2}, \frac{y_1 + y_2}{2}\right) = \left(\frac{(-2) + 2}{2}, \frac{4 + (-3)}{2}\right) = \left(0, \frac{1}{2}\right)$$

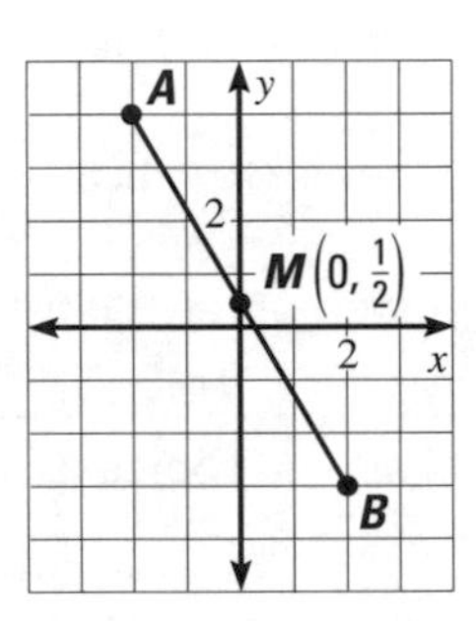

Find the distance between the two points. Then find the midpoint of the line segment connecting the two points.

1. $(-2, -3), (4, 2)$ **2.** $(-5, 4), (10, -3)$ **3.** $(0, 0), (-4, 4)$ **4.** $(-2, 0), (0, -8)$

10.2 PARABOLAS

Examples on pp. 595–597

EXAMPLES The parabola with equation $y^2 = 8x$ has **vertex (0, 0)** and a horizontal axis of symmetry. It opens to the right. Note that $y^2 = 4px = 8x$, so $p = 2$. The **focus** is $(p, 0) = \mathbf{(2, 0)}$, and the **directrix** is $\mathbf{x = -p = -2}$.

The parabola with equation $x^2 = -8y$ has **vertex (0, 0)** and a vertical axis of symmetry. It opens down. Note that $x^2 = 4py = -8y$, so $p = -2$. The **focus** is $(0, p) = \mathbf{(0, -2)}$, and the **directrix** is $\mathbf{y = -p = 2}$.

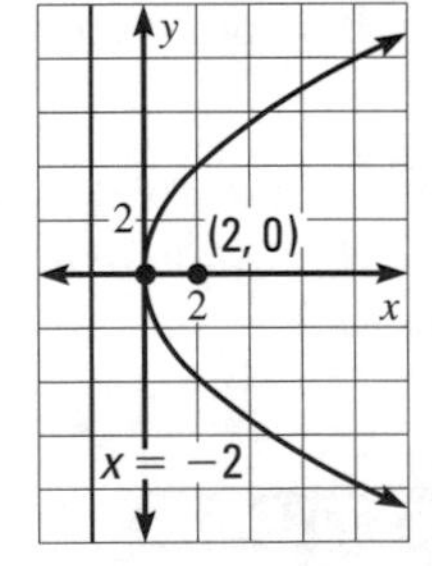

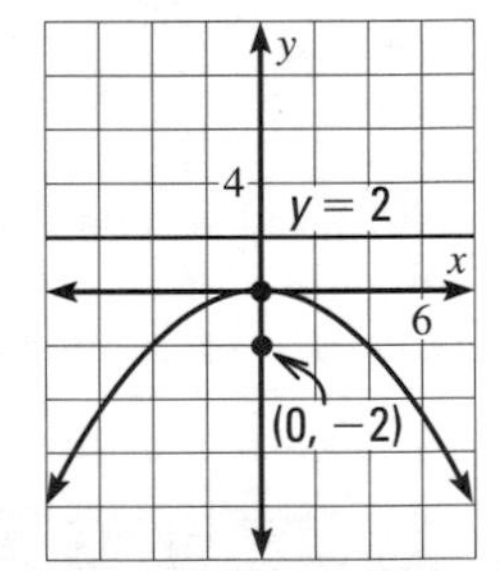

Identify the focus and directrix of the parabola. Then draw the parabola.

5. $x^2 = 4y$ **6.** $x^2 = -2y$ **7.** $6x + y^2 = 0$ **8.** $y^2 - 12x = 0$

Write the equation of the parabola with the given characteristic and vertex (0, 0).

9. focus: $(4, 0)$ **10.** focus: $(0, -3)$ **11.** directrix: $y = -2$ **12.** directrix: $x = 1$

CAPÍTULO 10

Repaso del capítulo

VOCABULARIO

- fórmula de la distancia, pág. 589
- fórmula del punto medio, pág. 590
- foco, págs. 595, 609, 615
- directriz, pág. 595
- círculo, pág. 601
- centro, págs. 601, 609, 615
- radio, pág. 601
- ecuación de un círculo, pág. 601
- elipse, pág. 609
- vértice, págs. 609, 615
- eje mayor, pág. 609
- covértice, pág. 609
- eje menor, pág. 609
- ecuación de una elipse, pág. 609
- hipérbola, pág. 615
- eje transversal, pág. 615
- ecuación de una hipérbola, pág. 615
- cónicas, pág. 623
- ecuación general de segundo grado, pág. 626
- discriminante, pág. 626

10.1 FÓRMULAS DE DISTANCIA Y PUNTO MEDIO

Ejemplos en págs. 589–591

EJEMPLOS Sea $A = (-2, 4)$ y $B = (2, -3)$.

Distancia entre A y $B = \sqrt{(x_2 - x_1)^2 + (y_2 - y_1)^2}$

$= \sqrt{(2 - (-2))^2 + (-3 - 4)^2}$

$= \sqrt{16 + 49} = \sqrt{65} \approx 8.06$

Punto medio de $\overline{AB} = M\left(\frac{x_1 + x_2}{2}, \frac{y_1 + y_2}{2}\right) = \left(\frac{(-2) + 2}{2}, \frac{4 + (-3)}{2}\right) = \left(0, \frac{1}{2}\right)$

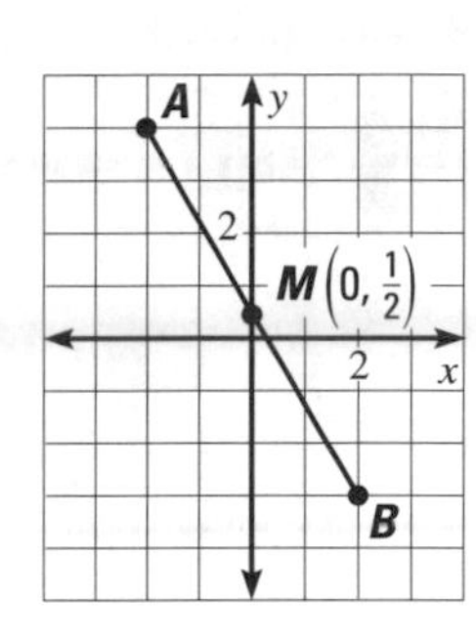

Halla la distancia entre dos puntos. Después, halla el punto medio del segmento que une los dos puntos.

1. $(-2, -3), (4, 2)$
2. $(-5, 4), (10, -3)$
3. $(0, 0), (-4, 4)$
4. $(-2, 0), (0, -8)$

10.2 PARÁBOLAS

Ejemplos en págs. 595–597

EJEMPLOS La parábola con la ecuación $y^2 = 8x$ tiene su **vértice** en **(0, 0)** y un eje de simetría horizontal. Se abre hacia la derecha. Nota que $y^2 = 4px = 8x$, donde $p = 2$. El **foco** es $(p, 0) =$ **(2, 0)** y la **directriz** es $\boldsymbol{x = -p = -2}$.

La parábola con la ecuación $x^2 = -8y$ tiene su **vértice** en **(0, 0)** y un eje de simetría vertical. Se abre hacia abajo. Nota que $x^2 = 4py = -8y$, donde $p = -2$. El **foco** es $(0, p) =$ **(0, −2)** y la **directriz** es $\boldsymbol{y = -p = 2}$.

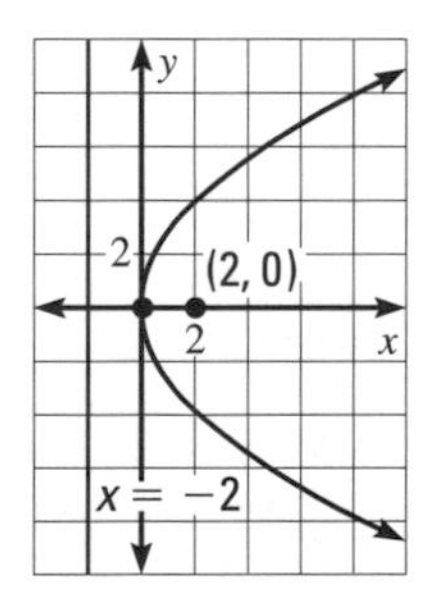

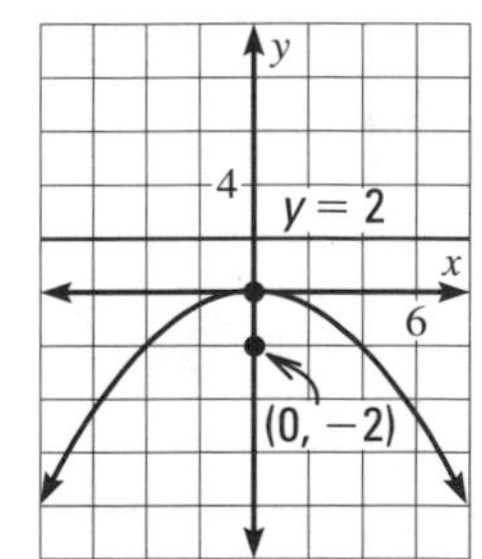

Identifica el foco y la directriz de la parábola. Después, dibuja la parábola.

5. $x^2 = 4y$
6. $x^2 = -2y$
7. $6x + y^2 = 0$
8. $y^2 - 12x = 0$

Escribe la ecuación de la parábola con las características dadas y vértice (0, 0).

9. foco: $(4, 0)$
10. foco: $(0, -3)$
11. directriz: $y = -2$
12. directriz: $x = 1$

10.3 CIRCLES

Examples on pp. 601–603

EXAMPLE The circle with equation $x^2 + y^2 = 9$ has center at (0, 0) and radius $r = \sqrt{9} = 3$.

Four points on the circle are (3, 0), (0, 3), (−3, 0), and (0, −3).

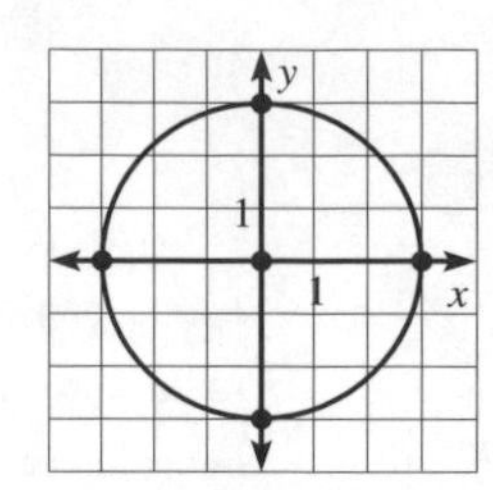

Graph the equation.

13. $x^2 + y^2 = 16$ **14.** $x^2 + y^2 = 64$ **15.** $x^2 + y^2 = 6$ **16.** $3x^2 + 3y^2 = 363$

Write the standard form of the equation of the circle that has the given radius or passes through the given point and whose center is the origin.

17. radius: 5 **18.** radius: $\sqrt{10}$ **19.** point: (−2, 3) **20.** point: (1, 8)

10.4 ELLIPSES

Examples on pp. 609–611

EXAMPLE The ellipse with equation $\frac{x^2}{9} + \frac{y^2}{4} = 1$ has a horizontal major axis because $9 > 4$.

Since $\sqrt{9} = 3$, the vertices are at (−3, 0) and (3, 0).

Since $\sqrt{4} = 2$, the co-vertices are at (0, −2) and (0, 2).

Since $9 - 4 = 5$, the foci are at $(-\sqrt{5}, 0)$ and $(\sqrt{5}, 0)$.

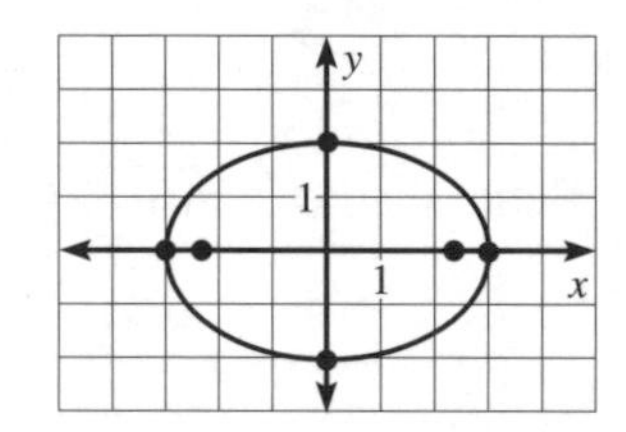

Graph the equation.

21. $4x^2 + 81y^2 = 324$ **22.** $-9x^2 - 4y^2 = -36$ **23.** $49x^2 + 36y^2 = 1764$

Write an equation of the ellipse with the given characteristics and center at (0, 0).

24. Vertex: (0, 5), Co-vertex: (1, 0) **25.** Vertex: (4, 0), Focus: (−3, 0)

10.5 HYPERBOLAS

Examples on pp. 615–617

EXAMPLE The hyperbola with equation $\frac{y^2}{4} - \frac{x^2}{9} = 1$ has a vertical transverse axis because the y^2-term is positive.
Since $\sqrt{4} = 2$, vertices are (0, −2) and (0, 2).
Since $4 + 9 = 13$, foci are $(0, -\sqrt{13})$ and $(0, \sqrt{13})$.
Asymptotes are $y = \frac{2}{3}x$ and $y = -\frac{2}{3}x$.

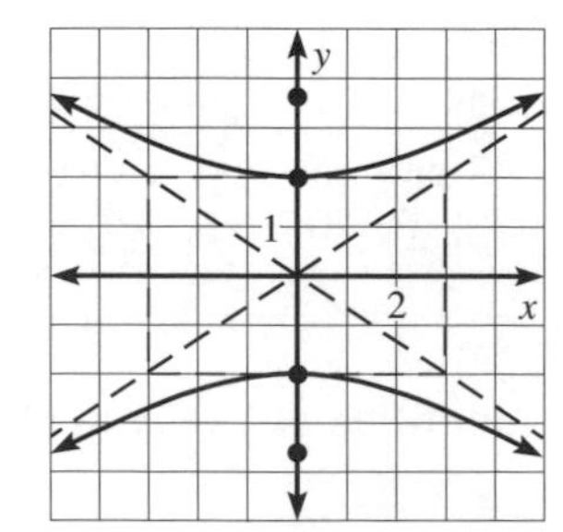

10.3 CÍRCULOS

Ejemplos en págs. 601–603

EJEMPLO El círculo con la ecuación $x^2 + y^2 = 9$ tiene su centro en (0, 0) y radio $r = \sqrt{9} = 3$.

Cuatro puntos del círculo son (3, 0), (0, 3), (−3, 0), y (0, −3).

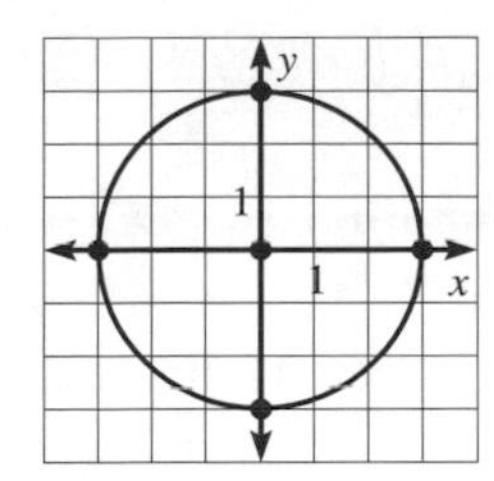

Representa gráficamente la ecuación.

13. $x^2 + y^2 = 16$ **14.** $x^2 + y^2 = 64$ **15.** $x^2 + y^2 = 6$ **16.** $3x^2 + 3y^2 = 363$

Escribe la forma general de la ecuación del círculo que tiene el radio dado o pasa por el punto dado y cuyo centro es el origen.

17. radio: 5 **18.** radio: $\sqrt{10}$ **19.** punto: (−2, 3) **20.** punto: (1, 8)

10.4 ELIPSES

Ejemplos en págs. 609–611

EJEMPLO La elipse con la ecuación $\frac{x^2}{9} + \frac{y^2}{4} = 1$ tiene un eje mayor horizontal porque $9 > 4$.

Dado que $\sqrt{9} = 3$, los vértices están en (−3, 0) y (3, 0).

Dado que $\sqrt{4} = 2$, los covértices están en (0, −2) y (0, 2).

Dado que $9 - 4 = 5$, los focos están en $(-\sqrt{5}, 0)$ y $(\sqrt{5}, 0)$.

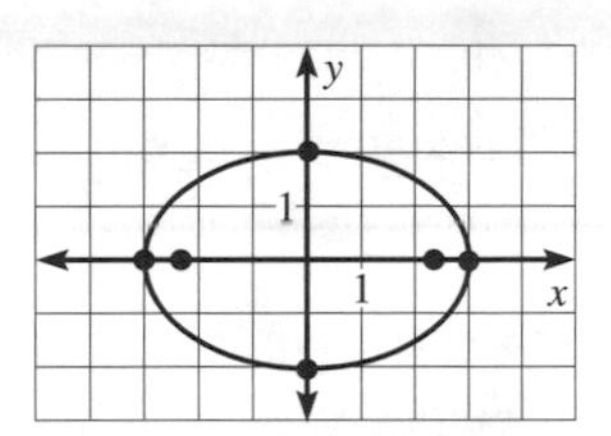

Representa gráficamente la ecuación.

21. $4x^2 + 81y^2 = 324$ **22.** $-9x^2 - 4y^2 = -36$ **23.** $49x^2 + 36y^2 = 1764$

Escribe una ecuación de la elipse con las características dadas y centro en (0, 0).

24. Vértice: (0, 5), Covértice: (1, 0) **25.** Vértice: (4, 0), Foco: (−3, 0)

10.5 HIPÉRBOLAS

Ejemplos en págs. 615–617

EJEMPLO La hipérbola con la ecuación $\frac{y^2}{4} - \frac{x^2}{9} = 1$ tiene un eje transversal vertical porque el término y^2 es positivo.
Dado que $\sqrt{4} = 2$, los vértices están en (0, −2) y (0, 2).
Dado que $4 + 9 = 13$, los focos están en $(0, -\sqrt{13})$ y $(0, \sqrt{13})$.
Las asíntotas son $y = \frac{2}{3}x$ y $y = -\frac{2}{3}x$.

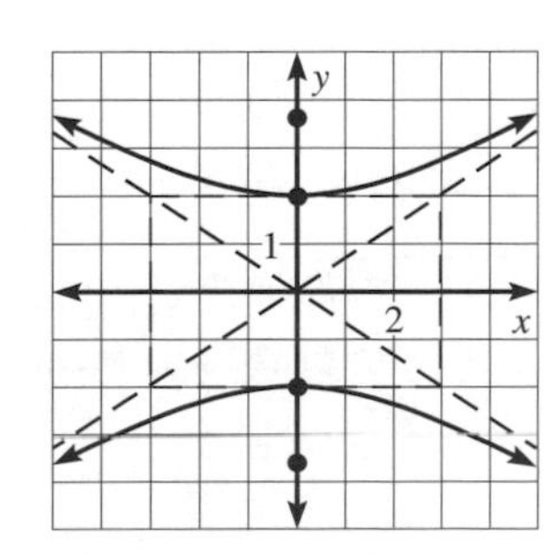

Graph the hyperbola.

26. $\frac{x^2}{100} - \frac{y^2}{64} = 1$

27. $16y^2 - 9x^2 = 144$

28. $y^2 - 4x^2 = 4$

Write an equation of the hyperbola with the given foci and vertices.

29. Foci: $(0, -3), (0, 3)$
Vertices: $(0, -1), (0, 1)$

30. Foci: $(0, -4), (0, 4)$
Vertices: $(0, -2), (0, 2)$

31. Foci: $(-5, 0), (5, 0)$
Vertices: $(-3, 0), (3, 0)$

10.6 GRAPHING AND CLASSIFYING CONICS

Examples on pp. 623–627

EXAMPLE You can use the discriminant $B^2 - 4AC$ to classify a conic.

For the equation $x^2 + y^2 - 6x + 2y + 6 = 0$, the discriminant is $B^2 - 4AC = 0^2 - 4(1)(1) = -4$. Because $B^2 - 4AC < 0$, $B = 0$, and $A = C$, the equation represents a circle.

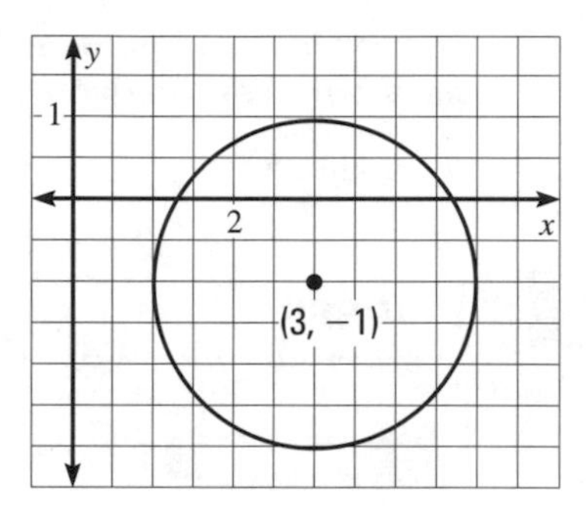

To graph the circle, complete the square as follows.

$$x^2 + y^2 - 6x + 2y + 6 = 0$$

$$(x^2 - 6x + \mathbf{9}) + (y^2 + 2y + \mathbf{1}) = -6 + \mathbf{9} + \mathbf{1}$$

$$(x - 3)^2 + (y + 1)^2 = 4$$

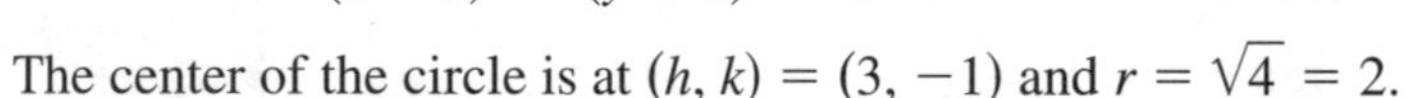

The center of the circle is at $(h, k) = (3, -1)$ and $r = \sqrt{4} = 2$.

Classify the conic section and write its equation in standard form. Then graph the equation.

32. $x^2 + 8x - 8y + 16 = 0$

33. $x^2 + y^2 - 10x + 2y - 74 = 0$

34. $9x^2 + y^2 + 72x - 2y + 136 = 0$

35. $y^2 - 4x^2 - 18y - 8x + 76 = 0$

10.7 SOLVING QUADRATIC SYSTEMS

Examples on pp. 632–634

EXAMPLE You can solve systems of quadratic equations algebraically.

$y^2 - 2x - 10y + 31 = 0$

$x - y + 2 = 0$ — **Solve the second equation for y: $y = x + 2$.**

$(x + 2)^2 - 2x - 10(x + 2) + 31 = 0$ — **Substitute into the first equation.**

$x^2 - 8x + 15 = 0$, so $x = 3$ or $x = 5$. — **Simplify and solve.**

The points of intersection of the graphs of the system are $(3, 5)$ and $(5, 7)$.

Find the points of intersection, if any, of the graphs in the system.

36. $x^2 + y^2 - 18x + 24y + 200 = 0$
$4x + 3y = 0$

37. $5x^2 + 3x - 8y + 2 = 0$
$3x + y - 6 = 0$

38. $4x^2 + y^2 - 48x - 2y + 129 = 0$
$x^2 + y^2 - 2x - 2y - 7 = 0$

39. $9x^2 - 16y^2 + 18x + 153 = 0$
$9x^2 + 16y^2 + 18x - 135 = 0$

Representa gráficamente la hipérbola.

26. $\frac{x^2}{100} - \frac{y^2}{64} = 1$

27. $16y^2 - 9x^2 = 144$

28. $y^2 - 4x^2 = 4$

Escribe una ecuación de la hipérbola con los focos y vértices dados.

29. Focos: $(0, -3), (0, 3)$
Vértices: $(0, -1), (0, 1)$

30. Focos: $(0, -4), (0, 4)$
Vértices: $(0, -2), (0, 2)$

31. Focos: $(-5, 0), (5, 0)$
Vértices: $(-3, 0), (3, 0)$

10.6 CÓMO REPRESENTAR GRÁFICAMENTE Y CLASIFICAR CÓNICAS

Ejemplos en págs. 623–627

EJEMPLO Puedes usar el discriminante $B^2 - 4AC$ para clasificar una cónica.

Para la ecuación $x^2 + y^2 - 6x + 2y + 6 = 0$, el discriminante es $B^2 - 4AC = 0^2 - 4(1)(1) = -4$. Dado que $B^2 - 4AC < 0$, $B = 0$ y $A = C$, la ecuación representa un círculo.

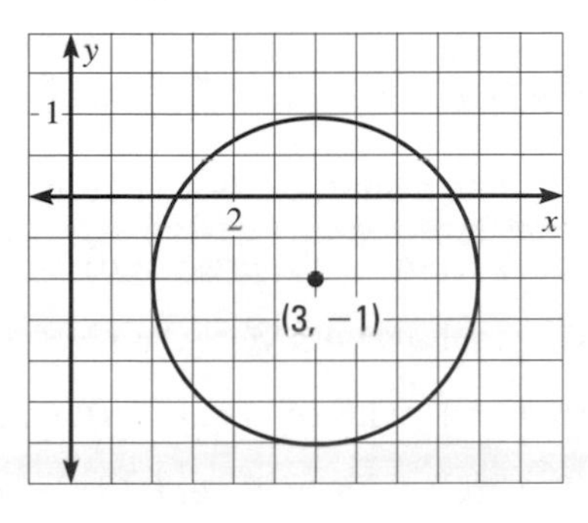

Para representar gráficamente el círculo, completa el cuadrado de la siguiente manera.

$$x^2 + y^2 - 6x + 2y + 6 = 0$$

$$(x^2 - 6x + \mathbf{9}) + (y^2 + 2y + \mathbf{1}) = -6 + \mathbf{9} + \mathbf{1}$$

$$(x - 3)^2 + (y + 1)^2 = 4$$

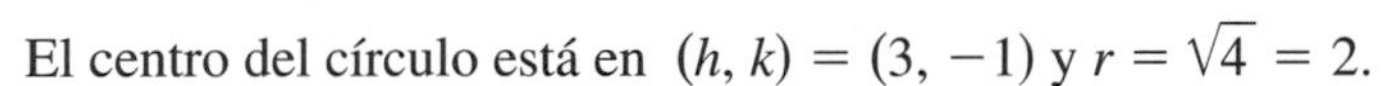

El centro del círculo está en $(h, k) = (3, -1)$ y $r = \sqrt{4} = 2$.

Clasifica la cónica y escribe su ecuación en forma general. Después, representa gráficamente la ecuación.

32. $x^2 + 8x - 8y + 16 = 0$

33. $x^2 + y^2 - 10x + 2y - 74 = 0$

34. $9x^2 + y^2 + 72x - 2y + 136 = 0$

35. $y^2 - 4x^2 - 18y - 8x + 76 = 0$

10.7 CÓMO RESOLVER SISTEMAS CUADRÁTICOS

Ejemplos en págs. 632–634

EJEMPLO Puedes resolver algebraicamente sistemas de ecuaciones cuadráticas.

$y^2 - 2x - 10y + 31 = 0$

$x - y + 2 = 0$ — **Resolver la segunda ecuación para y: $y = x + 2$.**

$(x + 2)^2 - 2x - 10(x + 2) + 31 = 0$ — **Sustituir en la primera ecuación.**

$x^2 - 8x + 15 = 0$, entonces $x = 3$ o $x = 5$. — **Simplificar y resolver.**

Los puntos de intersección de las gráficas del sistema son $(3, 5)$ y $(5, 7)$.

Halla los puntos de intersección, de haber alguno, de las gráficas en el sistema.

36. $x^2 + y^2 - 18x + 24y + 200 = 0$
$4x + 3y = 0$

37. $5x^2 + 3x - 8y + 2 = 0$
$3x + y - 6 = 0$

38. $4x^2 + y^2 - 48x - 2y + 129 = 0$
$x^2 + y^2 - 2x - 2y - 7 = 0$

39. $9x^2 - 16y^2 + 18x + 153 = 0$
$9x^2 + 16y^2 + 18x - 135 = 0$

CHAPTER 10

Chapter Test

Find the distance between the two points. Then find the midpoint of the line segment connecting the two points.

1. $(1, 9), (5, 3)$

2. $(-8, 3), (4, 7)$

3. $(-4, -2), (3, 10)$

4. $(-11, -5), (-3, 7)$

5. $(-1, 6), (2, 8)$

6. $(3, -2), (4, 9)$

Graph the equation.

7. $x^2 + y^2 = 36$

8. $y^2 = 16x$

9. $9y^2 - 81x^2 = 729$

10. $25x^2 + 9y^2 = 225$

11. $(x - 4)^2 = y + 7$

12. $(x - 3)^2 + (y + 2)^2 = 1$

13. $\frac{(x+6)^2}{4} + \frac{(y-7)^2}{1} = 1$

14. $\frac{(x-4)^2}{16} - \frac{(y+4)^2}{16} = 1$

15. $\frac{(y+2)^2}{4} - \frac{(x+1)^2}{16} = 1$

Write an equation for the conic section.

16. Parabola with vertex at $(0, 0)$ and directrix $x = 5$

17. Parabola with vertex at $(3, -6)$ and focus at $(3, -4)$

18. Circle with center at $(0, 0)$ and passing through $(4, 6)$

19. Circle with center at $(-8, 3)$ and radius 5

20. Ellipse with center at $(0, 0)$, vertex at $(4, 0)$, and co-vertex at $(0, 2)$

21. Ellipse with vertices at $(3, -5)$ and $(3, -1)$ and foci at $(3, -4)$ and $(3, -2)$

22. Hyperbola with vertices at $(-7, 0)$ and $(7, 0)$ and foci at $(-9, 0)$ and $(9, 0)$

23. Hyperbola with vertex at $(4, 2)$, focus at $(4, 4)$, and center at $(4, -1)$

Classify the conic section and write its equation in standard form.

24. $x^2 + 4y^2 - 2x - 3 = 0$

25. $2x^2 + 20x - y + 41 = 0$

26. $5x^2 - 3y^2 - 30 = 0$

27. $x^2 + y^2 - 12x + 4y + 31 = 0$

28. $y^2 - 8x - 4y + 4 = 0$

29. $-x^2 + y^2 - 6x - 6y - 4 = 0$

30. $x^2 - 8x + 4y + 16 = 0$

31. $3x^2 + 3y^2 - 30x + 59 = 0$

32. $x^2 + 2y^2 - 8x + 7 = 0$

33. $4x^2 - y^2 + 16x + 6y - 3 = 0$

34. $3x^2 + y^2 - 4y + 3 = 0$

35. $x^2 + y^2 - 2x + 10y + 1 = 0$

Find the points of intersection, if any, of the graphs in the system.

36. $x^2 + y^2 = 64$
$x - 2y = 17$

37. $x^2 + y^2 = 20$
$x^2 + 4y^2 - 2x - 2 = 0$

38. $x^2 = 8y$
$x^2 = 2y + 12$

39. **ARCHITECTURE** The Royal Albert Hall in London is nearly elliptical in shape, about 230 feet long and 200 feet wide. Write an equation for the shape of the hall, assuming its center is at $(0, 0)$. Then graph the equation.

40. **SEARCH TEAM** A search team of three members splits to search an area in the woods. Each member carries a family service radio with a circular range of 3 miles. They agree to communicate from their bases every hour. One member sets up base 2 miles north of the first member. Where should the other member set up base to be as far east as possible but within range of communication?

CAPÍTULO 10

Prueba del capítulo

Halla la distancia entre dos puntos. Después, halla el punto medio del segmento que une los dos puntos.

1. $(1, 9), (5, 3)$

2. $(-8, 3), (4, 7)$

3. $(-4, -2), (3, 10)$

4. $(-11, -5), (-3, 7)$

5. $(-1, 6), (2, 8)$

6. $(3, -2), (4, 9)$

Representa gráficamente la ecuación.

7. $x^2 + y^2 = 36$

8. $y^2 = 16x$

9. $9y^2 - 81x^2 = 729$

10. $25x^2 + 9y^2 = 225$

11. $(x - 4)^2 = y + 7$

12. $(x - 3)^2 + (y + 2)^2 = 1$

13. $\frac{(x+6)^2}{4} + \frac{(y-7)^2}{1} = 1$

14. $\frac{(x-4)^2}{16} - \frac{(y+4)^2}{16} = 1$

15. $\frac{(y+2)^2}{4} - \frac{(x+1)^2}{16} = 1$

Escribe una ecuación para la cónica.

16. Parábola con vértice en $(0, 0)$ y directriz $x = 5$

17. Parábola con vértice en $(3, -6)$ y foco en $(3, -4)$

18. Círculo con centro en $(0, 0)$ y pasando por $(4, 6)$

19. Círculo con centro en $(-8, 3)$ y radio 5

20. Elipse con centro en $(0, 0)$, vértice en $(4, 0)$ y covértice en $(0, 2)$

21. Elipse con vértices en $(3, -5)$ y $(3, -1)$ y focos en $(3, -4)$ y $(3, -2)$

22. Hipérbola con vértices en $(-7, 0)$ y $(7, 0)$ y focos en $(-9, 0)$ y $(9, 0)$

23. Hipérbola con vértice en $(4, 2)$, foco en $(4, 4)$ y centro en $(4, -1)$

Clasifica la cónica y escribe su ecuación en forma general.

24. $x^2 + 4y^2 - 2x - 3 = 0$

25. $2x^2 + 20x - y + 41 = 0$

26. $5x^2 - 3y^2 - 30 = 0$

27. $x^2 + y^2 - 12x + 4y + 31 = 0$

28. $y^2 - 8x - 4y + 4 = 0$

29. $-x^2 + y^2 - 6x - 6y - 4 = 0$

30. $x^2 - 8x + 4y + 16 = 0$

31. $3x^2 + 3y^2 - 30x + 59 = 0$

32. $x^2 + 2y^2 - 8x + 7 = 0$

33. $4x^2 - y^2 + 16x + 6y - 3 = 0$

34. $3x^2 + y^2 - 4y + 3 = 0$

35. $x^2 + y^2 - 2x + 10y + 1 = 0$

Halla los puntos de intersección, de haber alguno, de las gráficas en el sistema.

36. $x^2 + y^2 = 64$
$x - 2y = 17$

37. $x^2 + y^2 = 20$
$x^2 + 4y^2 - 2x - 2 = 0$

38. $x^2 = 8y$
$x^2 = 2y + 12$

39. **ARQUITECTURA** El anfiteatro Royal Albert Hall en Londres es casi de forma elíptica y tiene aproximadamente 230 pies de largo y 200 pies de ancho. Escribe una ecuación que representa la forma del anfiteatro, asumiendo que su centro está en $(0, 0)$. Después, representa gráficamente la ecuación.

40. **EQUIPO DE BÚSQUEDA** Un equipo de búsqueda de tres miembros se divide para explorar un área del bosque. Cada miembro lleva un transmisor portátil con un radio de alcance de 3 millas. Acuerdan comunicarse desde sus bases cada hora. Un miembro localiza su base 2 millas al norte del primer miembro. ¿Dónde debe el otro miembro localizar su base para estar lo más al este posible pero dentro del radio de comunicación?

CHAPTER 11

Chapter Summary

WHAT did you learn?	*WHY did you learn it?*
Use summation notation to write a series. **(11.1)**	Express the number of oranges in a stack. **(p. 654)**
Find terms of sequences.	
• defined by explicit rules **(11.1)**	Find angle measures at the tips of a star. **(p. 656)**
• defined by recursive rules **(11.5)**	Find the number of fish in a stocked lake. **(p. 683)**
Graph and classify sequences. **(11.1–11.3)**	Compare the revenues of two companies. **(p. 672)**
Write rules for *n*th terms of sequences.	
• given some terms **(11.1–11.3)**	Model the minimum number of moves in the Tower of Hanoi puzzle. **(p. 656)**
• arithmetic sequences **(11.2)**	Model the number of seats in a concert hall. **(p. 662)**
• geometric sequences **(11.3)**	Model the number of matches in a tennis tournament. **(p. 671)**
Find sums of series.	
• by adding terms or using formulas **(11.1)**	Find the number of tennis balls in a stack. **(p. 656)**
• finite arithmetic series **(11.2)**	Find the number of cells in a honeycomb. **(p. 664)**
• finite geometric series **(11.3)**	Find the cost of cellular telephone service. **(p. 669)**
• infinite geometric series **(11.4)**	Find the amount of money spent by tourists who receive a tourist brochure. **(p. 679)**
Write recursive rules for sequences. **(11.5)**	Model the number of trees on a tree farm. **(p. 685)**
Use sequences and series to solve real-life problems. **(11.1–11.5)**	Find the total length of the vertical supports used to build a roof. **(p. 656)**

How does Chapter 11 fit into the BIGGER PICTURE of algebra?

Since elementary school you have studied number patterns (sequences). Now you can use algebra to write and use rules for sequences and series. An arithmetic sequence has a common difference, so it is similar to a linear function. A geometric sequence has a common ratio, so it is similar to an exponential function. Recursive rules are used in computer programs and in spreadsheet formulas.

STUDY STRATEGY

How did you learn by teaching?

Here is an example of an explanation given by one student to another, following the **Study Strategy** on page 650.

Learn by Teaching

Write a rule for the nth term of this sequence:

$2, 7, 12, 17, \ldots$

"First look for a common difference or a common ratio. $7 - 2 = 5$, $12 - 7 = 5$, and $17 - 12 = 5$, so the common difference is 5. So $5n$ will be part of the rule. If $n = 1$, $5n = 5$. But the first term is 2, which is 3 less than 5, so we need to subtract 3. Let's try $5n - 3$ and see if it works. $5(1) - 3 = 2$, $5(2) - 3 = 7$, $5(3) - 3 = 12$, and $5(4) - 3 = 17$. Yes, it works. So the rule is $a_n = 5n - 3$."

CAPÍTULO 11

Resumen del capítulo

¿QUÉ aprendiste? / ¿PARA QUÉ lo aprendiste?

Usar notación de sumatoria para escribir una serie. **(11.1)** → Indicar el número de naranjas en un montón. **(pág. 654)**

Hallar los términos de progresiones.

- definidas por reglas explícitas. **(11.1)** → Hallar las medidas de los ángulos de las puntas de una estrella. **(pág. 656)**
- definidas por reglas periódicas **(11.5)** → Hallar el número de peces en un lago artificialmente abastecido. **(pág. 683)**

Representar y clasificar progresiones. **(11.1–11.3)** → Comparar los ingresos de dos empresas. **(pág. 672)**

Escribir reglas para los términos *n*-ésimos de progresiones.

- dado algunos términos **(11.1–11.3)** → Representar el número menor de pasos requeridos para resolver el rompecabezas Torre de Hanoi. **(pág. 656)**
- progresiones aritméticas **(11.2)** → Representar el número de asientos en una sala de conciertos. **(pág. 662)**
- progresiones geométricas **(11.3)** → Representar el número de partidos en un torneo de tenis. **(pág. 671)**

Hallar sumas de series.

- añadiendo términos o usando fórmulas **(11.1)** → Hallar el número de pelotas de tenis en un montón. **(pág. 656)**
- series aritméticas finitas **(11.2)** → Hallar el número de celdas en un panal de abejas. **(pág. 664)**
- series geométricas finitas **(11.3)** → Hallar el costo de un servicio telefónico celular. **(pág. 669)**
- series geométricas infinitas **(11.4)** → Hallar la cantidad de dinero gastado por turistas que reciben un folleto turístico. **(pág. 679)**

Escribir reglas periódicas para progresiones. **(11.5)** → Representar el número de árboles en un vivero. **(pág. 685)**

Usar progresiones y series para resolver problemas de la vida real. **(11.1–11.5)** → Hallar la longitud total de los puntales verticales usados para construir un techo. **(pág. 656)**

¿Qué parte del álgebra estudiaste en este capítulo?

Desde la escuela primaria has estudiado patrones de números (progresiones). para escribir y usar reglas para progresiones y series. Una progresión aritmética tiene una diferencia común, por lo tanto es similar a una función lineal. Una progresión geométrica tiene una razón común, por lo tanto es similar a una función exponencial. Las reglas periódicas son usadas en programas de computación y en fórmulas de hojas de cálculo.

ESTRATEGIA DE ESTUDIO

¿Cómo aprendiste enseñando?

He aquí un ejemplo de la explicación que un estudiante le dio a otro, según la **Estrategia de estudio** en la página 650.

Aprende enseñando

Escribe una regla para el término *n*-ésimo de esta progresión:

$$2, 7, 12, 17, \ldots$$

"Primero busca una diferencia o una razón común. $7 - 2 = 5$, $12 - 7 = 5$ y $17 - 12 = 5$, por lo tanto la diferencia común es 5. Entonces $5n$ formará parte de la regla. Si $n = 1$, $5n = 5$. Pero el primer término es 2, que es 3 menos que 5, por lo tanto necesitamos restar 3. Intentemos $5n - 3$ a ver si funciona. $5(1) - 3 = 2$, $5(2) - 3 = 7$, $5(3) - 3 = 12$ y $5(4) - 3 = 17$. Sí, funciona. Por tanto, la regla es $a_n = 5n - 3$."

CHAPTER 11

Chapter Review

VOCABULARY

- terms of a sequence, p. 651
- sequence, p. 651
- finite sequence, p. 651
- infinite sequence, p. 651
- series, p. 653
- summation notation, p. 653
- sigma notation, p. 653
- arithmetic sequence, p. 659
- common difference, p. 659
- arithmetic series, p. 661
- geometric sequence, p. 666
- common ratio, p. 666
- geometric series, p. 668
- explicit rule, p. 681
- recursive rule, p. 681
- factorial, p. 681

11.1 AN INTRODUCTION TO SEQUENCES AND SERIES

Examples on pp. 651–654

EXAMPLES You can find the first four terms of the sequence $a_n = 3n - 7$.

$a_1 = 3(1) - 7 = -4$ ← **first term**

$a_2 = 3(2) - 7 = -1$ ← **second term**

$a_3 = 3(3) - 7 = 2$ ← **third term**

$a_4 = 3(4) - 7 = 5$ ← **fourth term**

The *sequence* defined by $a_n = 3n - 7$ is $-4, -1, 2, 5, \ldots$.

The associated *series* is the sum of the terms of the sequence: $(-4) + (-1) + 2 + 5 + \cdots$.

You can use summation notation to write the series $2 + 4 + 6 + 8 + 10$ as $\sum_{i=1}^{5} 2i$.

You can find the sum of a series by adding the terms or by using formulas for special series.

The sum of the series $\sum_{i=1}^{22} i^2$ is $\frac{n(n+1)(2n+1)}{6} = \frac{22(22+1)(2(22)+1)}{6} = 3795$.

Write the first six terms of the sequence.

1. $a_n = n^2 + 5$

2. $a_n = (n + 1)^3$

3. $a_n = 6 - 2n$

4. $a_n = \frac{n}{n+3}$

Write the next term in the sequence. Then write a formula for the *n*th term.

5. $2, 4, 6, 8, \ldots$

6. $-3, 6, -12, 24, \ldots$

7. $\frac{1}{3}, \frac{1}{9}, \frac{1}{27}, \frac{1}{81}, \ldots$

Write the series with summation notation.

8. $4 + 8 + 12 + 16$

9. $1 + 2 + 3 + 4 + \cdots$

10. $0 + 3 + 6 + 9 + 12$

Find the sum of the series.

11. $\sum_{n=1}^{25} n^2$

12. $\sum_{n=4}^{10} n(2n - 1)$

13. $\sum_{i=1}^{12} i$

14. $\sum_{k=1}^{30} 4$

CAPÍTULO 11

Repaso del capítulo

VOCABULARIO

- términos de una progresión, pág. 651
- progresión, pág. 651
- progresión finita, pág. 651
- progresión infinita, pág. 651
- serie, pág. 653
- notación de sumatoria, pág. 653
- notación sigma, pág. 653
- progresión aritmética, pág. 659
- diferencia común, pág. 659
- serie aritmética, pág. 661
- progresión geométrica, pág. 666
- razón común, pág. 666
- serie geométrica, pág. 668
- regla explícita, pág. 681
- regla periódica, pág. 681
- factorial, pág. 681

11.1 INTRODUCCIÓN A LAS PROGRESIONES Y LAS SERIES

Ejemplos en págs. 651–654

EJEMPLOS Puedes hallar los cuatro primeros términos de la progresión $a_n = 3n - 7$.

$a_1 = 3(1) - 7 = -4$ ⟵ **primer término**

$a_2 = 3(2) - 7 = -1$ ⟵ **segundo término**

$a_3 = 3(3) - 7 = 2$ ⟵ **tercer término**

$a_4 = 3(4) - 7 = 5$ ⟵ **cuarto término**

La *progresión* definida por $a_n = 3n - 7$ es $-4, -1, 2, 5, \ldots$.

La *serie* asociada es la suma de los términos de la progresión: $(-4) + (-1) + 2 + 5 + \cdots$.

Puedes usar notación de sumatoria para escribir la serie $2 + 4 + 6 + 8 + 10$ como $\sum_{i=1}^{5} 2i$.

Puedes hallar la suma de una serie sumando los términos o usando fórmulas para series especiales.

La suma de la serie $\sum_{i=1}^{22} i^2$ es $\frac{n(n+1)(2n+1)}{6} = \frac{22(22+1)(2(22)+1)}{6} = 3795$.

Escribe los seis primeros términos de la progresión.

1. $a_n = n^2 + 5$ **2.** $a_n = (n+1)^3$ **3.** $a_n = 6 - 2n$ **4.** $a_n = \frac{n}{n+3}$

Escribe el próximo término de la progresión. Después, escribe una fórmula para el término *n*-ésimo.

5. $2, 4, 6, 8, \ldots$ **6.** $-3, 6, -12, 24, \ldots$ **7.** $\frac{1}{3}, \frac{1}{9}, \frac{1}{27}, \frac{1}{81}, \ldots$

Escribe la serie con notación de sumatoria.

8. $4 + 8 + 12 + 16$ **9.** $1 + 2 + 3 + 4 + \cdots$ **10.** $0 + 3 + 6 + 9 + 12$

Halla la suma de la serie.

11. $\sum_{n=1}^{25} n^2$ **12.** $\sum_{n=4}^{10} n(2n-1)$ **13.** $\sum_{i=1}^{12} i$ **14.** $\sum_{k=1}^{30} 4$

11.2 ARITHMETIC SEQUENCES AND SERIES

Examples on pp. 659–662

EXAMPLES The sequence 4, 7, 10, 13, 16, . . . is an arithmetic sequence because the difference between consecutive terms is constant:

$7 - 4 = 3$ $\quad 10 - 7 = 3$ $\quad 13 - 10 = 3$ $\quad 16 - 13 = 3$

The common difference is 3, so $d = 3$.

A rule for the nth term of this arithmetic sequence is:

$$a_n = a_1 + (n - 1)d = 4 + (n - 1)3 = 3n + 1$$

The sum of the first 20 terms of this arithmetic series is:

$$S_{20} = 20\left(\frac{a_1 + a_{20}}{2}\right) = 20\left(\frac{4 + 61}{2}\right) = 650$$

Write a rule for the nth term of the arithmetic sequence.

15. 1, 7, 13, 19, 25, . . .

16. 4, 6, 8, 10, 12, . . .

17. 3.5, 3, 2.5, 2, 1.5, . . .

18. $d = 5, a_1 = 13$

19. $d = -2, a_9 = 3$

20. $a_4 = 20, a_{13} = 65$

Find the sum of the first n terms of the arithmetic series.

21. $8 + 20 + 32 + 44 + \cdots; n = 14$

22. $(-6) + (-2) + 2 + 6 + \cdots; n = 20$

23. $0.5 + 0.9 + 1.3 + 1.7 + \cdots; n = 54$

24. $(-12) + (-8) + (-4) + 0 + \cdots; n = 40$

11.3 GEOMETRIC SEQUENCES AND SERIES

Examples on pp. 666–669

EXAMPLES The sequence 5, 15, 45, 135, 405, . . . is a geometric sequence because the ratio of any term to the previous term is constant:

$\frac{15}{5} = 3$ $\quad \frac{45}{15} = 3$ $\quad \frac{135}{45} = 3$ $\quad \frac{405}{135} = 3$

The common ratio is 3, so $r = 3$.

A rule for the nth term of this geometric sequence is:

$$a_n = a_1 r^{n-1} = 5(3)^{n-1}$$

The sum of the first 8 terms of this geometric series is:

$$S_8 = a_1\left(\frac{1 - r^8}{1 - r}\right) = 5\left(\frac{1 - 3^8}{1 - 3}\right) = 16{,}400$$

Write a rule for the nth term of the geometric sequence.

25. 64, 32, 16, 8, 4, . . .

26. 6, 12, 24, 48, . . .

27. 200, 20, 2, 0.2, 0.02, . . .

28. $r = 3, a_1 = 6$

29. $r = -\frac{1}{4}, a_4 = 1$

30. $a_2 = 50, a_6 = 0.005$

Find the sum of the series.

31. $\sum_{i=1}^{5} 16(2)^{i-1}$

32. $\sum_{i=1}^{10} 20(0.2)^{i-1}$

33. $\sum_{i=0}^{6} 10\left(\frac{1}{2}\right)^{i}$

34. $\sum_{i=1}^{8} 2\left(\frac{3}{5}\right)^{i-1}$

11.2 PROGRESIONES Y SERIES ARITMÉTICAS

Ejemplos en págs. 659–662

EJEMPLOS La progresión 4, 7, 10, 13, 16, . . . es una progresión aritmética porque la diferencia entre términos consecutivos es constante:

$7 - 4 = 3$ $\quad 10 - 7 = 3$ $\quad 13 - 10 = 3$ $\quad 16 - 13 = 3$

La diferencia común es 3, entonces $d = 3$.

Una regla para el término n-ésimo de esta progresión aritmética es:

$$a_n = a_1 + (n - 1)d = 4 + (n - 1)3 = 3n + 1$$

La suma de los primeros 20 términos de esta serie aritmética es:

$$S_{20} = 20\left(\frac{a_1 + a_{20}}{2}\right) = 20\left(\frac{4 + 61}{2}\right) = 650$$

Escribe una regla para el término *n*-ésimo de la progresión aritmética.

15. 1, 7, 13, 19, 25, . . .
16. 4, 6, 8, 10, 12, . . .
17. 3.5, 3, 2.5, 2, 1.5, . . .

18. $d = 5, a_1 = 13$
19. $d = -2, a_9 = 3$
20. $a_4 = 20, a_{13} = 65$

Halla la suma de los primeros términos *n* de la serie aritmética.

21. $8 + 20 + 32 + 44 + \cdots; n = 14$
22. $(-6) + (-2) + 2 + 6 + \cdots; n = 20$

23. $0.5 + 0.9 + 1.3 + 1.7 + \cdots; n = 54$
24. $(-12) + (-8) + (-4) + 0 + \cdots; n = 40$

11.3 PROGRESIONES Y SERIES GEOMÉTRICAS

Ejemplos en págs. 666–669

EJEMPLOS La progresión 5, 15, 45, 135, 405, . . . es una progresión geométrica porque la razón de cualquier término y el término anterior es constante:

$\frac{15}{5} = 3$ $\quad \frac{45}{15} = 3$ $\quad \frac{135}{45} = 3$ $\quad \frac{405}{135} = 3$

La razón común es 3, entonces $r = 3$.

Una regla para el término n-ésimo de esta progresión geométrica es:

$$a_n = a_1r^{n-1} = 5(3)^{n-1}$$

La suma de los primeros 8 términos de esta serie geométrica es:

$$S_8 = a_1\left(\frac{1 - r^8}{1 - r}\right) = 5\left(\frac{1 - 3^8}{1 - 3}\right) = 16{,}400$$

Escribe una regla para el término *n*-ésimo de la progresión geométrica.

25. 64, 32, 16, 8, 4, . . .
26. 6, 12, 24, 48, . . .
27. 200, 20, 2, 0.2, 0.02, . . .

28. $r = 3, a_1 = 6$
29. $r = -\frac{1}{4}, a_4 = 1$
30. $a_2 = 50, a_6 = 0.005$

Halla la suma de la serie.

31. $\sum_{i=1}^{5} 16(2)^{i-1}$
32. $\sum_{i=1}^{10} 20(0.2)^{i-1}$
33. $\sum_{i=0}^{6} 10\left(\frac{1}{2}\right)^{i}$
34. $\sum_{i=1}^{8} 2\left(\frac{3}{5}\right)^{i-1}$

11.4 INFINITE GEOMETRIC SERIES

Examples on pp. 675–677

EXAMPLES You can find the sum of the infinite geometric series $\sum_{n=1}^{\infty} 4\left(\frac{3}{5}\right)^{n-1}$ because $|r| = \left|\frac{3}{5}\right| < 1$: $S = \frac{a_1}{1-r} = \frac{4}{1-\frac{3}{5}} = 10$.

The infinite geometric series $\sum_{n=1}^{\infty} \frac{1}{2}(5)^{n-1}$ has no sum because $|r| = |5| \geq 1$.

Find the sum of the infinite geometric series.

35. $\sum_{n=1}^{\infty} 15\left(\frac{2}{9}\right)^{n-1}$ **36.** $\sum_{n=1}^{\infty} 3\left(\frac{3}{4}\right)^{n-1}$ **37.** $\sum_{n=1}^{\infty} 5(0.8)^{n-1}$ **38.** $\sum_{n=1}^{\infty} 4(-0.2)^{n-1}$

Find the common ratio of the infinite geometric series with the given sum and first term.

39. $S = 18, a_1 = 12$ **40.** $S = 2, a_1 = 0.5$ **41.** $S = 20, a_1 = 4$ **42.** $S = -5, a_1 = -2$

43. $S = -10, a_1 = -3$ **44.** $S = 6, a_1 = \frac{1}{3}$ **45.** $S = \frac{1}{4}, a_1 = \frac{1}{16}$ **46.** $S = 3\frac{1}{3}, a_1 = 6$

Write the repeating decimal as a fraction.

47. 0.222 . . . **48.** 0.4545 . . . **49.** 39.3939 . . . **50.** 0.001001 . . .

11.5 RECURSIVE RULES FOR SEQUENCES

Examples on pp. 681–683

EXAMPLES You can find the first five terms of the sequence defined by the recursive rule $a_1 = 3, a_n = a_{n-1} + n + 6$.

$a_1 = 3$ ← **first term**

$a_2 = a_{n-1} + n + 6 = a_1 + 2 + 6 = 3 + 2 + 6 = 11$ ← **second term**

$a_3 = a_{n-1} + n + 6 = a_2 + 3 + 6 = 11 + 3 + 6 = 20$ ← **third term**

$a_4 = a_{n-1} + n + 6 = a_3 + 4 + 6 = 20 + 4 + 6 = 30$ ← **fourth term**

$a_5 = a_{n-1} + n + 6 = a_4 + 5 + 6 = 30 + 5 + 6 = 41$ ← **fifth term**

The sequence is 3, 11, 20, 30, 41, ...

A recursive formula for the sequence 1, 5, 14, 30, . . . is $a_1 = 1, a_n = a_{n-1} + n^2$.

Write the first six terms of the sequence.

51. $a_1 = 10$, $a_n = 4a_{n-1}$ **52.** $a_1 = 1$, $a_n = n \cdot a_{n-1}$ **53.** $a_1 = 2$, $a_n = a_{n-1} - n$ **54.** $a_1 = -1$, $a_n = (a_{n-1})^2 + 3$

Write a recursive rule for the sequence. The sequence may be arithmetic, geometric, or neither.

55. 7, 14, 28, 56, 112, . . . **56.** 4, 8, 13, 19, 26, . . . **57.** 1, 6, 11, 16, 21, . . .

58. 200, 100, 50, 25, . . . **59.** 1, 2, 5, 26, 677, . . . **60.** −2, −6, −12, −20, . . .

11.4 SERIES GEOMÉTRICAS INFINITAS

Ejemplos en págs. 675–677

EJEMPLOS Puedes hallar la suma de la serie geométrica infinita

$\sum_{n=1}^{\infty} 4\left(\frac{3}{5}\right)^{n-1}$ porque $|r| = \left|\frac{3}{5}\right| < 1$: $S = \frac{a_1}{1-r} = \frac{4}{1-\frac{3}{5}} = 10.$

La serie geométrica infinita $\sum_{n=1}^{\infty} \frac{1}{2}(5)^{n-1}$ no tiene suma porque $|r| = |5| \geq 1$.

Halla la suma de la serie geométrica infinita.

35. $\sum_{n=1}^{\infty} 15\left(\frac{2}{9}\right)^{n-1}$ **36.** $\sum_{n=1}^{\infty} 3\left(\frac{3}{4}\right)^{n-1}$ **37.** $\sum_{n=1}^{\infty} 5(0.8)^{n-1}$ **38.** $\sum_{n=1}^{\infty} 4(-0.2)^{n-1}$

Halla la razón común de la serie geométrica infinita con la suma y el primer término dados.

39. $S = 18, a_1 = 12$ **40.** $S = 2, a_1 = 0.5$ **41.** $S = 20, a_1 = 4$ **42.** $S = -5, a_1 = -2$

43. $S = -10, a_1 = -3$ **44.** $S = 6, a_1 = \frac{1}{3}$ **45.** $S = \frac{1}{4}, a_1 = \frac{1}{16}$ **46.** $S = 3\frac{1}{3}, a_1 = 6$

Escribe el decimal periódico como una fracción.

47. 0.222 . . . **48.** 0.4545 . . . **49.** 39.3939 . . . **50.** 0.001001 . . .

11.5 REGLAS PERIÓDICAS PARA PROGRESIONES

Ejemplos en págs. 681–683

EJEMPLOS Puedes hallar los cinco primeros términos de la progresión definida por la regla periódica $a_1 = 3, a_n = a_{n-1} + n + 6$.

$a_1 = 3$ ⟵ **primer término**

$a_2 = a_{n-1} + n + 6 = a_1 + 2 + 6 = 3 + 2 + 6 = 11$ ⟵ **segundo término**

$a_3 = a_{n-1} + n + 6 = a_2 + 3 + 6 = 11 + 3 + 6 = 20$ ⟵ **tercer término**

$a_4 = a_{n-1} + n + 6 = a_3 + 4 + 6 = 20 + 4 + 6 = 30$ ⟵ **cuarto término**

$a_5 = a_{n-1} + n + 6 = a_4 + 5 + 6 = 30 + 5 + 6 = 41$ ⟵ **quinto término**

La progresión es 3, 11, 20, 30, 41, ...

Una fórmula periódica para la progresión 1, 5, 14, 30, . . . es $a_1 = 1, a_n = a_{n-1} + n^2$.

Escribe los seis primeros términos de la progresión.

51. $a_1 = 10$, $a_n = 4a_{n-1}$ **52.** $a_1 = 1$, $a_n = n \cdot a_{n-1}$ **53.** $a_1 = 2$, $a_n = a_{n-1} - n$ **54.** $a_1 = -1$, $a_n = (a_{n-1})^2 + 3$

Escribe una regla periódica para la progresión. La progresión puede ser aritmética, geométrica o ninguna de las dos.

55. 7, 14, 28, 56, 112, . . . **56.** 4, 8, 13, 19, 26, . . . **57.** 1, 6, 11, 16, 21, . . .

58. 200, 100, 50, 25, . . . **59.** 1, 2, 5, 26, 677, . . . **60.** $-2, -6, -12, -20, \ldots$

CHAPTER 11

Chapter Test

Tell whether the sequence is *arithmetic, geometric,* or *neither.* Explain your answer.

1. $-5, -3, -1, 1, \ldots$

2. $-4, -2, 2, 4, \ldots$

3. $12, 6, 3, \frac{3}{2}, \ldots$

4. $\frac{1}{3}, 1, 3, 9, \ldots$

Write the first six terms of the sequence.

5. $a_n = n^2 + 1$

6. $a_n = 3n - 5$

7. $a_1 = 4$
$a_n = n + a_{n-1}$

8. $a_1 = 1$
$a_n = 2a_{n-1}$

Write the next term of the sequence, and then write a rule for the *n*th term.

9. $2, 4, 8, 16, \ldots$

10. $4, 9, 14, 19, \ldots$

11. $2, 10, 50, 250, \ldots$

12. $-9, -10, -11, -12, \ldots$

13. $5, -\frac{5}{2}, \frac{5}{4}, -\frac{5}{8}, \ldots$

14. $\frac{2}{3}, \frac{3}{4}, \frac{4}{5}, \frac{5}{6}, \ldots$

15. $\frac{3}{2}, \frac{4}{4}, \frac{5}{6}, \frac{6}{8}, \ldots$

16. $1.1, 2.2, 3.3, 4.4, \ldots$

Write a recursive rule for the sequence. (Recall that *d* is the common difference of an arithmetic sequence and *r* is the common ratio of a geometric sequence.)

17. $r = 0.3, a_1 = 4$

18. $d = 4, a_1 = 1$

19. $40, 20, 10, 5, \ldots$

20. $2, 8, 18, 32, 50, \ldots$

Find the sum of the series.

21. $\sum_{i=1}^{100} i$

22. $\sum_{i=2}^{5} \frac{1}{2}i^2$

23. $\sum_{i=1}^{6} (i - 10)$

24. $\sum_{i=1}^{20} (3i + 2)$

25. $\sum_{i=1}^{5} 7(-2)^{i-1}$

26. $\sum_{i=0}^{9} 5\left(\frac{1}{4}\right)^i$

27. $\sum_{i=1}^{\infty} 64\left(-\frac{1}{2}\right)^{i-1}$

28. $\sum_{i=1}^{\infty} 100\left(\frac{7}{10}\right)^{i-1}$

29. Find the sum of the first 30 terms of the arithmetic sequence 3, 7, 11, 15, ...

30. Find the sum of the infinite geometric series $2 + 1 + 0.5 + 0.25 + \cdots$.

31. Write the series $1 + 3 + 5 + 7 + 9 + 11$ with summation notation.

32. Write the repeating decimal 0.7575 . . . as a fraction.

33. **FALLING OBJECT** An object is dropped from an airplane. During the first second, the object falls 4.9 meters. During the second second, it falls 14.7 meters. During the third second, it falls 24.5 meters. During the fourth second, it falls 34.3 meters. If this pattern continues, how far will the object fall during the tenth second? Find the total distance the object will fall after 10 seconds.

34. **CELL DIVISION** In early growth of an embryo, a human cell divides into two cells, each of which divides into two cells, and so on. The number a_n of new cells formed after the nth division is $a_n = 2^{n-1}$. Find the sum of the first 9 terms of the series to find the total number of new cells after the 8th division.

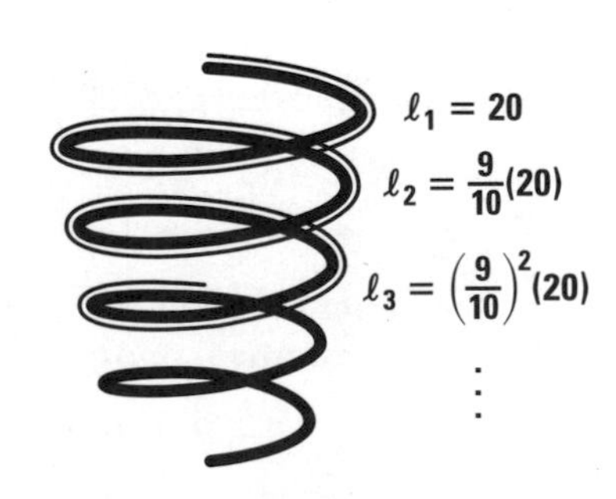

35. **SPRING** The length of the first loop of a spring is 20 inches. The length of the second loop is $\frac{9}{10}$ of the length of the first loop. The length of the third loop is $\frac{9}{10}$ of the length of the second loop, and so on. If the spring could have infinitely many loops, would its length be finite? If so, find the length.

CAPÍTULO 11

Prueba del capítulo

Indica si la progresión es *aritmética, geométrica* o *ninguna de las dos*. Explica tu respuesta.

1. $-5, -3, -1, 1, \ldots$

2. $-4, -2, 2, 4, \ldots$

3. $12, 6, 3, \frac{3}{2}, \ldots$

4. $\frac{1}{3}, 1, 3, 9, \ldots$

Escribe los seis primeros términos de la progresión.

5. $a_n = n^2 + 1$

6. $a_n = 3n - 5$

7. $a_1 = 4$, $a_n = n + a_{n-1}$

8. $a_1 = 1$, $a_n = 2a_{n-1}$

Escribe el próximo término de la progresión. Después, escribe una regla para el término *n*-ésimo.

9. $2, 4, 8, 16, \ldots$

10. $4, 9, 14, 19, \ldots$

11. $2, 10, 50, 250, \ldots$

12. $-9, -10, -11, -12, \ldots$

13. $5, -\frac{5}{2}, \frac{5}{4}, -\frac{5}{8}, \ldots$

14. $\frac{2}{3}, \frac{3}{4}, \frac{4}{5}, \frac{5}{6}, \ldots$

15. $\frac{3}{2}, \frac{4}{4}, \frac{5}{6}, \frac{6}{8}, \ldots$

16. $1.1, 2.2, 3.3, 4.4, \ldots$

Escribe una regla periódica para la progresión. (Recuerda que *d* es la diferencia común de una progresión aritmética y *r* es la razón común de una progresión geométrica.)

17. $r = 0.3, a_1 = 4$

18. $d = 4, a_1 = 1$

19. $40, 20, 10, 5, \ldots$

20. $2, 8, 18, 32, 50, \ldots$

Halla la suma de la serie.

21. $\sum_{i=1}^{100} i$

22. $\sum_{i=2}^{5} \frac{1}{2}i^2$

23. $\sum_{i=1}^{6} (i - 10)$

24. $\sum_{i=1}^{20} (3i + 2)$

25. $\sum_{i=1}^{5} 7(-2)^{i-1}$

26. $\sum_{i=0}^{9} 5\left(\frac{1}{4}\right)^i$

27. $\sum_{i=1}^{\infty} 64\left(-\frac{1}{2}\right)^{i-1}$

28. $\sum_{i=1}^{\infty} 100\left(\frac{7}{10}\right)^{i-1}$

29. Halla la suma de los primeros 30 términos de la progresión aritmética 3, 7, 11, 15, ...

30. Halla la suma de la serie geométrica infinita $2 + 1 + 0.5 + 0.25 + \cdots$.

31. Escribe la serie $1 + 3 + 5 + 7 + 9 + 11$ en notación de sumatoria.

32. Escribe el decimal periódico 0.7575 . . . como una fracción.

33. **CAÍDA DE UN OBJETO** Un objeto se deja caer desde un avión. Durante el primer segundo, el objeto cae 4.9 metros. Durante el segundo segundo, cae 14.7 metros. Durante el tercer segundo, cae 24.5 metros. Durante el cuarto segundo, cae 34.3 metros. Si este patrón continúa, ¿qué distancia caerá el objeto durante el décimo segundo? Halla la distancia total que caerá el objeto después de 10 segundos.

34. **DIVISIÓN CELULAR** Durante el crecimiento inicial de un embrión, una célula humana se divide en dos células, cada una de ellas se divide a su vez en dos células, y así sucesivamente. El número a_n de células nuevas formadas después de la n-ésima división es $a_n = 2^{n-1}$. Halla la suma de los primeros 9 términos de la serie para hallar el número de células nuevas después de la octava división.

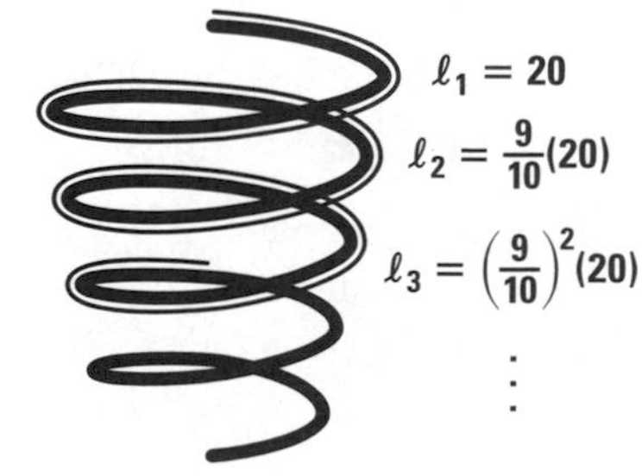

35. **RESORTE** El largo de la primera vuelta de un resorte es 20 pulgadas. El largo de la segunda vuelta es $\frac{9}{10}$ del largo de la primera. El largo de la tercera vuelta es $\frac{9}{10}$ del largo de la segunda, y así sucesivamente. Si el resorte tuviese un número infinito de vueltas, ¿podría tener un largo finito? De ser así, halla el largo.

CHAPTER 12

Chapter Summary

WHAT did you learn? / *WHY did you learn it?*

WHAT did you learn?	WHY did you learn it?
Count the number of ways an event can happen.	
• using the fundamental counting principle **(12.1)**	Find the number of possible license plates. **(p. 702)**
• using permutations **(12.1)**	Find the number of ways skiers can finish in an Olympic event. **(p. 703)**
• using combinations **(12.2)**	Find the number of combinations of plays you can attend. **(p. 709)**
Expand a binomial that is raised to a power. **(12.2)**	Apply Pascal's triangle to algebra. **(p. 710)**
Find theoretical, experimental, and geometric probabilities. **(12.3)**	Find the probability that an archer hits the center of a target. **(p. 721)**
Find probabilities of unions and intersections of two events. **(12.4)**	Find the probability that it will rain on both Saturday and Sunday. **(p. 728)**
Use complements to find probabilities. **(12.4)**	Find the probability that friends will be in the same college dormitory. **(p. 729)**
Find probabilities of independent and dependent events. **(12.5)**	Find the probability that a baseball team wins three games in a row. **(p. 730)**
Find binomial probabilities and analyze binomial distributions. **(12.6)**	Find the most likely number of people who will give type O− blood. **(p. 743)**
Test a hypothesis. **(12.6)**	Test the claim that only 5% of computers will fail in a month. **(p. 743)**
Use normal distributions to calculate probabilities and to approximate binomial distributions. **(12.7)**	Find the probability that certain numbers of patients are nearsighted. **(p. 751)**
Use probability and statistics to solve real-life problems. **(12.1–12.7)**	Find the probability of winning a lottery. **(p. 720)**

How does Chapter 12 fit into the BIGGER PICTURE of algebra?

In this chapter you saw how algebra is used in probability and statistics. In fact, every branch of mathematics uses algebra. You can use what you have learned in this and other chapters to make everyday decisions.

STUDY STRATEGY

How did you connect to your life?

Here is an example of a connection, following the **Study Strategy** on page 700.

Connect to Your Life

I just got a bank card and chose my 4-digit personal identification number (PIN).

There are $10 \cdot 10 \cdot 10 \cdot 10 = 10{,}000$ different PINs possible. (fundamental counting principle)

The probability that someone who finds my card will guess my PIN on the first try is $\frac{1}{10{,}000}$. (theoretical probability)

CAPÍTULO 12

Resumen del capítulo

¿QUÉ aprendiste?	*¿PARA QUÉ lo aprendiste?*
Contar el número de maneras que un suceso puede ocurrir.	
• usando el principio fundamental de conteo **(12.1)**	Hallar el número de placas automovilísticas posibles. **(pág. 702)**
• usando permutaciones **(12.1)**	Hallar el número de maneras que los participantes pueden terminar en un evento olímpico de esquí. **(pág. 703)**
• usando combinaciones **(12.2)**	Hallar el número de combinaciones de obras teatrales a las que puedes asistir. **(pág. 709)**
Desarrollar un binomio elevado a una potencia. **(12.2)**	Aplicar el triángulo de Pascal al álgebra. **(pág. 710)**
Hallar probabilidades teóricas, experimentales y geométricas. **(12.3)**	Hallar la probabilidad de que un arquero haga diana en el centro del blanco. **(pág. 721)**
Hallar las probabilidades de unión e intersección de dos sucesos. **(12.4)**	Hallar la probabilidad de que llueva un sábado y un domingo. **(pág. 728)**
Usar complementos para hallar probabilidades. **(12.4)**	Hallar la probabilidad de que unos amigos compartan el mismo dormitorio universitario. **(pág. 729)**
Hallar las probabilidades de sucesos independientes y dependientes. **(12.5)**	Hallar la probabilidad de que un equipo de béisbol gane tres juegos seguidos. **(pág. 730)**
Hallar probabilidades binómicas y analizar distribuciones binómicas. **(12.6)**	Hallar el número más probable de personas que donarán sangre de tipo O negativo. **((pág. 743)**
Probar una hipótesis. **(12.6)**	Probar la afirmación de que solamente 5% de las computadoras fallarán en un mes dado. **(pág. 743)**
Usar distribuciones normales para calcular probabilidades y calcular aproximadamente distribuciones binómicas. **(12.7)**	Hallar la probabilidad de que un cierto número de pacientes son miopes. **(pág. 751)**
Usar probabilidades y estadísticas para resolver problemas de la vida real. **(12.1–12.7)**	Hallar la probabilidad de ganar la lotería. **(pág. 720)**

¿Qué parte del álgebra estudiaste en este capítulo?

En este capítulo observaste cómo se usa el álgebra con las probabilidades y las estadísticas. De hecho, cada rama de las matemáticas usa el álgebra. Puedes usar lo que has aprendido en este y otros capítulos para tomar decisiones cotidianas.

ESTRATEGIA DE ESTUDIO

¿Cómo lo relacionaste con tu vida?

He aquí un ejemplo de una relación con tu vida, según la **Estrategia de estudio** en la página 700.

Relacionado con tu vida

Acabo de obtener una tarjeta de crédito y de escoger mi número de identificación personal de cuatro dígitos.

Hay $10 \cdot 10 \cdot 10 \cdot 10 = 10{,}000$ diferentes combinaciones de números posibles. (principio fundamental de conteo)

La probabilidad de que alguien encuentre mi tarjeta de crédito y adivine mi número de identificación personal

en el primer intento es $\frac{1}{10{,}000}$. (probabilidad teórica)

CHAPTER 12

Chapter Review

VOCABULARY

- permutation, p. 703
- combination, p. 708
- Pascal's triangle, p. 710
- binomial theorem, p. 710
- probability, p. 716
- theoretical probability, p. 716
- experimental probability, p. 717
- geometric probability, p. 718
- compound event, p. 724
- mutually exclusive events, p. 724
- complement, p. 726
- independent events, p. 730
- dependent events, p. 732
- conditional probability, p. 732
- binomial experiment, p. 739
- binomial distribution, p. 739
- symmetric distribution, p. 740
- skewed distribution, p. 740
- hypothesis testing, p. 741
- normal curve, p. 746
- normal distribution, p. 746
- expected value, p. 753
- fair game, p. 753

12.1 THE FUNDAMENTAL COUNTING PRINCIPLE AND PERMUTATIONS

Examples on pp. 701–704

EXAMPLES You can use the fundamental counting principle and permutations to count the number of ways an event can happen.

The number of possible outfits you can make with 2 pairs of jeans and 5 shirts is:

$$2 \cdot 5 = 10 \text{ outfits}$$

The number of ways 4 members from a family of 5 can line up for a photo is:

$$_5P_4 = \frac{5!}{(5-4)!} = \frac{5!}{1!} = \frac{120}{1} = 120$$

1. How many different 5-digit zip codes are there if any of the digits 0–9 can be used?

2. How many different ways can 4 friends stand in a cafeteria line?

Find the number of permutations.

3. $_6P_6$ **4.** $_8P_4$ **5.** $_5P_1$ **6.** $_9P_3$ **7.** $_{10}P_6$ **8.** $_4P_4$

12.2 COMBINATIONS AND THE BINOMIAL THEOREM

Examples on pp. 708–711

EXAMPLES You can use combinations to find the number of ways an event can happen when order is not important.

You must write reports on 3 of the 12 most recent Presidents of the United States for history class. The number of possible combinations of reports is:

$$_{12}C_3 = \frac{12!}{9! \cdot 3!} = \frac{12 \cdot 11 \cdot 10 \cdot \cancel{9!}}{\cancel{9!} \cdot 3!} = \frac{1320}{6} = 220$$

You can use the binomial theorem to expand a binomial raised to a power.

$$(x+6)^4 = {_4C_0}x^4 6^0 + {_4C_1}x^3 6^1 + {_4C_2}x^2 6^2 + {_4C_3}x^1 6^3 + {_4C_4}x^0 6^4$$
$$= (1)(x^4)(1) + (4)(x^3)(6) + (6)(x^2)(36) + (4)(x)(216) + (1)(1)(1296)$$
$$= x^4 + 24x^3 + 216x^2 + 864x + 1296$$

CAPÍTULO 12 Repaso del capítulo

VOCABULARIO

- permutación, pág. 703
- combinación, pág. 708
- triángulo de Pascal, pág. 710
- teorema del binomio, pág. 710
- probabilidades, pág. 716
- probabilidad teórica, pág. 716
- probabilidad experimental, pág. 717
- probabilidad geométrica, pág. 718
- suceso compuesto, pág. 724
- sucesos mutuamente excluyentes, pág. 724
- complemento, pág. 726
- sucesos independientes, pág. 730
- sucesos dependientes, pág. 732
- probabilidad condicional, pág. 732
- experimento binómico, pág. 739
- distribución binómica, pág. 739
- distribución simétrica, pág. 740
- distribución asimétrica, pág. 740
- probar una hipótesis, pág. 741
- curva normal, pág. 746
- distribución normal, pág. 746
- valor esperado, pág. 753
- juego justo, pág. 753

12.1 PRINCIPIO FUNDAMENTAL DE CONTEO Y PERMUTACIONES

Ejemplos en págs. 701–704

EJEMPLOS Puedes usar el principio fundamental de conteo y las permutaciones para contar el número de veces que un suceso puede ocurrir.

El número posible de combinaciones que puedes formar con 2 pares de pantalones vaqueros y 5 camisas es:

$$2 \cdot 5 = 10 \text{ combinaciones}$$

El número posible de combinaciones que 4 miembros de una familia de 5 pueden posar para tomarse una foto es:

$$_5P_4 = \frac{5!}{(5-4)!} = \frac{5!}{1!} = \frac{120}{1} = 120$$

1. ¿Cuántos códigos postales de cinco dígitos diferentes hay si cualquiera de los dígitos entre 0–9 puede ser usado?

2. ¿De cuántas maneras diferentes 4 amigos se pueden colocar en una fila de cafetería?

Halla el número de permutaciones.

3. $_6P_6$ **4.** $_8P_4$ **5.** $_5P_1$ **6.** $_9P_3$ **7.** $_{10}P_6$ **8.** $_4P_4$

12.2 COMBINACIONES Y EL TEOREMA DEL BINOMIO

Ejemplos en págs. 708–711

EJEMPLOS Puedes usar combinaciones para hallar el número de veces que un suceso puede ocurrir cuando el orden no es importante.

Debes escribir informes sobres 3 de los últimos 12 presidentes de EE.UU. para la clase de historia. El número de combinaciones posibles de informes es:

$$_{12}C_3 = \frac{12!}{9! \cdot 3!} = \frac{12 \cdot 11 \cdot 10 \cdot \cancel{9!}}{\cancel{9!} \cdot 3!} = \frac{1320}{6} = 220$$

Puedes usar el teorema del binomio para desarrollar un binomio elevado a una potencia.

$$\begin{aligned}(x+6)^4 &= {}_4C_0x^46^0 + {}_4C_1x^36^1 + {}_4C_2x^26^2 + {}_4C_3x^16^3 + {}_4C_4x^06^4 \\ &= (1)(x^4)(1) + (4)(x^3)(6) + (6)(x^2)(36) + (4)(x)(216) + (1)(1)(1296) \\ &= x^4 + 24x^3 + 216x^2 + 864x + 1296\end{aligned}$$

Find the number of combinations.

9. ${}_9C_2$ **10.** ${}_7C_1$ **11.** ${}_5C_3$ **12.** ${}_8C_7$ **13.** ${}_{10}C_{10}$ **14.** ${}_{13}C_5$

Use the binomial theorem to write the binomial expansion.

15. $(x + 4)^3$ **16.** $(x - 10)^5$ **17.** $(x - 3y)^7$ **18.** $(2x + y^2)^4$

12.3 AN INTRODUCTION TO PROBABILITY

Examples on pp. 716–718

EXAMPLES You can find the probability that an event will occur.

You toss two six-sided dice. The *theoretical* probability that the sum of the dice is 4 is $\frac{\text{number of ways sum can be 4}}{\text{number of possible outcomes}} = \frac{3}{36} = \frac{1}{12}$.

You toss two 6-sided dice 100 times and record 8 times that the sum is 4. The *experimental* probability that the sum of the dice is 4 is $\frac{\text{number of times sum is 4}}{\text{number of times dice are tossed}} = \frac{8}{100} = \frac{2}{25}$.

A dart thrown at the square target shown is equally likely to hit any point inside the target. The *geometric* probability that the dart hits the shaded square is $\frac{\text{area of shaded square}}{\text{area of entire target}} = \frac{4}{16} = \frac{1}{4}$.

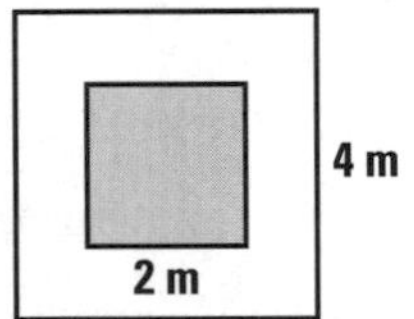

You toss a coin 3 times. Find the probability of the given event.

19. You toss exactly 1 tail.

20. You toss at least 1 tail.

21. You toss a coin 200 times and get heads 90 times. Find the experimental probability of getting heads. Compare this with the theoretical probability.

22. What is the probability that a dart hits the unshaded region of the target above?

12.4 PROBABILITY OF COMPOUND EVENTS

Examples on pp. 724–726

EXAMPLES You can find the probability that compound events will occur and the probability that the complement of an event will occur.

If A and B are two events and $P(A) = \frac{3}{4}$, $P(B) = \frac{2}{5}$, and $P(A \text{ and } B) = \frac{1}{4}$,

then $P(A \text{ or } B) = P(A) + P(B) - P(A \text{ and } B) = \frac{3}{4} + \frac{2}{5} - \frac{1}{4} = \frac{18}{20} = \frac{9}{10}$.

The probability of the complement of A is $P(A') = 1 - P(A) = 1 - \frac{3}{4} = \frac{1}{4}$.

Find the indicated probability.

23. $P(A) = 0.25$, $P(B) = 0.2$, $P(A \text{ and } B) = 0.15$, $P(A \text{ or } B) = \underline{?}$

24. $P(A) = \frac{2}{5}$, $P(B) = \frac{1}{10}$, $P(A \text{ and } B) = \underline{?}$, $P(A \text{ or } B) = \frac{1}{2}$

25. $P(A) = 99\%$, $P(A') = \underline{?}$

Halla el número de combinaciones.

9. ${}_9C_2$ **10.** ${}_7C_1$ **11.** ${}_5C_3$ **12.** ${}_8C_7$ **13.** ${}_{10}C_{10}$ **14.** ${}_{13}C_5$

Usa el teorema del binomio para escribir el desarrollo binómico.

15. $(x + 4)^3$ **16.** $(x - 10)^5$ **17.** $(x - 3y)^7$ **18.** $(2x + y^2)^4$

12.3 UNA INTRODUCCIÓN A LAS PROBABILIDADES

Ejemplos en págs. 716–718

EJEMPLOS Puedes hallar la probabilidad de que un suceso ocurra.

Lanzas al aire dos dados de 6 lados cada uno. La probabilidad *teórica* de que la suma de los dados sea 4 es

$$\frac{\text{número de maneras que la suma puede ser 4}}{\text{número de resultados posibles}} = \frac{3}{36} = \frac{1}{12}.$$

Lanzas al aire dos dados de 6 lados cada uno 100 veces y anotas 8 veces que la suma es 4. La probabilidad *experimental* de que la suma de los dados sea 4 es

$$\frac{\text{número de veces que la suma es 4}}{\text{número de lanzamientos}} = \frac{8}{100} = \frac{2}{25}.$$

Es igualmente probable que un dardo lanzado al blanco cuadrado que se muestra se clave en cualquier punto dentro del blanco. La probabilidad *geométrica* de que el

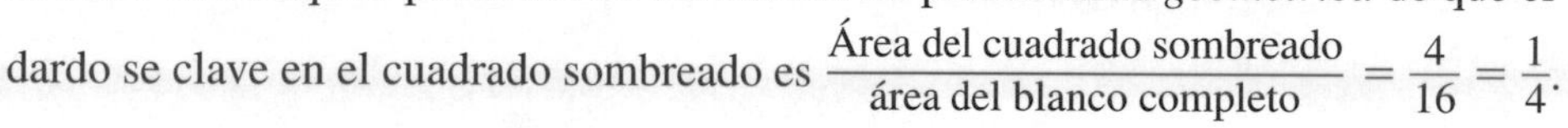

dardo se clave en el cuadrado sombreado es $\frac{\text{Área del cuadrado sombreado}}{\text{área del blanco completo}} = \frac{4}{16} = \frac{1}{4}.$

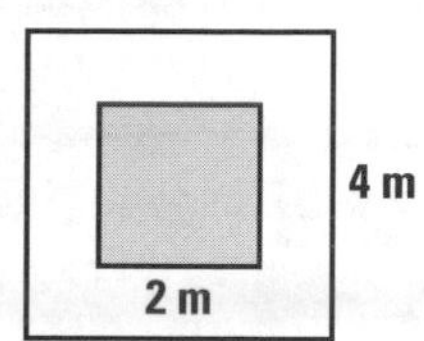

Lanzas al aire una moneda 3 veces. Halla la probabilidad del suceso dado.

19. Lanzas cruz exactamente 1 vez.

20. Lanzas cruz por lo menos 1 vez.

21. Lanzas una moneda 200 veces y obtienes cara 90 veces. Halla la probabilidad experimental de obtener cara. Compara esto con la probabilidad teórica.

22. ¿Cuál es la probabilidad de que un dardo se clave en la región no sombreada del blanco que se muestra más arriba?

12.4 PROBABILIDADES DE SUCESOS COMPUESTOS

Ejemplos en págs. 724–726

EJEMPLOS Puedes hallar las probabilidades de que sucesos compuestos ocurran y la probabilidad de que el complemento de un suceso ocurra.

Si A y B son dos sucesos y $P(A) = \frac{3}{4}$, $P(B) = \frac{2}{5}$, y $P(A \text{ y } B) = \frac{1}{4}$,

entonces $P(A \text{ o } B) = P(A) + P(B) - P(A \text{ y } B) = \frac{3}{4} + \frac{2}{5} - \frac{1}{4} = \frac{18}{20} = \frac{9}{10}.$

La probabilidad de que ocurra el complemento de A es $P(A') = 1 - P(A) = 1 - \frac{3}{4} = \frac{1}{4}.$

Halla la probabilidad indicada.

23. $P(A) = 0.25$, $P(B) = 0.2$, $P(A \text{ y } B) = 0.15$, $P(A \text{ o } B) = \underline{?}$

24. $P(A) = \frac{2}{5}$, $P(B) = \frac{1}{10}$, $P(A \text{ y } B) = \underline{?}$, $P(A \text{ o } B) = \frac{1}{2}$

25. $P(A) = 99\%$, $P(A') = \underline{?}$

12.5 Probability of Independent and Dependent Events

Examples on pp. 730–733

EXAMPLES You can find the probability that independent events will occur and the probability that dependent events will occur.

Nine slips of paper numbered 1–9 are placed in a hat. You randomly draw two slips. What is the probability that the first number is odd (A) and the second is even (B)?

If you replace the first slip of paper before selecting the second, A and B are *independent* events, and $P(A \text{ and } B) = P(A) \cdot P(B) = \frac{5}{9} \cdot \frac{4}{9} = \frac{20}{81} \approx 0.247$.

If you do not replace the first slip of paper before selecting the second, A and B are *dependent* events, and $P(A \text{ and } B) = P(A) \cdot P(B \mid A) = \frac{5}{9} \cdot \frac{4}{8} = \frac{20}{72} = \frac{5}{18} \approx 0.278$.

Find the probability of randomly drawing the given marbles from a bag of 4 red, 6 green, and 2 blue marbles (a) with replacement and (b) without replacement.

26. a red, then a green **27.** a blue, then a red **28.** a red, then a red

12.6 Binomial Distributions

Examples on pp. 739–741

EXAMPLE You can find the probability of getting exactly k successes for a binomial experiment.

The probability of tossing a coin 10 times and getting exactly 7 heads is:

$$P(k = 7) = {}_{10}C_7(0.5)^7(1 - 0.5)^3 = \frac{10!}{3! \cdot 7!}(0.5)^7(0.5)^3 \approx 0.117$$

Calculate the probability of tossing a coin 10 times and getting the given number of tails.

29. 3 **30.** 5 **31.** 9 **32.** 6 **33.** 1 **34.** 10

12.7 Normal Distributions

Examples on pp. 746–748

EXAMPLE You can use normal distributions to approximate binomial distributions.

In 1990 about 1 in 43 births resulted in twins. If a town had 2157 births that year, what is the probability that between 29 and 50 of them were twins?

$$\overline{x} = np = 2157\left(\frac{1}{43}\right) \approx 50 \text{ and } \sigma = \sqrt{np(1-p)} = \sqrt{(2157)\left(\frac{1}{43}\right)\left(\frac{42}{43}\right)} \approx 7$$

So, $P(29 \le x \le 50) = P(\overline{x} - 3\sigma \le x \le \overline{x}) = 0.0235 + 0.135 + 0.34 = 0.4985$, referring to the diagram on page 746.

A binomial distribution consists of 100 trials with probability 0.9 of success. Approximate the probability of getting the given numbers of successes.

35. between 87 and 93 **36.** greater than 90 **37.** less than 84 **38.** between 81 and 84

12.5 PROBABILIDADES DE SUCESOS INDEPENDIENTES Y DEPENDIENTES

Ejemplos en págs. 730–733

EJEMPLOS Puedes hallar las probabilidades de que sucesos independientes y dependientes ocurran.

Nueve cuadritos de papel numerados del 1 al 9 se colocan en un sombrero. Sacas dos cuadritos al azar. ¿Cuál es la probabilidad de que el primer número sea impar (A) y de que el segundo sea par (B)?

Si reemplazas el primer cuadrito de papel antes de seleccionar el segundo, A y B son sucesos *independientes* y $P(A \text{ y } B) = P(A) \cdot P(B) = \frac{5}{9} \cdot \frac{4}{9} = \frac{20}{81} \approx 0.247$.

Si no reemplazas el primer cuadrito de papel antes de seleccionar el segundo, A y B son sucesos *dependientes* y $P(A \text{ y } B) = P(A) \cdot P(B \mid A) = \frac{5}{9} \cdot \frac{4}{8} = \frac{20}{72} = \frac{5}{18} \approx 0.278$.

Halla las probabilidades de sacar al azar las canicas dadas de una bolsa de 4 rojas, 6 verdes y 2 azules (a) con reemplazo y (b) sin reemplazo.

26. una roja y después una verde **27.** una azul y después una roja **28.** una roja y después una roja

12.6 DISTRIBUCIONES BINÓMICAS

Ejemplos en págs. 739–741

EJEMPLO Puedes hallar la probabilidad de obtener exactamente k número de éxitos en un experimento binómico.

La probabilidad de lanzar al aire una moneda 10 veces y obtener exactamente 7 caras es:

$$P(k = 7) = {}_{10}C_7(0.5)^7(1 - 0.5)^3 = \frac{10!}{3! \cdot 7!}(0.5)^7(0.5)^3 \approx 0.117$$

Calcula la probabilidad de lanzar al aire una moneda 10 veces y obtener el número de cruces dadas.

29. 3 **30.** 5 **31.** 9 **32.** 6 **33.** 1 **34.** 10

12.7 DISTRIBUCIONES NORMALES

Ejemplos en págs. 746–748

EJEMPLO Puedes usar distribuciones normales para calcular aproximadamente distribuciones binómicas.

En 1990 aproximadamente 1 de 43 nacimientos resultó en gemelos. Si un pueblo tuviese 2157 nacimientos ese año, ¿cuál es la probabilidad de que entre 29 y 50 de ellos fueran gemelos?

$$\bar{x} = np = 2157\left(\frac{1}{43}\right) \approx 50 \text{ y } \sigma = \sqrt{np(1-p)} = \sqrt{(2157)\left(\frac{1}{43}\right)\left(\frac{42}{43}\right)} \approx 7$$

Entonces, $P(29 \le x \le 50) = P(\bar{x} - 3\sigma \le x \le \bar{x}) = 0.0235 + 0.135 + 0.34 = 0.4985$, relativo al diagrama en la página 746.

Una distribución binómica consiste en 100 ensayos con una probabilidad de 0.9 de éxito. Aproxima la probabilidad de obtener el número dado de éxitos.

35. entre 87 y 93 **36.** mayor que 90 **37.** menor que 84 **38.** entre 81 y 84

CHAPTER 12

Chapter Test

Find the number of permutations or combinations.

1. ${}_4P_3$ **2.** ${}_{11}P_5$ **3.** ${}_{14}P_2$ **4.** ${}_9C_6$ **5.** ${}_{17}C_3$ **6.** ${}_5C_4$

7. Find the number of distinguishable permutations of the letters in MONTANA.

Expand the power of the binomial.

8. $(x + 4)^6$ **9.** $(2x - 2)^5$ **10.** $(x + 8)^3$ **11.** $(x^2 + 1)^4$ **12.** $(x + y^2)^5$ **13.** $(3x - y)^3$

A card is drawn randomly from a standard 52-card deck. Find the probability of drawing the given card. (For a listing of the deck, see page 708.)

14. a black card **15.** an ace **16.** a black ace **17.** a king **18.** a heart **19.** the king of hearts

Find the indicated probability.

20. $P(A) = 80\%$
$P(B) = 20\%$
$P(A \text{ or } B) = 100\%$
$P(A \text{ and } B) = \underline{?}$

21. $P(A) = \underline{?}$
$P(B) = 0.7$
$P(A \text{ or } B) = 0.82$
$P(A \text{ and } B) = 0.05$

22. $P(A) = \frac{1}{4}$
$P(A') = \underline{?}$

23. A and B are independent events.
$P(A) = 0.25$
$P(B) = 0.75$
$P(A \text{ and } B) = \underline{?}$

24. A and B are dependent events.
$P(A) = 30\%$
$P(B \mid A) = 40\%$
$P(A \text{ and } B) = \underline{?}$

25. A and B are dependent events.
$P(A) = \underline{?}$
$P(B \mid A) = 0.8$
$P(A \text{ and } B) = 0.32$

26. Calculate the probability of randomly guessing at least 7 correct answers on a 10-question true-or-false quiz to get a passing grade.

27. What percent of the area under a normal curve lies within 1 standard deviation of the mean? What percent lies within 2 standard deviations of the mean?

28. **SCHOOL SHIRTS** A school shirt is available either long-sleeved or short-sleeved, in sizes small, medium, large, or extra large, and in one of two colors. How many different choices for a school shirt are there?

29. **SUPREME COURT** The Supreme Court of the United States has 9 justices. On a certain case the justices voted 5 to 4 in favor of the defendant. In how many ways could this have happened?

30. **ASTRONOMY** The surface area of Earth is about 197 million square miles. The land area is about 57 million square miles and the rest is water. What is the probability that a meteorite falling to Earth will hit land? What is the probability that it will hit water?

31. **EMPLOYMENT AGENCY** A temporary employment agency claims that it has a "no-show" rate of 1 out of 1000 workers. If fewer employees show up for a job than are requested, the difference is the number of "no-shows." A company hires the employment agency to supply 200 workers and only 198 show up. Would you reject the agency's claim about its "no-show" rate? Explain.

32. **HEALTH** Health officials who have studied a particular virus say that 50% of all Americans have had the virus. If a random sample of 144 people is taken, what is the probability that fewer than 60 have had the virus?

CAPÍTULO 12

Prueba del capítulo

Halla el número de permutaciones o combinaciones.

1. ${}_4P_3$
2. ${}_{11}P_5$
3. ${}_{14}P_2$
4. ${}_9C_6$
5. ${}_{17}C_3$
6. ${}_5C_4$
7. Halla el número de permutaciones reconocibles en las letras de MONTANA.

Desarrolla la potencia del binomio.

8. $(x + 4)^6$
9. $(2x - 2)^5$
10. $(x + 8)^3$
11. $(x^2 + 1)^4$
12. $(x + y^2)^5$
13. $(3x - y)^3$

Un naipe es sacado al azar de un paquete de 52 naipes. Halla la probabilidad de sacar el naipe dado. (Para una lista de los naipes del paquete, vea la página 708.)

14. un naipe negro
15. un as
16. un as negro
17. un rey
18. un corazón
19. el rey de corazones

Halla la probabilidad indicada.

20. $P(A) = 80\%$
    $P(B) = 20\%$
    $P(A \text{ o } B) = 100\%$
    $P(A \text{ y } B) = \underline{?}$
21. $P(A) = \underline{?}$
    $P(B) = 0.7$
    $P(A \text{ o } B) = 0.82$
    $P(A \text{ y } B) = 0.05$
22. $P(A) = \frac{1}{4}$
    $P(A') = \underline{?}$
23. A y B son sucesos independientes.
    $P(A) = 0.25$
    $P(B) = 0.75$
    $P(A \text{ y } B) = \underline{?}$
24. A y B son sucesos dependientes.
    $P(A) = 30\%$
    $P(B \mid A) = 40\%$
    $P(A \text{ y } B) = \underline{?}$
25. A y B son sucesos dependientes.
    $P(A) = \underline{?}$
    $P(B \mid A) = 0.8$
    $P(A \text{ y } B) = 0.32$
26. Calcula la probabilidad de adivinar al azar por lo menos 7 respuestas correctas en un examen breve de 10 preguntas de verdadero o falso para obtener la calificación mínima para aprobar dicho examen.
27. ¿Qué porcentaje del área debajo de una curva normal yace dentro de 1 desviación típica de la media? ¿Qué porcentaje yace dentro de 2 desviaciones típicas de la media?
28. **CAMISAS ESCOLARES** Se puede obtener una camisa escolar tanto de manga corta como de manga larga, en tamaños pequeño, mediano, grande y extra grande y en uno de dos colores. ¿Cuántas diferentes selecciones de camisas hay?
29. **CORTE SUPREMA** La Corte Suprema de Estados Unidos tiene 9 magistrados. En cierto caso los magistrados votaron 5 a 4 a favor del acusado. ¿En cuántas formas pudo esto suceder?
30. **ASTRONOMÍA** El área de la superficie del planeta Tierra es aproximadamente 197 millones de millas cuadradas. El área de tierra es aproximadamente 57 millones de millas cuadradas y el resto es agua. ¿Cuál es la probabilidad de que un meteorito que caiga en el planeta toque tierra? ¿Cuál es la probabilidad de que un meteorito que caiga en el planeta toque agua?
31. **AGENCIA DE EMPLEO** Una agencia de empleos temporales afirma que tiene una tasa de ausentismo de 1 por cada 1000 trabajadores. Si menos empleados que los solicitados se presentan a un trabajo, la diferencia es el número de ausentes. Una empresa contrata a la agencia de empleo para que le proporcione 200 trabajadores y solo 198 se presentan. ¿Rechazarías la afirmación de la agencia sobre su tasa de ausentismo? Explica tu respuesta.
32. **SALUD** Funcionarios de la salud que han estudiado un virus particular dicen que el 50% de todo los americanos han tenido el virus. Si se toma una muestra al azar de 144 personas, ¿cuál es la probabilidad de que menos de 60 hayan tenido el virus?

CHAPTER 13

Chapter Summary

WHAT did you learn?	WHY did you learn it?
Evaluate trigonometric functions.	
• of acute angles **(13.1)**	Find the altitude of a kite. **(p. 771)**
• of any angle **(13.3)**	Find the horizontal distance traveled by a golf ball. **(p. 787)**
Find the sides and angles of a triangle.	
• solve right triangles **(13.1)**	Find the length of a zip-line at a ropes course. **(p. 774)**
• use the law of sines **(13.5)**	Find the distance between two buildings. **(p. 805)**
• use the law of cosines **(13.6)**	Find the angle at which two trapeze artists meet. **(p. 811)**
Measure angles using degree measure and radian measure. **(13.2)**	Find the angle generated by a figure skater performing a jump. **(p. 781)**
Find arc lengths and areas of sectors. **(13.2)**	Find the area irrigated by a rotating sprinkler. **(p. 781)**
Evaluate inverse trigonometric functions. **(13.4)**	Find the angle at which to set the arm of a crane. **(p. 794)**
Find the area of a triangle.	
• using two sides and the included angle **(13.5)**	Find the amount of paint needed for the side of a house. **(p. 806)**
• using Heron's formula **(13.6)**	Find the area of the Dinosaur Diamond. **(p. 812)**
Use parametric equations to model linear or projectile motion. **(13.7)**	Model the path of a leaping dolphin. **(p. 818)**
Use trigonometric and inverse trigonometric functions to solve real-life problems. **(13.1, 13.3–13.7)**	Find distances for a marching band on a football field. **(p. 787)**

How does Chapter 13 fit into the BIGGER PICTURE of algebra?

Trigonometry is closely tied to both algebra and geometry. In this chapter you studied trigonometric functions of *angles*, defined by ratios of side lengths of right triangles.

In the next chapter you will study trigonometric functions of *real numbers*, used to model periodic behavior. You will see even more connections between trigonometry and algebra as you graph trigonometric functions in a coordinate plane.

STUDY STRATEGY

How did you draw diagrams?

Here is an example of a diagram drawn for Exercise 22 on page 810, following the **Study Strategy** on page 768.

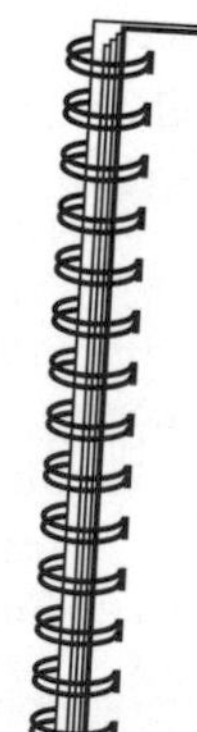

Draw Diagrams

Find the remaining angle measures and side lengths of $\triangle ABC$: $A = 78°$, $b = 2$, $c = 4$.

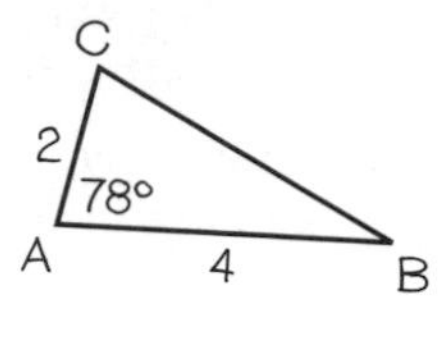

CAPÍTULO 13

Resumen del capítulo

¿QUÉ aprendiste? / ¿PARA QUÉ lo aprendiste?

¿QUÉ aprendiste?	¿PARA QUÉ lo aprendiste?
Evaluar funciones trigonométricas.	
• de ángulos agudos **(13.1)**	Hallar la altura de una cometa. **(pág. 771)**
• de cualquier ángulo **(13.3)**	Hallar la distancia horizontal recorrida por una pelota de golf. **(pág. 787)**
Hallar los lados y los ángulos de un triángulo.	
• resolver triángulos rectángulos **(13.1)**	Hallar la longitud de un cable usado para una competencia de deslizamiento por soga. **(pág. 774)**
• usar la ley de los senos **(13.5)**	Hallar la distancia entre dos edificios. **(pág. 805)**
• usar la ley de los cosenos **(13.6)**	Hallar el ángulo en el cual dos trapecistas se encuentran. **(pág. 811)**
Medir ángulos usando medidas en grados y en radianes. **(13.2)**	Hallar el ángulo generado por un patinador artístico ejecutando un salto. **(pág. 781)**
Hallar las longitudes de arcos y las áreas de sectores. **(13.2)**	Hallar el área irrigada por un rociador rotativo. **(pág. 781)**
Evaluar funciones trigonométricas inversas. **(13.4)**	Hallar el ángulo en que se debe colocar el brazo de una grúa. **(pág. 794)**
Hallar el área de un triángulo.	
• usando dos lados y el ángulo incluido **(13.5)**	Hallar la cantidad de pintura necesaria para los costados de una casa. **(pág. 806)**
• usando la fórmula de Herón **(13.6)**	Hallar el área de la región llamada *Dinosaur Diamond.* **(pág. 812)**
Usar ecuaciones paramétricas para representar movimiento lineal o parabólico. **(13.7)**	Hacer un modelo de la trayectoria de los saltos de un delfín. **(pág. 818)**
Usar funciones trigonométricas y funciones trigonométricas inversas para resolver problemas de la vida real. **(13.1, 13.3–13.7)**	Hallar distancias para una banda de desfile en un terreno de fútbol. **(pág. 787)**

¿Qué parte del álgebra estudiaste en este capítulo?

La trigonometría está vinculada íntimamente al álgebra y a la geometría. En este capítulo estudiaste funciones trigonométricas de *ángulos* definidos por las razones de las longitudes de los lados de triángulos rectángulos.

En el próximo capítulo estudiarás funciones trigonométricas de *números reales* usadas para representar el comportamiento periódico. Verás aún más relaciones entre la trigonometría y el álgebra a medida que representas gráficamente funciones trigonométricas en un plano de coordenadas.

ESTRATEGIA DE ESTUDIO

¿Cómo dibujaste los diagramas?

He aquí un ejemplo de un diagrama dibujado para el ejercicio 22 en la página 810, según la **Estrategia de estudio** en la página 768.

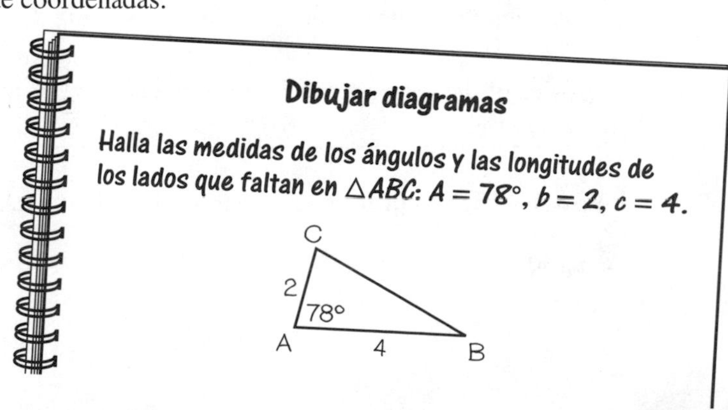

CHAPTER 13 Chapter Review

VOCABULARY

- sine, p. 769
- cosine, p. 769
- tangent, p. 769
- cosecant, p. 769
- secant, p. 769
- cotangent, p. 769
- solving a right triangle, p. 770
- angle of elevation, p. 771
- angle of depression, p. 771
- initial side of an angle, p. 776
- terminal side of an angle, p. 776
- standard position, p. 776
- coterminal angles, p. 777
- radian, p. 777
- sector, p. 779
- central angle, p. 779
- quadrantal angle, p. 785
- reference angle, p. 785
- inverse sine, p. 792
- inverse cosine, p. 792
- inverse tangent, p. 792
- law of sines, p. 799
- law of cosines, p. 807
- parametric equations, p. 813
- parameter, p. 813

13.1 RIGHT TRIANGLE TRIGONOMETRY

Examples on pp. 769–771

EXAMPLE You can evaluate the six trigonometric functions of θ for the triangle shown. First find the hypotenuse length: $\sqrt{5^2 + 12^2} = \sqrt{169} = 13$.

$\sin\theta = \frac{\text{opp}}{\text{hyp}} = \frac{12}{13}$ $\quad\cos\theta = \frac{\text{adj}}{\text{hyp}} = \frac{5}{13}$ $\quad\tan\theta = \frac{\text{opp}}{\text{adj}} = \frac{12}{5}$

$\csc\theta = \frac{\text{hyp}}{\text{opp}} = \frac{13}{12}$ $\quad\sec\theta = \frac{\text{hyp}}{\text{adj}} = \frac{13}{5}$ $\quad\cot\theta = \frac{\text{adj}}{\text{opp}} = \frac{5}{12}$

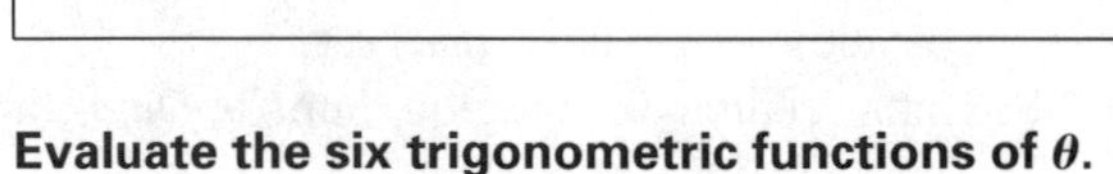

Evaluate the six trigonometric functions of θ.

1. 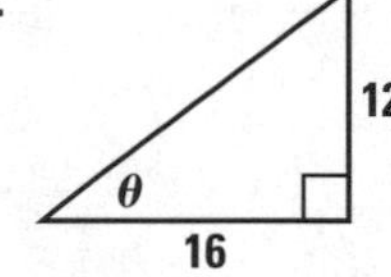

2. 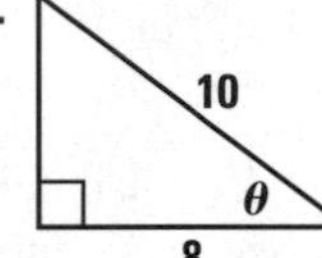

3. 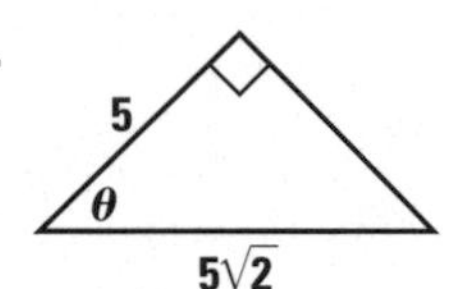

4. 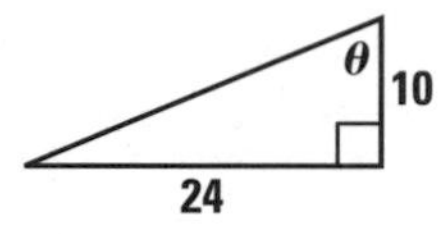

13.2 GENERAL ANGLES AND RADIAN MEASURE

Examples on pp. 776–779

EXAMPLES You can measure angles using degree measure or radian measure.

$20° = 20°\left(\frac{\pi \text{ radians}}{180°}\right) = \frac{\pi}{9}$ radians $\qquad \frac{7\pi}{6}$ radians $= \left(\frac{7\pi}{6} \text{ radians}\right)\left(\frac{180°}{\pi \text{ radians}}\right) = 210°$

Arc length of the sector at the right: $s = r\theta = 8\left(\frac{2\pi}{3}\right) = \frac{16\pi}{3}$ inches

Area of the sector at the right: $A = \frac{1}{2}r^2\theta = \frac{1}{2}(8^2)\left(\frac{2\pi}{3}\right) = \frac{64\pi}{3}$ square inches

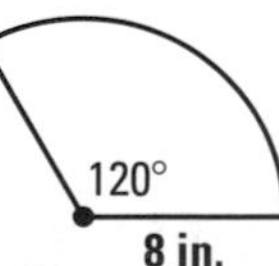

Rewrite each degree measure in radians and each radian measure in degrees.

5. 30° **6.** 225° **7.** −15° **8.** $\frac{3\pi}{4}$ **9.** $\frac{5\pi}{3}$ **10.** $\frac{\pi}{3}$

CAPÍTULO 13

Repaso del capítulo

VOCABULARIO

- seno, pág. 769
- coseno, pág. 769
- tangente, pág. 769
- cosecante, pág. 769
- secante, pág. 769
- cotangente, pág. 769
- resolver un triángulo rectángulo, pág. 770
- ángulo de elevación, pág. 771
- ángulo de depresión, pág. 771
- lado inicial de un ángulo, pág. 776
- lado terminal de un ángulo, pág. 776
- posición normal, pág. 776
- ángulos coterminales, pág. 777
- radián, pág. 777
- sector, pág. 779
- ángulo central, pág. 779
- ángulo cuadrantal, pág. 785
- ángulo de referencia, pág. 785
- seno inverso, pág. 792
- coseno inverso, pág. 792
- tangente inversa, pág. 792
- ley de los senos, pág. 799
- ley de los cosenos, pág. 807
- ecuaciones paramétricas, pág. 813
- parámetro, pág. 813

13.1 TRIGONOMETRÍA DE TRIÁNGULOS RECTÁNGULOS

Ejemplos en págs. 769–771

EJEMPLO Puedes evaluar las seis funciones trigonométricas de θ para el triángulo que se muestra. Primero halla la longitud de la hipotenusa: $\sqrt{5^2 + 12^2} = \sqrt{169} = 13$.

$\text{sen } \theta = \frac{\text{opu}}{\text{hip}} = \frac{12}{13}$ $\cos \theta = \frac{\text{ady}}{\text{hip}} = \frac{5}{13}$ $\tan \theta = \frac{\text{opu}}{\text{ady}} = \frac{12}{5}$

$\text{cosec } \theta = \frac{\text{hip}}{\text{opu}} = \frac{13}{12}$ $\sec \theta = \frac{\text{hip}}{\text{ady}} = \frac{13}{5}$ $\text{cotan } \theta = \frac{\text{ady}}{\text{opu}} = \frac{5}{12}$

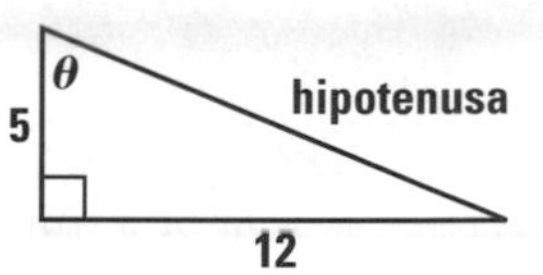

Evalúa las seis funciones trigonométricas de θ.

1. 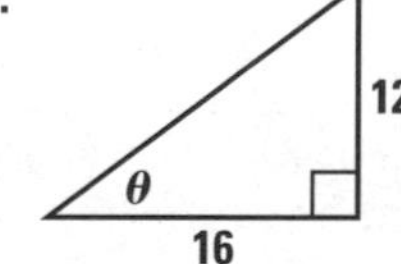

2. 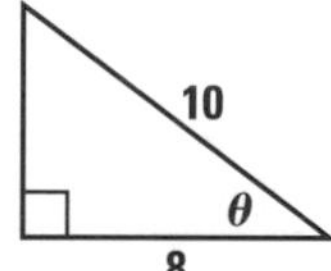

3. 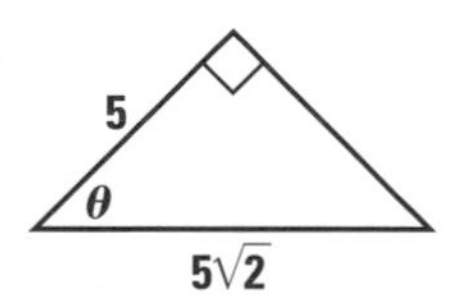

4. 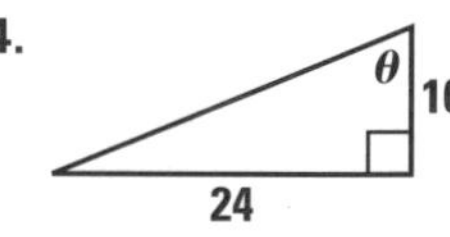

13.2 ÁNGULOS GENERALES Y MEDIDAS EN RADIANES

Ejemplos en págs. 776–779

EJEMPLOS Puedes medir ángulos en grados o en radianes.

$20° = 20°\left(\frac{\pi \text{ radianes}}{180°}\right) = \frac{\pi}{9} \text{ radianes}$ $\frac{7\pi}{6} \text{ radianes} = \left(\frac{7\pi}{6} \text{ radianes}\right)\left(\frac{180°}{\pi \text{ radianes}}\right) = 210°$

La longitud de arco del sector a la derecha: $s = r\theta = 8\left(\frac{2\pi}{3}\right) = \frac{16\pi}{3}$ pulgadas

El área del sector a la derecha: $A = \frac{1}{2}r^2\theta = \frac{1}{2}(8^2)\left(\frac{2\pi}{3}\right) = \frac{64\pi}{3}$ pulgadas cuadradas

Vuelve a escribir en radianes cada medida dada en grados y viceversa.

5. $30°$ **6.** $225°$ **7.** $-15°$ **8.** $\frac{3\pi}{4}$ **9.** $\frac{5\pi}{3}$ **10.** $\frac{\pi}{3}$

Find the arc length and area of a sector with the given radius r and central angle θ.

11. $r = 5$ ft, $\theta = \frac{\pi}{2}$ **12.** $r = 12$ in., $\theta = 25°$ **13.** $r = 16$ cm, $\theta = 210°$

13.3 TRIGONOMETRIC FUNCTIONS OF ANY ANGLE

Examples on pp. 784–787

EXAMPLE You can evaluate the six trigonometric functions of $\theta = 240°$ using a reference angle: $\theta' = \boldsymbol{\theta} - 180° = \mathbf{240°} - 180° = 60°$.

$\sin 240° = -\sin 60° = -\frac{\sqrt{3}}{2}$ $\csc 240° = -\csc 60° = -\frac{2\sqrt{3}}{3}$

$\cos 240° = -\cos 60° = -\frac{1}{2}$ $\sec 240° = -\sec 60° = -2$

$\tan 240° = +\tan 60° = \sqrt{3}$ $\cot 240° = +\cot 60° = \frac{\sqrt{3}}{3}$

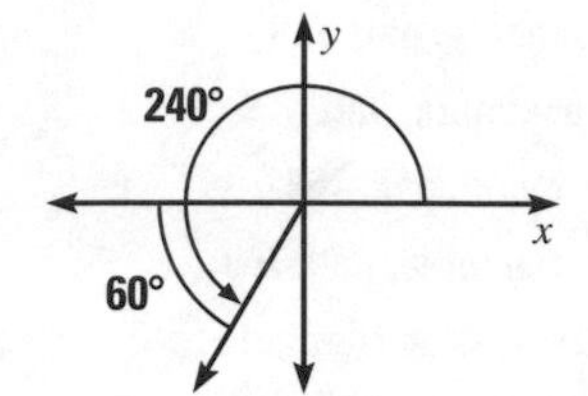

Evaluate the function without using a calculator.

14. $\tan \frac{11\pi}{4}$ **15.** $\cos \frac{11\pi}{6}$ **16.** $\sec 225°$ **17.** $\sin 390°$ **18.** $\csc (-120°)$

13.4 INVERSE TRIGONOMETRIC FUNCTIONS

Examples on pp. 792–794

EXAMPLE You can find an angle within a certain range that corresponds to a given value of a trigonometric function.

To find $\cos^{-1}\left(-\frac{\sqrt{2}}{2}\right)$, find θ so that $\cos \theta = -\frac{\sqrt{2}}{2}$ and $0° \le \theta \le 180°$.

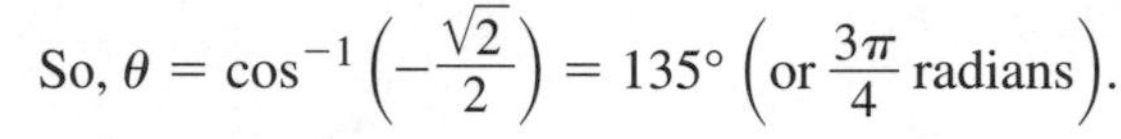

So, $\theta = \cos^{-1}\left(-\frac{\sqrt{2}}{2}\right) = 135°$ $\left(\text{or } \frac{3\pi}{4} \text{ radians}\right)$.

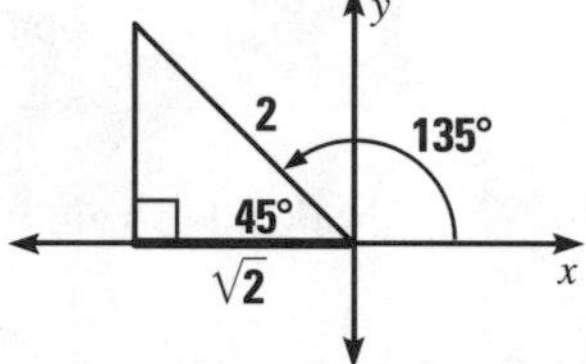

Evaluate the expression without using a calculator. Give your answer in both radians and degrees.

19. $\sin^{-1} \frac{\sqrt{2}}{2}$ **20.** $\tan^{-1} \frac{\sqrt{3}}{3}$ **21.** $\cos^{-1} 0$ **22.** $\tan^{-1} (-1)$ **23.** $\cos^{-1} \left(-\frac{1}{2}\right)$

13.5 THE LAW OF SINES

Examples on pp. 799–802

EXAMPLE You can solve the triangle shown using the law of sines.

The measure of the third angle is: $B = 180° - 105° - 48° = 27°$.

$\frac{a}{\sin 105°} = \frac{12}{\sin 27°}$ $\frac{c}{\sin 48°} = \frac{12}{\sin 27°}$

$a = \frac{12 \sin 105°}{\sin 27°} \approx 25.5$ $c = \frac{12 \sin 48°}{\sin 27°} \approx 19.6$

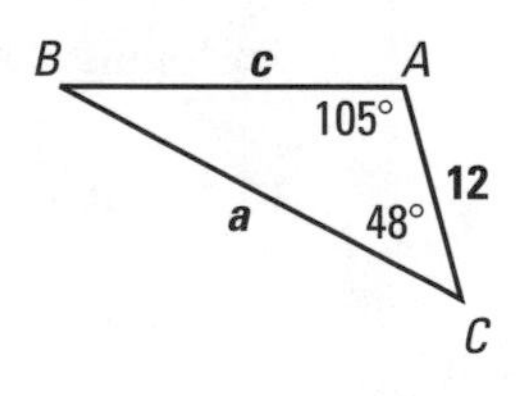

Area of this triangle $= \frac{1}{2}bc \sin A = \frac{1}{2}(12)(19.6) \sin 105° \approx 114$ square units

Halla la longitud de arco y el área de un sector con el radio dado *r* y el ángulo central θ.

11. $r = 5$ pies, $\theta = \frac{\pi}{2}$ **12.** $r = 12$ pulg., $\theta = 25°$ **13.** $r = 16$ cm, $\theta = 210°$

13.3 FUNCIONES TRIGONOMÉTRICAS DE CUALQUIER ÁNGULO

Ejemplos en págs. 784–787

EJEMPLO Puedes evaluar las seis funciones trigonométricas de $\theta = 240°$ usando el ángulo de referencia: $\theta' = \boldsymbol{\theta} - 180° = \mathbf{240}° - 180° = 60°$.

$\text{sen } 240° = -\text{sen } 60° = -\frac{\sqrt{3}}{2}$ $\text{cosec } 240° = -\text{cosec } 60° = -\frac{2\sqrt{3}}{3}$

$\cos 240° = -\cos 60° = -\frac{1}{2}$ $\sec 240° = -\sec 60° = -2$

$\tan 240° = +\tan 60° = \sqrt{3}$ $\text{cotan } 240° = +\text{cotan } 60° = \frac{\sqrt{3}}{3}$

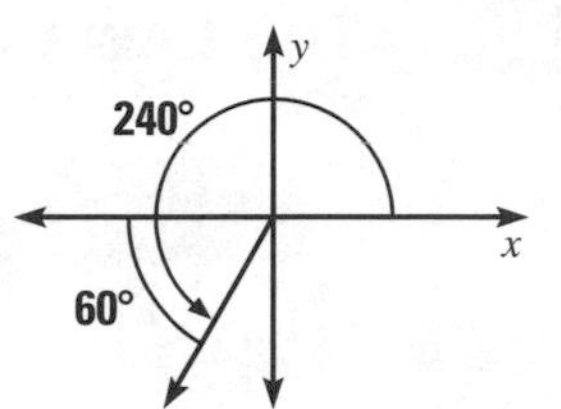

Evalúa la función sin usar una calculadora.

14. $\tan \frac{11\pi}{4}$ **15.** $\cos \frac{11\pi}{6}$ **16.** $\sec 225°$ **17.** $\text{sen } 390°$ **18.** $\text{cosec } (-120°)$

13.4 FUNCIONES TRIGONOMÉTRICAS INVERSAS

Ejemplos en págs. 792–794

EJEMPLO Puedes hallar el ángulo dentro de cierta imagen que corresponde al valor dado de una función trigonométrica.

Para hallar $\cos^{-1}\left(-\frac{\sqrt{2}}{2}\right)$, halla θ para que $\theta = -\frac{\sqrt{2}}{2}$ y $0° \le \theta \le 180°$.

Por lo tanto, $\theta = \cos^{-1}\left(-\frac{\sqrt{2}}{2}\right) = 135° \left(\text{o } \frac{3\pi}{4} \text{ radianes}\right)$.

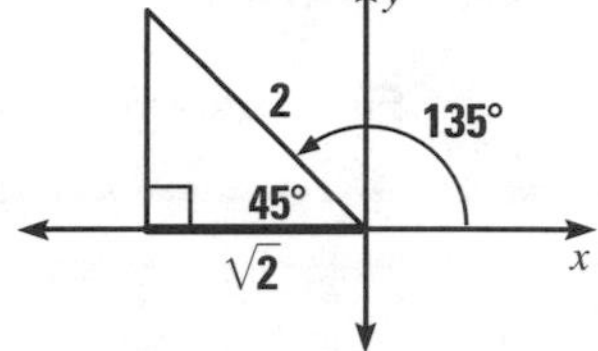

Evalúa la expresión sin usar una calculadora. Da tu respuesta en radianes y grados.

19. $\text{sen}^{-1} \frac{\sqrt{2}}{2}$ **20.** $\tan^{-1} \frac{\sqrt{3}}{3}$ **21.** $\cos^{-1} 0$ **22.** $\tan^{-1} (-1)$ **23.** $\cos^{-1}\left(-\frac{1}{2}\right)$

13.5 LA LEY DE LOS SENOS

Ejemplos en págs. 799–802

EJEMPLO Puedes resolver el triángulo que se muestra usando la ley de los senos.

La medida del tercer ángulo es: $B = 180° - 105° - 48° = 27°$.

$\frac{a}{\text{sen } 105°} = \frac{12}{\text{sen } 27°}$ $\frac{c}{\text{sen } 48°} = \frac{12}{\text{sen } 27°}$

$a = \frac{12 \text{ sen } 105°}{\text{sen } 27°} \approx 25.5$ $c = \frac{12 \text{ sen } 48°}{\text{sen } 27°} \approx 19.6$

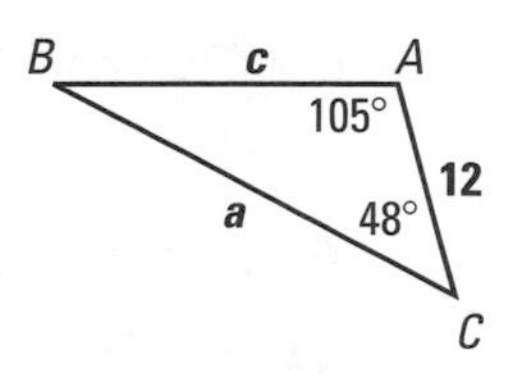

El área de este triángulo $= \frac{1}{2}bc \text{ sen } A = \frac{1}{2}(12)(19.6) \text{ sen } 105° \approx 114$ unidades cuadradas

Solve $\triangle ABC$. (*Hint:* Some of the "triangles" may have no solution and some may have two.)

24. $A = 45°, B = 60°, c = 44$ **25.** $B = 18°, b = 12, a = 19$ **26.** $C = 140°, c = 40, b = 20$

Find the area of the triangle with the given side lengths and included angle.

27. $C = 35°, b = 10, a = 22$ **28.** $A = 110°, b = 8, c = 7$ **29.** $B = 25°, a = 15, c = 31$

13.6 THE LAW OF COSINES

Examples on pp. 807–809

EXAMPLE You can solve the triangle below using the law of cosines.

Law of cosines: $b^2 = 35^2 + 37^2 - 2(35)(37)\cos 25° \approx 247$

$b \approx 15.7$

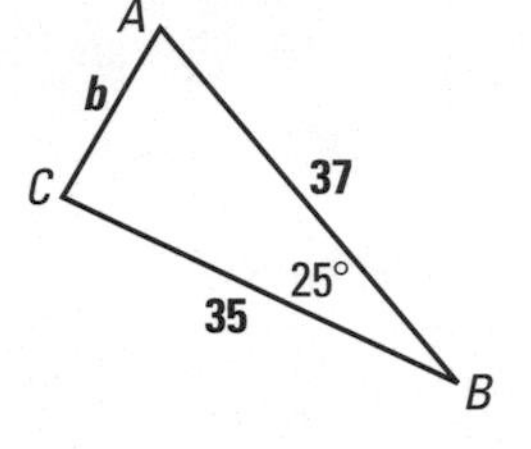

Law of sines: $\frac{\sin A}{35} \approx \frac{\sin 25°}{15.7}$, $\sin A \approx \frac{35 \sin 25°}{15.7}$, $A \approx 70.4°$

$C \approx 180° - 25° - 70.4° = 84.6°$

You can use Heron's formula to find the area of this triangle:

$s \approx \frac{1}{2}(35 + 15.7 + 37) \approx 44$, so area $\approx \sqrt{44(44 - 35)(44 - 15.7)(44 - 37)} \approx 280$ square units

Solve $\triangle ABC$.

30. $a = 25, b = 18, c = 28$ **31.** $a = 6, b = 11, c = 14$ **32.** $B = 30°, a = 80, c = 70$

Find the area of $\triangle ABC$ having the given side lengths.

33. $a = 11, b = 2, c = 12$ **34.** $a = 4, b = 24, c = 26$ **35.** $a = 15, b = 8, c = 21$

13.7 PARAMETRIC EQUATIONS AND PROJECTILE MOTION

Examples on pp. 813–815

EXAMPLE You can graph the parametric equations $x = -3t$ and $y = -t$ for $0 \le t \le 3$. Make a table of values, plot the points (x, y), and connect the points.

t	0	1	2	3
x	0	−3	−6	−9
y	0	−1	−2	−3

To write an xy-equation for these parametric equations, solve the first equation for t: $t = -\frac{1}{3}x$. Substitute into the second equation: $y = \frac{1}{3}x$. The domain is $-9 \le x \le 0$.

Graph the parametric equations.

36. $x = 3t + 1$ and $y = 3t + 6$ for $0 \le t \le 5$ **37.** $x = 2t + 4$ and $y = -4t + 2$ for $2 \le t \le 5$

Write an xy-equation for the parametric equations. State the domain.

38. $x = 5t$ and $y = t + 7$ for $0 \le t \le 20$ **39.** $x = 2t - 3$ and $y = -4t + 5$ for $0 \le t \le 8$

Resuelve $\triangle ABC$. (*Sugerencia:* Algunos de los "triángulos" no tienen solución y otros tienen dos.)

24. $A = 45°, B = 60°, c = 44$ **25.** $B = 18°, b = 12, a = 19$ **26.** $C = 140°, c = 40, b = 20$

Halla el área del triángulo con las longitudes de lado dadas y el ángulo incluido.

27. $C = 35°, b = 10, a = 22$ **28.** $A = 110°, b = 8, c = 7$ **29.** $B = 25°, a = 15, c = 31$

13.6 LA LEY DE LOS COSENOS

Ejemplos en págs. 807–809

EJEMPLO Puedes resolver el triángulo que se muestra abajo usando la ley de los cosenos.

Ley de los cosenos: $b^2 = 35^2 + 37^2 - 2(35)(37)\cos 25° \approx 247$

$b \approx 15.7$

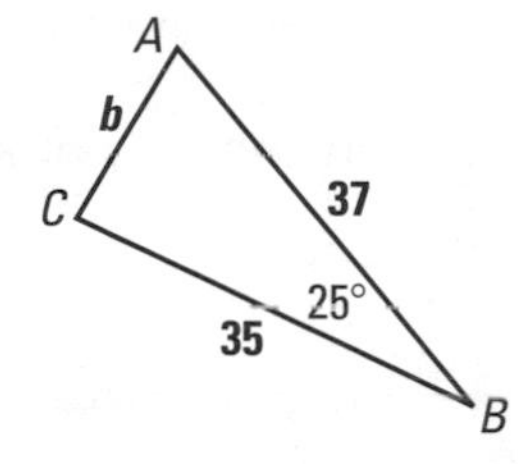

Ley de los senos: $\frac{\text{sen } A}{35} \approx \frac{\text{sen } 25°}{15.7}$, $\text{sen } A \approx \frac{35 \text{ sen } 25°}{15.7}$, $A \approx 70.4°$

$C \approx 180° - 25° - 70.4° = 84.6°$

Puedes usar la fórmula de Herón para hallar el área de este triángulo:

$s \approx \frac{1}{2}(35 + 15.7 + 37) \approx 44$, entonces el área $\approx \sqrt{44(44 - 35)(44 - 15.7)(44 - 37)} \approx$ 280 unidades cuadradas

Resuelve $\triangle ABC$.

30. $a = 25, b = 18, c = 28$ **31.** $a = 6, b = 11, c = 14$ **32.** $B = 30°, a = 80, c = 70$

Halla el área de $\triangle ABC$ con las longitudes de lado dadas.

33. $a = 11, b = 2, c = 12$ **34.** $a = 4, b = 24, c = 26$ **35.** $a = 15, b = 8, c = 21$

13.7 ECUACIONES PARAMÉTRICAS Y MOVIMIENTO PARABÓLICO

Ejemplos en págs. 813–815

EJEMPLO Puedes representar gráficamente las ecuaciones paramétricas $x = -3t$ e $y = -t$ para $0 \le t \le 3$. Haz una tabla de valores, sitúa los puntos (x, y) y une los puntos.

t	0	1	2	3
x	0	−3	−6	−9
y	0	−1	−2	−3

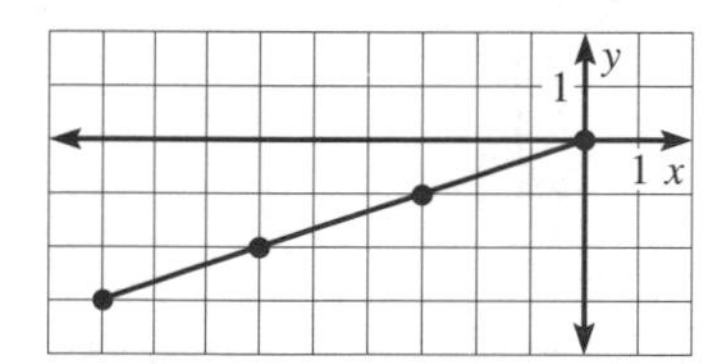

Para escribir una ecuación xy para estas ecuaciones paramétricas, resuelve la primera ecuación para t: $t = -\frac{1}{3}x$. Sustituye dentro de la segunda ecuación: $y = \frac{1}{3}x$. El dominio es $-9 \le x \le 0$.

Representa gráficamente las ecuaciones paramétricas.

36. $x = 3t + 1$ e $y = 3t + 6$ para $0 \le t \le 5$ **37.** $x = 2t + 4$ e $y = -4t + 2$ para $2 \le t \le 5$

Escribe una ecuación *xy* para las ecuaciones paramétricas. Indica el dominio.

38. $x = 5t$ e $y = t + 7$ para $0 \le t \le 20$ **39.** $x = 2t - 3$ e $y = -4t + 5$ para $0 \le t \le 8$

CHAPTER 13

Chapter Test

Evaluate the six trigonometric functions of θ.

1. 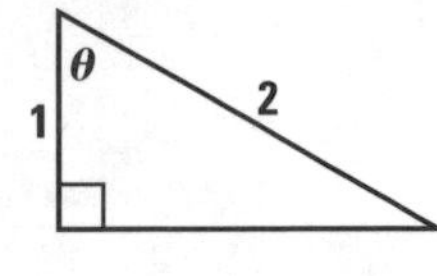

2. 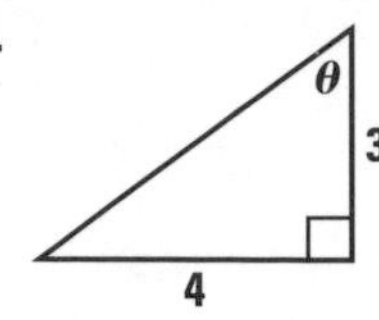

3. 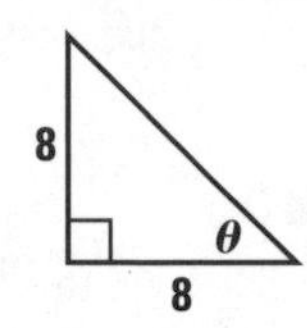

4. 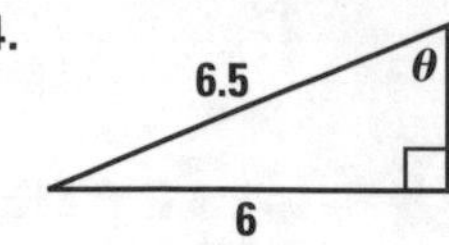

Rewrite each degree measure in radians and each radian measure in degrees.

5. $120°$ **6.** $360°$ **7.** $-60°$ **8.** $\frac{\pi}{9}$ **9.** 5π **10.** $-\frac{5\pi}{4}$

Find the arc length and area of a sector with the given radius *r* and central angle θ.

11. $r = 4$ ft, $\theta = 240°$ **12.** $r = 20$ cm, $\theta = 45°$ **13.** $r = 12$ in., $\theta = 150°$

Evaluate the function without using a calculator.

14. $\cos 180°$ **15.** $\sec(-30°)$ **16.** $\cot 495°$ **17.** $\sin \frac{7\pi}{6}$ **18.** $\tan\left(-\frac{\pi}{4}\right)$ **19.** $\csc\left(-\frac{7\pi}{4}\right)$

Evaluate the expression without using a calculator. Give your answer in both radians and degrees.

20. $\sin^{-1} 1$ **21.** $\tan^{-1} \sqrt{3}$ **22.** $\cos^{-1} \frac{\sqrt{3}}{2}$ **23.** $\tan^{-1} 0$ **24.** $\cos^{-1} 1$ **25.** $\sin^{-1}\left(-\frac{\sqrt{2}}{2}\right)$

Solve $\triangle ABC$.

26. 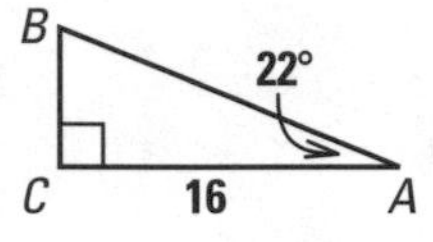

27. 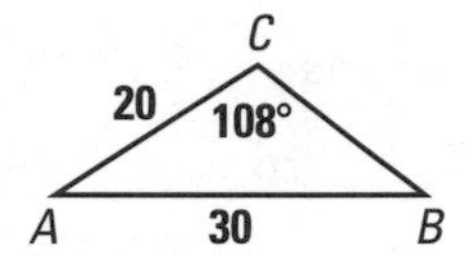

28. 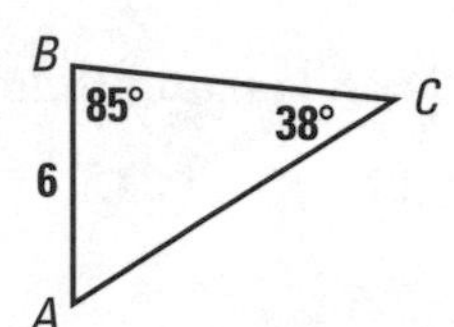

29. 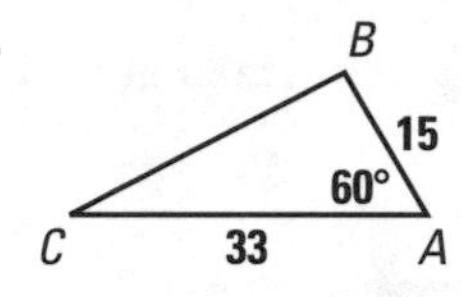

30. $A = 120°, a = 14, b = 10$ **31.** $B = 40°, a = 7, c = 10$ **32.** $C = 105°, a = 4, b = 3$

Find the area of $\triangle ABC$.

33. 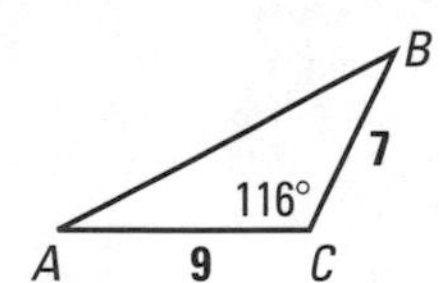

34. 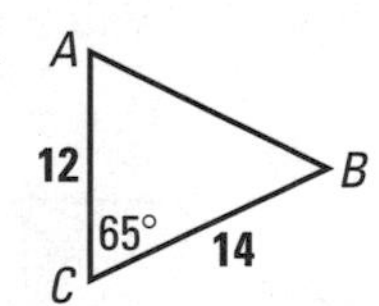

35. 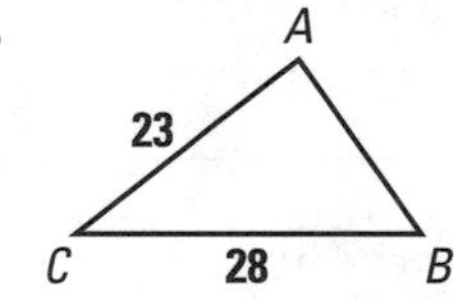

36. 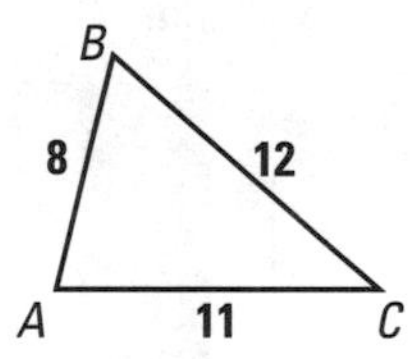

Graph the parametric equations. Then write an *xy*-equation and state the domain.

37. $x = 2t - 3$ and $y = -5t + 6$ for $1 \le t \le 4$ **38.** $x = t - 4$ and $y = -t + 6$ for $0 \le t \le 6$

39. **BOAT RIDE** A boat travels 50 miles due west before adjusting its course 25° north of west and traveling an additional 35 miles. How far is the boat from its point of departure?

40. **PROJECTILE MOTION** You throw a ball at an angle of 50°, from a height of 6 feet, and with an initial speed of 25 feet per second. Write a set of parametric equations for the path of the ball. How far from you does the ball land?

CAPÍTULO 13

Prueba del capítulo

Evalúa las seis funciones trigonométricas de θ.

1.

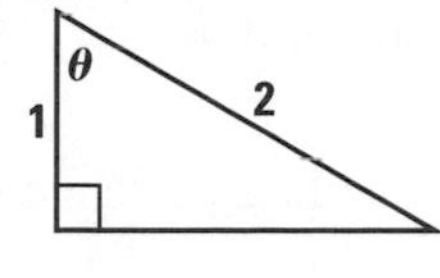

2.

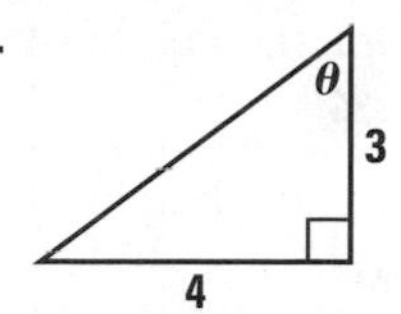

3.

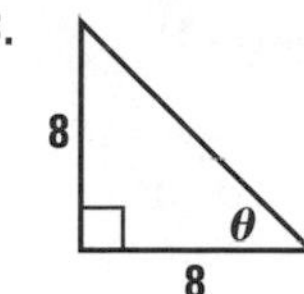

4.

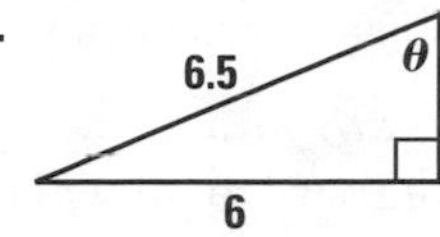

Vuelve a escribir en radianes cada medida dada en grados y viceversa.

5. $120°$ **6.** $360°$ **7.** $-60°$ **8.** $\frac{\pi}{9}$ **9.** 5π **10.** $-\frac{5\pi}{4}$

Halla la longitud de arco y el área de un sector con el radio dado r y el ángulo central θ.

11. $r = 4$ pies, $\theta = 240°$ **12.** $r = 20$ cm, $\theta = 45°$ **13.** $r = 12$ pulg., $\theta = 150°$

Evalúa la expresión sin usar una calculadora.

14. $\cos 180°$ **15.** $\sec(-30°)$ **16.** $\text{cotan } 495°$ **17.** $\text{sen } \frac{7\pi}{6}$ **18.** $\tan\left(-\frac{\pi}{4}\right)$ **19.** $\text{cosec}\left(-\frac{7\pi}{4}\right)$

Evalúa la expresión sin usar una calculadora. Da tu respuesta en radianes y grados.

20. $\text{sen}^{-1} 1$ **21.** $\tan^{-1} \sqrt{3}$ **22.** $\cos^{-1} \frac{\sqrt{3}}{2}$ **23.** $\tan^{-1} 0$ **24.** $\cos^{-1} 1$ **25.** $\text{sen}^{-1}\left(-\frac{\sqrt{2}}{2}\right)$

Resuelve $\triangle ABC$.

26.

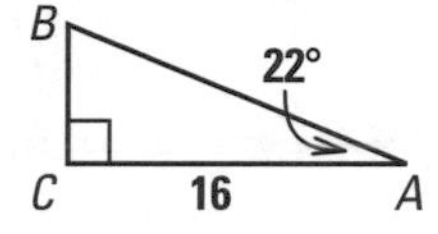

27.

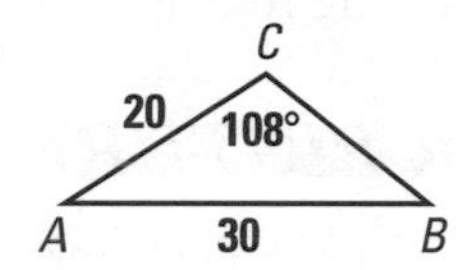

28.

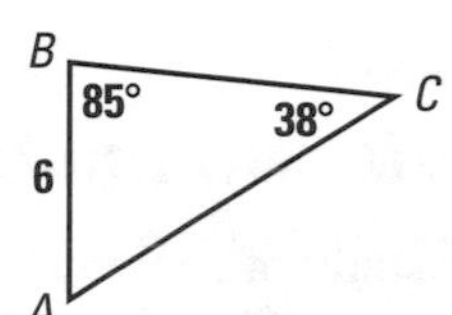

29.

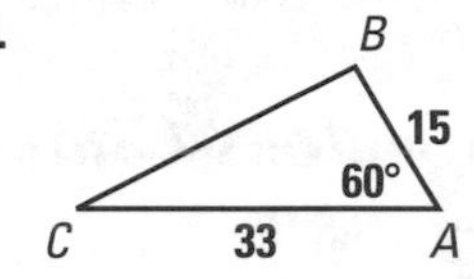

30. $A = 120°, a = 14, b = 10$ **31.** $B = 40°, a = 7, c = 10$ **32.** $C = 105°, a = 4, b = 3$

Halla el área de $\triangle ABC$.

33.

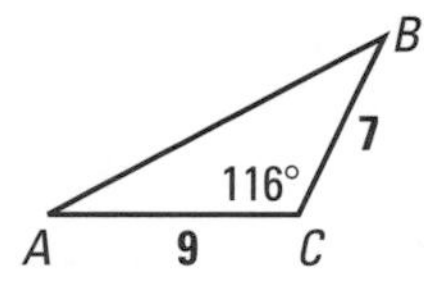

34.

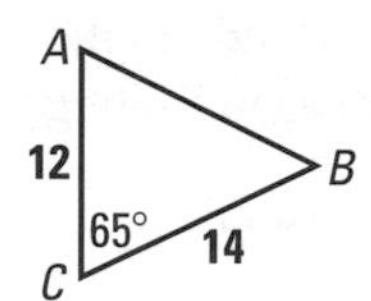

35.

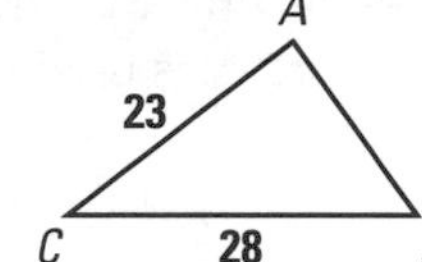

36.

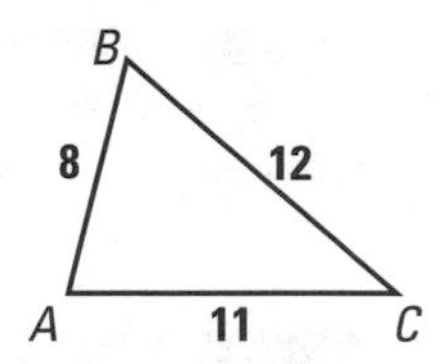

Representa gráficamente las ecuaciones paramétricas. Después, escribe una ecuación *xy* e indica el dominio.

37. $x = 2t - 3$ e $y = -5t + 6$ para $1 \leq t \leq 4$ **38.** $x = t - 4$ e $y = -t + 6$ para $0 \leq t \leq 6$

39. **PASEO EN BARCO** Un barco navega 50 millas directamente hacia el oeste antes de ajustar su rumbo 25° al norte noroeste y navegar 35 millas adicionales. ¿A qué distancia está el barco de su punto de partida?

40. **MOVIMIENTO PARABÓLICO** Lanzas una pelota a un ángulo de 50° desde una altura de 6 pies y con una velocidad inicial de 25 pies por segundo. Escribe un conjunto de ecuaciones paramétricas para la trayectoria de la pelota. ¿A qué distancia de ti caerá la pelota?

CHAPTER 14

Chapter Summary

WHAT did you learn?	*WHY did you learn it?*
Graph sine, cosine, and tangent functions. **(14.1)**	Graph the height of a boat moving over waves. **(p. 836)**
Graph translations and reflections of sine, cosine, and tangent graphs. **(14.2)**	Graph the height of a person rappelling down a cliff. **(p. 843)**
Use trigonometric identities to simplify expressions. **(14.3)**	Simplify the parametric equations that describe a carousel's motion. **(p. 854)**
Verify identities that involve trigonometric expressions. **(14.3)**	Show that two equations modeling the shadow of a sundial are equivalent. **(p. 853)**
Solve trigonometric equations. **(14.4, 14.6, 14.7)**	Solve an equation that models the position of the sun at sunrise. **(p. 860)**
Write sine and cosine models for graphs and data. **(14.5)**	Write models for temperatures inside and outside an igloo. **(p. 866)**
Use sum and difference formulas. **(14.6)**	Relate the length of an image to the length of an actual object when taking aerial photographs. **(p. 873)**
Use double- and half-angle formulas. **(14.7)**	Find the angle at which you should kick a football to make it travel a certain distance. **(p. 878)**
Use trigonometric functions to solve real-life problems. **(14.1–14.7)**	Model real-life patterns, such as the vibrations of a tuning fork. **(p. 833)**

How does Chapter 14 fit into the BIGGER PICTURE of algebra?

In Chapter 14 you continued your study of trigonometry, focusing more on algebra connections than geometry connections. You graphed trigonometric functions and studied characteristics of the graphs, just as you have done with other types of functions during this course.

In this chapter you saw how some algebraic skills are used in trigonometry, such as in solving a trigonometric equation in quadratic form. If you go on to study higher-level algebra, you will see how trigonometry is used in algebra, such as in finding the complex *n*th roots of a real number.

STUDY STRATEGY

How did you use multiple methods?

Here is an example of two methods used for Example 2 on page 849 following the **Study Strategy** on page 830.

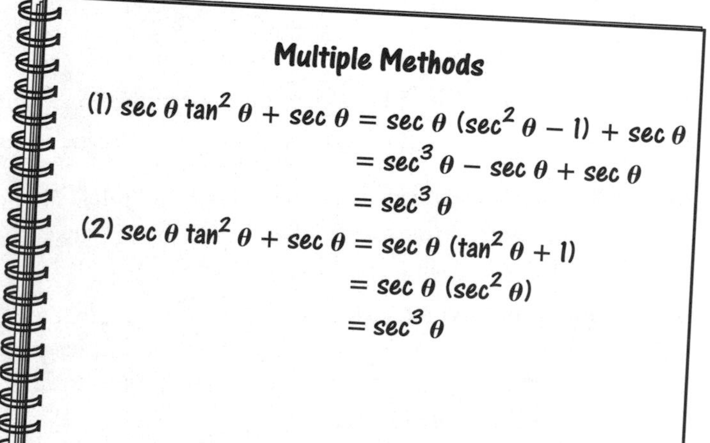

CAPÍTULO 14

Resumen del capítulo

¿QUÉ aprendiste?	*¿PARA QUÉ lo aprendiste?*
Representar gráficamente las funciones seno, coseno y tangente. **(14.1)**	Representar gráficamente la altura de un velero navegando con oleaje. **(pág. 836)**
Representar gráficamente las reflexiones y las traslaciones de las gráficas de seno, coseno y tangente. **(14.2)**	Representar gráficamente la altura de una persona descendiendo por soga doble desde un precipicio. **(pág. 843)**
Usar identidades trigonométricas para simplificar expresiones. **(14.3)**	Simplificar las ecuaciones paramétricas que describen el movimiento de un carrusel. **(pág. 854)**
Verificar identidades que contienen expresiones trigonométricas. **(14.3)**	Probar que las dos ecuaciones que representan la sombra de un reloj de sol son equivalentes. **(pág. 853)**
Resolver ecuaciones trigonométricas. **(14.4, 14.6, 14.7)**	Resolver una ecuación que representa la posición del sol al amanecer. **(pág. 860)**
Hacer modelos que correspondan a datos y gráficas de las funciones seno y coseno. **(14.5)**	Escribir las funciones que representan las temperaturas dentro y fuera de un iglú. **(pág. 866)**
Usar fórmulas de suma y resta. **(14.6)**	Relacionar la longitud de una imagen a la longitud de un objeto real cuando se toman fotografías aéreas. **(pág. 873)**
Usar fórmulas de ángulo doble y ángulo mitad. **(14.7)**	Hallar el ángulo en que debes patear una pelota de fútbol para que recorra una cierta distancia. **(pág. 878)**
Usar funciones trigonométricas para resolver problemas de la vida real. **(14.1–14.7)**	Representar patrones de la vida real tales como las vibraciones de un diapasón. **(pág. 833)**

¿Qué parte del álgebra estudiaste en este capítulo?

En el Capítulo 14 continuaste el estudio de la trigonometría enfocando más en la relación algebraica que en la geométrica. Representaste gráficamente funciones trigonométricas y estudiaste las características de las gráficas igual que has hecho con otros tipos de funciones durante este curso.

En este capítulo observaste cómo se usan algunas destrezas algebraicas en la trigonometría, por ejemplo, para resolver una ecuación trigonométrica en forma cuadrática. Si continúas el estudio del álgebra avanzada, verás cómo la trigonometría se usa en el álgebra, como para hallar la raíz *n*-ésima compleja de un número real.

ESTRATEGIA DE ESTUDIO

¿Cómo usaste métodos múltiples?

He aquí un ejemplo de dos métodos usados para el ejemplo 2 en la página 849, según la **Estrategia de estudio** en la página 830.

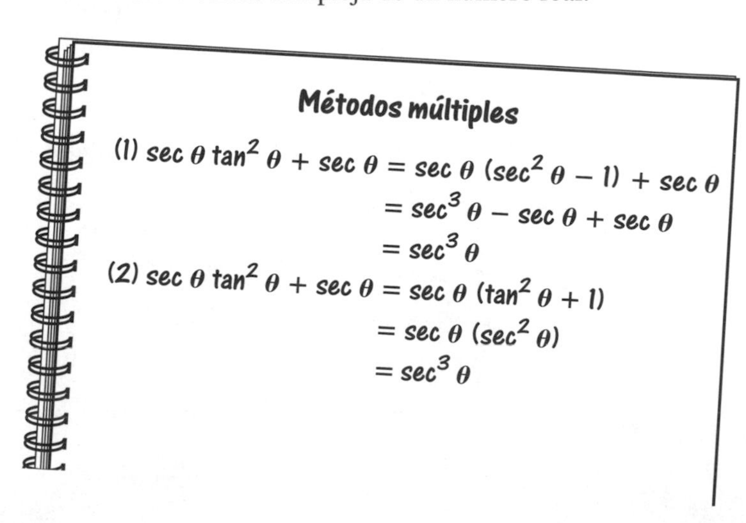

CHAPTER 14 Chapter Review

VOCABULARY

- periodic function, p. 831
- cycle, p. 831
- period, p. 831
- amplitude, p. 831
- frequency, p. 833
- trigonometric identities, p. 848

14.1 GRAPHING SINE, COSINE, AND TANGENT FUNCTIONS

Examples on pp. 831–834

EXAMPLES You can graph a trigonometric function by identifying the characteristics and key points of the graph.

$y = 2 \sin 4x$

Amplitude $= |2| = 2$ Period $= \frac{2\pi}{|4|} = \frac{\pi}{2}$

Intercepts: $(0, 0); \left(\frac{\pi}{4}, 0\right); \left(\frac{\pi}{2}, 0\right)$

Maximum: $\left(\frac{\pi}{8}, 2\right)$ **Minimum:** $\left(\frac{3\pi}{8}, -2\right)$

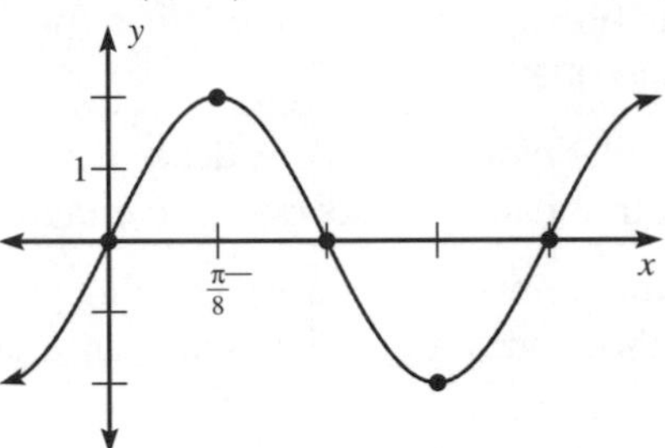

$y = \frac{1}{2} \tan 3x$

Period $= \frac{\pi}{|3|} = \frac{\pi}{3}$ **Intercept:** $(0, 0)$

Asymptotes: $x = \frac{\pi}{6}, x = -\frac{\pi}{6}$

Halfway points: $\left(\frac{\pi}{12}, \frac{1}{2}\right); \left(-\frac{\pi}{12}, -\frac{1}{2}\right)$

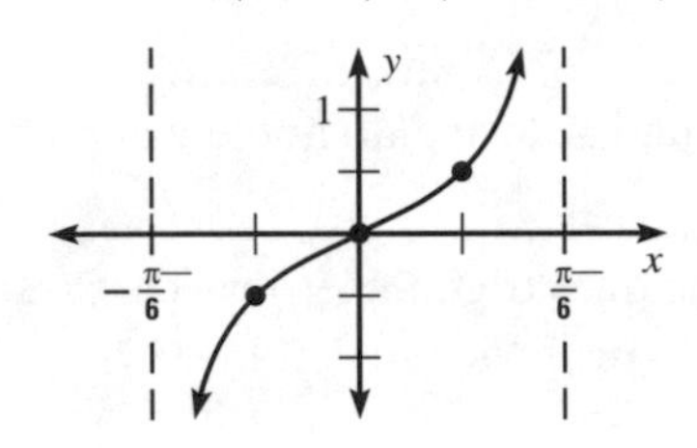

Draw one cycle of the function's graph.

1. $y = \sin \frac{1}{4}x$
2. $y = \frac{1}{2} \cos \pi x$
3. $y = \tan 2\pi x$
4. $y = 3 \tan \frac{2}{3}x$

14.2 TRANSLATIONS AND REFLECTIONS OF TRIGONOMETRIC GRAPHS

Examples on pp. 840–843

EXAMPLES To graph $y = 2 - 4 \cos 2\left(x + \frac{\pi}{4}\right)$, start with the graph of $y = 4 \cos 2x$. Translate the graph **left $\frac{\pi}{4}$ units** and **up 2 units**, and reflect it in the line $y = 2$.

Amplitude $= |-4| = 4$ Period $= \frac{2\pi}{|2|} = \pi$

On $y = 2$: $(0, 2); \left(\frac{\pi}{2}, 2\right)$

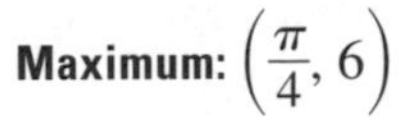

Maximum: $\left(\frac{\pi}{4}, 6\right)$ **Minimums:** $\left(-\frac{\pi}{4}, -2\right); \left(\frac{3\pi}{4}, -2\right)$

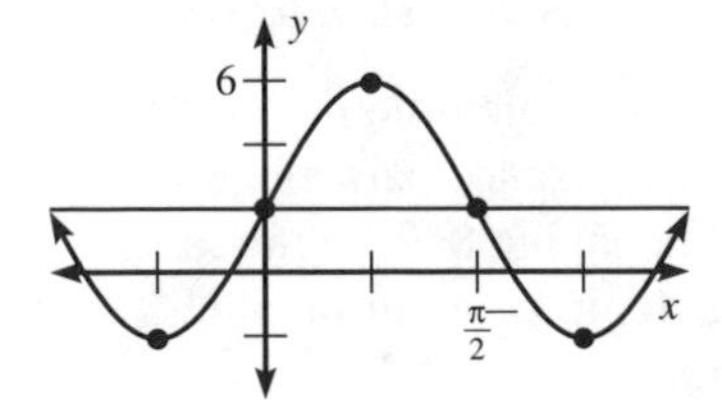

CAPÍTULO 14 Repaso del capítulo

VOCABULARIO

- **función periódica, pág. 831**
- **ciclo, pág. 831**
- **período, pág. 831**
- **amplitud, pág. 831**
- **frecuencia, pág. 833**
- **identidades trigonométricas, pág. 848**

14.1 CÓMO REPRESENTAR GRÁFICAMENTE LAS FUNCIONES SENO, COSENO Y TANGENTES

Ejemplos en págs. 831–834

EJEMPLOS Puedes representar gráficamente una función trigonométrica identificando las características y los puntos clave de la gráfica.

$y = 2 \text{ sen } 4x$

Amplitud $= |2| = 2$ Período $= \frac{2\pi}{|4|} = \frac{\pi}{2}$

Interceptos: $(0, 0)$; $\left(\frac{\pi}{4}, 0\right)$; $\left(\frac{\pi}{2}, 0\right)$

Máxima: $\left(\frac{\pi}{8}, 2\right)$ **Mínima:** $\left(\frac{3\pi}{8}, -2\right)$

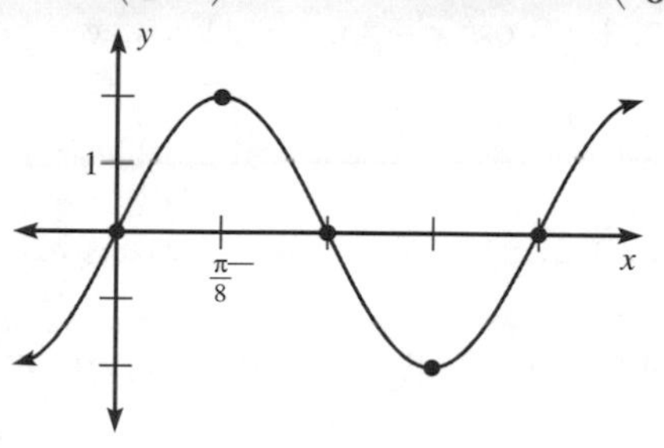

$y = \frac{1}{2} \tan 3x$

Período $= \frac{\pi}{|3|} = \frac{\pi}{3}$ **Intercepto:** $(0, 0)$

Asíntotas: $x = \frac{\pi}{6}, x = -\frac{\pi}{6}$

Puntos medios: $\left(\frac{\pi}{12}, \frac{1}{2}\right)$; $\left(-\frac{\pi}{12}, -\frac{1}{2}\right)$

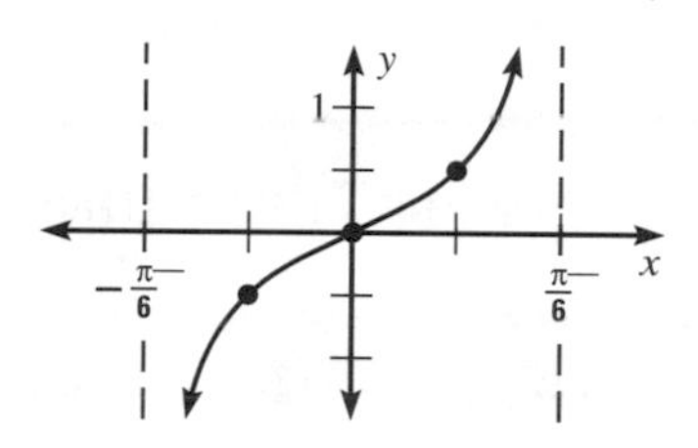

Traza un ciclo de la gráfica de la función.

1. $y = \text{sen } \frac{1}{4}x$
2. $y = \frac{1}{2} \cos \pi x$
3. $y = \tan 2\pi x$
4. $y = 3 \tan \frac{2}{3}x$

14.2 TRASLACIONES Y REFLEXIONES DE GRÁFICAS TRIGONOMÉTRICAS

Ejemplos en págs. 840–843

EJEMPLOS Para representar gráficamente $y = 2 - 4 \cos 2\left(x + \frac{\pi}{4}\right)$, comienza con la gráfica de $y = 4 \cos 2x$. Traslada la gráfica $\frac{\pi}{4}$ **unidades a la izquierda** y **2 unidades hacia arriba**, y refléjalo en el eje de $y = 2$.

Amplitud $= |-4| = 4$ Período $= \frac{2\pi}{|2|} = \pi$

En $y = 2$: $(0, 2)$; $\left(\frac{\pi}{2}, 2\right)$

Máxima: $\left(\frac{\pi}{4}, 6\right)$ **Mínimas:** $\left(-\frac{\pi}{4}, -2\right)$; $\left(\frac{3\pi}{4}, -2\right)$

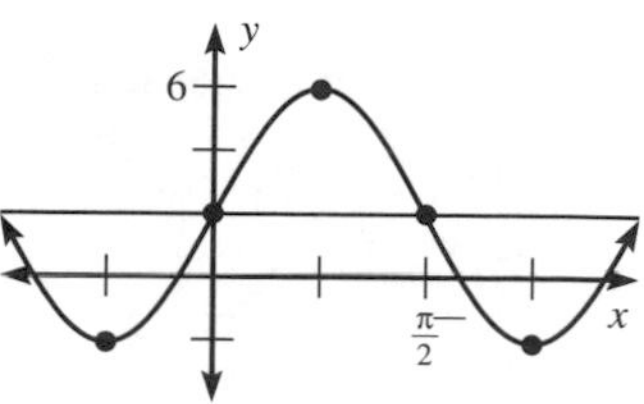

Graph the function.

5. $y = 5 \sin(2x + \pi)$

6. $y = -4 \cos(x - \pi)$

7. $y = 2 + \tan\left(\frac{1}{2}x + \pi\right)$

14.3 VERIFYING TRIGONOMETRIC IDENTITIES

Examples on pp. 848–851

EXAMPLE You can verify identities such as $\sin x + \cot x \cos x = \csc x$.

$$\sin x + \cot x \cos x = \sin x + \left(\frac{\cos x}{\sin x}\right)\cos x \quad \textbf{Reciprocal identity}$$

$$= \frac{\sin^2 x + \cos^2 x}{\sin x} \quad \textbf{Write as one fraction.}$$

$$= \frac{1}{\sin x} \quad \textbf{Pythagorean identity}$$

$$= \csc x \quad \textbf{Reciprocal identity}$$

Simplify the expression.

8. $\tan(-x)\cos(-x)$

9. $\csc^2(-x)\cos^2\left(\frac{\pi}{2} - x\right)$

10. $\sin^2\left(\frac{\pi}{2} - x\right) - 2\sin^2 x + 1$

Verify the identity.

11. $\sin^2(-x) = \frac{\tan^2 x}{\tan^2 x + 1}$

12. $1 - \cos^2 x = \tan^2(-x)\cos^2 x$

14.4 SOLVING TRIGONOMETRIC EQUATIONS

Examples on pp. 855–858

EXAMPLE You can find the general solution of a trigonometric equation or just the solution(s) in an interval.

$$3\tan^2 x - 1 = 0 \quad \textbf{Write original equation.}$$

$$3\tan^2 x = 1 \quad \textbf{Add 1 to each side.}$$

$$\tan^2 x = \frac{1}{3} \quad \textbf{Divide each side by 3.}$$

$$\tan x = \pm\frac{\sqrt{3}}{3} \quad \textbf{Take square roots of each side.}$$

There are two solutions in the interval $0 \le x < \pi$: $x = \frac{\pi}{6}$ and $x = \frac{5\pi}{6}$. The general solution of the equation is: $x = \frac{\pi}{6} + n\pi$ or $x = \frac{5\pi}{6} + n\pi$ where n is any integer.

Find the general solution of the equation.

13. $2\sin^2 x \tan x = \tan x$

14. $\sec^2 x - 2 = 0$

15. $\cos 2x + 2\sin^2 x - \sin x = 0$

16. $\tan^2 3x = 3$

17. $2\sin x - 1 = 0$

18. $\sin x(\sin x + 1) = 0$

Representar gráficamente la función.

5. $y = 5 \text{ sen } (2x + \pi)$ **6.** $y = -4 \cos (x - \pi)$ **7.** $y = 2 + \tan \left(\frac{1}{2}x + \pi\right)$

14.3 CÓMO VERIFICAR IDENTIDADES TRIGONOMÉTRICAS

Ejemplos en págs. 848–851

EJEMPLO Puedes verificar identidades como $\text{sen } x + \text{cotan } x \cos x = \text{cosec } x$.

$\text{sen } x + \textbf{cotan } \boldsymbol{x} \cos x = \text{sen } x + \left(\frac{\cos x}{\text{sen } x}\right) \cos x$ **Identidad recíproca**

$= \frac{\text{sen}^2 x + \cos^2 x}{\text{sen } x}$ **Escribir como una fracción.**

$= \frac{1}{\text{sen } x}$ **Identidad Pitagórica**

$= \text{cosec } x$ **Identidad recíproca**

Simplifica la expresión.

8. $\tan (-x) \cos (-x)$ **9.** $\text{cosec}^2 (-x) \cos^2 \left(\frac{\pi}{2} - x\right)$ **10.** $\text{sen}^2 \left(\frac{\pi}{2} - x\right) - 2 \text{ sen}^2 x + 1$

Verifica la identidad.

11. $\text{sen}^2 (-x) = \frac{\tan^2 x}{\tan^2 x + 1}$ **12.** $1 - \cos^2 x = \tan^2 (-x) \cos^2 x$

14.4 CÓMO RESOLVER ECUACIONES TRIGONOMÉTRICAS

Ejemplos en págs. 855–858

EJEMPLO Puedes hallar la solución general de una ecuación trigonométrica o solamente las soluciones en un intervalo.

$3 \tan^2 x - 1 = 0$ **Escribir la ecuación original.**

$3 \tan^2 x = 1$ **Sumar 1 a cada miembro.**

$\tan^2 x = \frac{1}{3}$ **Dividir cada miembro entre 3.**

$\tan x = \pm\frac{\sqrt{3}}{3}$ **Hallar la raíz cuadrada de cada miembro.**

Hay dos soluciones en el intervalo $0 \leq x < \pi$: $x = \frac{\pi}{6}$ y $x = \frac{5\pi}{6}$. La solución general de la ecuación es: $x = \frac{\pi}{6} + n\pi$ ó $x = \frac{5\pi}{6} + n\pi$ donde n es cualquier número entero.

Halla la solución general de la ecuación.

13. $2 \text{ sen}^2 x \tan x = \tan x$ **14.** $\sec^2 x - 2 = 0$ **15.** $\cos 2x + 2 \text{ sen}^2 x - \text{sen } x = 0$

16. $\tan^2 3x = 3$ **17.** $2 \text{ sen } x - 1 = 0$ **18.** $\text{sen } x (\text{sen } x + 1) = 0$

14.5 MODELING WITH TRIGONOMETRIC FUNCTIONS

Examples on pp. 862–864

EXAMPLE You can write a model for the sinusoid at the right. Since the maximum and minimum values of the function do not occur at points equidistant from the x-axis, the curve has a vertical shift. To find the value of k, add the maximum and minimum values and divide by 2.

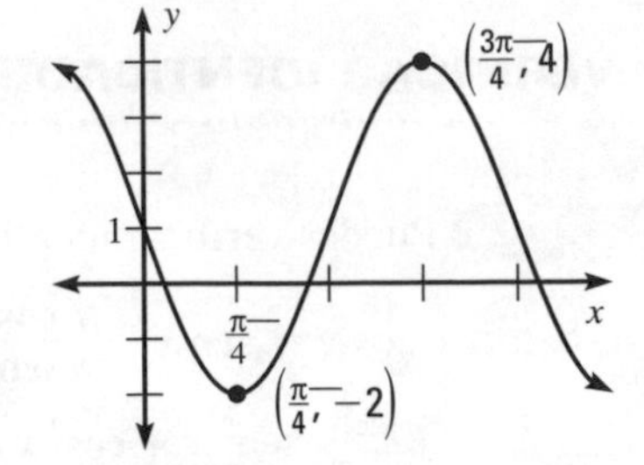

$$k = \frac{M + m}{2} = \frac{4 + (-2)}{2} = \frac{2}{2} = 1$$

The period is $\frac{2\pi}{b} = \pi$, so $b = 2$. Because the minimum occurs at $\frac{\pi}{4}$, the graph is a sine curve that involves a reflection but no horizontal shift. The amplitude is

$|a| = \frac{M - m}{2} = \frac{4 - (-2)}{2} = 3$. Since $a < 0$, $a = -3$. The model is $y = 1 - 3 \sin 2x$.

Write a trigonometric function for the sinusoid with maximum at *A* and minimum at *B*.

19. $A\left(\frac{\pi}{2}, 2\right), B\left(\frac{3\pi}{2}, -2\right)$

20. $A(0, 6), B(2\pi, 0)$

21. $A(0, 1), B\left(\frac{\pi}{2}, -1\right)$

14.6 USING SUM AND DIFFERENCE FORMULAS

Examples on pp. 869–871

EXAMPLE You can use formulas to evaluate trigonometric functions of the sum or difference of two angles.

$$\sin \mathbf{105°} = \sin (\mathbf{45°} + \mathbf{60°}) = \sin 45° \cos 60° + \cos 45° \sin 60°$$
$$= \frac{\sqrt{2}}{2} \cdot \frac{1}{2} + \frac{\sqrt{2}}{2} \cdot \frac{\sqrt{3}}{2} = \frac{\sqrt{2} + \sqrt{6}}{4}$$

Find the exact value of the expression.

22. $\sin 150°$ **23.** $\cos 195°$ **24.** $\tan 15°$ **25.** $\tan \frac{7\pi}{12}$ **26.** $\cos \frac{13\pi}{12}$

14.7 USING DOUBLE- AND HALF-ANGLE FORMULAS

Examples on pp. 875–878

EXAMPLE You can use formulas to evaluate some trigonometric functions.

$$\tan \frac{\pi}{\mathbf{12}} = \tan\left(\frac{\mathbf{1}}{\mathbf{2}} \cdot \frac{\pi}{\mathbf{6}}\right) = \frac{1 - \cos \frac{\pi}{6}}{\sin \frac{\pi}{6}} = \frac{1 - \frac{\sqrt{3}}{2}}{\frac{1}{2}} = 2 - \sqrt{3}$$

Find the exact value of the expression.

27. $\tan 165°$ **28.** $\sin 67.5°$ **29.** $\cos \frac{5\pi}{8}$ **30.** $\cos \frac{\pi}{12}$ **31.** $\sin 6\pi$

14.5 CÓMO HACER MODELOS DE FUNCIONES TRIGONOMÉTRICAS

Ejemplos en págs. 862–864

EJEMPLO Puedes escribir una función para la sinusoide a la derecha. Como los valores máximos y mínimos no ocurren en puntos equidistantes del eje de x, la curva se ha trasladado verticalmente. Para hallar el valor de k, suma los valores máximos y mínimos y divídelos entre 2.

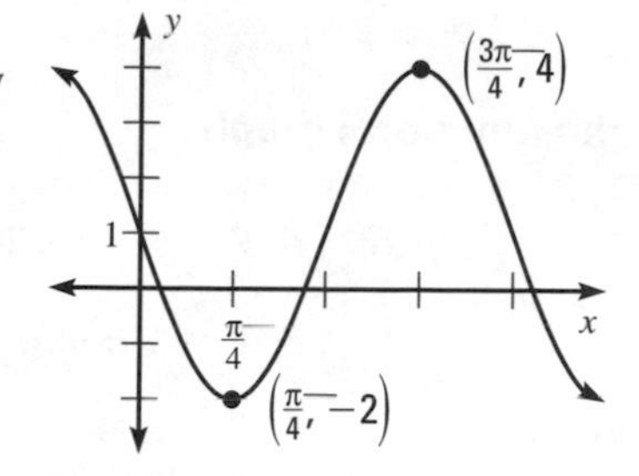

$$k = \frac{M + m}{2} = \frac{4 + (-2)}{2} = \frac{2}{2} = 1$$

El período es $\frac{2\pi}{b} = \pi$, entonces $b = 2$. Dado que la mínima ocurre a $\frac{\pi}{4}$, la gráfica es una curva sinusoidal que comprende una reflexión pero no tiene traslado horizontal. La amplitud es $|a| = \frac{M - m}{2} = \frac{4 - (-2)}{2} = 3$. Como $a < 0$, $a = -3$. La ecuación es $y = 1 - 3 \text{ sen } 2x$.

Escribe una función trigonométrica para la sinusoide con la máxima en *A* y la mínima en *B*.

19. $A\left(\frac{\pi}{2}, 2\right), B\left(\frac{3\pi}{2}, -2\right)$ **20.** $A(0, 6), B(2\pi, 0)$ **21.** $A(0, 1), B\left(\frac{\pi}{2}, -1\right)$

14.6 CÓMO USAR FÓRMULAS DE SUMA Y RESTA

Ejemplos en págs. 869–871

EJEMPLO Puedes usar fórmulas para evaluar funciones trigonométricas de la suma o la resta de dos ángulos.

$$\text{sen } \mathbf{105°} = \text{sen } (\mathbf{45° + 60°}) = \text{sen } 45° \cos 60° + \cos 45° \text{ sen } 60°$$

$$= \frac{\sqrt{2}}{2} \cdot \frac{1}{2} + \frac{\sqrt{2}}{2} \cdot \frac{\sqrt{3}}{2} = \frac{\sqrt{2} + \sqrt{6}}{4}$$

Halla el valor exacto de la expresión.

22. sen 150° **23.** cos 195° **24.** tan 15° **25.** $\tan \frac{7\pi}{12}$ **26.** $\cos \frac{13\pi}{12}$

14.7 CÓMO USAR FÓRMULAS DE ÁNGULO DOBLE Y ÁNGULO MITAD

Ejemplos en págs. 875–878

EJEMPLO Puedes usar fórmulas para evaluar algunas funciones trigonométricas.

$$\tan \frac{\pi}{\mathbf{12}} = \tan \left(\frac{\mathbf{1}}{\mathbf{2}} \cdot \frac{\pi}{\mathbf{6}}\right) = \frac{1 - \cos \frac{\pi}{6}}{\text{sen } \frac{\pi}{6}} = \frac{1 - \frac{\sqrt{3}}{2}}{\frac{1}{2}} = 2 - \sqrt{3}$$

Halla el valor exacto de la expresión.

27. tan 165° **28.** sen 67.5° **29.** $\cos \frac{5\pi}{8}$ **30.** $\cos \frac{\pi}{12}$ **31.** sen 6π

CHAPTER 14 Chapter Test

Draw one cycle of the function's graph.

1. $y = 3 \cos \frac{1}{4}x$ **2.** $y = 4 \sin \frac{1}{2}\pi x$ **3.** $y = \frac{5}{2} \tan x$ **4.** $y = -2 \tan 2x$

5. $y = -3 + 2 \cos (x - \pi)$ **6.** $y = 1 - \cos x$ **7.** $y = 5 + \sin \frac{1}{2}x$ **8.** $y = 5 + 2 \tan (x + \pi)$

Simplify the expression.

9. $\cos\left(x - \frac{\pi}{2}\right)$ **10.** $\frac{\cos 2x + \sin^2 x}{\cos^2 x}$ **11.** $\frac{\tan 2x}{2 \tan x} - \frac{\sec^2 x}{1 - \tan^2 x}$ **12.** $\frac{4 \sin x \cos x - 2 \sin x \sec x}{2 \tan x}$

Verify the identity.

13. $-2 \cos^2 x \tan (-x) = \sin 2x$ **14.** $\tan \frac{x}{2} = \csc x - \cot x$ **15.** $\cos 3x = \cos^3 x - 3 \sin^2 x \cos x$

Solve the equation in the interval $0 \le x < 2\pi$. Check your solutions.

16. $-6 + 10 \cos x = -1$ **17.** $\tan^2 x - 2 \tan x + 1 = 0$ **18.** $\tan (x + \pi) + 2 \sin (x + \pi) = 0$

Find the general solution of the equation.

19. $4 - 3 \sec^2 x = 0$ **20.** $\cos x - \sin x \sin 2x = 0$ **21.** $\cos x \csc^2 x + 3 \cos x = 7 \cos x$

Find the exact value of the expression.

22. $\sin 345°$ **23.** $\tan 112.5°$ **24.** $\cos 375°$ **25.** $\tan \frac{13\pi}{12}$ **26.** $\sin \frac{\pi}{8}$ **27.** $\cos \frac{41\pi}{12}$

Find the amplitude and period of the graph. Then write a trigonometric function for the graph.

28.

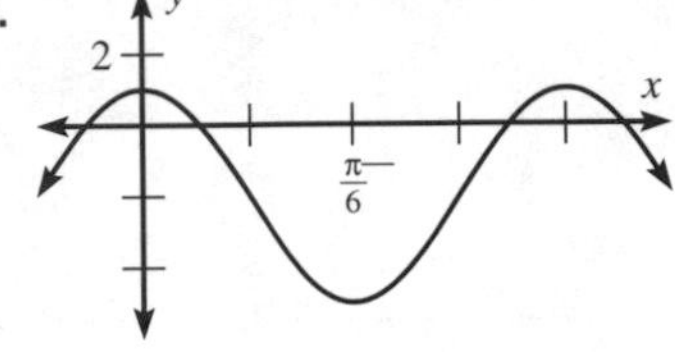

29.

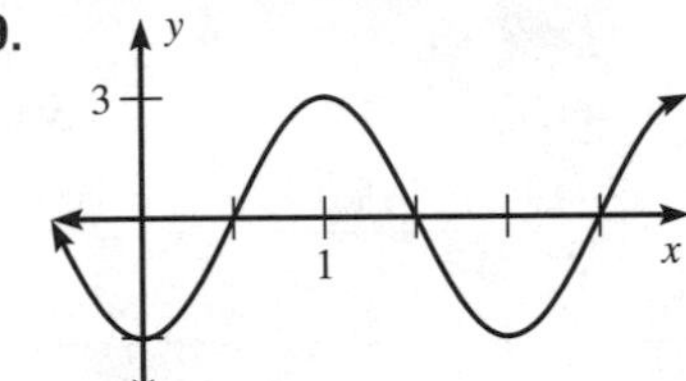

30.

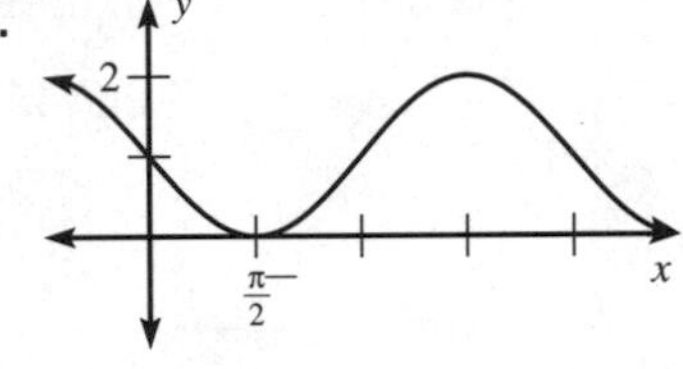

31. **TIDES** The depth of the ocean at a swim buoy reaches a maximum of 6 feet at 3 A.M. and a minimum of 2 feet at 9 A.M. Write a trigonometric function that models the water depth y (in feet) as a function of time t (in hours). Assume that $t = 0$ represents 12:00 A.M.

32. **TEMPERATURES** The average daily temperature T (in degrees Fahrenheit) in Baltimore, Maryland, is given in the table. The variable t is measured in months, with $t = 0$ representing January 1. Use a graphing calculator to write a trigonometric model for T as a function of t.

▶ Source: U.S. National Oceanic and Atmospheric Administration

t	0.5	1.5	2.5	3.5	4.5	5.5	6.5	7.5	8.5	9.5	10.5	11.5
T	75	79	87	94	98	101	104	105	100	92	87	77

CAPÍTULO 14

Prueba del capítulo

Traza un ciclo de la gráfica de la función.

1. $y = 3 \cos \frac{1}{4}x$ **2.** $y = 4 \text{ sen } \frac{1}{2}\pi x$ **3.** $y = \frac{5}{2} \tan x$ **4.** $y = -2 \tan 2x$

5. $y = -3 + 2 \cos (x - \pi)$ **6.** $y = 1 - \cos x$ **7.** $y = 5 + \text{sen } \frac{1}{2}x$ **8.** $y = 5 + 2 \tan (x + \pi)$

Simplifica la expresión.

9. $\cos \left(x - \frac{\pi}{2}\right)$ **10.** $\frac{\cos 2x + \text{sen}^2 x}{\cos^2 x}$ **11.** $\frac{\tan 2x}{2 \tan x} - \frac{\sec^2 x}{1 - \tan^2 x}$ **12.** $\frac{4 \text{ sen } x \cos x - 2 \text{ sen } x \sec x}{2 \tan x}$

Verifica la identidad.

13. $-2 \cos^2 x \tan (-x) = \text{sen } 2x$ **14.** $\tan \frac{x}{2} = \text{cosec } x - \cot x$ **15.** $\cos 3x = \cos^3 x - 3 \text{ sen}^2 x \cos x$

Resuelve la ecuación en el intervalo $0 \leq x < 2\pi$. Comprueba tus soluciones.

16. $-6 + 10 \cos x = -1$ **17.** $\tan^2 x - 2 \tan x + 1 = 0$ **18.** $\tan (x + \pi) + 2 \text{ sen } (x + \pi) = 0$

Halla la solución general de la ecuación.

19. $4 - 3 \sec^2 x = 0$ **20.** $\cos x - \text{sen } x \text{ sen } 2x = 0$ **21.** $\cos x \text{ cosec}^2 x + 3 \cos x = 7 \cos x$

Halla el valor exacto de la expresión.

22. sen 345° **23.** tan 112.5° **24.** cos 375° **25.** $\tan \frac{13\pi}{12}$ **26.** $\text{sen } \frac{\pi}{8}$ **27.** $\cos \frac{41\pi}{12}$

Halla la amplitud y el período de la gráfica. Después, escribe una función trigonométrica para la gráfica.

28.

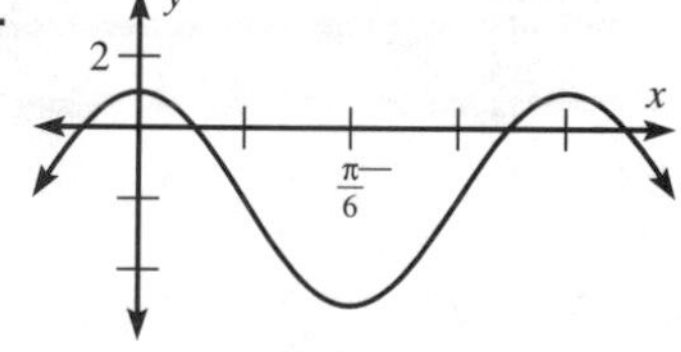

29.

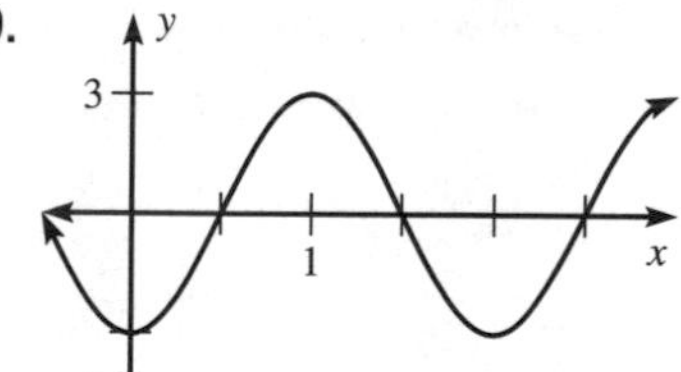

30.

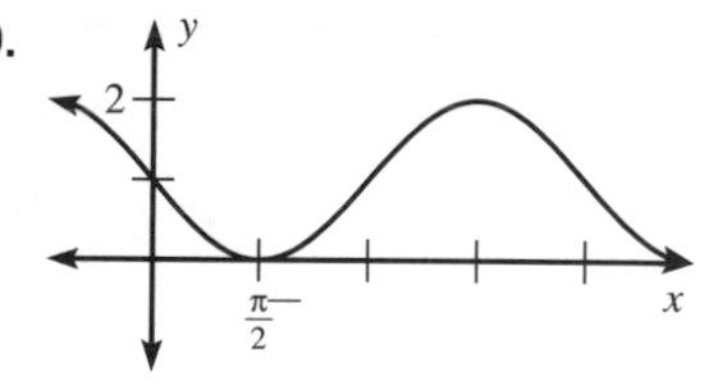

31. **MAREAS** La profundidad del océano en la localización de una boya alcanza un máximo de 6 pies a las 3 a.m. y un mínimo de 2 pies a las 9 a.m. Escribe una función trigonométrica que represente la profundidad del agua y (en pies) como una función del tiempo t (en horas). Asume que $t = 0$ representa las 12:00 a.m.

32. **TEMPERATURAS** La temperatura promedio diaria T (en grados Fahrenheit) en Baltimore, Maryland se da en la tabla. La variable t está medida en meses, donde $t = 0$ representa enero 1. Usa una calculadora gráfica para escribir una representación trigonométrica de T como una función de t.

▶ Fuente: National Oceanic and Atmospheric Administration

t	0.5	1.5	2.5	3.5	4.5	5.5	6.5	7.5	8.5	9.5	10.5	11.5
T	75	79	87	94	98	101	104	105	100	92	87	77

Answer Key

Chapter 1

Chapter 1 Review (pages 2A–4B)

1. $-\pi$ $-\sqrt{6}$ 0.2 $\frac{6}{5}$

-4 -3 -2 -1 0 1 2

$-\pi, \sqrt{6}, -2, 0.2, \frac{6}{5}$

2. -1.75 $-\frac{4}{3}$ $\frac{3}{4}$ $\sqrt{3}$

-3 -2 -1 0 1 2 3

$-3, -1.75, -\frac{4}{3}, \frac{3}{4}, \sqrt{3}$

3. distributive property **4.** additive inverse property

5. -18 **6.** 13

7. $7(-1) - 3(-1) - 8(-1)^3 = 4$

8. $3(2)(-2)^2 + 5(2)^2(-2) - 1 = -17$

9. $7y - 2x + 5x - 3y + 2x = 5x + 4y$

10. $4(3 - x) + 5(x - 6) = 12 - 4x + 5x - 30 = x - 18$

11. $6x^2 - 3x + 5x^2 + 2x = 11x^2 - x$

12. $2(x^2 + x) - 3(x^2 - 4x) = 2x^2 + 2x - 3x^2 + 12x$
$= -x^2 + 14x$

13. $-5x + 3 = 18$
$-5x - 15$
$x = -3$

Check:
$-5(-3) + 3 = 18$
$15 + 3 = 18$
$18 = 18$

14. $\frac{2}{3}n - 5 = 1$
$\frac{2}{3}n - 6$
$n = 9$

Check:
$\frac{2}{3}(9) + 5 = 1$
$6 - 5 = 1$
$1 = 1$

15. $\frac{1}{2}y = -\frac{3}{4}y - 40$
$\frac{5}{4}y = -40$
$y = -32$

Check:
$\frac{1}{2}(-32) = -\frac{3}{4}(-32) - 40$
$-16 = 24 - 40$
$-16 = -16$

16. $2 - 3a = 4 + a$
$-4a = 2$
$a = -\frac{1}{2}$

Check:
$2 - 3\left(-\frac{1}{2}\right) = 4 - \frac{1}{2}$
$\frac{4}{2} + \frac{3}{2} = \frac{8}{2} - \frac{1}{2}$
$\frac{7}{2} = \frac{7}{2}$

17. $8(z - 6) = -16$
$8z - 48 = -16$
$8z = 32$
$z = 4$

Check:
$8(4 - 6) = -16$
$8(-2) = -16$
$-16 = -16$

18. $-4x - 4 = 3(2 - x)$
$-4x - 4 = 6 - 3x$
$-x = 10$
$x = -10$

Check:
$-4(-10) - 4 = 3(2 + 10)$
$40 - 4 = 3(12)$
$36 = 36$

19. $5x - y = 10$
$-y = 10 - 5x$
$y = 5x - 10$

20. $x + 4y = -8$
$4y = -x - 8$
$y = -\frac{1}{4}x - 2$

21. $0.1x + 0.5y = 3.5$
$0.5y = -0.1x + 3.5$
$y = -0.2x + 7$

22. $2x = 3y + 9$
$-3y = -2x + 9$
$y = \frac{2}{3}x - 3$

23. $5x - 6y + 12 = 0$
$-6y = -5x - 12$
$y = \frac{5}{6}x + 2$

24. $x - 2xy = 1$
$-2xy = 1 - x$
$y = -\dfrac{(1 - x)}{2x} = \dfrac{x - 1}{2x}$

25. $P = 2l + 2w$
$-2l = 2w - P$
$l = -w + \frac{1}{2}P$

26. $F = \frac{9}{5}C + 32$
$-\frac{9}{5}C = 32 - F$
$C = \frac{5}{9}(F - 32)$

27. 325 mi $= 55$ mi/h(t)
$t = 5$ h 55 min

28. $\$2.95 + \$1.35d = \$21.85$
$\$1.35d = \$18.90$
$d = 14$ mi

29. $2x - 10 > 6$
$2x > 16$
$x > 8$

-2 0 2 4 6 8 10

30. $12 - 5x \geq -13$
$-5x \geq -25$
$x \leq 5$

0 1 2 3 4 5 6

31. $-3x + 4 \geq 2x + 19$
$-5x \geq 15$
$x \leq -3$

-5 -4 -3 -2 -1 0 1

32. $0 < x - 7 \leq 5$
$7 < x \leq 12$

7

0 2 4 6 8 10 12

33. $-3 \leq 2y + 1 \leq 5$
$-4 \leq 2y \leq 4$
$-2 \leq y \leq 2$

-3 -2 -1 0 1 2 3

Chapter 1 *continued*

34. $3a + 1 < -2$ or $3a + 1 > 7$

$3a < -3$ or $3a > 6$

$a < -1$ or $a > 2$

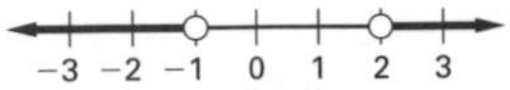

35. $|x + 1| = 4$

$x + 1 = 4$ or $x + 1 = -4$

$x = 3$ or $x = -5$

36. $|2x - 1| = 15$

$2x - 1 = 15$ or $2x - 1 = -15$

$2x = 16$ or $2x = -14$

$x = 8$ or $x = -7$

37. $|10 - 6x| = 26$

$10 - 6x = 26$ or $10 - 6x = -26$

$-6x = 16$ or $-6x = -36$

$x = -\frac{8}{3}$ or $x = 6$

38. $|x + 8| > 0$

$x < -8$ or $x > -8$

39. $|2x - 5| < 9$

$-9 < 2x - 5 < 9$

$-4 < 2x < 14$

$-2 < x < 7$

40. $|3x + 4| \geq 2$

$3x + 4 \geq 2$ or $3x + 4 \leq -2$

$3x \geq -2$ or $3x \leq -6$

$x \geq -\frac{2}{3}$ or $x \leq -2$

Chapter 1 Test (pages 5A–5B)

1.

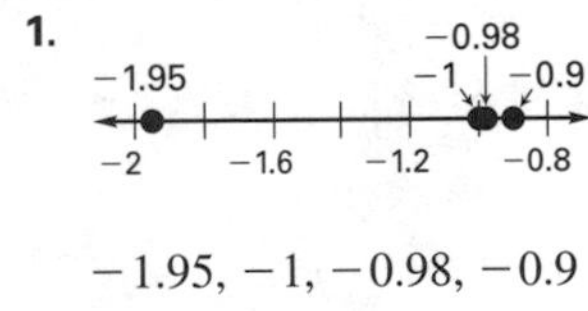

$-1.95, -1, -0.98, -0.9$

2.

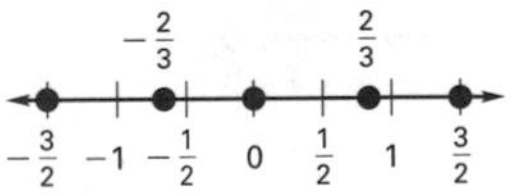

$-\frac{3}{2}, -\frac{2}{3}, 0, \frac{2}{3}, \frac{3}{2}$

3.

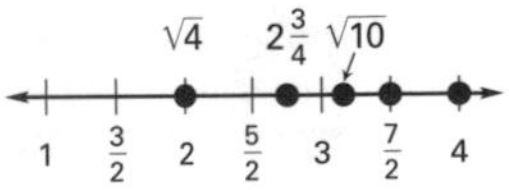

$\sqrt{4}, 2\frac{3}{4}, \sqrt{10}, \frac{7}{2}, 4$

4. distributive property

5. commutative property of multiplication

6. additive identity

7. 15 **8.** 49 **9.** -17

10. -7 **11.** 24 **12.** $-4(-2)^2 + 6(-2)(5) = -76$

13. $\frac{3}{5}(3) - \frac{7}{2}(4) = \frac{9}{5} - \frac{28}{2} = \frac{18 - 140}{10} = -12\frac{1}{5}$

14. $-2x + 4y - 10 + x = -x + 4y - 10$

15. $4y + 6x - 3(x - 2y) = 4y + 6x - 3x + 6y$

$= 3x + 10y$

16. $5(x^2 - 9x) - 2(3x + 4) + 7 = 5x^2 - 45x - 6x - 8 + 7$

$= 5x^2 - 51x - 1$

17. $7x + 12 = -16$

$7x = -28$

$x = -4$

18. $1.2x = 2.3x - 2.2$

$-1.1x = -2.2$

$x = 2$

19. $4x + 21 = 7(x + 9)$

$4x + 21 = 7x + 63$

$-3x = 42$

$x = -14$

20. $|x - 4| = 15$

$x - 4 = -15$ or $x - 4 = 15$

$x = -11$ or $x = 19$

21. $|5x + 11| = 9$

$5x + 11 = 9$ or $5x + 11 = -9$

$5x = -2$ or $5x = -20$

$x = -\frac{2}{5}$ or $x = -4$

22. $|13 + 2x| = 5$

$13 + 2x = 5$ or $13 + 2x = -5$

$2x = -8$ or $2x = -18$

$x = -4$ or $x = -9$

23. $5x + y = 7$

$y = 7 - 5x$

24. $6x - 3y = 1$

$-3y = 1 - 6x$

$y = -\frac{1}{3} + 2x$

25. $2xy + x = 12$

$2xy = 12 - x$

$y = \frac{12 - x}{2x}$

26. $4x - 5 \leq 15$

$4x \leq 20$

$x \leq 5$

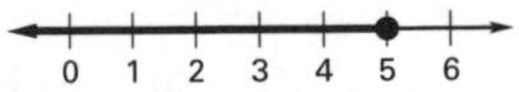

27. $3 < 2x + 11 < 17$

$-8 < 2x < 6$

$-4 < x < 3$

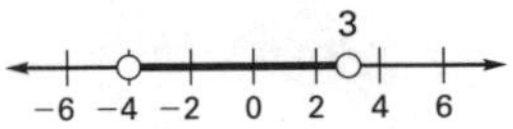

Chapter 1 *continued*

28. $8x < 1$ or $x - 9 > -5$

$x < \frac{1}{8}$ or $x > 4$

29. $|3x - 1| > 7$

$3x - 1 > 7$ or $3x - 1 < -7$

$3x > 8$ or $3x < -6$

$x > \frac{8}{3}$ or $x < -2$

30. $|x + 3| \geq 4$

$x + 3 \geq 4$ or $x + 3 \leq -4$

$x \geq 1$ or $x \leq -7$

31. $|1 - 2x| \leq 3$

$-3 \leq 1 - 2x \leq 3$

$-4 \leq -2x \leq 2$

$-1 \leq x \leq 2$

32. $V = \pi r^2 h$

$h = \dfrac{V}{\pi r^2}$

$h = \dfrac{200 \text{ cm}^3}{9\pi \text{ cm}^2} \approx 7.074 \text{ cm}$

33. $\$5 + \$.09x = \$27.23$

$\$.09x = \$22.23$

$x = 247$ min

34. $15x = 400$

$x \approx 26.67$ weeks

about 6 months

35. $180 \leq T \leq 197$

Water Temperature (°F)

36. $56 - 48 = 8$ in.

$\left(\frac{1}{2}\right)8$ in. $= 4$ in.

$|h - 52| \leq 4$

Chapter 2

Chapter 2 Review (pages 7A–9B)

1.

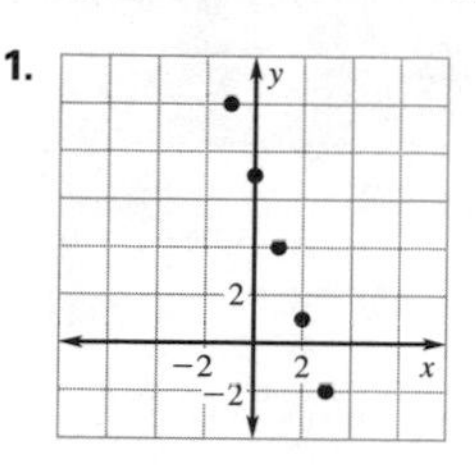

yes

2.

yes

3. $m = \dfrac{0 - 6}{-6 - 3} = \dfrac{-6}{-9} = \dfrac{2}{3}$

4. $m = \dfrac{4 - 4}{-2 - 2} = \dfrac{0}{-4} = 0$

5. $m = \dfrac{-4 - 2}{-1 + 7} = -\dfrac{6}{6} = -1$

6. $m = \dfrac{4 - 1}{5 - 5} = \dfrac{3}{0}$; undefined

7.

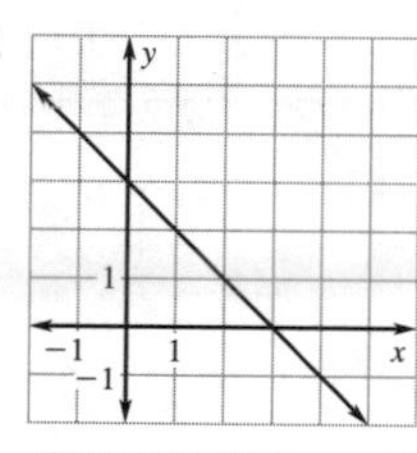

8.

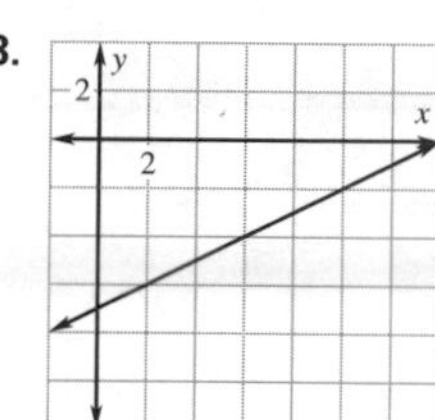

9.

10.

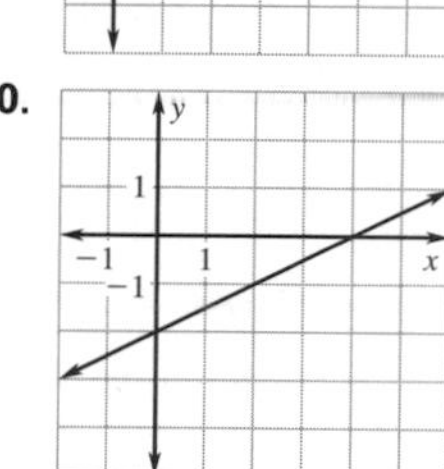

11. $y - 2 = -1(x - 0)$

$y = -x + 2$

12. $y - 1 = 3(x + 4)$

$y = 3x + 13$

13. $y - 2 = \dfrac{2 + 8}{8 - 3}(x - 8)$

$y - 2 = 2x - 16$

$y = 2x - 14$

14. $y = -0.509x + 10.8$

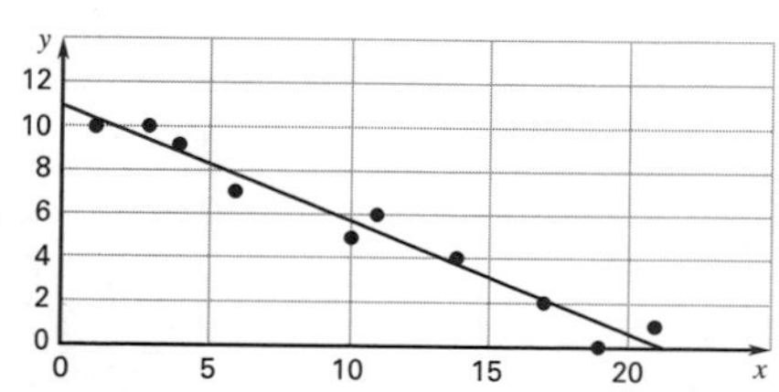

15.

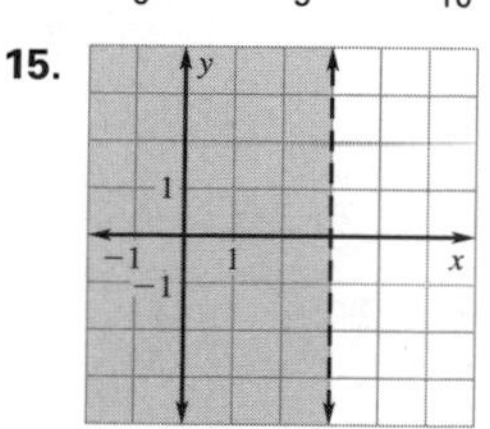

16.

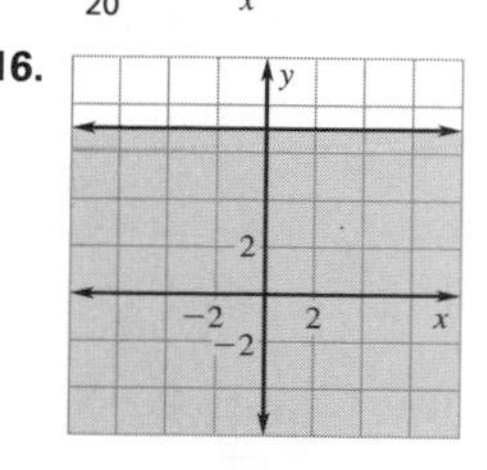

Chapter 2 *continued*

17. 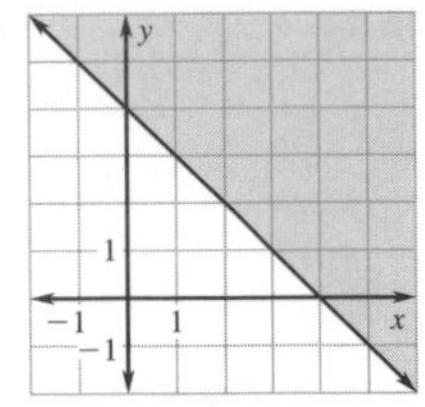

18. 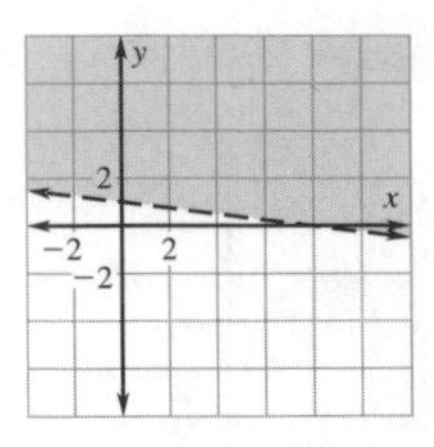

19. 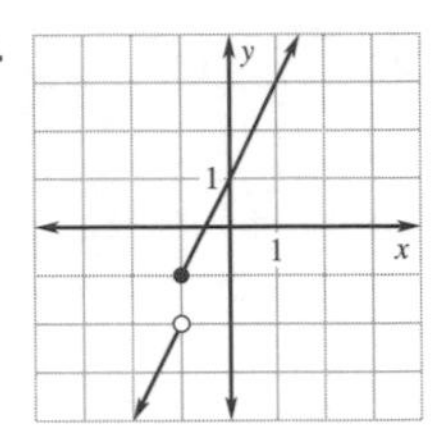

20. 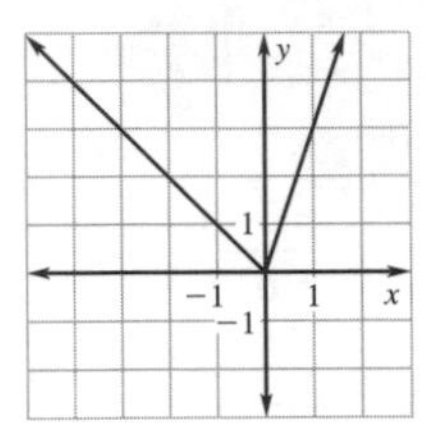

21. 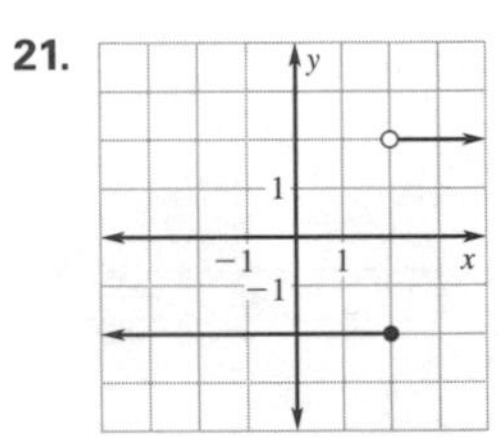

22. 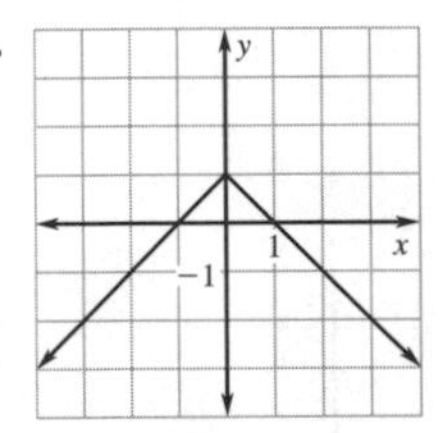

23. 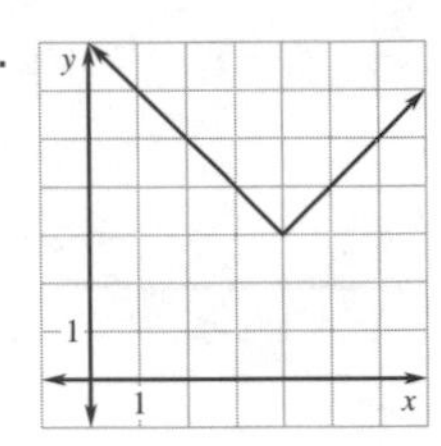

24. 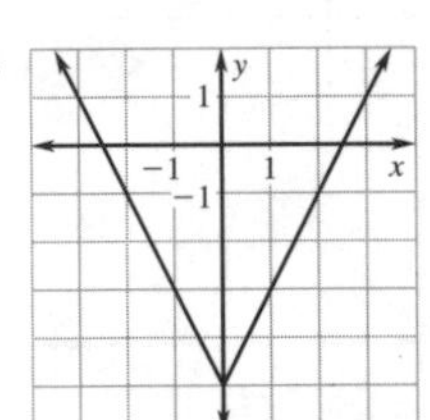

25. 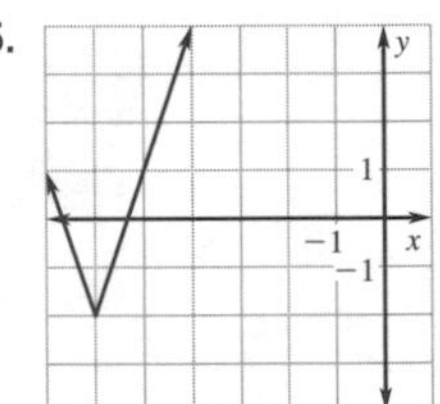

Chapter 2 Test (pages 10A–10B)

1. 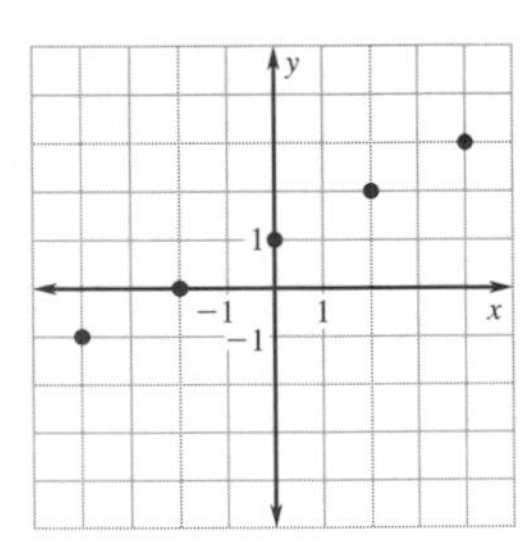

yes

2. 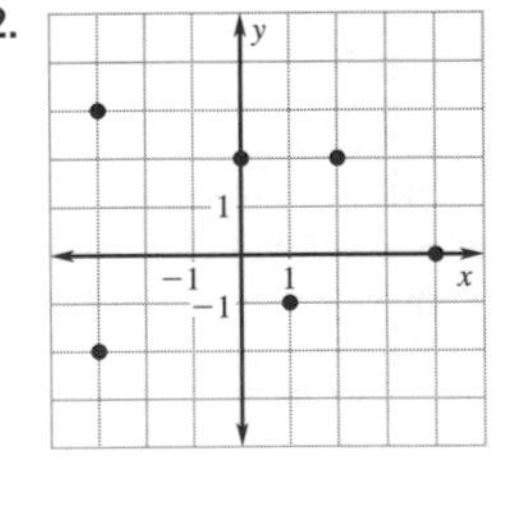

no

3. $f(5) = 80 - 3(5) = 80 - 15 = 65$

4. $f(-1) = (-1)^2 + 4(-1) - 7 = 1 - 4 - 7 = -10$

5. $f(2) = 3|2 - 4| + 2 = 3(2) + 2 = 8$

6. 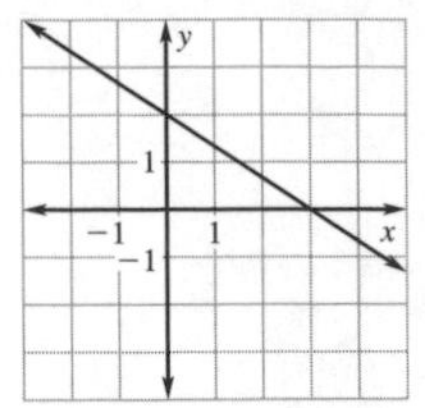

7. 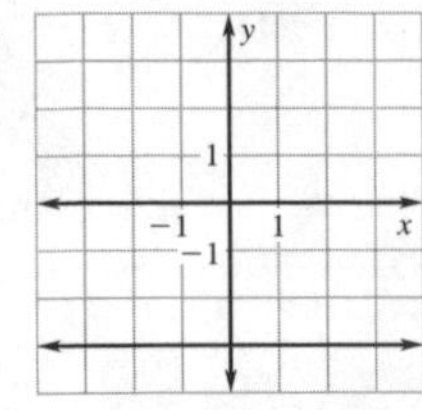

8. 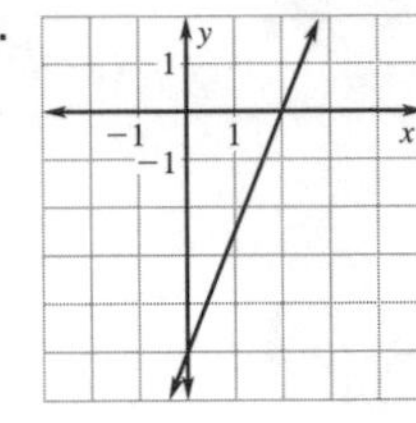

9. 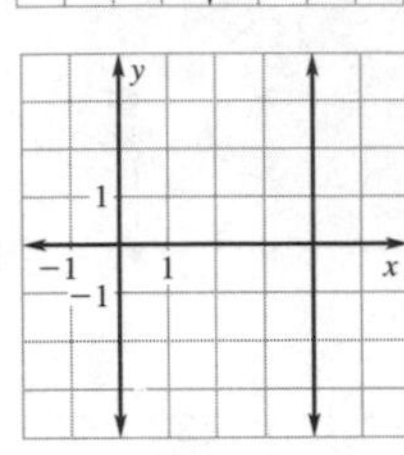

10. $y = \frac{3}{4}x - 5$

11. 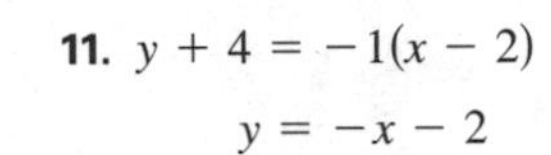

$y + 4 = -1(x - 2)$

$y = -x - 2$

12. $y - 8 = \frac{8 - 5}{-6 + 2}(x + 6)$

$y - 8 = -\frac{3}{4}x - \frac{9}{2}$

$y = -\frac{3}{4}x + \frac{7}{2}$

13. $m_1 = 1$

$y - 2 = x + 3$

$y = x + 5$

14. $m_1 = -3$

$m_2 = \frac{1}{3}$

$y - 4 = \frac{1}{3}(x - 1)$

$y = \frac{1}{3}x + \frac{11}{3}$

15. 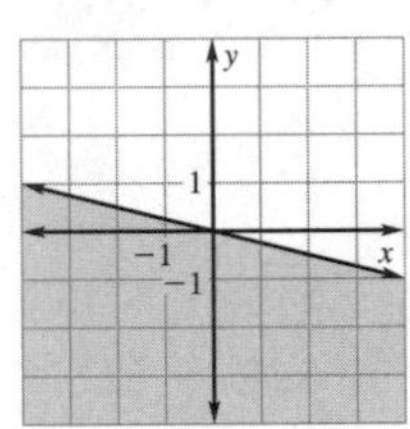

16. 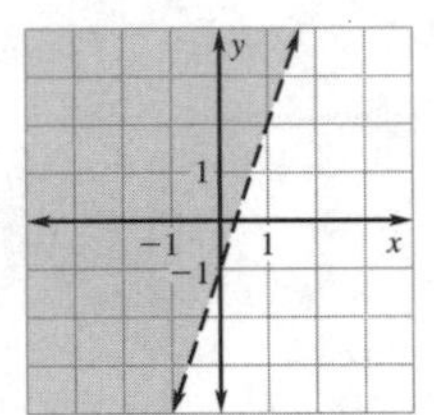

17. 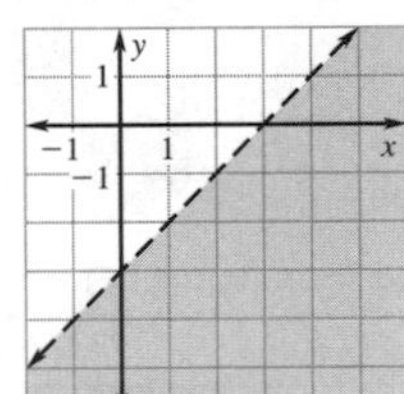

18. 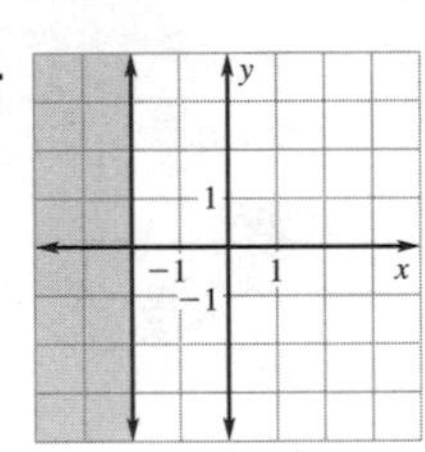

19. 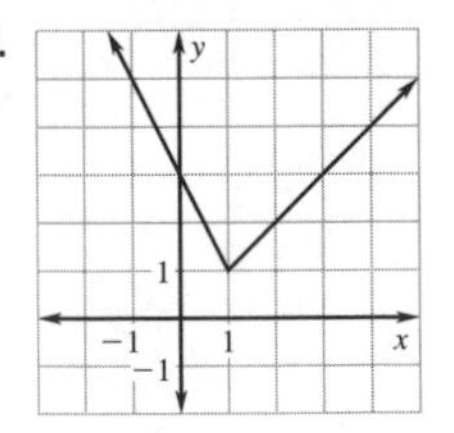

20. 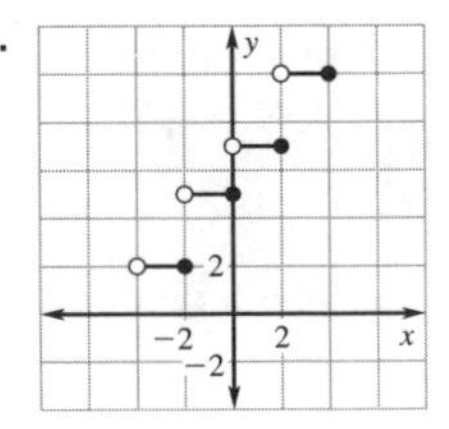

Chapter 2 *continued*

21.

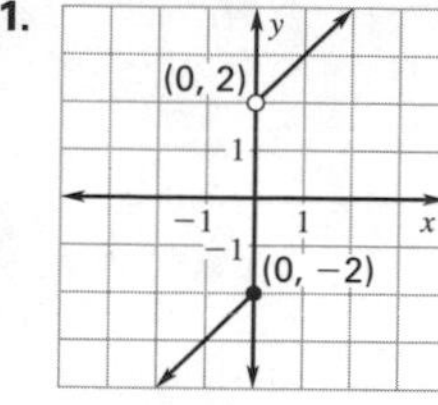

22.

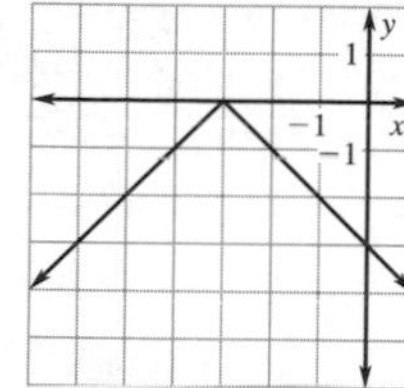

23.

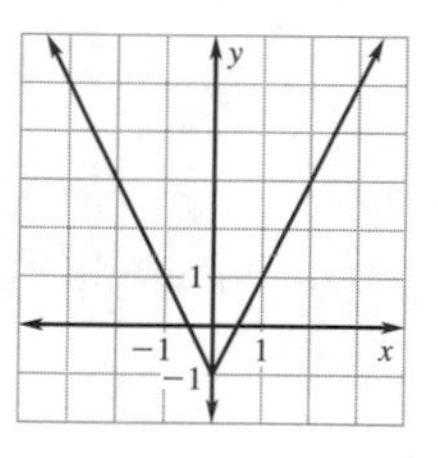

24.

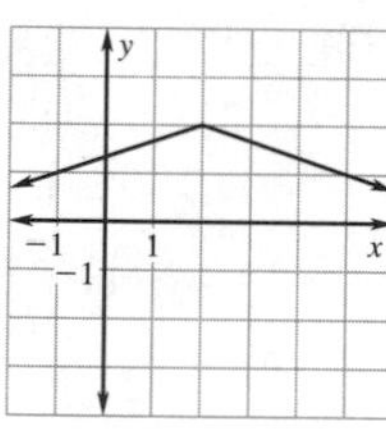

25. about 0.00397 mi/sec^2

26. $m = \frac{1}{2}h$

$m = \frac{1}{2}(66)$

$m = 33$ in.

27.

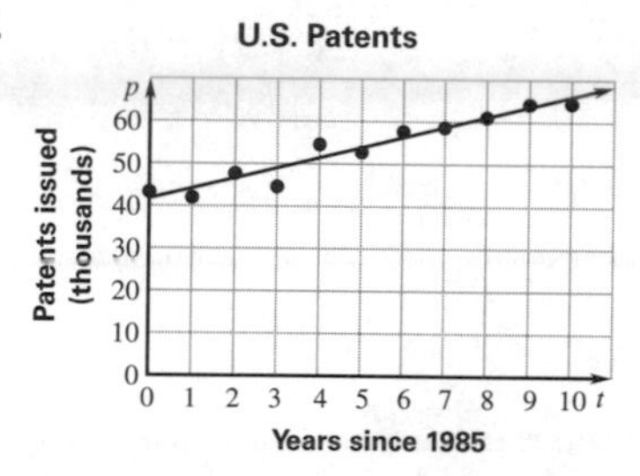

The scatter plot shows a positive correlation, which means as the number of years since 1985 increased, the number of patents issued tended to increase.

$p = 2.42t + 41.7$

Chapter 3

Chapter 3 Review (pages 12A–14B)

1.

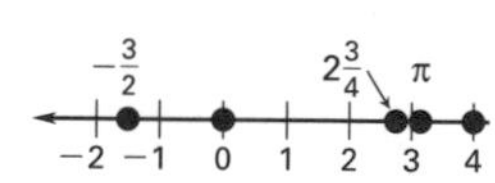

one solution; $(-4, 6)$

2.

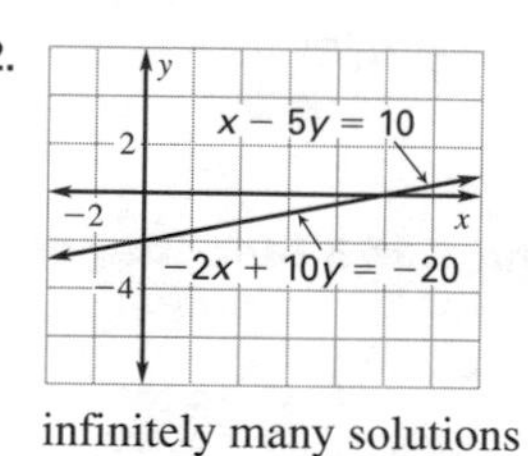

infinitely many solutions

3.

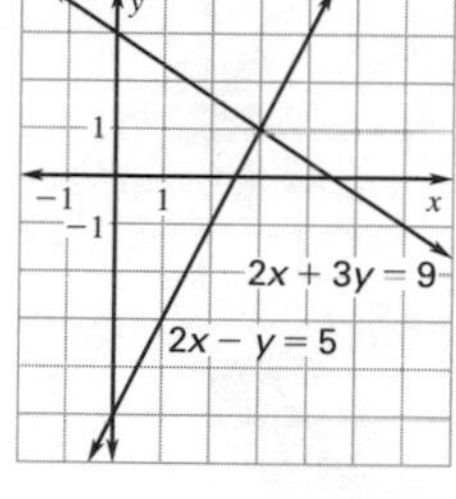

one solution; $(3, 1)$

4.

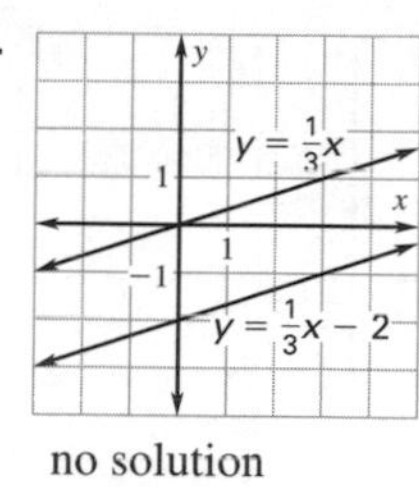

no solution

5. $9(12 - 2y) - 5y = -30$

$108 - 23y = -30$

$-23y = -138$

$y = 6$

$x = 12 - 12$

$x = 0$

$(0, 6)$

6. $2 - y + 3y = -2$

$2y = -4$

$y = -2$

$x = 2 + 2$

$x = 4$

$(4, -2)$

7.

$$\begin{aligned} 4x + 6y &= -14 \\ -4x - 5y &= 13 \\ \hline y &= -1 \end{aligned}$$

$2x - 3 = -7$

$2x = -4$

$x = -2$

$(-2, -1)$

8.

$$\begin{aligned} -6x - 6y &= 0 \\ -2x - 6y &= -24 \\ \hline -8x &= -24 \\ x &= 3 \end{aligned}$$

$3(3) + 3(y) = 0$

$3y = -9$

$y = -3$

$(3, -3)$

9.

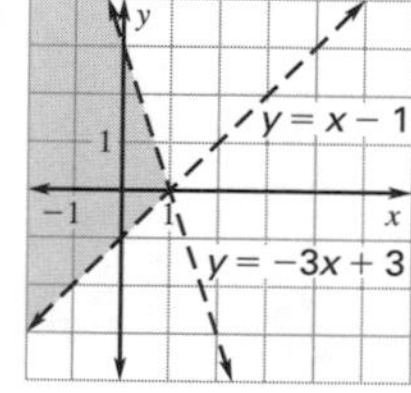

10.

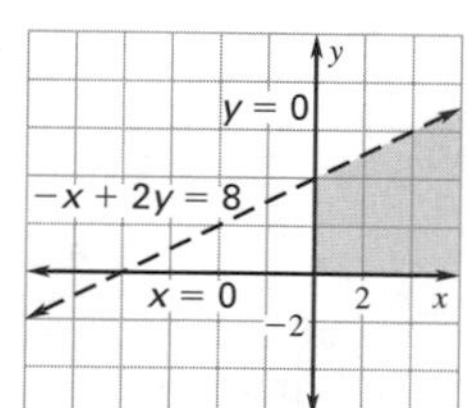

Chapter 3 *continued*

11.

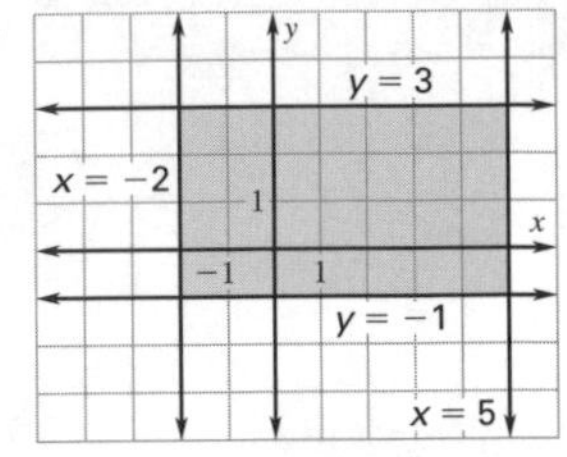

12.

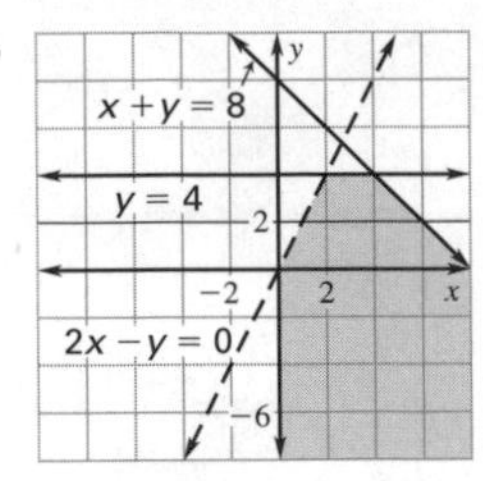

13. (0, 10): $C = 5(0) + 2(10) = 20$

(10, 0): $C = 5(10) + 2(0) = 50$ max

(0, 0): $C = 5(0) + 2(0) = 0$ min

14. (0, 4): $C = 5(0) + 2(4) = 8$

(5, 0): $C = 5(5) + 2(0) = 25$ max

(0, 0): $C = 5(0) + 2(0) = 0$ min

15. (1, 0): $C = 5(1) + 2(0) = 5$ min

(1, 9): $C = 5(1) + 2(9) = 23$

(4, 0): $C = 5(4) + 2(0) = 20$

(4, 9): $C = 5(4) + 2(9) = 38$ max

16. (0, 0): $C = 5(0) + 2(0) = 0$ min

(0, 6): $C = 5(0) + 2(6) = 12$

(4, 6): $C = 5(4) + 2(6) = 32$

(5, 5): $C = 5(5) + 2(5) = 35$ max

17.

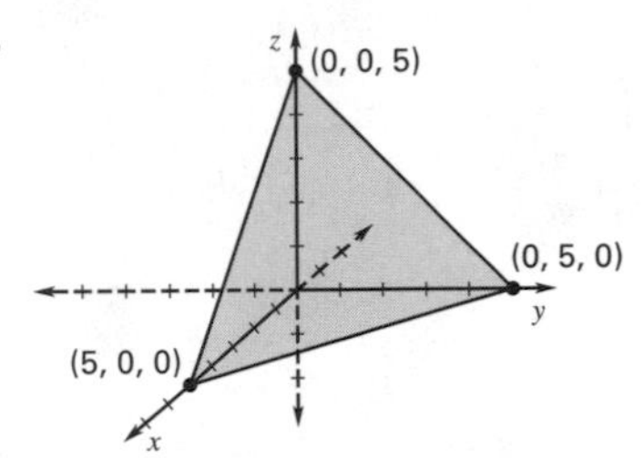

18.

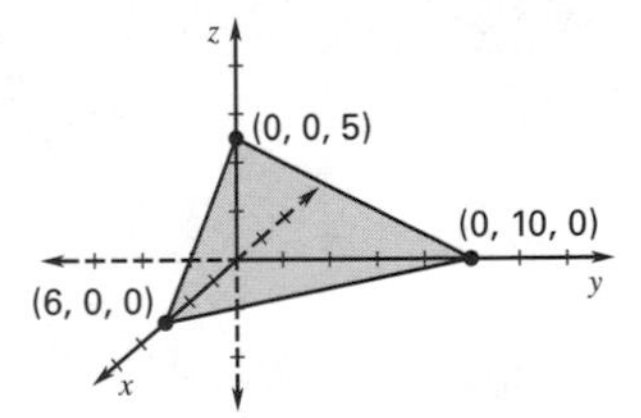

19.

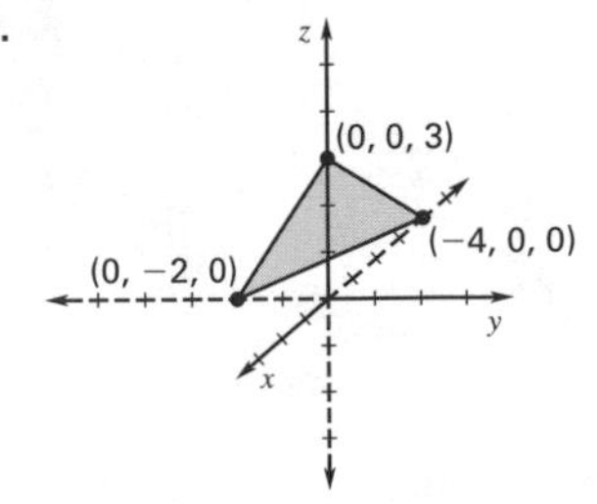

20.
$$\begin{array}{r} x + 2y - z = 3 \\ -x + y + 3z = -5 \\ \hline 3y + 2z = -2 \end{array}$$

$$\begin{array}{r} -3x + 3y + 9z = -15 \\ 3x + y + 2z = 4 \\ \hline 4y + 11z = -11 \end{array}$$

$$\begin{array}{r} -12y - 8z = 8 \\ 12y + 33z = -33 \\ \hline 25z = -25 \\ z = -1 \end{array}$$

$4y - 11 = -11$ $\quad x = 3 - 1 - 2(0)$

$4y = 0$ $\quad x = 2$

$y = 0$

$(2, 0, -1)$

21.
$$\begin{array}{r} 2x - 4y + 3z = 1 \\ -2x + 5y - 2z = 2 \\ \hline y + z = 3 \end{array}$$

$$\begin{array}{r} 6x + 2y + 10z = 19 \\ -6x + 15y - 6z = 6 \\ \hline 17y + 4z = 25 \end{array}$$

$$\begin{array}{r} -17y - 17z = -51 \\ 17y + 4z = 25 \\ \hline -13z = -26 \\ z = 2 \end{array}$$

$y + 2 = 3$

$y = 1$

$2x = 1 + 4 - 6$

$2x = -1$

$x = -\frac{1}{2}$

$\left(-\frac{1}{2}, 1, 2\right)$

22.
$$\begin{array}{r} x + y + z = 3 \\ x + y - z = 3 \\ \hline 2x + 2y = 6 \end{array}$$

$$\begin{array}{r} x + y - z = 3 \\ 2x + 2y + z = 6 \\ \hline 3x + 3y = 9 \end{array}$$

$2y = 6 - 2x$

$y = 3 - x$

$x + 3 - x + z = 3$

$z = 0$

$(x, 3 - x, 0)$

Chapter 3 Test (pages 15A–15B)

1.

2x − 3y = 12; x + y = 1

one solution; $(3, -2)$

2.

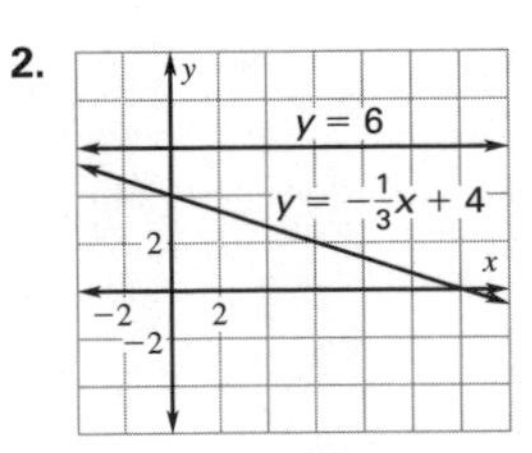

one solution; $(-6, 6)$

3.

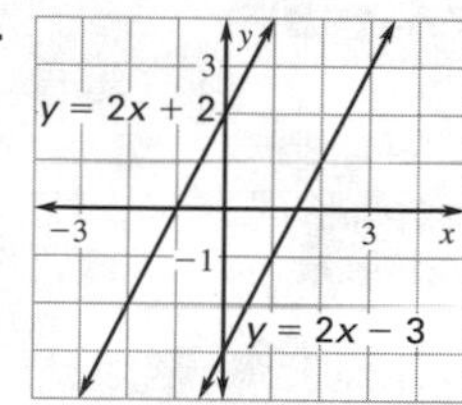

no solution

4.

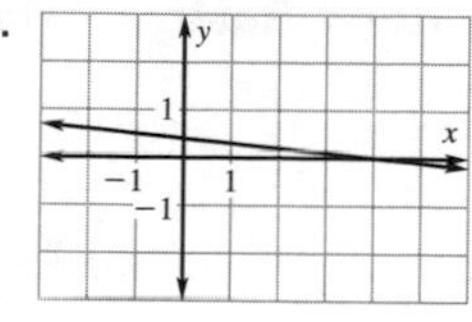

infinitely many solutions

5. $3(-3 - 2y) + 6y = -9$

$-9 - 6y + 6y = -9$

infinitely many solutions

6. $2x = 6$

$x = 3$

$y = 11 - 3$

$y = 8$

$(3, 8)$

7. $3x - 10(-17 - 7x) = 24$

$3x + 170 + 70x = 24$

$73x = -146$

$x = -2$

$y = (-17 + 14)$

$y = -3$

$(-2, -3)$

8. $8x + 3(-3 + 5x) = -2$

$8x - 9 + 15x = -2$

$23x = 7$

$x = \frac{7}{23}$

$y = -3 + \frac{35}{23}$

$y = -\frac{34}{23}$

$\left(\frac{7}{23}, -\frac{34}{23}\right)$

9.

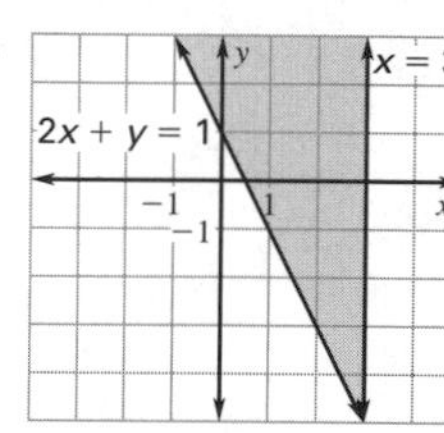

10.

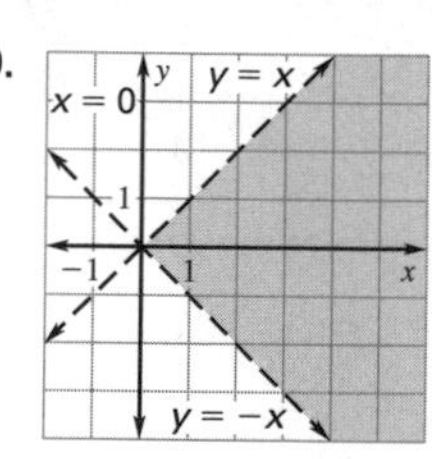

11.

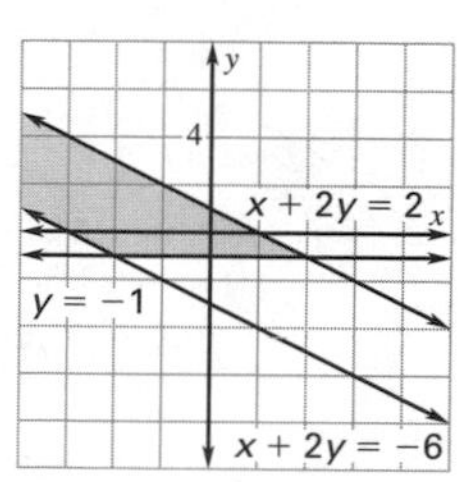

12.

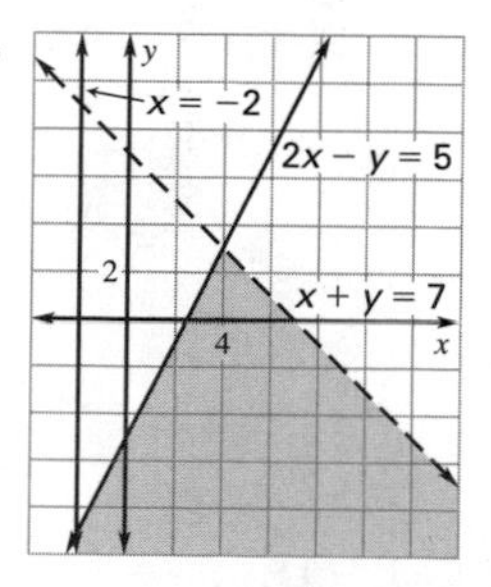

13. $(0, 0)$: $C = 7(0) + 4(0) = 0$ min

$(0, 8)$: $C = 7(0) + 4(8) = 32$

$(6, 0)$: $C = 7(6) + 4(0) = 42$ max

14. $(4, 6)$: $C = 3(4) + 4(6) = 36$ max

$(2, 7)$: $C = 3(2) + 4(7) = 34$

No min—feasible region is unbounded.

15.

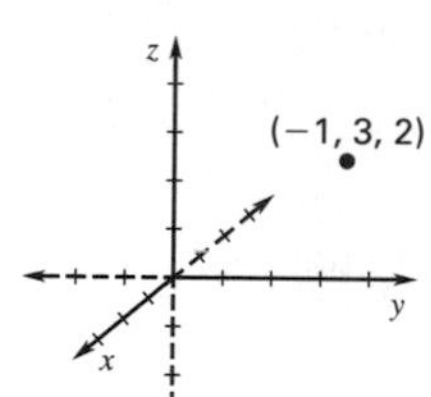

16.

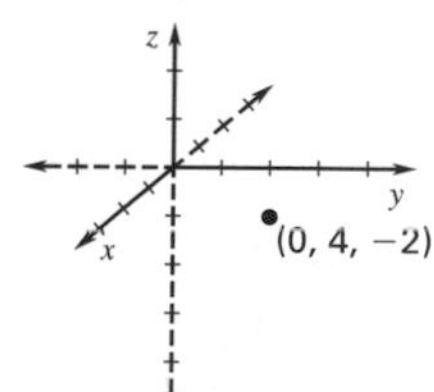

17.

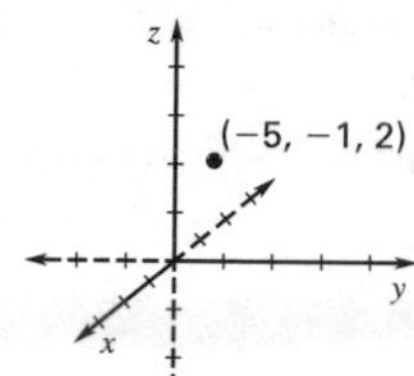

18.

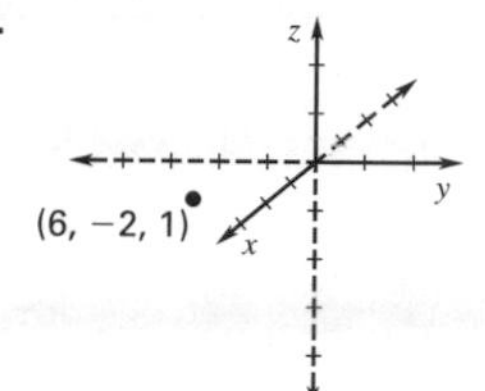

19.

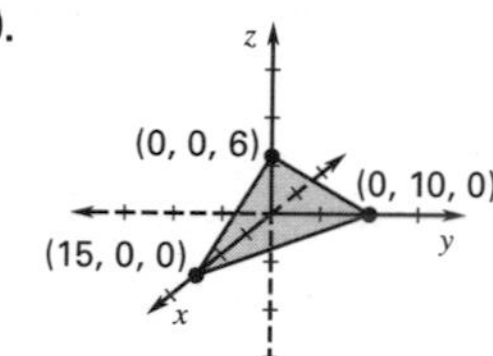

20.

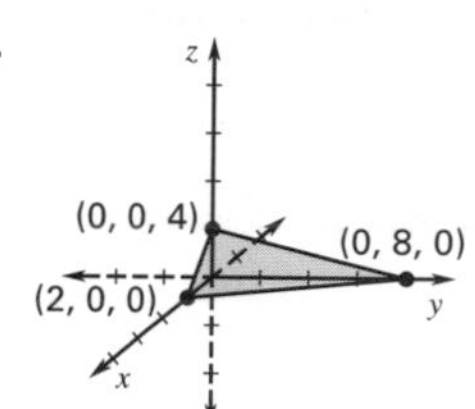

21.

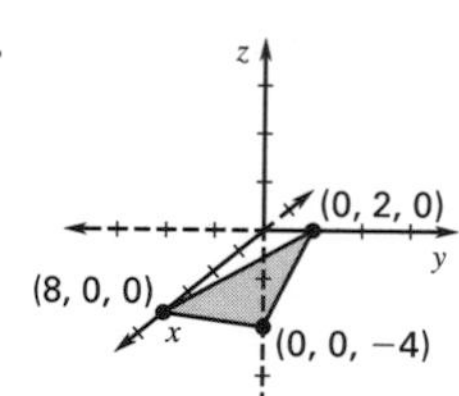

22. $z = 9 - 2x + 5y$

$f(x, y) = 9 - 2x + 5y$

$f(10, 3) = 9 - 20 + 15$

$f(10, 3) = 4$

Chapter 3 *continued*

23.
$$\begin{array}{r} -x - 2y + 6z = -23 \\ \underline{x + 3y + z = 4} \\ y + 7z = -19 \end{array}$$
$$\begin{array}{r} -2x - 6y - 2z = -8 \\ \underline{2x + 5y - 4z = 24} \\ -y - 6z = 16 \end{array}$$
$$\begin{array}{r} y + 7z = -19 \\ \underline{-y - 6z = 16} \\ z = -3 \end{array}$$
$$\begin{array}{r} -y - 6(-3) = 16 \\ y = 2 \end{array}$$
$$\begin{array}{r} x + 6 - 3 = 4 \\ x = 1 \end{array}$$
$(1, 2, -3)$

24.
$$\begin{array}{r} x + y + 2z = 1 \\ \underline{x - y + z = 0} \\ 2x + 3z = 1 \end{array}$$
$$\begin{array}{r} 3x - 3y + 3z = 0 \\ \underline{3x + 3y + 6z = 4} \\ 6x + 9z = 4 \end{array}$$
$$\begin{array}{r} 2x + 3z = 1 \\ 6x + 9z = 4 \\ \underline{-6x - 9z = -3} \\ 0 \neq 1 \end{array}$$
no solution

25.
$$\begin{array}{r} -4(1 - 3y + z) - 2y + 5z = 16 \\ -4 + 12y - 4z - 2y + 5z = 16 \\ 10y + z = 20 \end{array}$$
$$\begin{array}{r} 7(1 - 3y + z) + 10y + 6z = -15 \\ 7 - 21y + 7z + 10y + 6z = -15 \\ -11y + 13z = -22 \end{array}$$
$$\begin{array}{r} -11y + 13(20 - 10y) = -22 \\ -11y + 260 - 130y = -22 \\ -141y = -282 \\ y = 2 \end{array}$$
$z = 20 - 20$
$z = 0$
$x = 1 - 6 + 0$
$x = -5$

$(-5, 2, 0)$

26. $10d + 25p = 150$

$0.5d + 0.75p = 5.5$

Buy 4 packs of plain beads and 5 packs of decorative beads.

27. $C = 250c + 400u$

$40c + 60u \geq 4800$

$c + u \geq 100$

$c \geq 0$

$u \geq 0$

Order 120 chest freezers. This will give a profit of \$4800 at a cost of \$30,000.

Chapter 4

Chapter 4 Review (pages 17A–19B)

1. $\begin{bmatrix} 15 & -5 \\ 1 & 5 \end{bmatrix}$

2. Not possible; the matrices have different dimensions.

3. $\begin{bmatrix} 8 & 11 \\ 9 & 13 \\ 8 & 6 \end{bmatrix}$

4. Not possible; the matrices have different dimensions.

5. $\begin{bmatrix} 8 & 12 & -2 \\ 20 & -10 & 4 \\ 0 & 22 & 2 \end{bmatrix}$ **6.** $\begin{bmatrix} -1 & 0 \\ 2 & 4 \\ -3 & 1 \end{bmatrix}$

7.
$1 = y - 9$
$10 = y$
$-5x = 5$
$x = -1$
$(-1, 10)$

8.
$4y + 5 = 7$
$4y = -12$
$y = -3$
$-1 + 8 = x$
$x = 7$
$(7, -3)$

9.
$3y - 4 = 11$
$3y = 15$
$y = 5$
$4 + x = 3$
$x = -1$
$(-1, 5)$

10.
$7y - 1 = 6$
$7y = 7$
$y = 1$
$-3 - x = -2$
$-x = 1$
$(-1, 1)$

11. $\begin{bmatrix} -120 & -84 \\ 40 & 28 \end{bmatrix}$ **12.** $\begin{bmatrix} 5 & 24 \\ 25 & -36 \end{bmatrix}$ **13.** $\begin{bmatrix} 17 & -29 & 64 \\ 18 & -36 & 72 \end{bmatrix}$

14. $(-18 - 3) = -21$ **15.** $(6 + 6) = 12$

16. $(12 + 0 + 0) - (0 - 9 + 8) = 12 - 17 = -5$

17. $(-6 + 6 + 0) - (4 - 8 + 0) = 4$

18. $A = \pm\frac{1}{2}\begin{vmatrix} 0 & 1 & 1 \\ 2 & 4 & 1 \\ 1 & 8 & 1 \end{vmatrix} = \pm\frac{1}{2}[(0 + 1 + 16)]$

$= \pm\frac{1}{2}(17 - 6) = \frac{11}{2}$ unit^2

19. $\begin{vmatrix} 7 & -4 \\ 2 & 5 \end{vmatrix} = (35 + 8) = 43$

$x = \dfrac{\begin{vmatrix} -3 & -4 \\ -7 & 5 \end{vmatrix}}{43} = \dfrac{(-15 - 28)}{43} = -1$

$y = \dfrac{\begin{vmatrix} 7 & -3 \\ 2 & -7 \end{vmatrix}}{43} = -\dfrac{49 + 6}{43} = -1$

$(-1, -1)$

Chapter 4 *continued*

20. $\begin{vmatrix} 2 & 1 \\ 1 & -2 \end{vmatrix} = -4 - 1 = -5$

$x = \dfrac{\begin{vmatrix} -2 & 1 \\ 19 & -2 \end{vmatrix}}{-5} = \dfrac{4 - 19}{-5} = 3$

$y = \dfrac{\begin{vmatrix} 2 & -2 \\ 1 & 19 \end{vmatrix}}{-5} = \dfrac{38 + 2}{-5} = -8$

$(3, -8)$

21. $\begin{vmatrix} 5 & -4 & 4 \\ -1 & 3 & -2 \\ 4 & 2 & 7 \end{vmatrix} = (105 + 32 + 8) - (48 + 20 + 28)$

$= 145 - 96 = 49$

$x = \dfrac{\begin{vmatrix} 18 & -4 & 4 \\ 0 & 3 & -2 \\ 3 & -2 & 7 \end{vmatrix}}{49} = \dfrac{(378 + 24 + 0) - (36 + 72 + 0)}{49}$

$= \dfrac{402 - 108}{49} = \dfrac{294}{49} = 6$

$y = \dfrac{\begin{vmatrix} 5 & 18 & 4 \\ -1 & 0 & -2 \\ 4 & 3 & 7 \end{vmatrix}}{49} = \dfrac{(0 - 144 - 12) - (0 - 30 - 126)}{49}$

$= -\dfrac{156 + 156}{49} = 0$

$z = \dfrac{\begin{vmatrix} 5 & -4 & 18 \\ -1 & 3 & 0 \\ 4 & -2 & 3 \end{vmatrix}}{49} = \dfrac{(45 + 0 + 36) - (216 + 0 + 12)}{49}$

$= \dfrac{81 - 228}{49} = -\dfrac{149}{49} = -3$

$(6, 0, -3)$

22. $\begin{bmatrix} 11 & -3 \\ -7 & 2 \end{bmatrix}$ **23.** $\dfrac{1}{4}\begin{bmatrix} 3 & -2 \\ -1 & 2 \end{bmatrix} = \begin{bmatrix} \frac{3}{4} & -\frac{1}{2} \\ -\frac{1}{4} & \frac{1}{2} \end{bmatrix}$

24. det is zero; no inverse **25.** $\begin{bmatrix} 1 & 1 \\ 5 & 6 \end{bmatrix}$

26. $X = \begin{bmatrix} 2 & -3 \\ -3 & 5 \end{bmatrix}\begin{bmatrix} 0 & 9 \\ -1 & 4 \end{bmatrix} = \begin{bmatrix} 3 & 6 \\ -5 & -7 \end{bmatrix}$

27. $X = \begin{bmatrix} -3 & -5 \\ 4 & 7 \end{bmatrix}\begin{bmatrix} 1 & -1 \\ 0 & 1 \end{bmatrix} = \begin{bmatrix} -3 & -2 \\ 4 & 3 \end{bmatrix}$

28. $\begin{bmatrix} 9 & 8 \\ -1 & -1 \end{bmatrix}\begin{bmatrix} x \\ y \end{bmatrix} = \begin{bmatrix} -6 \\ 1 \end{bmatrix}$

$A^{-1} = -\dfrac{1}{1}\begin{bmatrix} -1 & -8 \\ 1 & 9 \end{bmatrix} = \begin{bmatrix} 1 & 8 \\ -1 & -9 \end{bmatrix}$

$X = \begin{bmatrix} 1 & 8 \\ -1 & -9 \end{bmatrix}\begin{bmatrix} -6 \\ 1 \end{bmatrix} = \begin{bmatrix} 2 \\ -3 \end{bmatrix}; (2, -3)$

29. $\begin{bmatrix} 1 & -3 \\ 5 & 3 \end{bmatrix}\begin{bmatrix} x \\ y \end{bmatrix} = \begin{bmatrix} -2 \\ 17 \end{bmatrix}$

$A^{-1} = \dfrac{1}{18}\begin{bmatrix} 3 & 3 \\ -5 & 1 \end{bmatrix} = \begin{bmatrix} \frac{1}{6} & \frac{1}{6} \\ -\frac{5}{18} & \frac{1}{18} \end{bmatrix}$

$X = \begin{bmatrix} \frac{1}{6} & \frac{1}{6} \\ -\frac{5}{18} & \frac{1}{18} \end{bmatrix}\begin{bmatrix} -2 \\ 17 \end{bmatrix} = \begin{bmatrix} \frac{5}{2} \\ \frac{3}{2} \end{bmatrix}; \left(\frac{5}{2}, \frac{3}{2}\right)$

30. $\begin{bmatrix} 4 & -14 \\ 18 & -12 \end{bmatrix}\begin{bmatrix} x \\ y \end{bmatrix} = \begin{bmatrix} -15 \\ 9 \end{bmatrix}$

$A^{-1} = \dfrac{1}{204}\begin{bmatrix} -12 & 14 \\ -18 & 4 \end{bmatrix}$

$X = \dfrac{1}{204}\begin{bmatrix} -12 & 14 \\ -18 & 4 \end{bmatrix}\begin{bmatrix} -15 \\ 9 \end{bmatrix} = \dfrac{1}{204}\begin{bmatrix} 306 \\ 306 \end{bmatrix} = \begin{bmatrix} \frac{3}{2} \\ \frac{3}{2} \end{bmatrix}; \left(\frac{3}{2}, \frac{3}{2}\right)$

31. $A = \begin{bmatrix} 1 & -1 & -4 \\ -1 & 3 & -1 \\ 1 & -1 & 5 \end{bmatrix} \quad A^{-1} = \dfrac{1}{9}\begin{bmatrix} 7 & \frac{9}{2} & \frac{13}{2} \\ 2 & \frac{9}{2} & \frac{5}{2} \\ -1 & 0 & 1 \end{bmatrix}$

$X = \dfrac{1}{9}\begin{bmatrix} 7 & \frac{9}{2} & \frac{13}{2} \\ 2 & \frac{9}{2} & \frac{5}{2} \\ -1 & 0 & 1 \end{bmatrix}\begin{bmatrix} 3 \\ -1 \\ 3 \end{bmatrix} = \dfrac{1}{9}\begin{bmatrix} 36 \\ 9 \\ 0 \end{bmatrix} = \begin{bmatrix} 4 \\ 1 \\ 0 \end{bmatrix}; (4, 1, 0)$

32. $A = \begin{bmatrix} 4 & 10 & -1 \\ 11 & 28 & -4 \\ -6 & -15 & 2 \end{bmatrix} \quad A^{-1} = \begin{bmatrix} -4 & -5 & -12 \\ 2 & 2 & 5 \\ 3 & 0 & 2 \end{bmatrix}$

$X = \begin{bmatrix} -4 & -5 & -12 \\ 2 & 2 & 5 \\ 3 & 0 & 2 \end{bmatrix}\begin{bmatrix} -3 \\ 1 \\ -1 \end{bmatrix} = \begin{bmatrix} 19 \\ -9 \\ -11 \end{bmatrix}; (19, -9, -11)$

33. $A = \begin{bmatrix} 5 & -3 & 5 \\ 3 & 2 & 4 \\ 2 & -1 & 3 \end{bmatrix} \quad A = \dfrac{1}{9}\begin{bmatrix} 5 & 2 & -11 \\ \frac{1}{2} & \frac{5}{2} & -\frac{5}{2} \\ \frac{7}{2} & \frac{1}{2} & \frac{3}{2} \end{bmatrix}$

$X = \dfrac{1}{9}\begin{bmatrix} 5 & 2 & -11 \\ \frac{1}{2} & \frac{5}{2} & -\frac{5}{2} \\ \frac{7}{2} & \frac{1}{2} & \frac{3}{2} \end{bmatrix}\begin{bmatrix} -1 \\ 11 \\ 4 \end{bmatrix} = \dfrac{1}{9}\begin{bmatrix} -27 \\ 18 \\ 36 \end{bmatrix} = \begin{bmatrix} -3 \\ 2 \\ 4 \end{bmatrix}; (-3, 2, 4)$

Chapter 4 Test (pages 20A–20B)

1. $\begin{bmatrix} 5 & 7 & 3 \\ 1 & -5 & 5 \end{bmatrix}$ **2.** $\begin{bmatrix} 2 & 5 & -3 \\ -2 & -1 & 9 \end{bmatrix}$

3. $-4\left(\begin{bmatrix} -3 & 2 \\ -1 & 2 \end{bmatrix}\right) = \begin{bmatrix} 12 & -8 \\ 4 & -8 \end{bmatrix}$ **4.** $\begin{bmatrix} 18 \\ 0 \\ -2 \end{bmatrix}$

5. $\begin{bmatrix} -23 & 4 \\ 17 & 8 \end{bmatrix}$ **6.** $\begin{bmatrix} 4 & 6 & 0 \\ -5 & -2 & 1 \\ 7 & 12 & -1 \end{bmatrix}$

7. $y + 6 = 8$ $\quad x - 4 = -9$

$y = 2$ $\quad x = -5$

$(-5, 2)$

8. $-22 = 2x$ $\quad -y = 4$ **9.** $3x = -15$ $\quad 24 = y$

$-11 = x$ $\quad y = 4$ $\quad x = -5$ $\quad y = 24$

$(-11, -4)$ $\quad (-5, 24)$

10. $\det A = 28 - (27) = 1$ **11.** $2 + 1 = 3$

12. $(0 + 0 + 2) - (10 + 24 + 0) = -32$

13. $(0 + 0 - 120) - (0 - 10 + 18) = -128$

14. $$A = \pm\frac{1}{2}\begin{vmatrix} 2 & 1 & 1 \\ 5 & 3 & 1 \\ 7 & 1 & 1 \end{vmatrix}$$

$$= \pm\frac{1}{2}[(6 + 7 + 5) - (21 + 2 + 5)] = 5$$

15. $$A = \pm\frac{1}{2}\begin{vmatrix} -1 & 0 & 1 \\ -3 & 3 & 1 \\ 0 & 4 & 1 \end{vmatrix}$$

$$= \pm\frac{1}{2}\Big[(-3 + 0 - 12) - (0 - 4 + 0) = \frac{11}{2}$$

16. $$A = \pm\frac{1}{2}\begin{vmatrix} -3 & 2 & 1 \\ -1 & 4 & 1 \\ -4 & 3 & 1 \end{vmatrix}$$

$$= \pm\frac{1}{2}[(-12 - 8 - 3) - (-16 - 9 - 2)] = 2$$

17. $A = \begin{bmatrix} 2 & 1 \\ 5 & 3 \end{bmatrix}$ $\quad \det A = 6 - 5 = 1$

$$x = \frac{\begin{vmatrix} 12 & 1 \\ 27 & 3 \end{vmatrix}}{1} = 36 - 27 = 9$$

$$y = \frac{\begin{vmatrix} 2 & 12 \\ 5 & 27 \end{vmatrix}}{1} = 54 - 60 = -6$$

$(9, -6)$

18. $A = \begin{bmatrix} -4 & 5 \\ 5 & -6 \end{bmatrix}$ $\quad \det A = 24 - 25 = -1$

$$x = \frac{\begin{vmatrix} -10 & 5 \\ 13 & -6 \end{vmatrix}}{-1} = -(60 - 65) = 5$$

$$y = \frac{\begin{vmatrix} -4 & -10 \\ 5 & 13 \end{vmatrix}}{-1} = -(-52 + 50) = 2$$

$(5, 2)$

19. $$A = \begin{bmatrix} 1 & 1 & 0 \\ 0 & 2 & -1 \\ -1 & -1 & 1 \end{bmatrix}$$

$\det A = (2 + 1 + 0) - (0 + 1 - 0) = 2$

$$x = \frac{\begin{vmatrix} 2 & 1 & 0 \\ 0 & 2 & -1 \\ -1 & -1 & 1 \end{vmatrix}}{2} = \frac{(4 - 1 + 0) - (-2 + 2 + 0)}{2} = \frac{3}{2}$$

$$y = \frac{\begin{vmatrix} 1 & 2 & 0 \\ 0 & 0 & -1 \\ -1 & -1 & 1 \end{vmatrix}}{2} = \frac{(0 + 2 + 0) - (0 + 1 + 0)}{2} = \frac{1}{2}$$

$$z = \frac{\begin{vmatrix} 1 & 1 & 2 \\ 0 & 2 & 0 \\ -1 & -1 & -1 \end{vmatrix}}{2} = \frac{(-2 + 0 + 0) - (-4 + 0 + 0)}{2}$$

$= 1$

$\left(\frac{3}{2}, \frac{1}{2}, 1\right)$

20. $$A = \begin{bmatrix} 5 & -2 & 7 \\ 2 & 5 & 3 \\ 3 & -1 & 4 \end{bmatrix}$$

$\det A = (100 - 18 - 14) - (105 - 15 - 16)$

$= 68 - 74 = -6$

$$x = \frac{\begin{vmatrix} 12 & -2 & 7 \\ 10 & 5 & 3 \\ 8 & -1 & 4 \end{vmatrix}}{-6}$$

$$= \frac{(240 - 48 - 70) - (280 - 36 - 80)}{-6}$$

$$= \frac{122 - 164}{-6} = 7$$

$$y = \frac{\begin{vmatrix} 5 & 12 & 7 \\ 2 & 10 & 3 \\ 3 & 8 & 4 \end{vmatrix}}{-6}$$

$$= \frac{(200 + 108 + 112) - (210 + 120 + 96)}{-6}$$

$$= \frac{420 - 426}{-6} = 1$$

$$z = \frac{\begin{vmatrix} 5 & -2 & 12 \\ 2 & 5 & 10 \\ 3 & -1 & 8 \end{vmatrix}}{-6}$$

$$= (200 - 60 - 24) - (180 - 50 - 32) = \frac{116 - 98}{-6} = -3$$

$(7, 1, -3)$

Chapter 4 *continued*

21. $\frac{1}{36-15}\begin{bmatrix} 9 & -5 \\ -3 & 4 \end{bmatrix} = \begin{bmatrix} \frac{3}{7} & -\frac{5}{21} \\ -\frac{1}{7} & \frac{4}{21} \end{bmatrix}$

22. $\frac{1}{-1+2}\begin{bmatrix} 1 & 2 \\ -1 & -1 \end{bmatrix} = \begin{bmatrix} 1 & 2 \\ -1 & -1 \end{bmatrix}$

23. $\frac{1}{30-24}\begin{bmatrix} -5 & -4 \\ -6 & -6 \end{bmatrix} = \begin{bmatrix} -\frac{5}{6} & -\frac{2}{3} \\ -1 & -1 \end{bmatrix}$

24. $\frac{1}{-5+0}\begin{bmatrix} -5 & 0 \\ 0 & 1 \end{bmatrix} = \begin{bmatrix} 1 & 0 \\ 0 & -\frac{1}{5} \end{bmatrix}$

25. $A = \begin{bmatrix} 8 & 7 \\ 1 & 1 \end{bmatrix} \quad A^{-1} = \begin{bmatrix} 1 & -7 \\ -1 & 8 \end{bmatrix}$

$x = \begin{bmatrix} 1 & -7 \\ -1 & 8 \end{bmatrix}\begin{bmatrix} 3 & -6 \\ -2 & 9 \end{bmatrix} = \begin{bmatrix} 17 & -69 \\ -19 & 78 \end{bmatrix}$

26. $A = \begin{bmatrix} 2 & 5 \\ 2 & 6 \end{bmatrix} \quad A^{-1} = \frac{1}{12-10}\begin{bmatrix} 6 & -5 \\ -2 & 2 \end{bmatrix}$

$x = \frac{1}{2}\begin{bmatrix} 6 & -5 \\ -2 & 2 \end{bmatrix}\begin{bmatrix} 1 & 0 \\ 0 & 1 \end{bmatrix} = \frac{1}{2}\begin{bmatrix} 6 & -5 \\ -2 & 2 \end{bmatrix} = \begin{bmatrix} 3 & -\frac{5}{2} \\ -1 & 1 \end{bmatrix}$

27. $A = \begin{bmatrix} 1 & 0 \\ -6 & 2 \end{bmatrix} \quad A^{-1} = \frac{1}{2}\begin{bmatrix} 2 & 0 \\ 6 & 1 \end{bmatrix}$

$x = \begin{bmatrix} 1 & 0 \\ 3 & \frac{1}{2} \end{bmatrix}\begin{bmatrix} 10 & 6 & 8 \\ 4 & 12 & 2 \end{bmatrix} = \begin{bmatrix} 10 & 6 & 8 \\ 32 & 24 & 25 \end{bmatrix}$

28. $A = \begin{bmatrix} 1 & -1 \\ -2 & 3 \end{bmatrix} \quad A^{-1} = \begin{bmatrix} 3 & 1 \\ 2 & 1 \end{bmatrix}$

$x = \begin{bmatrix} 3 & 1 \\ 2 & 1 \end{bmatrix}\begin{bmatrix} 5 \\ -9 \end{bmatrix} = \begin{bmatrix} 6 \\ 1 \end{bmatrix}$

$(6, 1)$

29. $A = \begin{bmatrix} 3 & 2 \\ -2 & 5 \end{bmatrix} \quad A^{-1} = \frac{1}{19}\begin{bmatrix} 5 & -2 \\ 2 & 3 \end{bmatrix}$

$x = \frac{1}{19}\begin{bmatrix} 5 & -2 \\ 2 & 3 \end{bmatrix}\begin{bmatrix} -8 \\ 18 \end{bmatrix} = \frac{1}{19}\begin{bmatrix} -76 \\ 38 \end{bmatrix} = \begin{bmatrix} -4 \\ 2 \end{bmatrix}$

$(-4, 2)$

30. $A = \begin{bmatrix} 2 & -7 \\ -3 & 11 \end{bmatrix} \quad A^{-1} = \begin{bmatrix} 11 & 7 \\ 3 & 2 \end{bmatrix}$

$x = \begin{bmatrix} 11 & 7 \\ 3 & 2 \end{bmatrix}\begin{bmatrix} 6 \\ -10 \end{bmatrix} = \begin{bmatrix} -4 \\ -2 \end{bmatrix}$

$(-4, -2)$

31. $A = \pm\frac{1}{2}\begin{vmatrix} 1 & 7 & 1 \\ 4 & 5 & 1 \\ 2 & 2 & 1 \end{vmatrix}$

$= \pm\frac{1}{2}[(5 + 14 + 8) - (10 + 2 + 28)]$

$= \pm\frac{1}{2}[27 - 40] = \frac{13}{2}$

32. $A = \begin{bmatrix} 2 & -1 \\ 3 & -1 \end{bmatrix} \quad A^{-1} = \begin{bmatrix} -1 & 1 \\ -3 & 2 \end{bmatrix}$

$[44 \;\; -15]\begin{bmatrix} -1 & 1 \\ -3 & 2 \end{bmatrix} = [1 \;\; 14]$ AN

$[3 \;\; -1]\begin{bmatrix} -1 & 1 \\ -3 & 2 \end{bmatrix} = [0 \;\; 1]$ __A

$[80 \;\; -32]\begin{bmatrix} -1 & 1 \\ -3 & 2 \end{bmatrix} = [16 \;\; 16]$ PP

$[39 \;\; -17]\begin{bmatrix} -1 & 1 \\ -3 & 2 \end{bmatrix} = [12 \;\; 5]$ LE

$[3 \;\; -1]\begin{bmatrix} -1 & 1 \\ -3 & 2 \end{bmatrix} = [0 \;\; 1]$ __A

$[12 \;\; -4]\begin{bmatrix} -1 & 1 \\ -3 & 2 \end{bmatrix} = [0 \;\; 4]$ __D

$[77 \;\; -26]\begin{bmatrix} -1 & 1 \\ -3 & 2 \end{bmatrix} = [1 \;\; 25]$ AY

AN APPLE A DAY

33. $x + y = 5 \quad A = \begin{bmatrix} 1 & 1 \\ 1.5 & 5 \end{bmatrix} \quad \det A = 5 - 1.5 = 3.5$

$1.5x + 5y = 18$

$x = \frac{\begin{vmatrix} 5 & 1 \\ 18 & 5 \end{vmatrix}}{3.5} = \frac{25 - 18}{3.5} = \frac{7}{3.5} = 2$

$y = \frac{\begin{vmatrix} 1 & 5 \\ 1.5 & 18 \end{vmatrix}}{3.5} = \frac{18 - 7.5}{3.5} = \frac{10.5}{3.5} = 3$

You should make your lunch 2 times and buy your lunch 3 times a week.

Chapter 5

Chapter 5 Review (pages 22A–24B)

1.

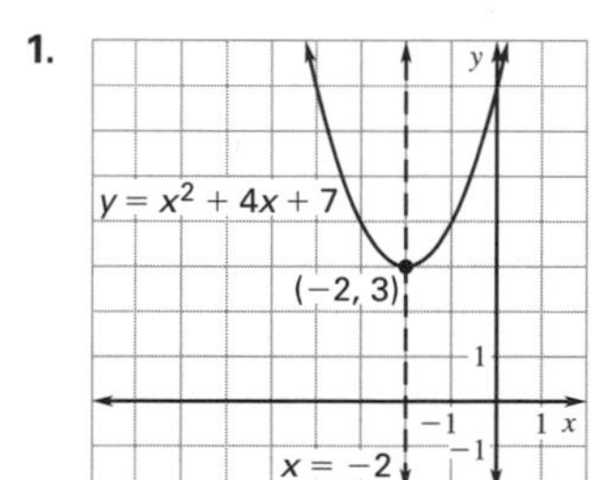

2\.

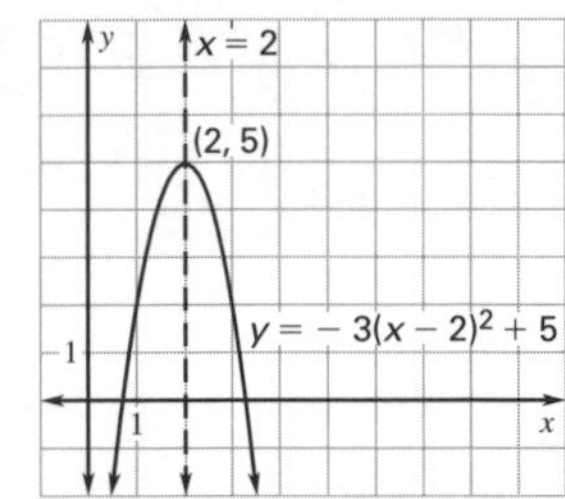

3\.

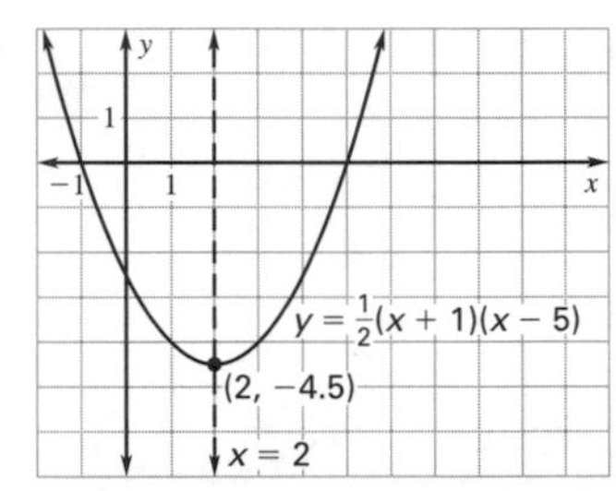

4\. $x^2 + 11x + 24 = 0$

$(x + 3)(x + 8) = 0$

$x = -3$ or $x = -8$

5\. $x^2 - 8x + 16 = 0$

$(x - 4)^2 = 0$

$x = 4$

6\. $2x^2 + 3x + 1 = 0$

$(2x + 1)(x + 1) = 0$

$x = -\frac{1}{2}$ or $x = -1$

7\. $3u^2 + 4u - 15 = 0$

$(u + 3)(3u - 5) = 0$

$u = -3$ or $u = \frac{5}{3}$

8\. $25v^2 - 30v + 9 = 0$

$(5v - 3)^2 = 0$

$v = \frac{3}{5}$

9\. $2x^2 = 200$

$x^2 = 100$

$x = \pm 10$

10\. $5x^2 = 15$

$x^2 = 3$

$x = \pm\sqrt{3}$

11\. $4(t + 6)^2 = 160$

$(t + 6)^2 = 40$

$(t + 6) = \pm 2\sqrt{10}$

$t = \pm 2\sqrt{10} - 6$

12\. $-(k - 1)^2 + 7 = -43$

$-(k - 1)^2 = -50$

$(k - 1)^2 = 50$

$k - 1 = \pm 5\sqrt{2}$

$k = 1 \pm 5\sqrt{2}$

13\. $(7 - 2) + (-4i + 5i) = 5 + i$

14\. $(2 - 6) + (11i + i) = -4 + 12i$

15\. $(12 + 90) + (40i - 27i) = 102 + 13i$

16\. $\frac{8 + i}{1 - 2i} \times \frac{1 + 2i}{1 + 2i} = \frac{(8 - 2) + (i + 16i)}{1 + 4} = \frac{6 + 17i}{5}$

17\. $\sqrt{(6)^2 + (9)^2} = \sqrt{36 + 81} = \sqrt{117} = 3\sqrt{13}$

18\. $x^2 + 4x = 3$

$x^2 + 4x + 4 = 7$

$(x + 2)^2 = 7$

$x + 2 = \pm\sqrt{7}$

$x = -2 \pm \sqrt{7}$

19\. $x^2 - 10x = -26$

$x^2 - 10x + 25 = -1$

$(x - 5)^2 = -1$

$x - 5 = \pm i$

$x = 5 \pm i$

20\. $2w^2 + w - 7 = 0$

$w^2 + \frac{1}{2}w + \frac{1}{16} = \frac{7}{2} + \frac{1}{16}$

$\left(w + \frac{1}{4}\right)^2 = \frac{57}{16}$

$w + \frac{1}{4} = \pm\frac{\sqrt{57}}{4}$

$w = -\frac{1}{4} \pm \frac{\sqrt{57}}{4}$

21\. $y = x^2 - 8x + 17$

$y - 17 + 16 = x^2 - 8x + 16$

$y = (x - 4)^2 + 1;$

$(4, 1)$

22\. $y = -x^2 - 2x - 6$

$y + 6 = -(x^2 + 2x)$

$y = -(x^2 + 2x + 1) - 5$

$y = -(x + 1)^2 - 5;$

$(-1, -5)$

23\. $y = 4x^2 + 16x + 23$

$y - 23 = 4(x^2 + 4x)$

$y = 4(x^2 + 4x + 4) + 7$

$y = 4(x + 2)^2 + 7;$

$(-2, 7)$

24\. $x^2 - 8x + 5 = 0$

$x = \frac{8 \pm \sqrt{64 - 20}}{2}$

$x = \frac{8 \pm \sqrt{44}}{2}$

$x = 4 \pm \sqrt{11}$

25\. $9x^2 + 7x - 1 = 0$

$x = \frac{-7 \pm \sqrt{49 + 36}}{18}$

$x = \frac{-7 \pm \sqrt{85}}{18}$

26\. $4v^2 + 10v + 7 = 0$

$v = \frac{-10 \pm \sqrt{100 - 112}}{8}$

$v = \frac{-10 \pm 2i\sqrt{3}}{8}$

$v = \frac{-5 \pm i\sqrt{3}}{4}$

27.

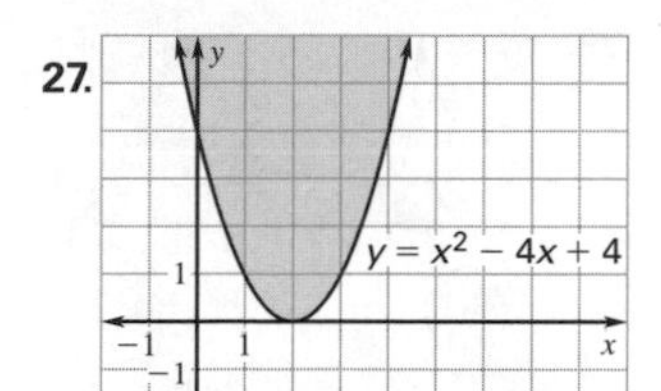

28.

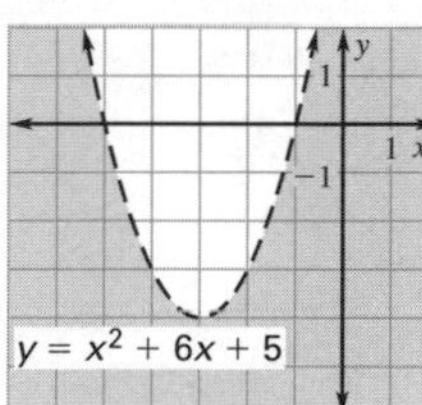

29.

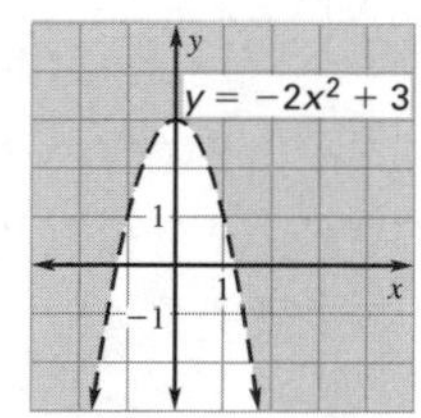

30. $x^2 - 3x - 4 \le 0$

$(x - 4)(x + 1) = 0$

$x = 4$ or $x = -1$

$-1 \le x \le 4$

31. $2x^2 + 7x + 2 \ge 0$

$$x = \frac{-7 \pm \sqrt{49 - 16}}{4}$$

$$x = \frac{-7 \pm \sqrt{33}}{4}$$

$$x \le \frac{-7 - \sqrt{33}}{4} \text{ or } x \ge \frac{-7 + \sqrt{33}}{4}$$

32. $9x^2 > 49$

$x^2 = \frac{49}{9}$

$x = \pm\frac{7}{3}$

$x < -\frac{7}{3}$ or $x > \frac{7}{3}$

33. $y = a(x - 6)^2 + 1$

$5 = a(4 - 6)^2 + 1$

$4 = 4a$

$a = 1$

$y = (x - 6)^2 + 1$

34. $y = a(x + 4)(x - 3)$

$20 = a(1 + 4)(1 - 3)$

$20 = a(-10)$

$-2 = a$

$y = -2(x + 4)(x - 3)$

35. $25a - 5b + c = 1$

$16a - 4b + c = -2$

$9a + 3b + c = 5$

$y = 0.5x^2 + 1.5x - 4$

Chapter 5 Test (pages 25A–25B)

1.

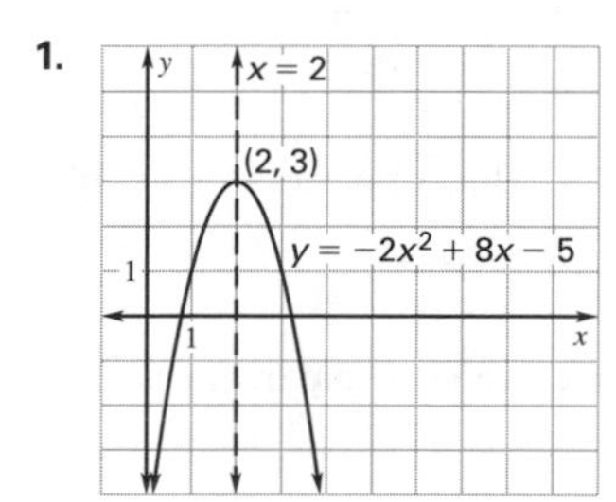

2.

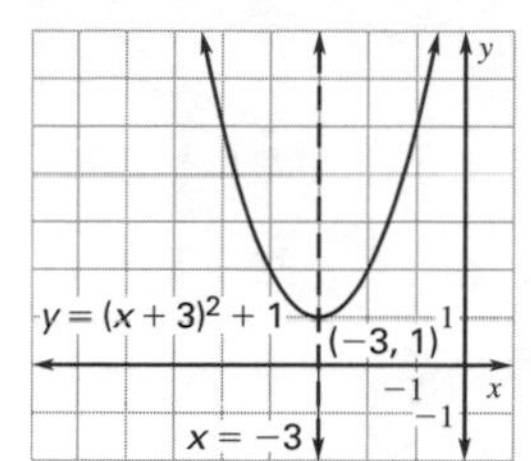

3.

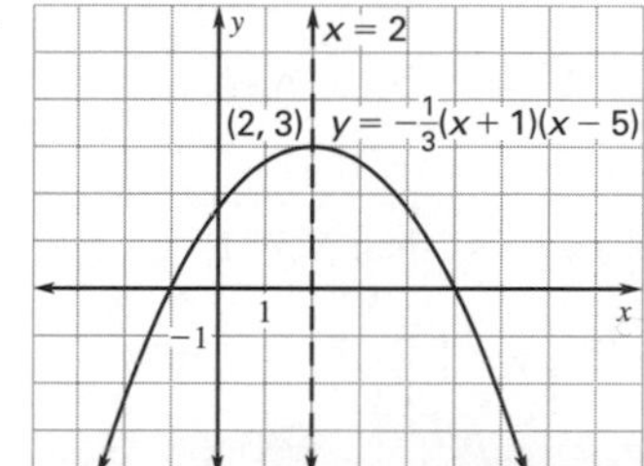

4. $y = 4(x - 3)^2 - 7$

$y + 7 = 4(x^2 - 6x + 9)$

$y + 7 = 4x^2 - 24x + 36$

$y = 4x^2 - 24x + 29$

5. $x^2 - x - 20 = (x - 5)(x + 4)$

6. $9x^2 + 6x + 1 = (3x + 1)^2$

7. $3u^2 - 108 = 3(u^2 - 36) = 3(u + 6)(u - 6)$

8. $y = x^2 - 10x + 16$

$y = (x - 8)(x - 2);$

8, 2

9. a. $\sqrt{5 \cdot 5 \cdot 5 \cdot 2 \cdot 2} = 10\sqrt{5}$

b. $\sqrt{\frac{8}{3}} = \frac{\sqrt{8}\sqrt{3}}{\sqrt{3}\sqrt{3}} = \frac{2\sqrt{6}}{3}$

10.

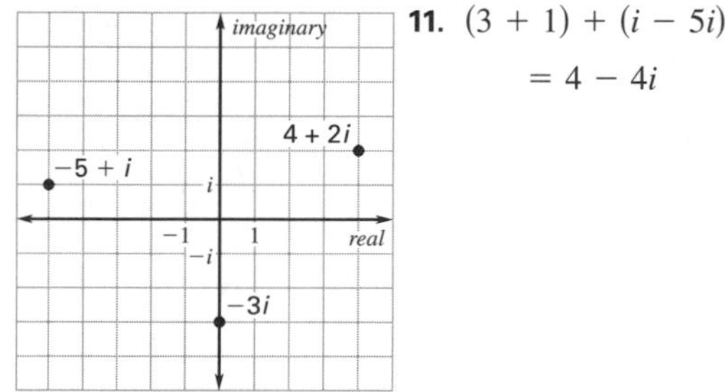

11. $(3 + 1) + (i - 5i)$

$= 4 - 4i$

12. $(-4 - 7) + (2i + 3i) = -11 + 5i$

13. $(48 - 2) + (6i + 16i) = 46 + 22i$

14. $\frac{9 + 2i}{1 - 4i} \times \frac{1 + 4i}{1 + 4i} = \frac{(9 - 8) + (2i + 36i)}{1 + 16} = \frac{1 + 38i}{17}$

Chapter 5 *continued*

15. $f(z) = z^2 - 0.5i$

$z_0 = 0$

$z_1 = f(0) = -0.5i$

$z_2 = f(-0.5i) = -0.25 - 0.5i$

$z_3 = f(-0.25 - 0.5i) = -0.1875 - 0.5i$

$|z_0| = 0$

$|z_1| = 0.5$

$|z_2| = \sqrt{0.0625 + .25} = \sqrt{0.3125} \approx 0.56$

$|z_3| = \sqrt{(-0.1875)^2 + (-0.5)^2} \approx 0.53$

Yes, the absolute values are less than $N = 1$.

16. $c = 4$;

$(x - 2)^2$

17. $c = \frac{121}{4}$;

$\left(x + \frac{11}{2}\right)^2$

18. $c = 0.09$;

$(x - 0.3)^2$

19. $y = x^2 + 18x - 4$

$y + 4 + 81 = x^2 + 18x + 81$

$y = (x + 9)^2 - 85$;

$(-9, -85)$

20. $7x^2 - 3 = 11$

$7x^2 = 14$

$x^2 = 2$

$x = \pm\sqrt{2}$

21. $5x^2 - 60x + 180 = 0$

$x^2 - 12x + 36 = 0$

$(x - 6)(x - 6) = 0$

$x = 6$

22. $4x^2 + 28 - 15 = 0$

$(2x + 15)(2x - 1) = 0$

$x = -\frac{15}{2}$ or $x = \frac{1}{2}$

23. $m^2 + 8m + 3 = 0$

$m = \dfrac{-8 \pm \sqrt{64 - 12}}{2}$

$m = -4 \pm \dfrac{\sqrt{52}}{2}$

$m = -4 \pm \sqrt{13}$

24. $3(p - 9)^2 = 81$

$(p - 9)^2 = 27$

$p - 9 = \pm 3\sqrt{3}$

$p = 9 \pm 3\sqrt{3}$

25. $2t^2 - 3t + 2 = 0$

$t = \dfrac{3 \pm \sqrt{9 - 16}}{4}$

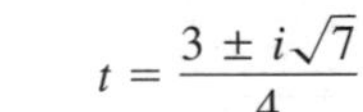

$t = \dfrac{3 \pm i\sqrt{7}}{4}$

26. $(-1)^2 - 4(7)(10)$

-279;

2 imaginary

27.

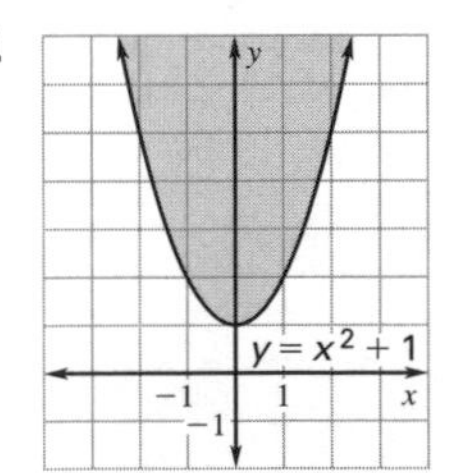

28.

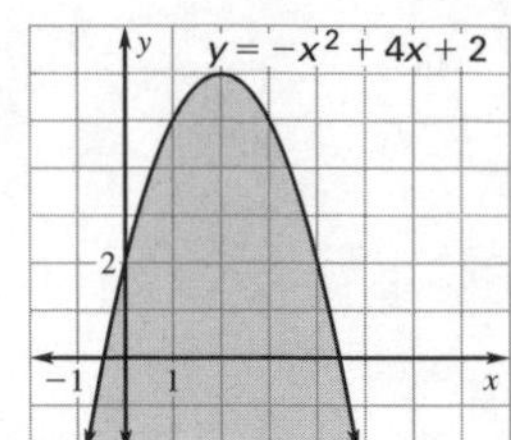

29.

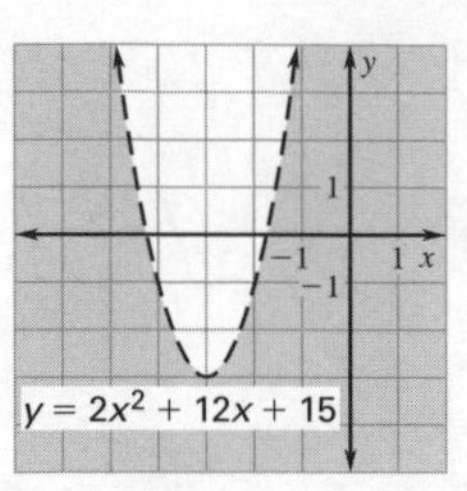

30. $-x^2 + x + 6 \geq 0$

$-(x^2 - x - 6) = 0$

$-(x - 3)(x + 2) = 0$

$x = 3$ or $x = -2$

$-2 \leq x \leq 3$

31. $2x^2 - 9 > 23$

$2x^2 = 32$

$x^2 = 16$

$x = \pm 4$

$x < -4$ or $x > 4$

32. $x = \dfrac{7 \pm \sqrt{49 - 16}}{2}$

$x = \dfrac{7 \pm \sqrt{33}}{2}$

$\dfrac{7 - \sqrt{33}}{2} < x < \dfrac{7 + \sqrt{33}}{2}$

33. $y = a(x + 3)^2 + 2$

$-18 = a(-1 + 3)^2 + 2$

$-20 = 4a$

$-5 = a$

$y = -5(x + 3)^2 + 2$

34. $y = a(x - 1)(x - 8)$

$-2 = a(2 - 1)(2 - 8)$

$-2 = a(-6)$

$\frac{1}{3} = a$

$y = \frac{1}{3}(x - 1)(x - 8)$

35. $a + b + c = 7$

$16a + 4b + c = -2$

$25a + 5b + c = -1$

$y = x^2 - 8x + 14$

36. $0 = -16t^2 + 167$

$167 = 16t^2$

$\frac{167}{16} = t^2$

$t \approx 3.23$

about 3.23 sec

37. $p = 1.225a^2 - 88a + 1697.375$

Chapter 6

Chapter 6 Review (pages 27A–29B)

1. $\dfrac{4}{9} \cdot \dfrac{216x^3}{y^3} = \dfrac{96x^3}{y^3}$; negative exponent, power of a quotient, power of a product, and power of a power properties

2. $\dfrac{x^4}{x^4} = 1$; negative exponent, product of powers, power of a power, and zero exponent properties

3. $\dfrac{-63xy^9}{18x^{-2}y^3} = -\dfrac{7}{2}x^3y^6$; negative exponent and quotient of powers properties

4. $5x^2y^2 \cdot \frac{1}{25x^2y} = \frac{y}{5}$; negative exponent, quotient of powers, and zero exponent properties

5.
$$\begin{array}{r|rrrr} 3 & 1 & 3 & -12 & 7 \\ & & 3 & 18 & 18 \\ \hline & 1 & 6 & 6 & 25 \end{array}$$

6.
$$\begin{array}{r|rrrrr} -1 & 1 & -5 & -3 & 1 & -5 \\ & & -1 & 6 & -3 & 2 \\ \hline & 1 & -6 & 3 & -2 & -3 \end{array}$$

7. $f(x) = -x^3 + 2$

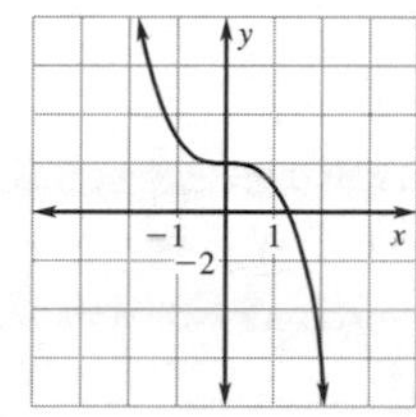

8. $f(x) = x^4 - 3$

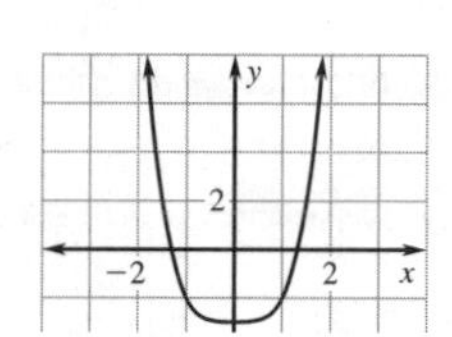

9. $f(x) = x^3 - 4x + 1$

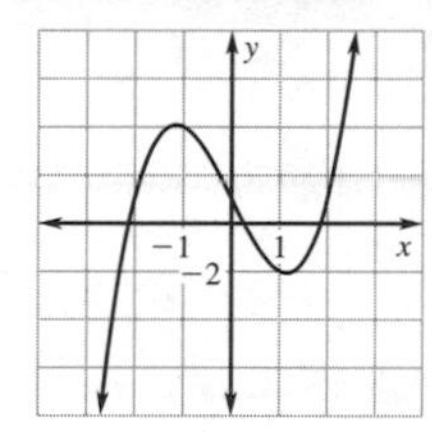

10. $(3x^3 + x^2 + 1) - (x^3 + 3) = 2x^3 + x^2 - 2$

11. $(x - 3)(x^2 + x - 7) = x^3 - 2x^2 - 10x + 21$

12. $(x + 3)(x - 5)(2x + 1) = (x^2 - 2x - 15)(2x + 1)$
$= 2x^3 - 3x^2 - 32x - 15$

13. $x^3 = -64$
$x = -4$

14. $x^4 - 6x^2 - 27 = 0$
$(x + 3)(x^3 - 3x^2 + 3x - 9) = 0$
$(x + 3)(x - 3)(x^2 + 3) = 0$
$x = -3, 3$

15. $x^2(x + 3) - (x + 3) = 0$
$(x + 3)(x^2 - 1) = 0$
$(x + 3)(x - 1)(x + 1) = 0$
$x = -3, -1, 1$

16.
$$\begin{array}{r} x^3 + 6x^2 + 5x + 2 + \frac{1}{x-1} \\ x - 1 \overline{)\, x^4 + 5x^3 - x^2 - 3x - 1} \\ \underline{-x^4 + x^3} \\ 6x^3 - x^2 \\ \underline{-6x^3 + 6x^2} \\ 5x^2 - 3x \\ \underline{-5x^2 + 5x} \\ 2x - 1 \\ \underline{-2x + 2} \\ 1 \end{array}$$

17.
$$\begin{array}{r} x^2 + \frac{5}{2} + \frac{33}{2(2x-5)} \\ 2x - 5 \overline{)\, 2x^3 - 5x^2 + 5x + 4} \\ \underline{-2x^3 + 5x^2} \\ 5x \\ \underline{-5x + \frac{25}{2}} \\ \frac{33}{2} \end{array}$$

18. $f(x) = x^3 + 12x^2 + 21x + 10$
$= (x + 1)(x^2 + 11 + 10)$
$= (x + 1)^2(x + 10)$
$x = -1, -10$

19. $f(x) = x^4 + x^3 - x^2 + x - 2$
$= (x - 1)(x^3 + 2x^2 + x + 2)$
$= (x - 1)(x + 2)(x^2 + 1)$
$x = 1, -2$

20. x-intercepts: $2, -2$
local max: $(-0.68, 9.5)$
local min: $(2, 0)$

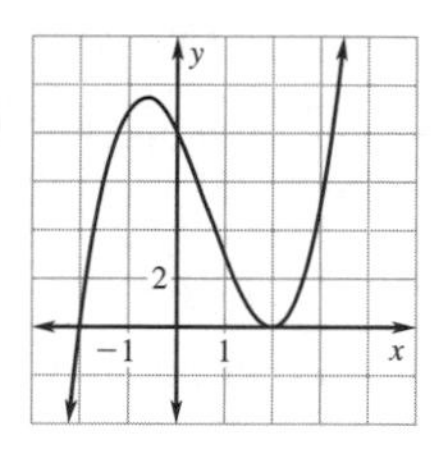

21. x-intercepts: $0, 3$
local max: $(0, 0)$
local min: $(2, -4)$

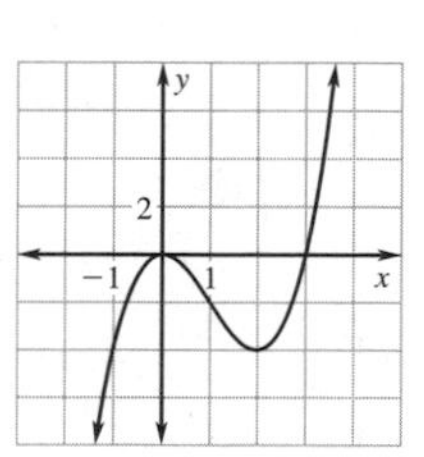

Chapter 6 *continued*

22. x-intercepts: $0, -1.34$

local max: none

local min: $(-1, -1)$

23.

$f(1)$	$f(2)$	$f(3)$	$f(4)$	$f(5)$	$f(6)$
2	9	28	65	126	217
12	19	37	61	91	
12	18	24	30		
6	6	6			

24.

$$y = a(x-1)(x+1)(x-4)$$
$$-12 = a(1)(3)(-2)$$
$$2 = a$$
$$y = 2(x-1)(x+1)(x-4)$$

Chapter 6 Test (pages 30A–30B)

1. x^5; quotient of powers property
2. $729x^{18}$; power of a product and power of a power properties
3. x^{11}; quotient of powers property
4. $\frac{1}{512x^9y^6}$; power of a power, power of a product, and negative exponent properties
5. $\frac{3}{y^3}$; product of a power, quotient of a power, zero exponent, and negative exponent properties
6. $y = x^4 - 2x^2 - x - 1$

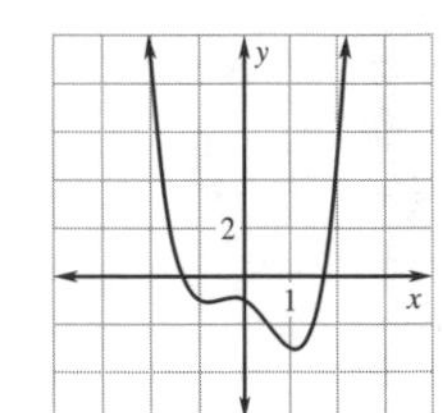

$f(x) \to +\infty$ as $x \to -\infty$,
$f(x) \to +\infty$ as $x \to -\infty$

7. $y = -3x^3 - 6x^2$

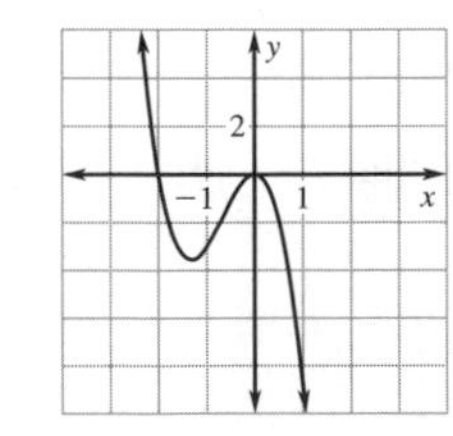

$f(x) \to +\infty$ as $x \to -\infty$,
$f(x) \to -\infty$ as $x \to +\infty$,

8. $y = (x-3)(x+1)(x+2)$ $f(x) \to -\infty$ as $x \to -\infty$, $f(x) \to +\infty$ as $x \to +\infty$

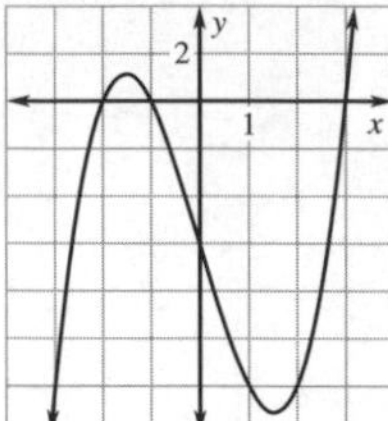

9. $x^2 - 14x + 8$
10. $10x^3 - 17x^2 + 15x - 18$
11. $x^3 - 13x - 12$
12. $64x^3 + 343 = (4x+7)(16x^2 - 28x + 49)$
13. $400x^2 - 25 = 25(4x-1)(4x+1)$
14. $x^4 + 8x^2 - 9 = (x^2+9)(x-1)(x+1)$
15. $2x^3 - 3x^2 + 4x - 6 = (2x-3)(x^2+2)$
16. $3x^4 - 11x^2 - 20 = 0$

$(3x^2+4)(x^2-5) = 0$

$x = \pm\sqrt{5}, \pm\frac{2i\sqrt{3}}{3}$

17. $81x^4 - 16 = 0$

$(9x^2-4)(9x^2+4) = 0$

$(3x-2)(3x+2)(9x^2+4) = 0$

$x = \pm\frac{2}{3}, \pm\frac{2}{3}i$

18. $4x^3 - 8x^2 - x + 2 = 0$

$(x-2)(4x^2-1) = 0$

$(x-2)(2x-1)(2x+1) = 0$

$x = 2, \frac{1}{2}, -\frac{1}{2}$

19.

-1	8	5	4	-1	7
		-8	3	-7	8
	8	-3	7	-8	15

$8x^3 - 3x^2 + 7x - 8 + \frac{15}{x+1}$

20.

-3	12	31	-17	-6
		-36	15	6
	12	-5	-2	0

$12x^2 - 5x - 2$

21. $0, \pm1, \pm2, \pm7, \pm14$;

$f(x) = x^3 - 5x^2 - 14$

$= (x+0)(x^2 - 5x - 14)$

$= (x+0)(x-7)(x+2)$

$x = 0, 7, -2$

Chapter 6 *continued*

22. $\pm1, \pm2, \pm3, \pm4, \pm6, \pm9, \pm12, \pm18, \pm36$

$f(x) = x^3 + 4x^2 + 9x + 36$

$= (x + 4)(x^2 + 9)$

$x = -4, \pm 3i$

23. $\pm1, \pm2, \pm3, \pm4, \pm6, \pm8, \pm12, \pm24;$

$f(x) = x^4 + x^3 - 2x^2 + 4x - 24$

$= (x + 3)(x^3 - 2x^2 + 4x - 8)$

$= (x + 3)(x - 2)(x^2 + 4)$

$x = -3, 2, \pm 2i$

24. $f(x) = (x - 1)(x + 3)(x - 4)$

$= (x^2 + 2x - 3)(x - 4)$

$= x^3 - 2x^2 - 11x + 12$

25. $f(x) = (x - 2)^2(x + 1)x$

$= (x^2 - 4x + 4)(x^2 + x)$

$= x^4 - 3x^3 + 4x$

26. $f(x) = (x - 5)(x^2 + 4)$

$= x^3 - 5x^2 + 4x - 20$

27. $f(x) = (x^2 - 9)(x - 2 + i)(x - 2 - i)$

$= (x^2 - 9)(x^2 - 4x + 5)$

$= x^4 - 4x^3 - 4x^2 + 36x - 45$

28. $f(x) = 0.25x^3 - 7x^2 + 15$

$x = -1.428, 1.505, 27.923$

29. $f(x) = \frac{1}{9}(x - 3)^2(x + 3)^2$

x-intercepts: ± 3

local max: $(0, 9)$

local min: $(-3, 0), (3, 0)$

$f(x) \to +\infty$ as $x \to -\infty$

$f(x) \to +\infty$ as $x \to +\infty$

30.

$f(1)$ $f(2)$ $f(3)$ $f(4)$ $f(5)$ $f(6)$

7 20 83 256 623 1292

13 63 173 367 669

50 110 194 302

60 84 108

24 24

31. $f(n) = \frac{1}{6}n^3 + \frac{1}{2}n^2 + \frac{1}{3}n$

32. $(7.5 \times 10^{13})(1.0 \times 10^{-3}) = 7.5 \times 10^{10} \text{ in.} \times \frac{1 \text{ mi}}{12 \text{ in.}} \times \frac{1 \text{ mi}}{5280 \text{ ft}}$

$= 1.1837 \times 10^6$ mi

Chapter 7

Chapter 7 Review (pages 32A–34B)

1. $\sqrt[4]{16} = \sqrt[4]{2 \cdot 2 \cdot 2 \cdot 2} = 2$

2. $(\sqrt[3]{64})^2 = (\sqrt[3]{4 \cdot 4 \cdot 4})^2 = 4^2 = 16$

3. $9^{-\frac{5}{2}} = \sqrt[2]{\frac{1}{9^5}} = \frac{1}{243}$

4. $216^{\frac{1}{3}} = \sqrt[3]{216} = \sqrt[3]{6 \cdot 6 \cdot 6} = 6$

5. $\sqrt[5]{-32} = \sqrt[5]{-2 \cdot -2 \cdot -2 \cdot -2 \cdot -2} = -2$

6. $\sqrt[4]{81} = \sqrt[4]{3 \cdot 3 \cdot 3 \cdot 3} = \pm 3$

7. $\sqrt[5]{-1} = -1$

8. $\sqrt[7]{0} = 0$

9. $5^{\frac{1}{4}} \cdot 5^{-\frac{9}{4}} = 5^{-2} = \frac{1}{25}$

10. $\left(100^{\frac{1}{3}}\right)^{\frac{3}{4}} = 100^{\frac{1}{4}} = (10^2)^{\frac{1}{4}} = 10^{\frac{1}{2}}$

11. $\sqrt[3]{\frac{16}{1000}} = \sqrt[3]{\frac{2 \cdot 2 \cdot 2 \cdot 2}{10 \cdot 10 \cdot 10}} = \frac{2\sqrt[3]{2}}{10} = \frac{\sqrt[3]{2}}{5}$

12. $5\sqrt[3]{17} - 4\sqrt[3]{17} = \sqrt[3]{17}$

13. $(81x)^{\frac{1}{4}} = \sqrt[4]{3 \cdot 3 \cdot 3 \cdot 3 \cdot x} = 3\sqrt[4]{x}$

14. $\frac{(4x)^2}{(4x)^{\frac{1}{2}}} = (4x)^{2-\frac{1}{2}} = (4x)^{\frac{3}{2}} = 8x^{\frac{3}{2}}$

15. $\sqrt[6]{6x^6y^7z^{10}} = xyz\sqrt[6]{6yz^4}$

16. $\sqrt[3]{4a^6} + a\sqrt[3]{108a^3} = a^2\sqrt[3]{4} + 3a^2\sqrt[3]{4} = 4a^2\sqrt[3]{4}$

17. $f(x) + g(x) = 2x - 4 + x - 2 = 3x - 6$

18. $f(x) - g(x) = (2x - 4) - (x - 2)$

$= 2x - 4 - x + 2$

$= x - 2$

19. $f(x) \cdot g(x) = (2x - 4)(x - 2) = 2x^2 - 8x + 8$

20. $\frac{f(x)}{g(x)} = \frac{2(x - 2)}{x - 2} = 2$

21. $f(g(x)) = f(x - 2) = 2(x - 2) - 4 = 2x - 8$

22. $y = -2x + 1$

$x = -2y + 1$

$x - 1 = -2y$

$y = -\frac{1}{2}x + \frac{1}{2}$

23. $y = -x^4$

$x = -y^4$

$\sqrt[4]{-x} = y$

$x \leq 0$

24. $y = 5x^3 + 7$

$x = 5y^3 + 7$

$x - 7 = 5y^3$

$\sqrt[3]{\frac{x - 7}{5}} = y$

Chapter 7 *continued*

25. $f(x) = -2x^5 \quad g(x) = \sqrt[5]{\frac{-x}{2}}$

$f(g(x)) = -2\left(\sqrt[5]{\frac{-x}{2}}\right)^5 = -2\left(\frac{-x}{2}\right) = x$

$g(f(x)) = \sqrt[5]{\frac{-(-2x^5)}{2}} = \sqrt[5]{\frac{2x^5}{2}} = x$

26. $y = (x - 7)^{\frac{1}{3}}$

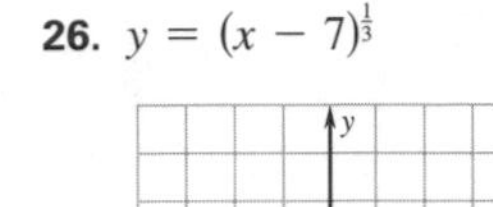

x and y are all real numbers

27. $y = \sqrt{x} + 6$

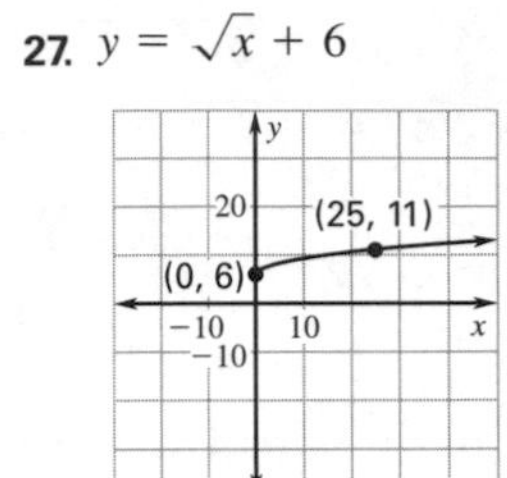

$x \geq 0; y \geq 6$

28. $y = -2(x - 3)^{\frac{1}{2}}$

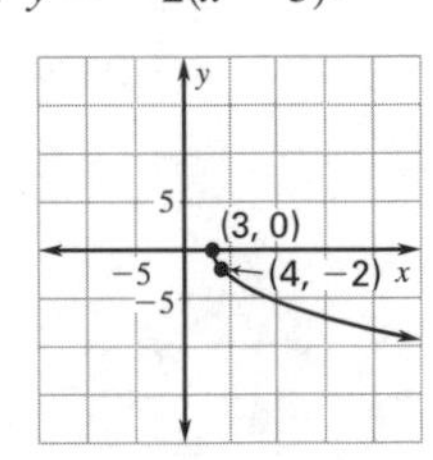

$x \geq 3; y \leq 0$

29. $y = 3\sqrt[3]{x + 4} - 9$

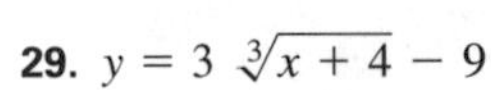

x and y are all real numbers

30. $3(x + 1)^{\frac{1}{5}} + 5 = 11$

$3(x + 1)^{\frac{1}{5}} = 6$

$(x + 1)^{\frac{1}{5}} = 2$

$x + 1 = 32$

$x = 31$

31. $\sqrt[3]{5x + 3} - \sqrt[3]{4x} = 0$

$5x + 3 = 4x$

$x = -3$

32. $\sqrt{4x} = x - 8$

$4x = x^2 - 16x + 64$

$x^2 - 20x + 64 = 0$

$(x - 4)(x - 16) = 0$

$x = 16$

33. mean $= \frac{491}{12} = 40.9$

median $= 42$

mode $= 51$

range $= 63 - 21 = 42$

$\sigma = \sqrt{\frac{1541}{12}} \approx 11.33$

34.

20 40 60

21 33 42 48.5 63

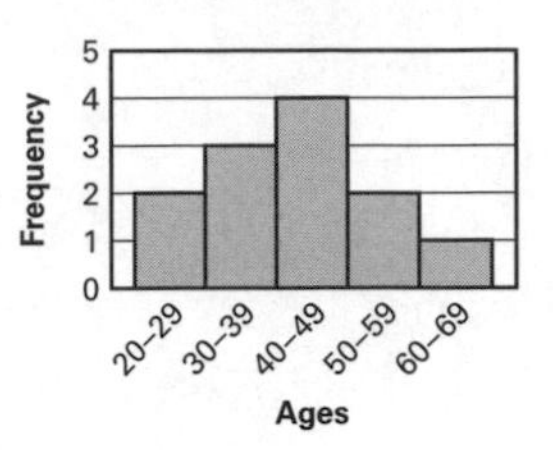

Chapter 7 Test (pages 35A–35B)

1. $\sqrt[3]{-1000} = -10$

2. $4^{\frac{5}{2}} = (\sqrt{4})^5 = 2^5 = 32$

3. $(-64)^{\frac{2}{3}} = \left(\sqrt[3]{-64}\right)^2 = (-4)^2 = 16$

4. $243^{-\frac{1}{5}} = \frac{1}{\sqrt[5]{243}} = \frac{1}{3}$

5. $\sqrt[4]{16} = \pm 2$

6. $\left(2^{\frac{1}{3}} \cdot 5^{\frac{1}{2}}\right)^4 = 2^{\frac{4}{3}} \cdot 5^2 = 2 \cdot 25 \cdot \sqrt[3]{2} = 50\sqrt[3]{2}$

7. $\sqrt[3]{27x^3y^6z^9} = 3xy^2z^3$

8. $\frac{3xy^{-1}}{12x^{\frac{1}{2}}y} = \frac{x^{\frac{1}{2}}}{4y^2}$

9. $\left(\frac{81x^2}{y}\right)^{\frac{3}{4}} = \frac{27x^{\frac{3}{2}}}{y^{\frac{3}{4}}}$

10. $\sqrt{18} + \sqrt{200} = 3\sqrt{2} + 10\sqrt{2} = 13\sqrt{2}$

11. $x - 8 + 3x = 4x - 8$; all real numbers

12. $2x^{\frac{1}{4}} - 5x^{\frac{1}{4}} = -3x^{\frac{1}{4}}; x \geq 0$

13. $(5x + 7)(x - 9) = 5x^2 - 38x - 63$; all real numbers

14. $\frac{x^{-\frac{1}{5}}}{x^{\frac{3}{5}}} = \frac{1}{x^{\frac{4}{5}}}$; all real numbers except 0

15. $f(g(x)) = f(-x) = 4x^2 - 5$

16. $g(f(x)) = g(x^2 + 3x) = 2(x^2 + 3x) + 1 = 2x^2 + 6x + 1$; all real numbers

17. $f(x) = \frac{1}{3}x - 4$

$y = \frac{1}{3}x - 4$

$x = \frac{1}{3}y - 4$

$x + 4 = \frac{1}{3}y$

$3x + 12 = y$

18. $f(x) = -5x + 5$

$y = -5x + 5$

$x = -5y + 5$

$x - 5 = -5y$

$-\frac{1}{5}x + 1 = y$

19. $f(x) = \frac{3}{4}x^2$

$y = \frac{3}{4}x^2$

$x = \frac{3}{4}y^2$

$\frac{4}{3}x = y^2$

$\left(\frac{4}{3}x\right)^{\frac{1}{2}} = y$

$\frac{2}{3}\sqrt{3x} = y$

20. $f(x) = x^5 - 2$

$y = x^5 - 2$

$x = y^5 - 2$

$x + 2 = y^5$

$(x + 2)^{\frac{1}{5}} = y$

Chapter 7 *continued*

21. 

$f(x) = \sqrt{x - 6}$

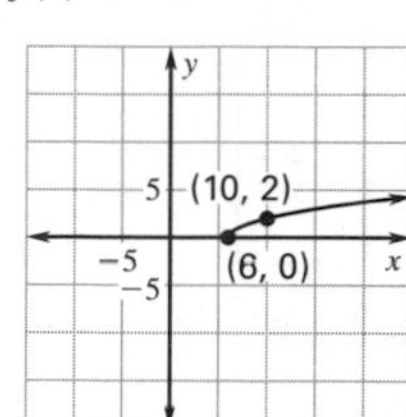

$x \geq 6;\ y \geq 0$

22. $f(x) = \sqrt[3]{x} + 3$

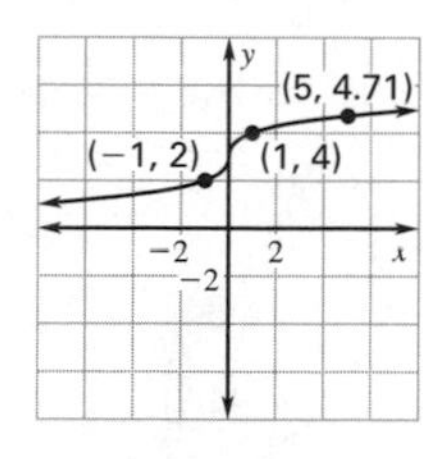

x and y are all real numbers

23. $f(x) = 3(x + 4)^{\frac{1}{3}} - 2$

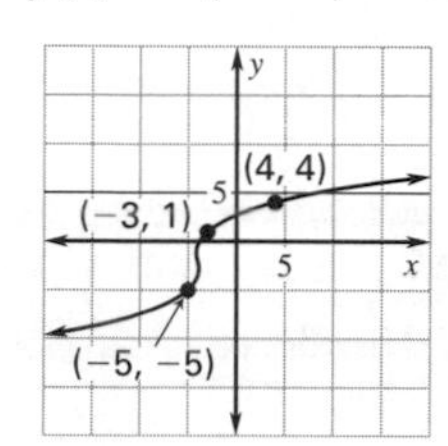

x and y are all real numbers

24. 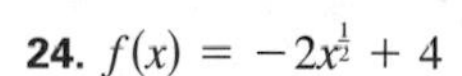

$f(x) = -2x^{\frac{1}{2}} + 4$

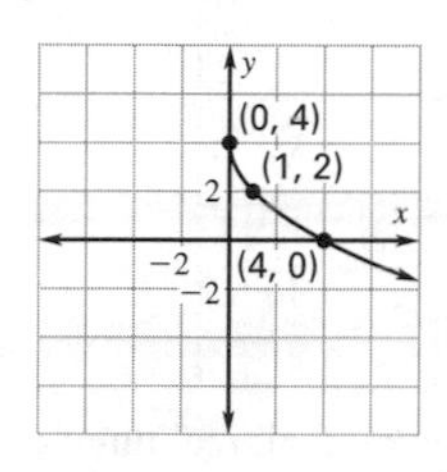

$x \geq 0;\ y \leq 4$

25. $x^{\frac{5}{2}} - 10 = 22$

$x^{\frac{5}{2}} = 32$

$x = 4$

26. $(x + 8)^{\frac{1}{4}} + 1 = 0$

$(x + 8)^{\frac{1}{4}} = -1$

no solution

27. $\sqrt[3]{7x - 9} + 11 = 14$

$\sqrt[3]{7x - 9} = 3$

$7x - 9 = 27$

$7x = 36$

$x = \frac{36}{7}$

28. $\sqrt{4x + 15} - 3\sqrt{x} = 0$

$\sqrt{4x + 15} = 3\sqrt{x}$

$4x + 15 = 9x$

$15 = 5x$

$x = 3$

29. $\ell = 24.1(20)^{\frac{2}{3}}$

$\ell = 177.57$ mm

30. Best Actress

mean $= \frac{782}{19} = 41$

median: 38

mode: 33, 34, 49

range: $80 - 21 = 59$

$\sigma = \sqrt{\frac{4391}{19}} = 15.2$

Best Actor

mean $= \frac{875}{19} = 46$

median: 45

mode: 37, 45, 52

range: $76 - 30 = 46$

$\sigma = \sqrt{\frac{2357}{19}} = 11.1$

31.

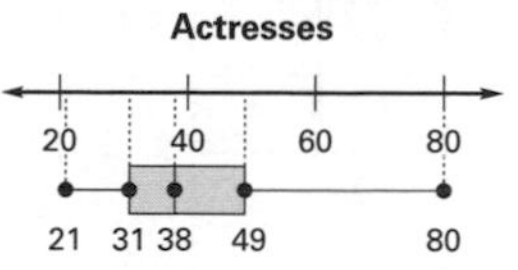

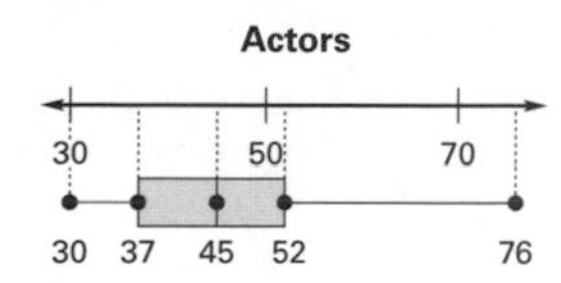

32. Best Actress

Interval	*Freq.*
21–30	4
31–40	7
41–50	5
51–60	0
61–70	1
71–80	2

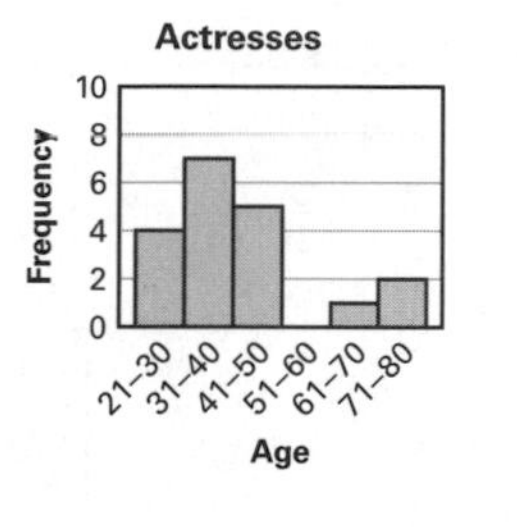

Best Actor

Interval	*Freq.*
21–30	1
31–40	6
41–50	5
51–60	5
61–70	1
71–80	1

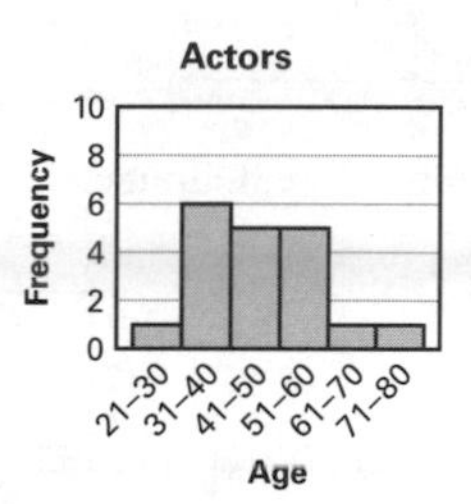

33. A good answer should include references to statistics and graphs. *Sample answers:*

- On average (both mean and median), winning actors are older than actresses.
- Ages of actresses have more variability (both a larger range and standard deviation; see box-and-whisker plots).
- Both histograms show a cluster in the middle (30s and 40s), but more younger actresses (20s) and older actors (50s) win.
- Few people older than 60 win in either category.

Chapter 8

Chapter 8 Review (pages 37A–39B)

1. $y = -2^x + 4$

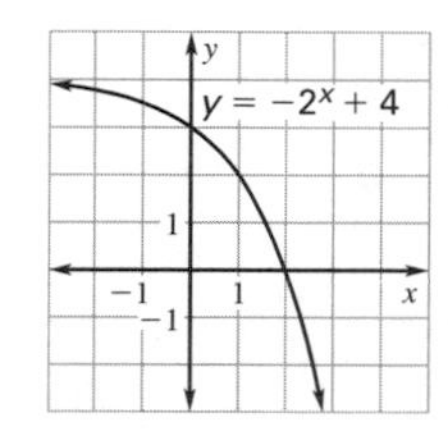

x	y
0	3
1	2
2	0

Domain: all real numbers

Range: $y < 4$

Chapter 8 *continued*

2. $y = 3 \cdot 2^x$

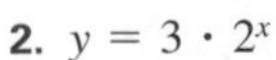

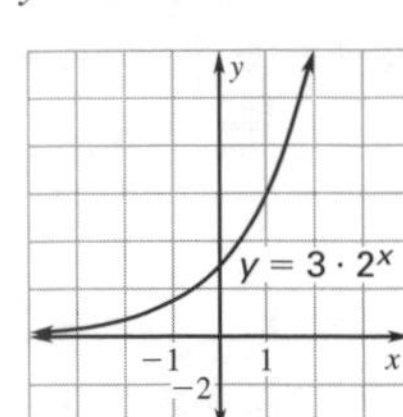

x	y
0	3
−2	$\frac{3}{4}$
1	6

Domain: all real numbers

Range: $y > 0$

3. $y = 5 \cdot 3^{x-2}$

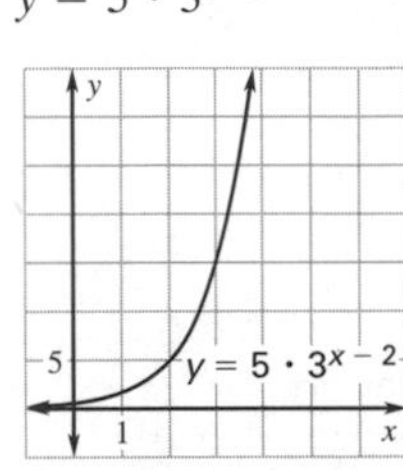

x	y
0	$\frac{5}{9}$
1	$\frac{5}{3}$
2	5
−1	$\frac{5}{27}$

Domain: all real numbers

Range: $y > 0$

4. $y = 4^{x+3} - 1$

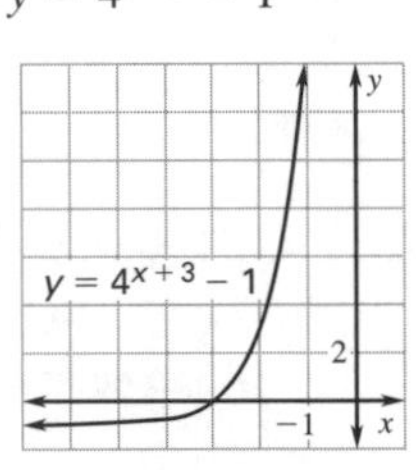

x	y
0	63
−3	0
−2	3
−4	$-\frac{3}{4}$

Domain: all real numbers

Range: $y > -1$

5. $f(x) = 5\left(\frac{3}{4}\right)^x$ exponential decay

6. $f(x) = 2\left(\frac{5}{4}\right)^x$ exponential growth

7. $f(x) = 3(6)^{-x}$ exponential decay

8. $f(x) = 4(3)^x$ exponential growth

9. $y = \left(\frac{1}{4}\right)^x$

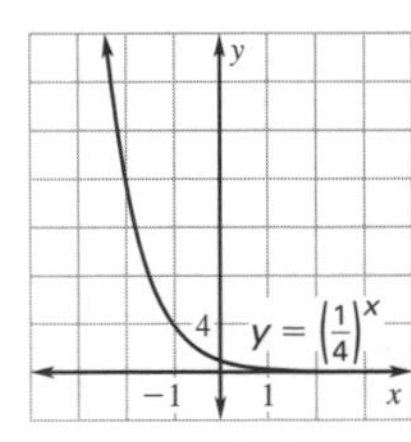

x	y
0	1
−1	4
1	$\frac{1}{4}$

Domain: all real numbers

Range: $y > 0$

10. $y = 2\left(\frac{3}{5}\right)^{x-1}$

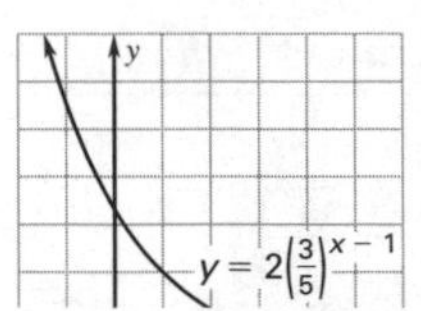

x	y
0	$\frac{10}{3}$
1	2
2	$\frac{6}{5}$
3	$\frac{18}{25}$

Domain: all real numbers

Range: $y > 0$

11. $y = \left(\frac{1}{2}\right)^x - 5$

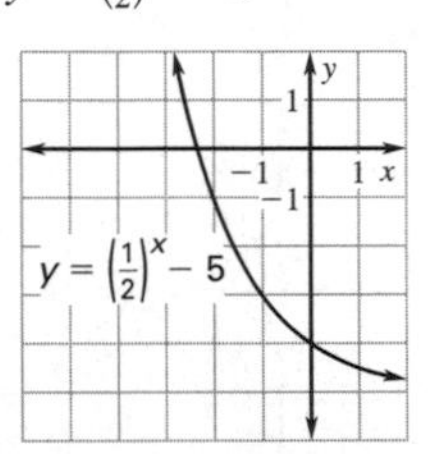

x	y
0	−4
1	−4.5
−1	−3
−2	−1
−3	3

Domain: all real numbers

Range: $y > -5$

12. $y = -3\left(\frac{3}{4}\right)^x + 2$

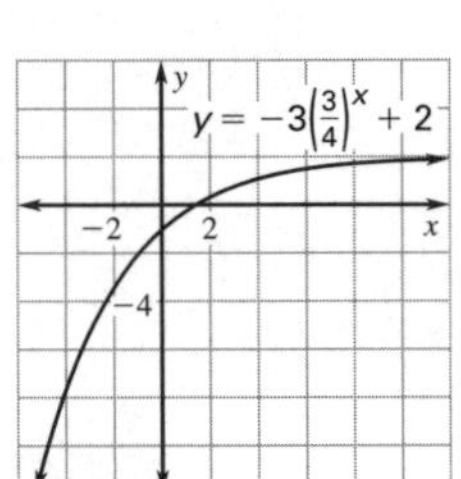

x	y
0	−1
−1	−2
1	$-\frac{1}{4}$
2	$\frac{5}{16}$
4	$\frac{269}{256}$

Domain: all real numbers

Range: $y < 2$

13. $y = e^{x+5}$

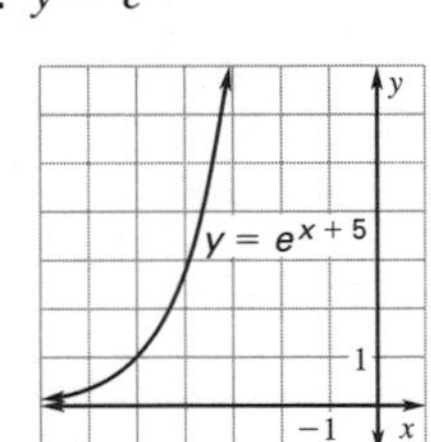

x	y
0	148.413
−5	1
−6	0.368

Domain: all real numbers

Range: $y > 0$

14. 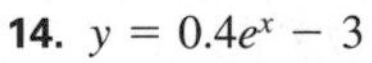
$y = 0.4e^x - 3$

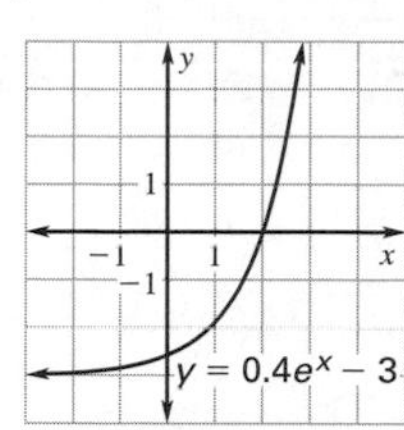

x	y
0	−2.6
−1	−2.853
3	5.034
2	−0.044

Domain: all real numbers

Range: $y > -3$

15. $y = 4e^{-2x}$

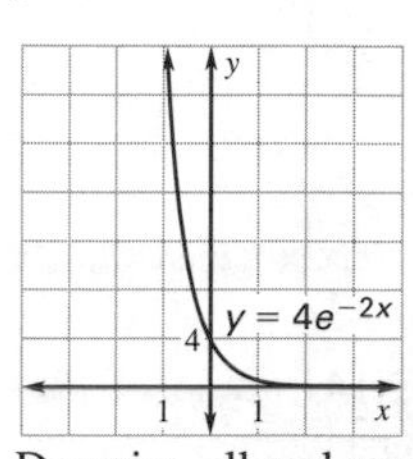

x	y
0	4
$\frac{1}{2}$	1.47
$-\frac{1}{2}$	10.873

Domain: all real numbers
Range: $y > 0$

16. $y = -e^x + 3$

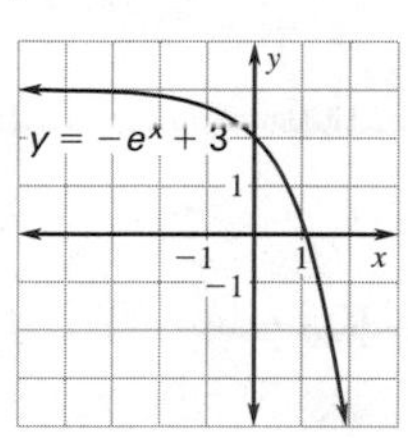

x	y
0	2
1	0.282
−1	2.632
−2	2.865

Domain: all real numbers
Range: $y < 3$

17. $\log_4 64 = 4^x = 64$, so $x = 3$

18. $\log_2 \frac{1}{8} = 2^x = \frac{1}{8}$, so $x = -3$

19. $\log_3 \frac{1}{9} = 3^x = \frac{1}{9}$, so $x = -2$

20. $\log_6 1 = 6^x = 1$, so $x = 0$

21. $y = 3 \log_5 x$

$y = \log_5 x^3$

x	y
1	0
5	3
$\frac{1}{5}$	−3

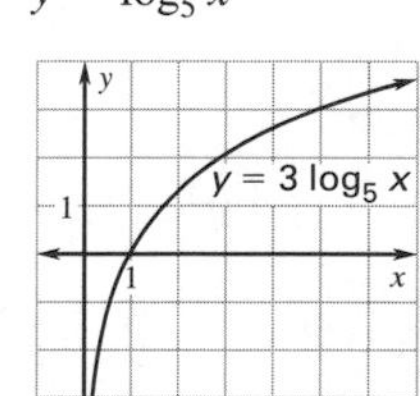

Domain: $x > 0$
Range: all real numbers

22. $y = \log 4x$

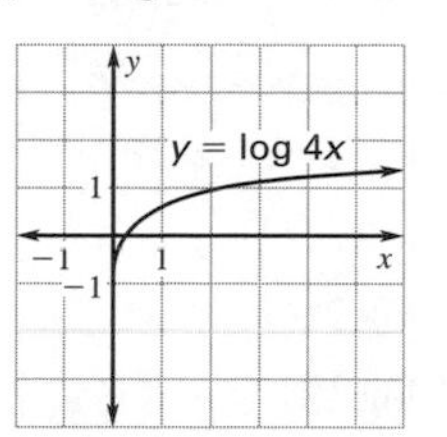

x	y
25	2
$\frac{1}{400}$	−2

Domain: $x > 0$
Range: all real numbers

23. $y = \ln x + 4$

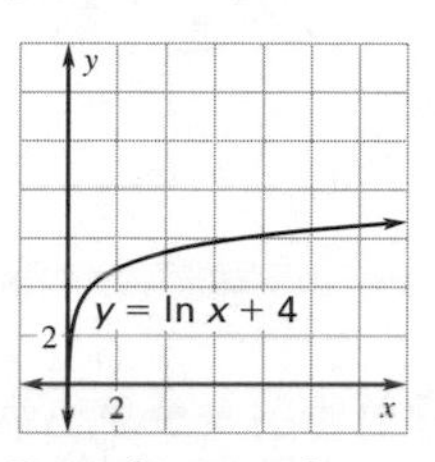

x	y
1	4
5	5.609
0.5	3.307
0.1	1.697
0.025	0.311

Domain: $x > 0$
Range: all real numbers

24. $y = \log(x - 2)$

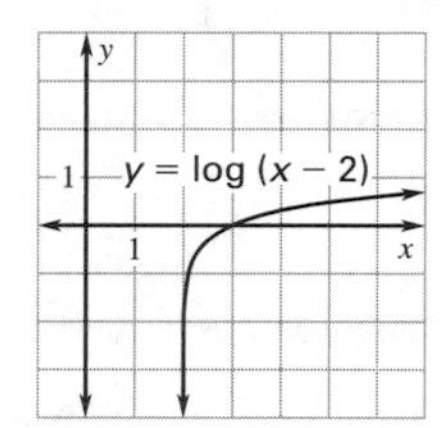

x	y
3	0
4	0.301
12	1

Domain: $x > 2$
Range: all real numbers

25. $\log_3 6xy = \log_3 6 + \log_3 x + \log_3 y$

26. $\ln \frac{7x}{3} = \ln 7x - \ln 3 = \ln 7 + \ln x - \ln 3$

27. $\log 5x^3 = \log 5 + \log x^3 = \log 5 + 3 \log x$

28. $\log \frac{x^5 y^{-2}}{2y} = \log \frac{x^5}{2y^3} = \log x^5 - \log 2y^3$

$= 5 \log x - (\log 2 + \log y^3)$

$= 5 \log x - \log 2 - \log y^3$

$= 5 \log x - \log 2 - 3 \log y$

29. $2 \ln 3 - \ln 5 = \ln(3)^2 - \ln 5 = \ln 9 - \ln 5 = \ln \frac{9}{5}$

30. $\log_4 3 + 3 \log_4 2 = \log_4 3 + \log_4 (2)^3$

$= \log_4 3 + \log_4 8$

$= \log_4 3 \cdot 8$

$= \log_4 24$

31. $0.5 \log 4 + 2(\log 6 - \log 2) = \log(4)^{1/2} + 2\left(\log \frac{6}{2}\right)$

$= \log 2 + 2(\log 3)$

$= \log 2 + \log(3)^2$

$= \log 2 + \log 9$

$= \log 2 \cdot 9$

$= \log 18$

32. $2(3)^{2x} = 5$

$(3)^{2x} = 5\left(\frac{1}{2}\right)$

$\log_3 3^{2x} = \log_3 2.5$

$2x = \log_3 2.5$

$x = \frac{1}{2}(\log_3 2.5)$

$x = \frac{1}{2}\left(\frac{\log 2.5}{\log 3}\right)$

$x = 0.417$

33. $3e^{-x} - 4 = 9$

$3e^{-x} = 13$

$e^{-x} = \frac{13}{3}$

$\ln e^{-x} = \ln \frac{13}{3}$

$-x = \ln \frac{13}{3}$

$x = -\left(\ln \frac{13}{3}\right)$

$x = -1.466$

34. $3 + \ln x = 8$

$\ln x = 5$

$e^5 = x$

$x = 148.41$

35. $5 \log(x - 2) = 11$

$\log(x - 2) = \frac{11}{5}$

$10^{11/5} = x - 2$

$10^{2.2} + 2 = x$

$158.49 + 2 = x$

$x = 160.49$

36. $(2, 6), (3, 8)$

$y = ab^x$

$6 = ab^2$

$8 = ab^3$

$a = \frac{6}{b^2}$

$8 = \frac{6}{b^2}(b^3)$

$8 = 6b$

$\frac{4}{3} = b$

$a = \frac{6}{\left(\frac{4}{3}\right)^2}$

$a = \frac{6}{16/9}$

$a = \frac{6}{1} \cdot \frac{9}{16} = \frac{54}{16} = \frac{27}{8}$

$y = \frac{27}{8}\left(\frac{4}{3}\right)^x$

37. $(2, 8.9), (4, 20)$

$8.9 = ab^2$

$20 = ab^4$

$a = \frac{8.9}{b^2}$

$20 = \frac{8.9}{b^2}(b^4)$

$20 = 8.9b^2$

$\frac{20}{8.9} = b^2$

$1.499 = b$

$a = \frac{8.9}{(1.499)^2} = 3.9605$

$y = 3.9605(1.499)^x$

38. $(2, 4.2), (4, 3.6)$

$4.2 = ab^2$

$3.6 = ab^4$

$a = \frac{4.2}{b^2}$

$3.6 = \frac{4.2}{b^2}(b^4)$

$3.6 = 4.2b^2$

$\frac{3.6}{4.2} = b^2$

$b^2 = 0.857$

$b = 0.926$

$a = \frac{4.2}{b^2} = \frac{4.2}{0.857}$

$= 4.900$

$y = 4.9(0.926)^x$

39. $(2, 3.4), (6, 7.3)$

$y = ax^b$

$3.4 = a \cdot 2^b$

$7.3 = a \cdot 6^b$

$a = \frac{3.4}{2^b}$

$7.3 = \left(\frac{3.4}{2^b}\right)6^b$

$7.3 = 3.4 \cdot 3^b$

$\frac{7.3}{3.4} = 3^b$

$\log_3 \frac{7.3}{3.4} = b$

$\log_3 2.147 = b$

$\frac{\log 2.147}{\log 3} = b$

$b = 0.696$

$a = \frac{3.4}{(2)^{0.696}} = 2.099$

$y = 2.099x^{0.696}$

40. $(2, 12.5), (4, 33.2)$

$12.5 = a \cdot 2^b$

$33.2 = a \cdot 4^b$

$a = \frac{12.5}{2^b}$

$33.2 = \frac{12.5}{2^b}(4^b)$

$33.2 = 12.5 \cdot 2^b$

$\frac{33.2}{12.5} = 2^b$

$\log_2 2.656 = b$

$\frac{\log 2.656}{\log 2} = b$

$b = 1.409$

$a = \frac{12.5}{(2)^{1.409}} = 4.706$

$y = 4.706x^{1.409}$

41. $(0.5, 1), (10, 150)$

$1 = a \cdot (0.5)^b$

$150 = a \cdot 10^b$

$a = \frac{1}{(0.5)^b}$

$150 = \frac{1}{(0.5)^b}10^b$

$150 = 1 \cdot 20^b$

$150 = 20^b$

$\log_{20} 150 = b$

$\frac{\log 150}{\log 20} = b$

$b = 1.673$

$a = \frac{1}{0.5^{1.673}} = 3.188$

$y = 3.188x^{1.673}$

Chapter 8 *continued*

42. $y = \dfrac{2}{1 + e^{-2x}}$

x	y
0	1
−1	0.238
1	1.762

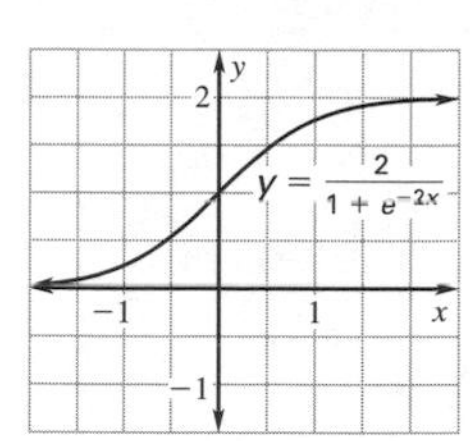

asymptotes: x-axis, $y = 2$

y-intercept $= 1$

point of maximum growth $= \left(\dfrac{\ln 1}{2}, \dfrac{2}{2}\right) = (0, 1)$

43. $y = \dfrac{4}{1 + 2e^{-3x}}$

x	y
0	$\frac{4}{3}$
0.231	2
−1	0.097

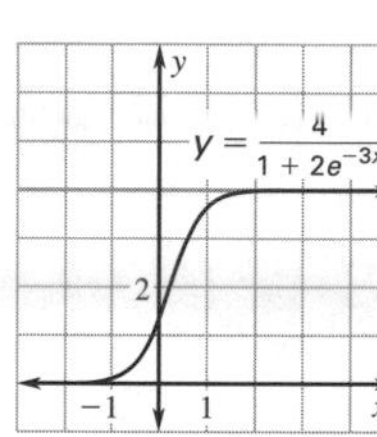

asymptotes: x-axis, $y = 4$

y-intercept $= \dfrac{4}{3}$

point of maximum growth $= \left(\dfrac{\ln 2}{3}, \dfrac{4}{2}\right) = (0.231, 2)$

44. $y = \dfrac{3}{1 + 0.5e^{-0.5x}}$

x	y
0	2
−1.386	$\frac{3}{2}$
1	2.302

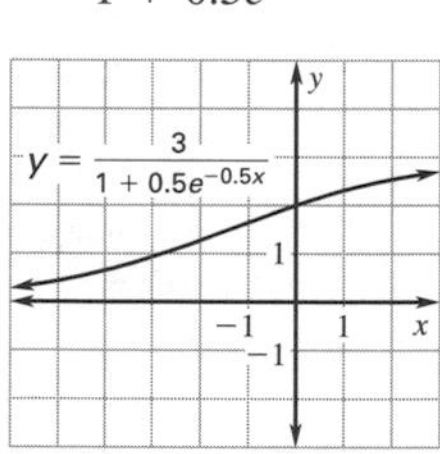

asymptotes: x-axis, $y = 3$

y-intercept $= 2$

point of maximum growth $= \left(\dfrac{\ln 0.5}{0.5}, \dfrac{3}{2}\right) = \left(-1.386, \dfrac{3}{2}\right)$

Chapter 8 Test (pages 40A–40B)

1. $y = 2\left(\frac{1}{6}\right)^x$

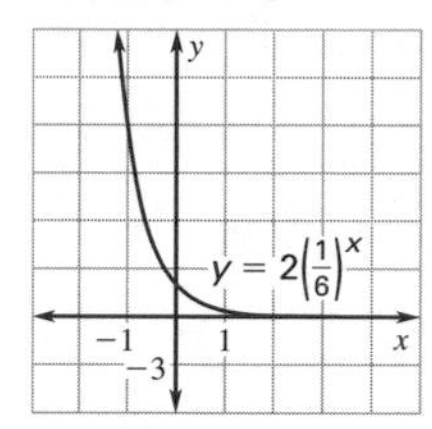

x	y
0	2
−1	12
1	$\frac{1}{3}$

Domain: all real numbers
Range: $y > 0$

2. $y = 4^{x-2} - 1$

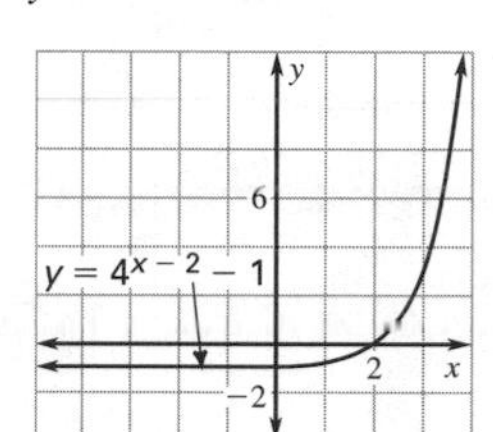

x	y
2	0
3	3
0	$-\frac{15}{16}$

Domain: all real numbers
Range: $y > -1$

3. $y = \frac{1}{2}e^x + 1$

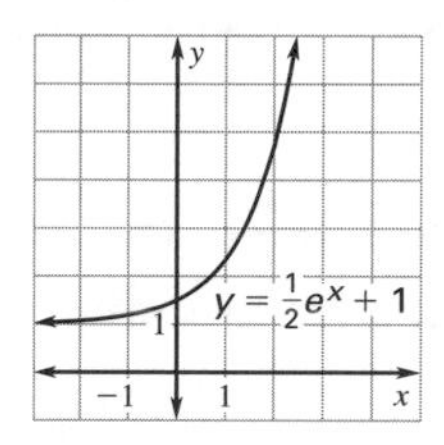

x	y
0	1.5
1	2.359
−1	1.184

Domain: all real numbers
Range: $y > 1$

4. $y = e^{-0.4x}$

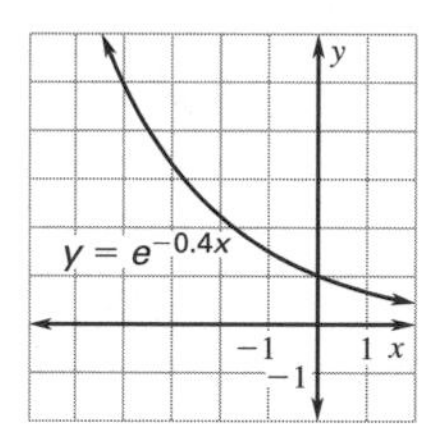

x	y
0	1
1	0.67
−1	1.49

Domain: all real numbers
Range: $y > 0$

5. $y = \log_{1/2} x$

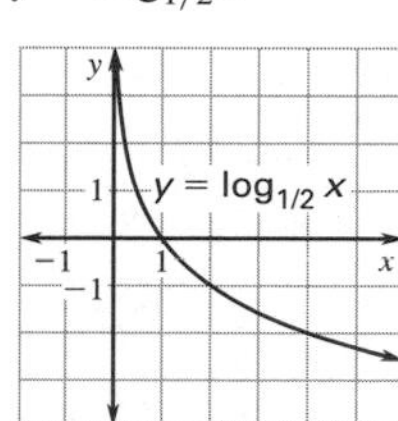

x	y
1	0
2	−1
4	−2
$\frac{1}{2}$	1
$\frac{1}{4}$	2

Domain: $x > 0$
Range: all real numbers

6. $y = \ln x - 4$

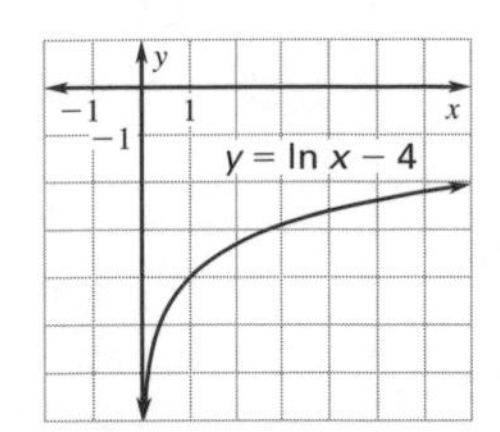

x	y
1	−4
10	−1.7

Domain: $x > 0$
Range: all real numbers

7. $y = \log(x + 6)$

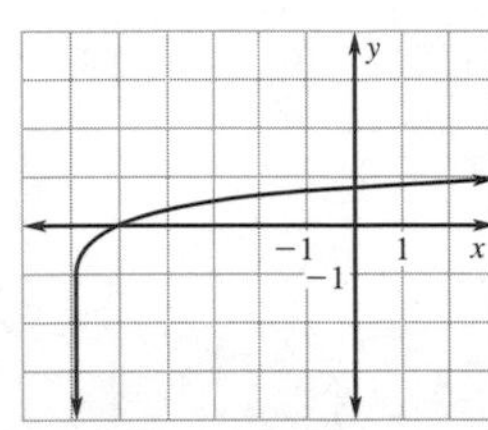

x	y
−5	0
−1	0.69
−5.5	−0.3
0	0.78

Domain: $x > -6$
Range: all real numbers

8. $y = \dfrac{2}{1 + 2e^{-x}}$

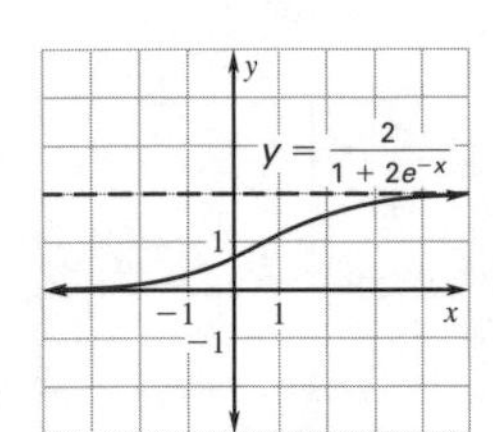

x	y
0	$\frac{2}{3}$
−1	0.311
1	1.152

Domain: all real numbers
Range: $0 < y < 2$

9. $(2e^{-1})(3e^{2}) = 2 \cdot 3e^{-1+2} = 6e$

10. $\dfrac{-4e}{2e^{5x}} = -2e^{x-5x} = -2e^{-4x} = \dfrac{-2}{e^{4x}}$

11. $e^{6} \cdot e^{x} \cdot e^{-3x} = e^{6}(e^{x-3x}) = e^{6}(e^{-2x}) = e^{-2x+6}$

12. $\log 1000^{2} = \log(10^{3})^{2} = \log 10^{6}$

$10^{x} = 10^{6}$, so $x = 6$

13. $8^{\log_8 x} = x$ **14.** $\log_4 0.25$ $\;4^{x} = \frac{1}{4}$ so $x = -1$

15. $\log_{1/3} 27$ $\;\frac{1}{3}^{x} = 27$ so $x = -3$

16. $\log 1$ $\;10^{x} = 1$ so $x = 0$

17. $\ln e^{-2}$ $\;e^{x} = e^{-2}$ so $x = -2$

18. $\log_3 243^{2}$

$3^{x} = 243^{2}$

$3^{x} = (3^{5})^{2}$

$3^{x} = 3^{10}$ so $x = 10$

19.
$$12 = 10^{x+5} - 7$$
$$12 + 7 = 10^{x+5}$$
$$19 = 10^{x+5}$$
$$10^{x+5} = 19$$
$$\log 10^{x+5} = \log 19$$
$$x + 5 = \log 19$$
$$x = \log 19 - 5 \approx -3.721$$

20. $5 - \ln x = 7$
$$-\ln x = 7 - 5$$
$$-\ln x = 2$$
$$\ln x = -2$$
$$x = e^{-2}$$
$$x \approx 0.135$$

21.
$$\log_2 4x = \log_2 (x + 15)$$
$$4x = (x + 15)$$
$$4x - (x + 15) = 0$$
$$4x - x - 15 = 0$$
$$3x - 15 = 0$$
$$3x = 15$$
$$x = 5$$

22. $\dfrac{4}{1 + 2.5e^{-4x}} = 3.3$
$$4 = (1 + 2.5e^{-4x})3.3$$
$$4 = 3.3 + 8.25e^{-4x}$$
$$0.7 = 8.25e^{-4x}$$
$$\frac{0.7}{8.25} = e^{-4x}$$
$$0.085 = e^{-4x}$$
$$\ln 0.085 = -4x$$
$$-\tfrac{1}{4}(\ln 0.085) = x$$
$$x \approx 0.617$$

23. $f(x) = 10(0.87)^{x}$ exponential decay

24. $y = \log_6 x$

$6^{y} = x$

$x = 6^{y}$

$y = 6^{x}$

Chapter 8 *continued*

25. $\log_2 5 \approx 2.322$

$$\begin{aligned}\log_2 50 = \log_2 5 \cdot 10 &= \log_2 5 + \log_2 10 \\ &= \log_2 5 + \log_2 5 \cdot 2 \\ &= \log_2 5 + \log_2 5 + \log_2 2 \\ &= \log_2 5 + \log_2 5 + \frac{\log 2}{\log 2} \\ &= 2.322 + 2.322 + 1.000 \\ &= 5.644\end{aligned}$$

$$\begin{aligned}\log_2 0.4 = \log_2 \frac{2}{5} &= \log_2 2 - \log_2 5 \\ &= \frac{\log 2}{\log 2} - \log_2 5 \\ &= 1 - 2.322 \\ &= -1.322\end{aligned}$$

26. $$\begin{aligned}3 \log_4 14 - 3 \log_4 42 &= \log_4 (14)^3 - \log_4 (42)^3 \\ &= \log_4 \frac{(14)^3}{(42)^3} \\ &= \log_4 \left(\frac{14}{42}\right)^3 \\ &= \log_4 \left(\frac{1}{3}\right)^3 = \log_4 \frac{1}{27}\end{aligned}$$

27. $$\begin{aligned}\ln 2y^2x &= \ln 2 + \ln y^2 + \ln x \\ &= \ln 2 + 2 \ln y + \ln x\end{aligned}$$

28. $\log_7 15 = \dfrac{\log 15}{\log 7} = 1.392$

29. $(4, 6), (7, 10)$

$y = ab^x$

$6 = ab^4$

$10 = ab^7$

$a = \dfrac{6}{b^4}$

$10 = \dfrac{6}{b^4}(b^7) = 6b^3$

$\dfrac{10}{6} = b^3$

$\dfrac{5}{3} = b^3$

$b^3 = 1.667$

$b = 1.186$

$a = \dfrac{6}{(1.186)^4} = 3.036$

$y = 3.036(1.186)^x$

30. $(2, 3), (10, 21)$

$y = ax^b$

$3 = a \cdot 2^b$

$21 = a \cdot 10^b$

$a = \dfrac{3}{2^b}$

$21 = \dfrac{3}{2^b}(10^b)$

$21 = 3 \cdot 5^b$

$7 = 5^b$

$\log_5 7 = b$

$\dfrac{\log 7}{\log 5} = b$

$b \approx 1.209$

$a = \dfrac{3}{2^{1.209}}$

$a = 1.298$

$y = 1.298x^{1.209}$

31. $$\begin{aligned}V &= a(1 - r)^t \\ &= 24{,}900(1 - 0.10)^t \\ &= 24{,}900(0.90)^t\end{aligned}$$

t	V
0	24,900
4	16,337
6	13,233
6.58	12,448

half purchase price about 6.58 years

32. $$\begin{aligned}A &= Pe^{rt} \\ &= 4000e^{0.07(5)} \\ &= \$5676.27\end{aligned}$$

33. a.

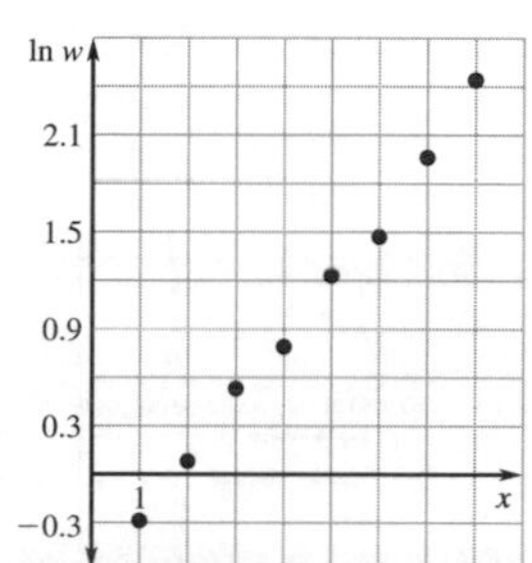

yes

x	1	2	3	4
$\ln w$	−0.286	0.076	0.532	0.788

x	5	6	7	8
$\ln w$	1.235	1.47	1.96	2.4

33. b. *Sample answer:* $w = ab^x$

$(1, 0.751), (8, 11.518)$

$0.751 = ab^1$

$11.518 = ab^8$

$11.518 = \left(\dfrac{0.751}{b^1}\right)b^8$

$11.518 = 0.751b^7$

$\dfrac{11.518}{0.751} = b^7$

$1.477 = b$

$a = \dfrac{0.751}{b^1}$

$a = \dfrac{0.751}{1.477}$

$a = 0.508$

$w = 0.508(1.477)^x$

$w = 0.508(1.477)^9 \approx 17$ kg

Chapter 9

Chapter 9 Review (pages 42A–44B)

1. $y = \frac{5}{x}$

$y = \frac{5}{2}$

2. $y = \frac{10}{x}$

$y = 5$

3. $y = \frac{2}{x}$

$y = 1$

4. $y = -\frac{4}{x}$

$y = -2$

5. $z = \frac{1}{3}xy$

$z = -10$

6. $z = -\frac{1}{8}xy$

$z = \frac{15}{4}$

7. $z = 3xy$

$z = -90$

8. $y = \frac{3}{x - 5}$

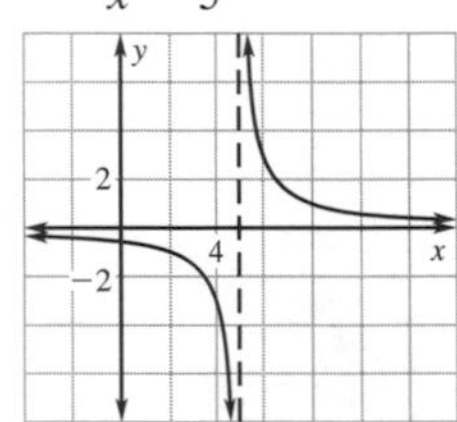

domain: all real numbers except 5; range: all real numbers except 0

9. $y = \frac{1}{x + 4} + 2$

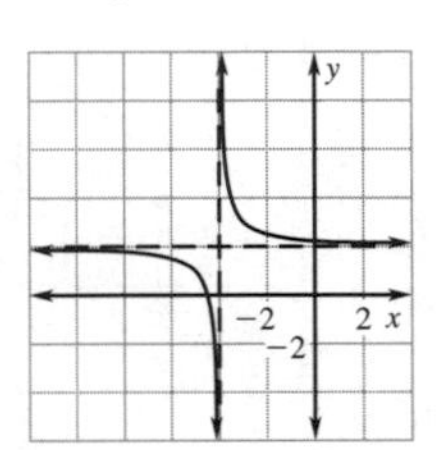

domain: all real numbers except -4; range: all real numbers except 2

10. $y = \frac{-6x}{x + 2}$

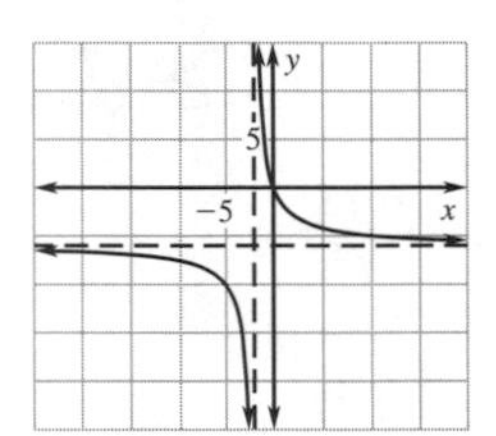

domain: all real numbers except -2; range: all real numbers except -6

11. $y = \frac{2x + 5}{x - 1}$

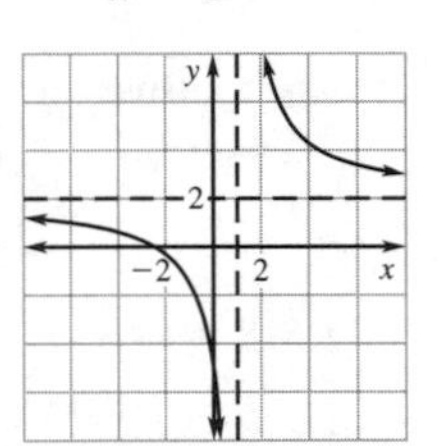

domain: all real numbers except1; range: all real numbers except 2

12. $y = \frac{3x^2 + 1}{x^2 - 1}$

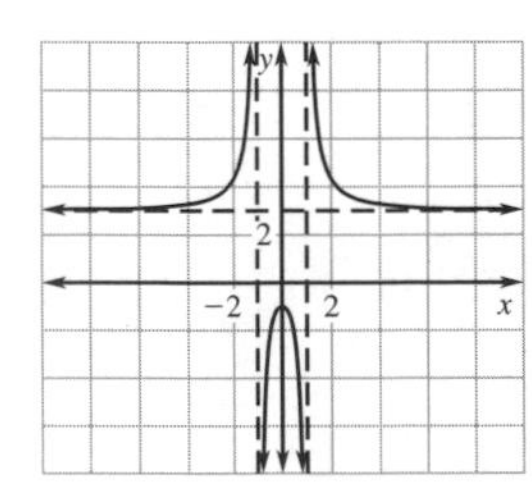

13. $y = \frac{x^3}{10}$

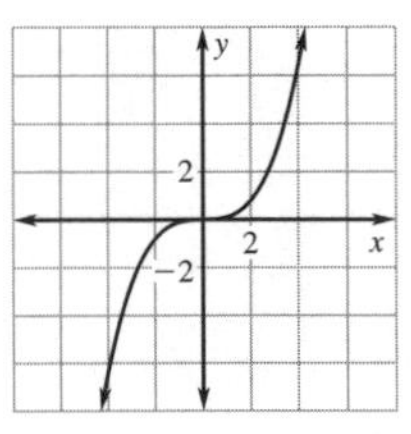

14. $y = \frac{x}{x^2 - 4}$

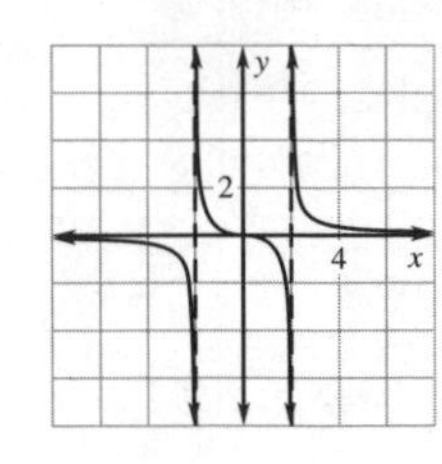

15. $y = \frac{3x^2 - 4x + 1}{x^2 - 2x - 3}$

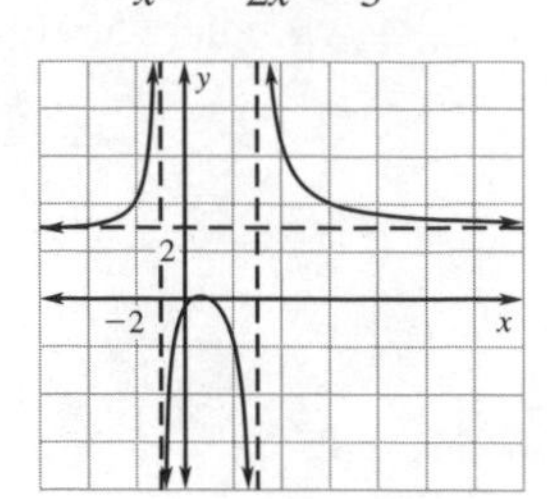

16. $\frac{x^2 - 3x}{4x^2 - 8x} \cdot (4x^2 - 16) = \frac{x(x - 3)}{4x(x - 2)} \cdot 4(x^2 - 4)$

$= \frac{x(x - 3)}{4x(x - 2)} \cdot 4(x - 2)(x + 2)$

$= (x - 3)(x + 2)$

17. $5x \div \frac{1}{x - 6} \cdot \frac{x^2 - 9}{x} = 5x \cdot \frac{x - 6}{1} \cdot \frac{(x - 3)(x + 3)}{x}$

$= 5(x - 6)(x - 3)(x + 3)$

18. $\frac{x^2 - 2x - 3}{x + 1} \div \frac{x^2 + x - 12}{x^2} - 1$

$= \frac{(x - 3)(x + 1)}{x + 1} \cdot \frac{x^2}{(x + 4)(x - 3)} - 1$

$= \frac{x^2}{x + 4} - 1$

$= \frac{x^2 - x - 4}{x + 4}$

19. $\frac{5}{x^2(x - 2)} + \frac{x}{x - 2} = \frac{5 + x^3}{x^2(x - 2)}$

20. $\frac{x + 5}{x - 5} - \frac{3}{x + 5} = \frac{x^2 + 10x + 25 - 3x + 15}{(x - 5)(x + 5)}$

$= \frac{x^2 + 7x + 40}{(x - 5)(x + 5)}$

21. $\frac{x - 2}{5x(x - 1)} + \frac{1}{x - 1} - \frac{3x + 2}{x^2 + 4x - 5}$

$= \frac{(x - 2)(x + 5) + 5x(x + 5) - (3x + 2)(5x)}{5x(x - 1)(x + 5)}$

$= \frac{x^2 + 3x - 10 + 5x^2 + 25x - 15x^2 - 10x}{5x(x - 1)(x + 5)}$

$= \frac{-9x^2 + 18x - 10}{5x(x - 1)(x + 5)}$

22. $\frac{\frac{x + 3}{6}}{1 + \frac{x}{3}} = \left(\frac{x + 3}{6}\right) \div \left(1 + \frac{x}{3}\right) = \left(\frac{x + 3}{6}\right) \cdot \left(\frac{3}{x + 3}\right) = \frac{1}{2}$

Chapter 9 *continued*

23. $\dfrac{\frac{x}{2} - 4}{9 + \frac{2}{x}} = \left(\dfrac{x-8}{2}\right) \div \left(\dfrac{9x+2}{x}\right) = \left(\dfrac{x-8}{2}\right) \cdot \left(\dfrac{x}{9x+2}\right)$

$= \dfrac{x(x-8)}{2(9x+2)}$

24. $\dfrac{\frac{1}{x+1} + \frac{1}{x-1}}{\frac{x}{x+1}} = \left[\dfrac{x-1+x+1}{(x+1)(x-1)}\right] \div \left(\dfrac{x}{x+1}\right)$

$= \dfrac{2x}{(x+1)(x-1)} \cdot \dfrac{x+1}{x} = \dfrac{2}{x-1}$

25. $\dfrac{\frac{4}{5-x}}{\frac{2}{5-x} + \frac{1}{3x-15}} = \left(\dfrac{4}{5-x}\right) \div \left(\dfrac{-6+1}{-3(5-x)}\right)$

$= \left(\dfrac{4}{5-x}\right) \cdot \left(\dfrac{-3(5-x)}{-5}\right) = \dfrac{12}{5}$

26. $\dfrac{x}{x-1} = \dfrac{2x+10}{x+11}$

$x^2 + 11x = 2x^2 + 8x - 10$

$x^2 - 3x - 10 = 0$

$(x+2)(x-5) = 0$

$x = -2, x = 5$

27. $\dfrac{x+3}{x} - 1 = \dfrac{1}{x-1}$

$\dfrac{3}{x} = \dfrac{1}{x-1}$

$3x - 3 = x$

$2x = 3$

$x = \dfrac{3}{2}$

28. $\dfrac{2}{x-2} - \dfrac{2x}{3} = \dfrac{x-3}{3}$

$\dfrac{2}{x-2} = \dfrac{3x-3}{3}$

$2 = x^2 - 3x + 2$

$x^2 - 3x = 0$

$x(x-3) = 0$

$x = 0, x = 3$

29. $\dfrac{3x+2}{x+1} = 2 - \dfrac{2x+3}{x+1}$

$\dfrac{5x+5}{x+1} = 2$

$5x + 5 = 2x + 2$

$3x = -3$

$x = -1$

no solution

30. $\dfrac{2}{x-6} = \dfrac{-5}{x+1}$

$2x + 2 = -5x + 30$

$7x = 28$

$x = 4$

31. $1 + \dfrac{3}{x-3} = \dfrac{4}{x^2-9}$

$\dfrac{x-3+3}{x-3} = \dfrac{4}{x^2-9}$

$\dfrac{x}{x-3} = \dfrac{4}{x^2-9}$

$\dfrac{x(x+3)-4}{x^2-9} = 0$

$x^2 + 3x - 4 = 0$

$(x+4)(x-1) = 0$

$x = -4, x = 1$

Chapter 9 Test (pages 45A–45B)

1. $y = -\dfrac{36}{x}$

$y = -\dfrac{36}{3} = -12$

2. $y = \dfrac{5}{2x}$

$y = \dfrac{5}{2 \cdot 3} = \dfrac{5}{6}$

3. $y = \dfrac{8}{x}$

$y = \dfrac{8}{3}$

4. $y = -\dfrac{6}{x}$

$y = -\dfrac{6}{3} = -2$

5. $z = \dfrac{1}{10}xy$

$z = \dfrac{1}{10}(-2)(4)$

$z = \dfrac{-4}{5}$

6. $z = -3xy$

$z = -3(-2)(4) = 24$

7. $z = 10xy$

$z = 10(-2)(4) = -80$

8. $y = \dfrac{-1}{x+1} - 2$

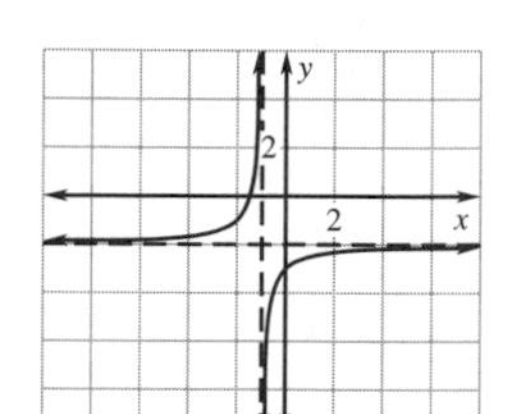

9. $y = \dfrac{4}{x-2}$

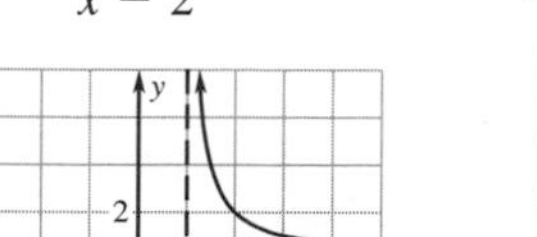

10. $y = \dfrac{x}{2x+5}$

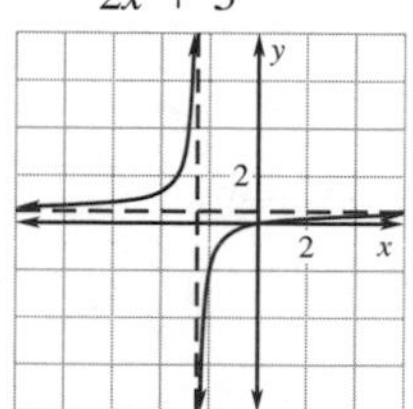

Chapter 9 *continued*

11. $y = \dfrac{4x - 3}{x - 4}$

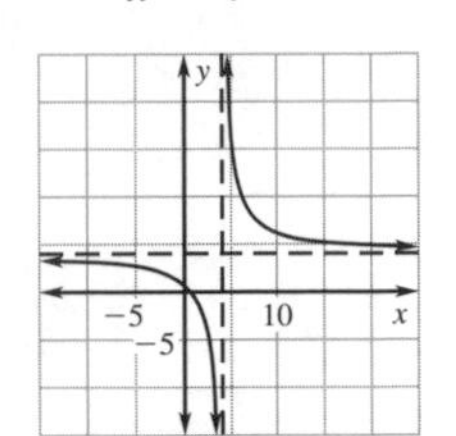

12. $y = \dfrac{6}{x^2 + 4}$

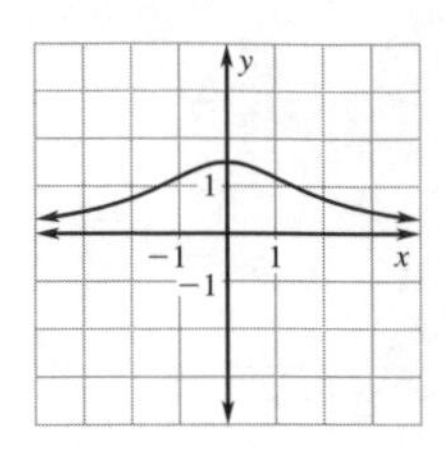

13. $y = \dfrac{-3x^2}{2x - 1}$

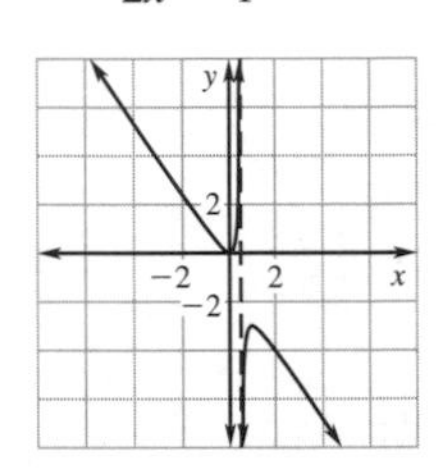

14. $y = \dfrac{x^2 - 2}{x^2 - 9}$

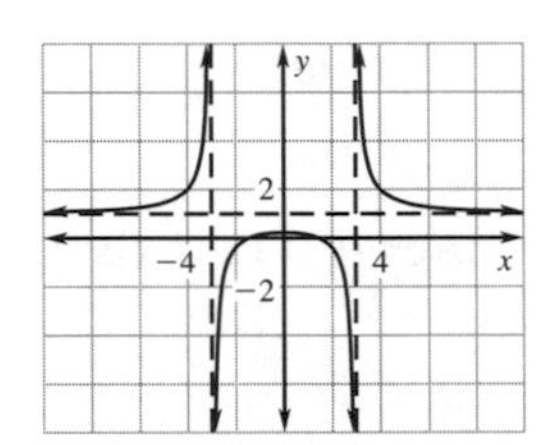

15. $y = \dfrac{x^2 - 2x + 15}{x + 1}$

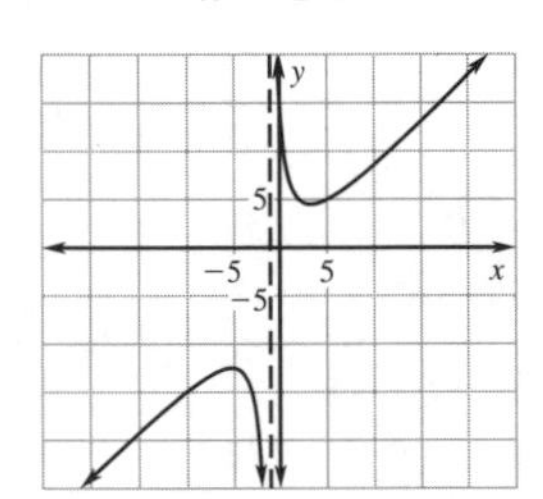

16. $\dfrac{x^2 - 4}{x + 3} \cdot \dfrac{x^2 + 4x + 3}{2x - 4} = \dfrac{(x - 2)(x + 2)(x + 1)(x + 3)}{2(x + 3)(x - 2)}$

$= \dfrac{(x + 1)(x + 2)}{2}$

17. $\dfrac{4x - 8}{x^2 - 3x + 2} \div \dfrac{3x - 6}{x - 1} = \dfrac{4(x - 2)}{(x - 1)(x - 2)} \cdot \dfrac{x - 1}{3(x - 2)}$

$= \dfrac{4}{3(x - 2)}$

18. $\dfrac{x + 4}{x^2 - 25} \cdot (x^2 + 3x - 10) = \dfrac{(x + 4)(x + 5)(x - 2)}{(x + 5)(x - 5)}$

$= \dfrac{(x + 4)(x - 2)}{x - 5}$

19. $\dfrac{5}{6x} + \dfrac{7}{18x} = \dfrac{15 + 7}{18x} = \dfrac{22}{18x} = \dfrac{11}{9x}$

20. $\dfrac{x - 1}{x - 2} - \dfrac{x - 4}{x + 1} = \dfrac{(x - 1)(x + 1) - (x - 4)(x - 2)}{(x + 1)(x - 2)}$

$= \dfrac{x^2 - 1 - x^2 + 6x - 8}{(x + 1)(x - 2)}$

$= \dfrac{6x - 9}{(x + 1)(x - 2)} = \dfrac{3(2x - 3)}{(x + 1)(x - 2)}$

21. $\dfrac{3x}{x^2 - 10x + 21} + \dfrac{5}{x - 3} = \dfrac{3x + 5(x - 7)}{(x - 3)(x - 7)}$

$= \dfrac{3x + 5x - 35}{(x - 3)(x - 7)}$

$= \dfrac{8x - 35}{(x - 3)(x - 7)}$

22. $\dfrac{1 + \frac{3}{x}}{2 - \frac{5}{x^2}} = \left(1 + \dfrac{3}{x}\right) \div \left(2 - \dfrac{5}{x^2}\right) = \left(\dfrac{x + 3}{x}\right) \div \left(\dfrac{2x^2 - 5}{x^2}\right)$

$= \left(\dfrac{x - 3}{x}\right)\left(\dfrac{x^2}{2x^2 - 5}\right)$

$= \dfrac{x(x + 3)}{2x^2 - 5}$

23. $\dfrac{\frac{4 + x}{10}}{\frac{x^2 - 16}{8}} = \left(\dfrac{4 + x}{10}\right) \div \left[\dfrac{(x - 4)(x + 4)}{8}\right]$

$= \left(\dfrac{x + 4}{10}\right)\left[\dfrac{8}{(x - 4)(x + 4)}\right] = \dfrac{4}{5(x - 4)}$

24. $\dfrac{\frac{2}{x - 1} + 5}{\frac{x}{3}} = \left[\dfrac{2 + 5(x - 1)}{x - 1}\right] \div \dfrac{x}{3}$

$= \left(\dfrac{5x - 3}{x - 1}\right)\left(\dfrac{3}{x}\right) = \dfrac{3(5x - 3)}{x(x - 1)}$

25. $\dfrac{36}{\frac{1}{x} + \frac{7}{2x}} = 36 \div \left(\dfrac{2 + 7}{2x}\right) = 36 \cdot \dfrac{2x}{9} = 8x$

26. $\dfrac{9}{x} + \dfrac{11}{5} = \dfrac{31}{x}$

$\dfrac{11}{5} = \dfrac{22}{x}$

$11x = 110$

$x = 10$

27. $\dfrac{-15}{x} = \dfrac{x + 16}{4}$

$-60 = x^2 + 16x$

$x^2 + 16x + 60 = 0$

$(x + 6)(x + 10) = 0$

$x = -6, x = -10$

28. $\dfrac{8}{x + 3} = \dfrac{5}{x - 3}$

$8x - 24 = 5x + 15$

$3x = 39$

$x = 13$

Chapter 9 *continued*

29. $$\frac{4x}{x+3} = \frac{37}{x^2-9} - 3$$

$$4x(x-3) = 37 - 3(x^2-9)$$

$$4x^2 - 12x = 37 - 3x^2 + 27$$

$$7x^2 - 12x - 64 = 0$$

$$(7x+16)(x-4) = 0$$

$$x = -\frac{16}{7}, x = 4$$

30. $d = \frac{840}{112} = 7.5$ ft

31. $\frac{\text{Vol. of cube}}{\text{Vol. of sphere}} = \frac{(2r)^3}{\left(\frac{4}{3}\pi r^3\right)} = 8r^3 \cdot \frac{3}{4\pi r^3} = \frac{6}{\pi}$

32. $1.79 = \frac{500 + 1.25x}{x}$

$1.79x = 500 + 1.25x$

$0.54x = 500$

$x \approx 926$ lb

Chapter 10

Chapter 10 Review (pages 47A–49B)

1. $d = \sqrt{(4+2)^2 + (2+3)^2} = \sqrt{36+25} = \sqrt{61} \approx 7.81$

$\left(\frac{-2+4}{2}, \frac{-3+2}{2}\right) = \left(1, -\frac{1}{2}\right)$

2. $d = \sqrt{(10+5)^2 + (-3-4)^2} = \sqrt{225+49}$

$= \sqrt{274} \approx 16.6$

$\left(\frac{-5+10}{2}, \frac{4-3}{2}\right) = \left(\frac{5}{2}, \frac{1}{2}\right)$

3. $d = \sqrt{(-4-0)^2 + (4-0)^2} = \sqrt{16+16}$

$= \sqrt{32} = 4\sqrt{2} \approx 5.66$

$\left(\frac{0-4}{2}, \frac{0+4}{2}\right) = (-2, 2)$

4. $d = \sqrt{(0+2)^2 + (-8-0)^2} = \sqrt{4+64}$

$= \sqrt{68} = 2\sqrt{17} \approx 8.25$

$\left(\frac{-2+0}{2}, \frac{0-8}{2}\right) = (-1, -4)$

5. $x^2 = 4y$

vertex: $(0, 0)$, vertical axis of symmetry

$x^2 = 4py = 4y \rightarrow p = 1$, parabola opens up

focus: $(0, p) = (0, 1)$

directrix: $y = -p = -1$

x	0	1	−1	2	−2
y	0	$\frac{1}{4}$	$\frac{1}{4}$	1	1

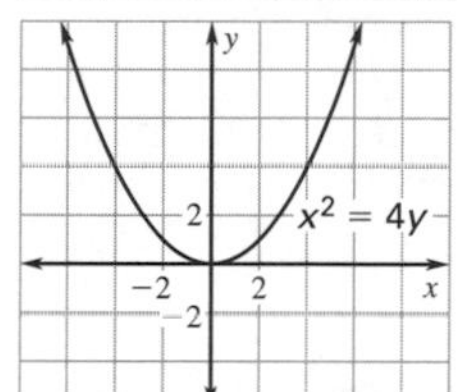

6. $x^2 = -2y$

vertex: $(0, 0)$, vertical axis of symmetry

$x^2 = 4py = -2y \rightarrow p = -\frac{1}{2}$, parabola opens down

focus: $(0, p) = \left(0, -\frac{1}{2}\right)$

directrix: $y = -p = \frac{1}{2}$

x	0	1	−1	2	−2
y	0	$-\frac{1}{2}$	$-\frac{1}{2}$	−2	−2

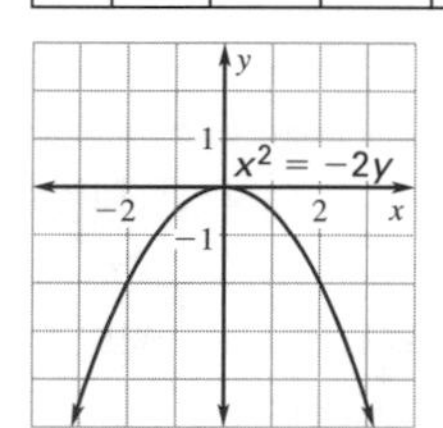

7. $6x + y^2 = 0$

$y^2 = -6x$

vertex $(0, 0)$, horizontal axis of symmetry

$y^2 = 4px = -6x \rightarrow p = -\frac{3}{2}$, parabola opens left

focus: $(p, 0) = \left(-\frac{3}{2}, 0\right)$

directrix: $x = -p = \frac{3}{2}$

y	0	1	−1	2	−2
x	0	$-\frac{1}{6}$	$-\frac{1}{6}$	$-\frac{2}{3}$	$-\frac{2}{3}$

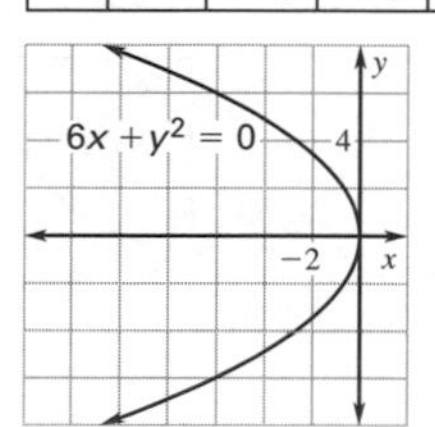

8. $y^2 - 12x = 0$

$y^2 = 12x$

vertex: (0, 0) horizontal axis of symmetry

$y^2 = 4px = 12x \rightarrow p = 3$, parabola opens right

focus: $(p, 0) = (3, 0)$

directrix: $x = -p = -3$

y	0	1	−1	2	−2
x	0	$\frac{1}{12}$	$\frac{1}{12}$	$\frac{1}{3}$	$\frac{1}{3}$

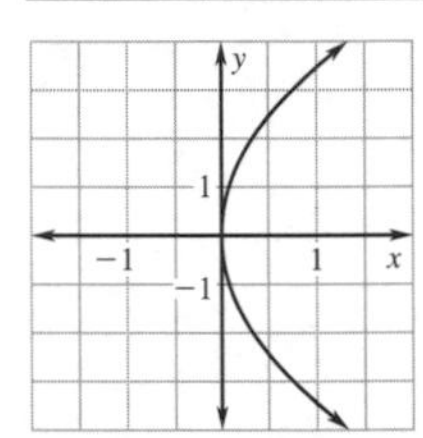

9. $p = 4$

$p > 0$, horizontal axis of symmetry

$y^2 = 4px$

$y^2 = 4(4)x = 16x$

$y^2 = 16x$

10. $p = -3$

$p < 0$, vertical axis of symmetry

$x^2 = 4py$

$= 4(-3)y$

$= -12y$

$x^2 = -12y$

11. $y = -p$, so $p = 2$

Vertical axis of symmetry $x^2 = 4py = 4(2)y = 8y$

$x^2 = 8y$

12. $x = -p$, so $p = -1$ $y^2 = 4px = 4(-1)x = -4x$

$y^2 = -4x$

13. center: (0, 0)

$r = 4$

points on circle:

(0, 4), (0, −4), (4, 0), (−4, 0)

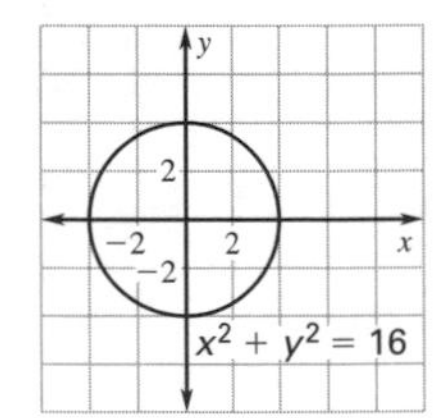

14. center: (0, 0)

$r = 8$

points on circle:

(0, 8), (0, −8), (8, 0), (−8, 0)

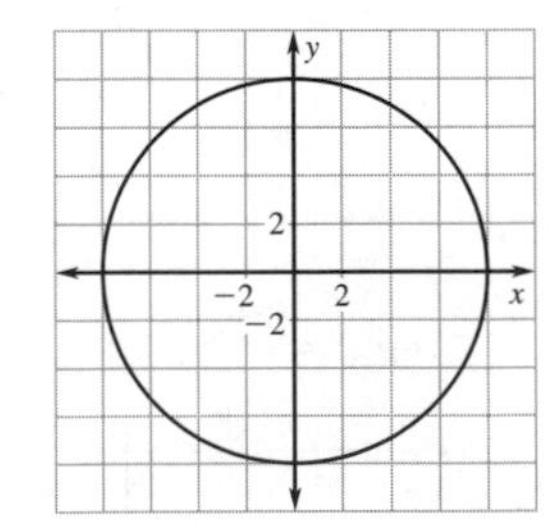

15. center: (0, 0)

$r = \sqrt{6}$

points on circle:

$(\sqrt{6}, 0), (-\sqrt{6}, 0),$

$(0, \sqrt{6}), (0, -\sqrt{6})$

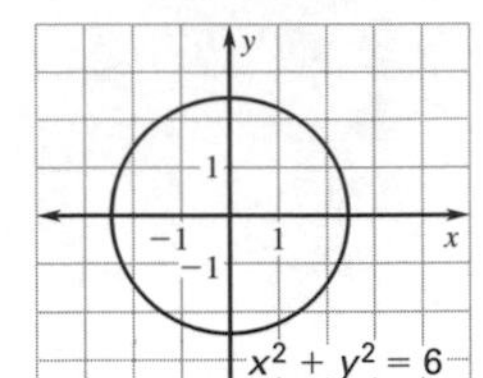

16. $3x^2 + 3y^2 = 363$

$x^2 + y^2 = \frac{1}{3}(363)$

$x^2 + y^2 = 121$

center: (0, 0)

$r = 11$

points on circle:

(11, 0), (−11, 0), (0, 11), (0, −11)

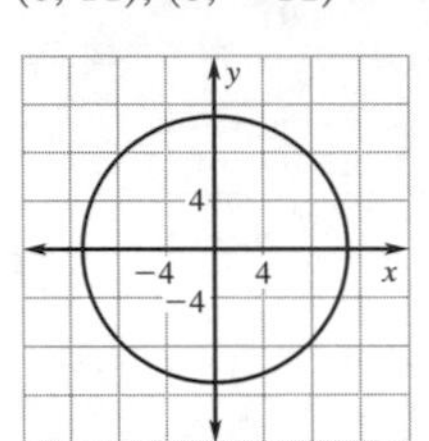

17. $x^2 + y^2 = (5)^2$

$x^2 + y^2 = 25$

18. $x^2 + y^2 = (\sqrt{10})^2$

$x^2 + y^2 = 10$

19. $x^2 + y^2 = r^2$

$(-2)^2 + (3)^2 = r^2$

$4 + 9 = r^2$

$13 = r^2$

$x^2 + y^2 = 13$

20. Point: (1, 8)

$x^2 + y^2 = r^2$

$(1)^2 + (8)^2 = r^2$

$1 + 64 = r^2$

$65 = r^2$

$x^2 + y^2 = 65$

21. $4x^2 + 81y^2 = 324$

$\frac{x^2}{81} + \frac{y^2}{4} = 1$

horizontal major axis: $81 > 4$

$a = 9, b = 2$

$c^2 = a^2 - b^2 = 81 - 4 = 77$

$c = \sqrt{77}$

center: (0, 0)

vertices: (−9, 0), (9, 0)

co-vertices: (0, −2), (0, 2)

foci: $(-\sqrt{77}, 0), (\sqrt{77}, 0)$

22. $-9x^2 - 4y^2 = -36$

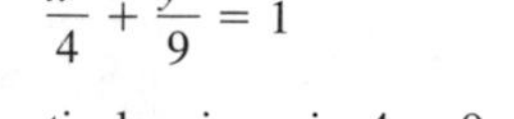

$\frac{x^2}{4} + \frac{y^2}{9} = 1$

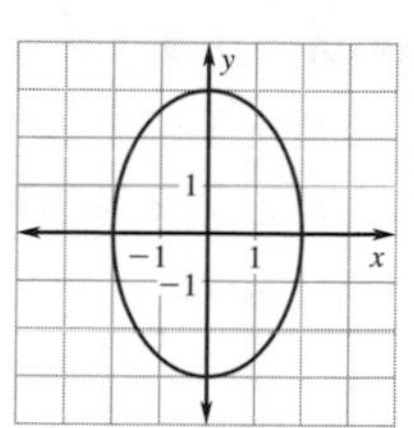

vertical major axis: $4 < 9$

$a = 3, b = 2$

$c^2 = a^2 - b^2 = 9 - 4 = 5$

$c = \sqrt{5}$

center: (0, 0)

vertices: (0, −3), (0, 3)

co-vertices: (−2, 0), (2, 0)

foci: $(0, -\sqrt{5}), (0, \sqrt{5})$

23. $49x^2 + 36y^2 = 1764$

$\frac{x^2}{36} + \frac{y^2}{49} = 1$

vertical major axis: $36 < 49$

$\sqrt{49} = 7$

$\sqrt{36} = 6$

$49 - 36 = 13$

center: (0, 0)

vertices: (0, −7), (0, 7)

co-vertices: (−6, 0), (6, 0)

foci: $(0, -\sqrt{13}), (0, \sqrt{13})$

24. $\frac{x^2}{b^2} + \frac{y^2}{a^2} = 1$

$a = 5, b = 1$

$x^2 + \frac{y^2}{25} = 1$

25. $\frac{x^2}{a^2} + \frac{y^2}{b^2} = 1$

$a = 4, c = 3$

$b^2 = a^2 - c^2 = 16 - 9 = 7$

$\frac{x^2}{16} + \frac{y^2}{7} = 1$

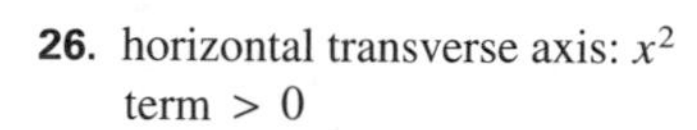

26. horizontal transverse axis: x^2 term > 0

$a = 10, b = 8$

center: (0, 0)

vertices: (−10, 0), (10, 0)

$c^2 = a^2 + b^2 = 100 + 64 = 164$

$c = 2\sqrt{41}$

foci: $(-2\sqrt{41}, 0), (2\sqrt{41}, 0)$

asymptotes: $y = \pm\frac{b}{a}x$

$y = \pm\frac{8}{10}x = \pm\frac{4}{5}x$

27. $16y^2 - 9x^2 = 144$

$\frac{y^2}{9} - \frac{x^2}{16} = 1$

vertical transverse axis: y^2 term > 0

$a = 3, b = 4$

center: (0, 0)

vertices: (0, −3), (0, 3)

$c^2 = a^2 + b^2 = 9 + 16 = 25$

$c = 5$

foci: (0, −5), (0, 5)

asymptotes: $y = \pm\frac{a}{b}x$

$y = \pm\frac{3}{4}x$

28. $y^2 - 4x^2 = 4$

$\frac{y^2}{4} - x^2 = 1$

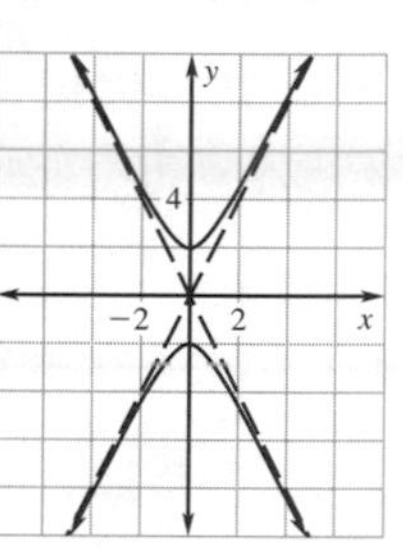

vertical transverse axis: y^2 term > 0

$a = 2, b = 1$

$c^2 = a^2 + b^2 = 4 + 1 = 5$

$c = \sqrt{5}$

center: (0, 0)

vertices: (0, −2), (0, 2)

foci: $(0, -\sqrt{5}), (0, \sqrt{5})$

asymptotes: $y = \pm\frac{a}{b}x = \pm\frac{4}{1}x = \pm 4x$

29. $\frac{y^2}{a^2} - \frac{x^2}{b^2} = 1$

$c = 3, a = 1$

$c^2 = a^2 + b^2$

$b^2 = c^2 - a^2 = 9 - 1 = 8$

$y^2 - \frac{x^2}{8} = 1$

30. $\frac{y^2}{a^2} - \frac{x^2}{b^2} = 1$

$\frac{y^2}{4} - \frac{x^2}{12} = 1$

$\frac{y^2}{a^2} - \frac{x^2}{b^2} = 1$

$c = 4, a = 2$

$b^2 = c^2 - a^2 = 16 - 4 = 12$

Chapter 10 *continued*

31. $\dfrac{x^2}{a^2} - \dfrac{y^2}{b^2} = 1$

$c = 5, a = 3$

$b^2 = c^2 - a^2 = 25 - 9 = 16$

$\dfrac{x^2}{9} - \dfrac{y^2}{16} = 1$

32. $A = 1, B = 0, C = 0$

$B^2 - 4AC = 0^2 - 4(1)(0) = 0$

$B^2 - 4AC = 0,$ parabola

$$(x^2 + 8x) - 8y = -16$$
$$(x^2 + 8x + 16) - 8y = -16 + 16$$
$$x^2 + 8x + 16 = 8y$$
$$(x + 4)^2 = 8y$$

vertex: $(-4, 0)$

$(x + 4)^2 = 8y$

$(x + 4)^2 = 4(2)y$

$p = 2, p > 0,$ parabola opens up

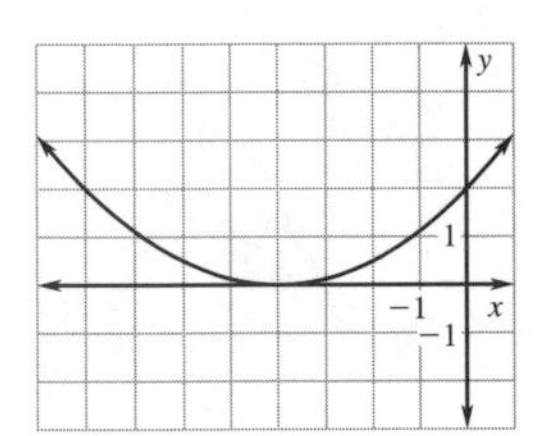

33. $A = 1, B = 0, C = 1$

$B^2 - 4AC = 0^2 - 4(1)(1) = -4$

$B^2 - 4AC < 0, B = 0, A = C,$ circle

$$x^2 + y^2 - 10x + 2y - 74 = 0$$
$$x^2 - 10x + y^2 + 2y = 74$$
$$(x^2 - 10x + 25) + (y^2 + 2y + 1) = 74 + 25 + 1$$
$$(x - 5)^2 + (y + 1)^2 = 100$$

$r = 10$

center: $(5, -1)$

points on circle: $(15, -1), (5, 9), (-5, -1), (5, -11)$

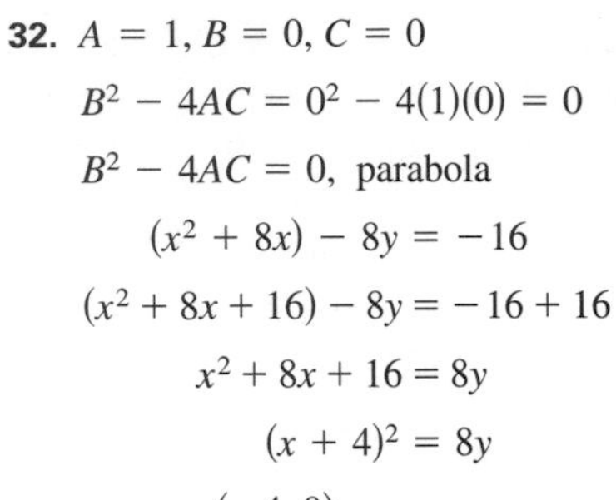

34. $A = 9, B = 0, C = 1$

$B^2 - 4AC = 0^2 - 4(9)(1) = -36$

$B^2 - 4AC < 0, B = 0, A \neq C,$ ellipse

$$9x^2 + y^2 + 72x - 2y + 136 = 0$$
$$9x^2 + 72x + y^2 - 2y = -136$$
$$9(x^2 + 8x + 16) + (y^2 - 2y + 1) = -136 + 9(16) + 1$$
$$9(x + 4)^2 + (y - 1)^2 = 9$$
$$(x + 4)^2 + \frac{(y - 1)^2}{9} = 1$$

center: $(-4, 1)$; vertices: $(-4, 3), (-4, -2)$;
co-vertices: $(-3, 1), (-5, 1)$

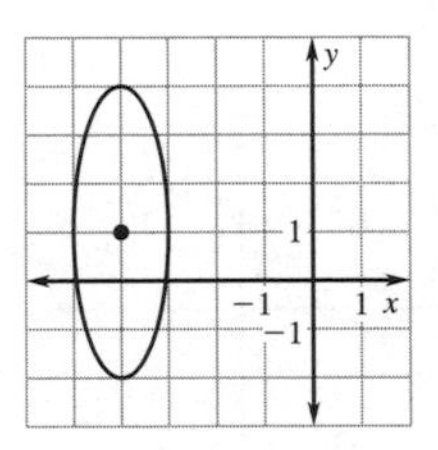

35. $A = -4, B = 0, C = 1$

$B^2 - 4AC = 0^2 - 4(-4)(1) = 16$

$B^2 - 4AC > 0,$ hyperbola

$$y^2 - 4x^2 - 18y - 8x + 76 = 0$$
$$y^2 - 18y - 4x^2 - 8x = -76$$
$$(y^2 - 18y + 81) - 4(x^2 + 2x + 1) = -76 + 81 - 4$$
$$(y - 9)^2 - 4(x + 1)^2 = 1$$
$$(y - 9)^2 - \frac{(x + 1)^2}{\left(\frac{1}{4}\right)} = 1$$

center: $(-1, 9)$;

vertices: $(-1, 8), (-1, 0)$

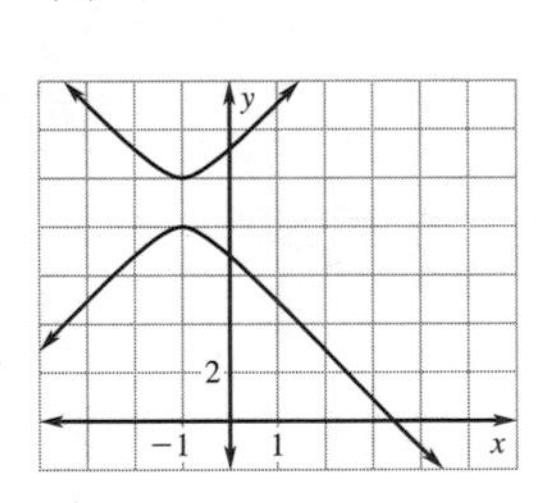

36. $x^2 + y^2 - 18x + 24y + 200 = 0$

$4x + 3y = 0$

$3y = -4x$

$y = -\frac{4}{3}x$

$x^2 + \left(-\frac{4}{3}x\right)^2 - 18x + 24\left(-\frac{4}{3}x\right) + 200 = 0$

$x^2 + \frac{16}{9}x^2 - 18x - 32x + 200 = 0$

$\frac{25}{9}x^2 - 50x + 200 = 0$

$\frac{25}{9}(x^2 - 18x + 72) = 0$

$\frac{25}{9}(x - 12)(x - 6) = 0$

$x = 12$ or $x = 6$

$y = \left(-\frac{4}{3}\right)(12) = -16$

$y = \left(-\frac{4}{3}\right)(6) = -8$

$(12, -16), (6, -8)$

37. $5x^2 + 3x - 8y + 2 = 0$

$3x + y - 6 = 0$

$5x^2 + 3x - 8y + 2 = 0$

$\underline{24x + 8y - 48 = 0}$

$5x^2 + 27x - 46 = 0$

$x = \dfrac{-27 \pm \sqrt{729 - 4(5)(-46)}}{2(5)}$

$= \dfrac{-27 \pm \sqrt{1649}}{10}$

$3\left(\dfrac{-27 + \sqrt{1649}}{10}\right) + y - 6 = 0$

$y = \dfrac{81 - 3\sqrt{1649}}{10} + \dfrac{60}{10}$

$y = \dfrac{141 - 3\sqrt{1649}}{10}$

$3\left(\dfrac{-27 - \sqrt{1649}}{10}\right) + y - 6 = 0$

$y = \dfrac{81 + 3\sqrt{1649}}{10} + \dfrac{60}{10}$

$y = \dfrac{141 + 3\sqrt{1649}}{10}$

$\left(\dfrac{-27 + \sqrt{1649}}{10}, \dfrac{141 - 3\sqrt{1649}}{10}\right), \left(\dfrac{-27 - \sqrt{1649}}{10}, \dfrac{141 + 3\sqrt{1649}}{10}\right)$

$\approx (1.361, 1.918), (-6.761, 26.282)$

38. $4x^2 + y^2 - 48x - 2y + 129 = 0$

$x^2 + y^2 - 2x - 2y - 7 = 0$

$4x^2 + y^2 - 48x - 2y + 129 = 0$

$\underline{-x^2 - y^2 + 2x + 2y + 7 = 0}$

$3x^2 - 46x + 136 = 0$

$(3x - 34)(x - 4) = 0$

$x = \dfrac{34}{3}$ or $x = 4$

$(4)^2 + y^2 - 2(4) - 2y - 7 = 0$

$16 + y^2 - 8 - 2y - 7 = 0$

$y^2 - 2y + 1 = 0$

$(y - 1)(y - 1) = 0$

$y = 1$

$x^2 + y^2 - 2x - 2y - 7 = 0$

$\left(\dfrac{34}{3}\right)^2 + y^2 - 2\left(\dfrac{34}{3}\right) - 2y - 7 = 0$

$\dfrac{1156}{9} + y^2 - \dfrac{68}{3} - 2y - 7 = 0$

$y^2 - 2y + \dfrac{889}{9} = 0$

$y = \dfrac{2 \pm \sqrt{4 - 4(1)\left(\frac{889}{9}\right)}}{2(1)}$

$y = \dfrac{2 \pm \sqrt{-\frac{3520}{9}}}{2}$; no real roots

$(4, 1)$

39. $9x^2 - 16y^2 + 18x + 153 = 0$

$\underline{9x^2 + 16y^2 + 18x - 135 = 0}$

$18x^2 + 36x + 18 = 0$

$18(x^2 + 2x + 1) = 0$

$(x + 1)^2 = 0$

$(x + 1)(x + 1) = 0$

$x = -1$

$9(-1)^2 - 16y^2 + 18(-1) + 153 = 0$

$9 - 16y^2 - 18 + 153 = 0$

$-16y^2 + 144 = 0$

$-16(y^2 - 9) = 0$

$-16(y - 3)(y + 3) = 0$

$y = \pm 3$

$(-1, 3), (-1, -3)$

Chapter 10 Test (pages 50A–50B)

1. $d = \sqrt{(5-1)^2 + (3-9)^2}$

   $d = \sqrt{16 + 36} = \sqrt{52} = 2\sqrt{13} \approx 7.21$

   $\left(\frac{1+5}{2}, \frac{9+3}{2}\right) = (3, 6)$

2. $d = \sqrt{(4+8)^2 + (7-3)^2}$

   $d = \sqrt{144 + 16} = \sqrt{160}$

   $d = 4\sqrt{10} \approx 12.6$

   $\left(\frac{-8+4}{2}, \frac{3+7}{2}\right) = (-2, 5)$

3. $d = \sqrt{(3+4)^2 + (10+2)^2}$

   $d = \sqrt{49 + 144} = \sqrt{193} \approx 13.9$

   $\left(\frac{-4+3}{2}, \frac{-2+10}{2}\right) = \left(-\frac{1}{2}, 4\right)$

4. $d = \sqrt{(-3+11)^2 + (7+5)^2}$

   $d = \sqrt{64 + 144} = \sqrt{208}$

   $d = 4\sqrt{13} \approx 14.4$

   $\left(\frac{-11+(-3)}{2}, \frac{-5+7}{2}\right) = (-7, 1)$

5. $d = \sqrt{(2+1)^2 + (8-6)^2}$

   $d = \sqrt{9 + 4} = \sqrt{13} \approx 3.61$

   $\left(\frac{-1+2}{2}, \frac{6+8}{2}\right) = \left(\frac{1}{2}, 7\right)$

6. $d = \sqrt{(4-3)^2 + (9+2)^2} = \sqrt{1 + 121}$

   $= \sqrt{122} \approx 11.0$

   $\left(\frac{3+4}{2}, \frac{-2+9}{2}\right) = \left(\frac{7}{2}, \frac{7}{2}\right)$

7. $r = 6$

   center: $(0, 0)$;
   points on circle:
   $(6, 0), (0, 6), (-6, 0), (0, -6)$

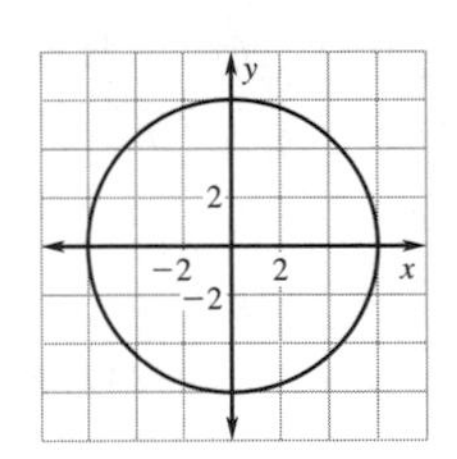

8. vertex: $(0, 0)$, horizontal axis of symmetry

   $y^2 = 4px = 16x \rightarrow p = 4$, parabola opens right

   focus: $(p, 0) = (4, 0)$

   directrix: $x = -p = -4$

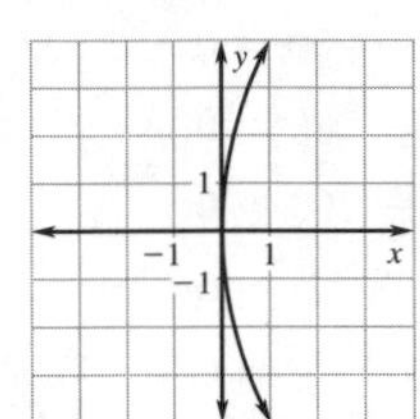

x	0	1	4	1	4
y	0	4	8	−4	−8

9. $9y^2 - 81x^2 = 729$

   $\frac{y^2}{81} - \frac{x^2}{9} = 1$

   vertical transverse axis: y^2 term > 0

   center: $(0, 0)$

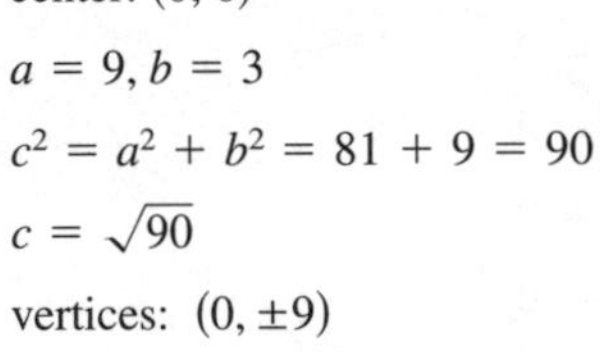

   $a = 9, b = 3$

   $c^2 = a^2 + b^2 = 81 + 9 = 90$

   $c = \sqrt{90}$

   vertices: $(0, \pm 9)$

   foci: $(0, \pm\sqrt{90})$

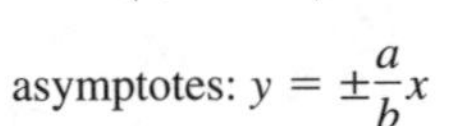

   asymptotes: $y = \pm\frac{a}{b}x$

   $y = \pm\frac{3}{9}x = \pm\frac{1}{3}x$

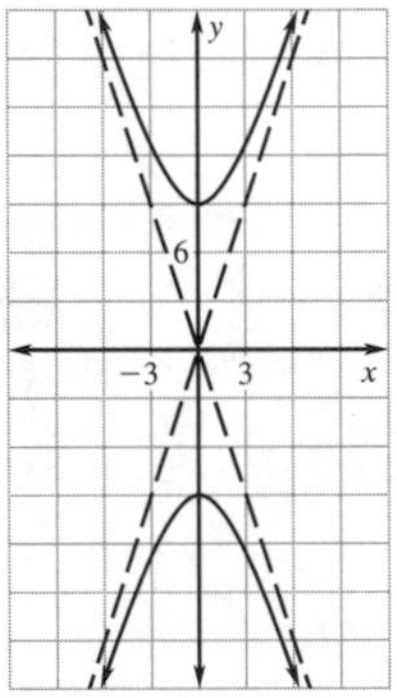

10. $25x^2 + 9y^2 = 225$

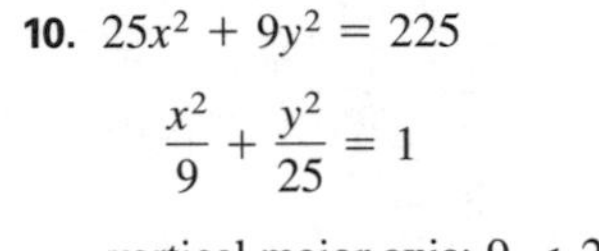

   $\frac{x^2}{9} + \frac{y^2}{25} = 1$

   vertical major axis: $9 < 25$

   center: $(0, 0)$

   $a = 5, b = 3$

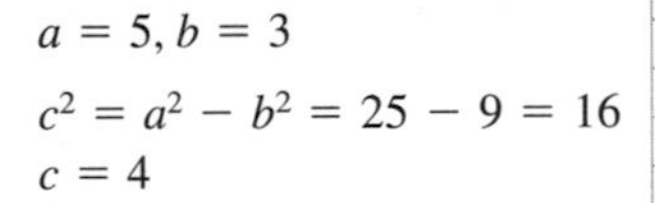

   $c^2 = a^2 - b^2 = 25 - 9 = 16$

   $c = 4$

   vertices: $(0, \pm 5)$

   co-vertices: $(\pm 3, 0)$

   foci: $(0, 4), (0, -4)$

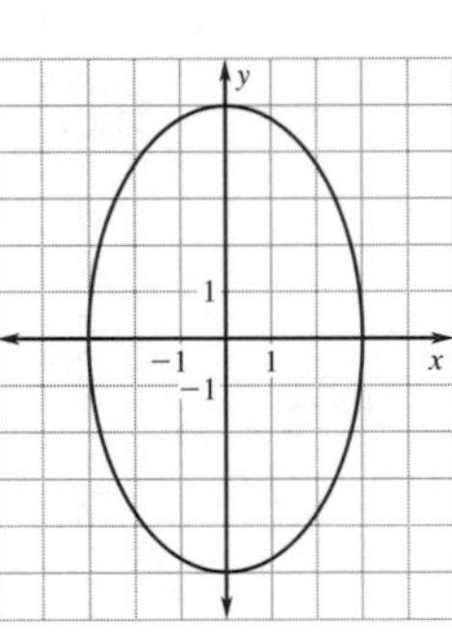

11. vertex: $(4, -7)$, vertical axis of symmetry

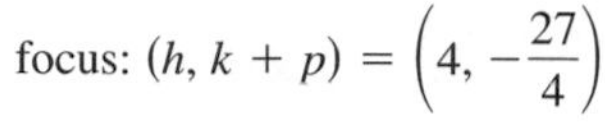

$(x - h)^2 = 4p(y - k)^2 = (y + 7)p = \frac{1}{4},$

parabola opens up

focus: $(h, k + p) = \left(4, -\frac{27}{4}\right)$

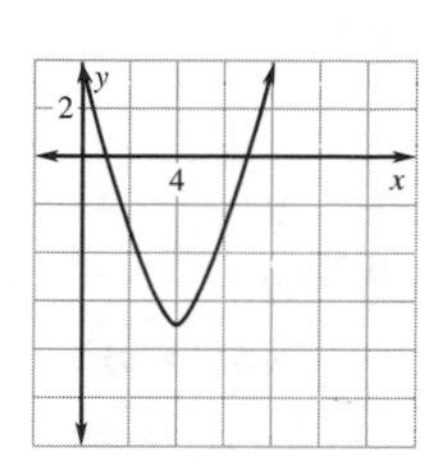

12. $r = 1$

center: $(3, -2)$

points on circle: $(4, -2)$

$(2, -2), (3, -1), (3, -3)$

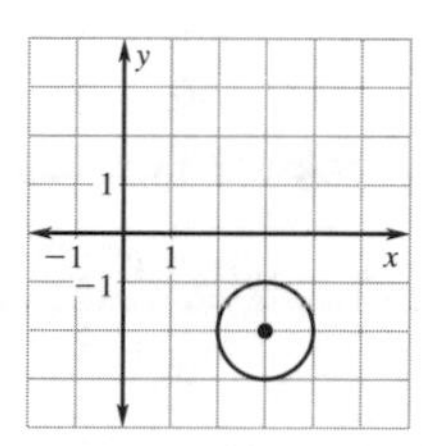

13. horizontal major axis: $4 > 1$

$a = 2, b = 1$

$c^2 = a^2 - b^2 = 4 - 1 = 3$

$c = \sqrt{3}$

center: $(-6, 7)$

vertices: $(-8, 7), (-4, 7)$

co-vertices: $(-6, 8), (-6, 6)$

foci: $(-6 \pm 3, 7)$

14. horizontal transverse axis, x^2 term > 0

$a = 4, b = 4$

$c^2 = a^2 + b^2 = 16 + 16 = 32$

$c = 4\sqrt{2}$

center: $(4, -4)$

vertices: $(0, -4), (8, -4)$

foci: $(4, -4 \pm 4\sqrt{2})$

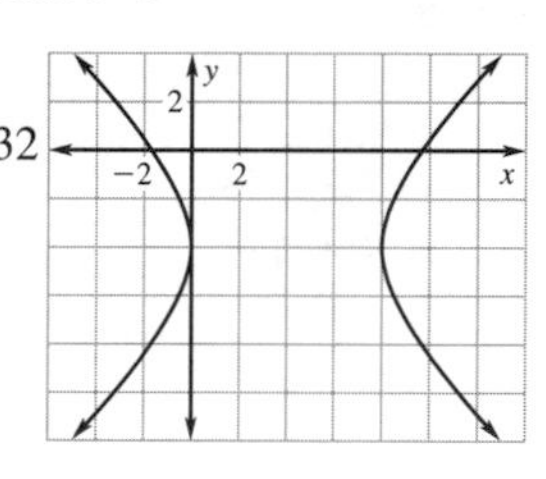

15. vertical transverse axis, y^2 term > 0

$a = 2, b = 4$

$c^2 = a^2 + b^2 = 4 + 16 = 20$

$c = 2\sqrt{5}$

center: $(-1, -2)$

vertices: $(-1, 0), (-1, -4)$

foci: $(-1 \pm 2\sqrt{5}, -2)$

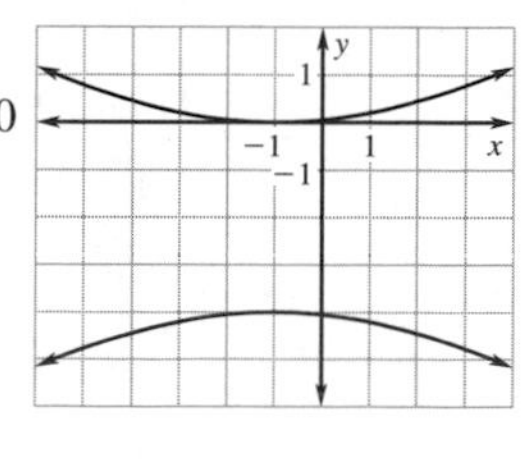

16. $x = -p, p = -5$

$y^2 = 4px$

$y^2 = 4(-5)x$

$y^2 = -20x$

17. $p > 0$, horizontal axis of symmetry

$(x - h)^2 = 4p(y - k)$

$h = 3, k = -6$

$|p| = \sqrt{(3 - 3)^2 + (-4 + 6)^2} = \sqrt{4} = 2$

Since $p > 0, p = 2.$

$(x - 3)^2 = 4(2)(y + 6)$

$(x - 3)^2 = 8(y + 6)$

18. $x^2 + y^2 = r^2$

$r = \sqrt{(4 - 0)^2 + (6 - 0)^2} = \sqrt{16 + 36} = \sqrt{52}$

$x^2 + y^2 = 52$

19. $(x - h)^2 + (y - k)^2 = r^2$

$(x + 8)^2 + (y - 3)^2 = 25$

20. $\frac{x^2}{a^2} + \frac{y^2}{b^2} = 1$

$a = 4, b = 2$

$\frac{x^2}{16} + \frac{y^2}{4} = 1$

21. $\frac{(x - h)^2}{b^2} + \frac{(y - k)^2}{a^2} = 1$

$(h, k) = \text{center} = \left(\frac{3 + 3}{2}, \frac{-4 + (-2)}{2}\right) = (3, -3)$

$a = \sqrt{(3 - 3)^2 + (-5 + 3)^2} = \sqrt{4} = 2$

$c = \sqrt{(3 - 3)^2 + (-3 + 4)^2} = \sqrt{1} = 1$

$b^2 = a^2 - c^2 = 4 - 1 = 3$

$\frac{(x - 3)^2}{3} + \frac{(y + 3)^2}{4} = 1$

22. $\frac{x^2}{a^2} - \frac{y^2}{b^2} = 1$

$a = 7, c = 9$

$b^2 = c^2 - a^2 = 81 - 49 = 32$

$\frac{x^2}{49} - \frac{y^2}{32} = 1$

23. $\frac{(y - k)^2}{a^2} - \frac{(x - h)^2}{b^2} = 1$

$a = \sqrt{(4 - 4)^2 + (2 + 1)^2} = \sqrt{9} = 3$

$c = \sqrt{(4 - 4)^2 + (4 + 1)^2} = \sqrt{25} = 5$

$b^2 = c^2 - a^2 = 25 - 9 = 16$

$\frac{(y + 1)^2}{9} - \frac{(x - 4)}{16} = 1$

24. $A = 1, B = 0, C = 4$

$B^2 - 4AC = 0^2 - 4(1)(4) = -16$

$B^2 - 4AC < 0,\ B = 0, A \neq C$, ellipse

$x^2 + 4y^2 - 2x - 3 = 0$

$(x^2 - 2x + 1) + 4y^2 = 3 + 1$

$(x - 1)^2 + 4y^2 = 4$

$\frac{(x - 1)^2}{4} + y^2 = 1$

25. $A = 2, B = 0, C = 0$

$B^2 - 4AC = 0^2 - 4(2)(0) = 0$, parabola

$2x^2 + 20x - y + 41 = 0$

$2x^2 + 20x = y - 41$

$2(x^2 + 10x + 25) = y - 41 + 2(25)$

$2(x + 5)^2 = (y + 9)$

$(x + 5)^2 = \frac{1}{2}(y + 9)$

26. $A = 5, B = 0, C = -3$

$B^2 - 4AC = 0^2 - 4(5)(-3) = 60$

$B^2 - 4AC > 0$, hyperbola

$5x^2 - 3y^2 - 30 = 0$

$5x^2 - 3y^2 = 30$

$\frac{x^2}{6} - \frac{y^2}{10} = 1$

27. $A = 1, B = 0, C = 1$

$B^2 - 4AC = 0^2 - 4(1)(1) = -4$

$B^2 - 4AC < 0, B = 0,\ A = C$, circle

$x^2 + y^2 - 12x + 4y + 31 = 0$

$(x^2 - 12x + 36) + (y^2 + 4y + 4) = -31 + 36 + 4$

$(x - 6)^2 + (y + 2)^2 = 9$

28. $A = 0, B = 0, C = 1$

$B^2 - 4AC = 0^2 - 4(0)(1) = 0$, parabola

$y^2 - 8x - 4y + 4 = 0$

$y^2 - 4y + 4 = 8x - 4 + 4$

$(y - 2)^2 = 8x$

29. $A = -1, B = 0, C = 1$

$B^2 - 4AC = 0^2 - 4(-1)(1) = 4$

$B^2 - 4AC > 0$, hyperbola

$-x^2 - 6x + y^2 - 6y = 4$

$-(x^2 + 6x + 9) + (y^2 - 6y + 9) = 4 + (-1)(9) + 9$

$(y - 3)^2 - (x + 3)^2 = 4$

$\frac{(y - 3)^2}{4} - \frac{(x + 3)^2}{4} = 1$

30. $A = 1, B = 0, C = 0$

$B^2 - 4AC = 0^2 - 4(1)(0) = 0$, parabola

$x^2 - 8x + 4y + 16 = 0$

$x^2 - 8x = -4y - 16$

$x^2 - 8x + 16 = -4y - 16 + 16$

$(x - 4)^2 = -4y$

31. $A = 3, B = 0, C = 3$

$B^2 - 4AC = 0^2 - 4(3)(3) = -36$

$B^2 - 4AC < 0, B = 0,\ A = C$, circle

$3x^2 - 30x + 3y^2 = -59$

$3(x^2 - 10x + 25) + 3y^2 = -59 + 3(25)$

$3(x - 5)^2 + 3y^2 = 16$

$(x - 5)^2 + y^2 = \frac{16}{3}$

32. $A = 1, B = 0, C = 2$

$B^2 - 4AC = 0^2 - 4(1)(2) = -8$

$B^2 - 4AC < 0, B = 0,\ A \neq C$, ellipse

$x^2 - 8x + 2y^2 = -7$

$x^2 - 8x + 16 + 2y^2 = -7 + 16$

$(x - 4)^2 + 2y^2 = 9$

$\frac{(x - 4)^2}{9} + \frac{2y^2}{9} = 1$

$\frac{(x - 4)^2}{9} + \frac{y^2}{\left(\frac{9}{2}\right)} = 1$

33. $A = 4, B = 0, C = -1$

$B^2 - 4AC = 0^2 - 4(4)(-1) = 16$

$B^2 - 4AC > 0$, hyperbola

$4x^2 + 16x - y^2 + 6y = 3$

$4(x^2 + 4x) - (y^2 - 6y) = 3$

$4(x^2 + 4x + 4) - (y^2 - 6y + 9) = 3 + 4(4) - 9$

$4(x + 2)^2 - (y - 3)^2 = 10$

$\frac{4(x + 2)^2}{10} - \frac{(y - 3)^2}{10} = 1$

$\frac{(x + 2)^2}{\left(\frac{10}{4}\right)} - \frac{(y - 3)^2}{10} = 1$

$\frac{(x + 2)^2}{\left(\frac{5}{2}\right)} - \frac{(y - 3)^2}{10} = 1$

Chapter 10 *continued*

34. $A = 3, B = 0, C = 1$

$B^2 - 4AC = 0^2 - (4)(3)(1) = -12$

$B^2 - 4AC < 0, B = 0,\ A \neq C,$ ellipse

$$3x^2 + y^2 - 4y + 3 = 0$$
$$3x^2 + (y^2 - 4y + 4) = -3 + 4$$
$$3x^2 + (y-2)^2 = 1$$
$$\frac{x^2}{\left(\frac{1}{3}\right)} + (y-2)^2 = 1$$

35. $A = 1, B = 0, C = 1$

$B^2 - 4AC = 0^2 - 4(1)(1) = -4$

$B^2 - 4AC < 0, B = 0,\ A = C,$ circle

$$x^2 + y^2 - 2x + 10y + 1 = 0$$
$$(x^2 - 2x) + (y^2 + 10y) = -1$$
$$(x^2 - 2x + 1) + (y^2 + 10y + 25) = -1 + 1 + 25$$
$$(x-1)^2 + (y+5)^2 = 25$$

36. $x^2 + y^2 = 64$

$x - 2y = 17$

$x = 2y + 17$

$$(2y + 17)^2 + y^2 - 64 = 0$$
$$4y^2 + 68y + 289 + y^2 - 64 = 0$$
$$5y^2 + 68y + 225 = 0$$
$$y = \frac{-68 \pm \sqrt{4624 - 4(5)(225)}}{2(5)}$$
$$y = \frac{-68 \pm \sqrt{4624 - 4500}}{10}$$
$$y = \frac{-68 \pm \sqrt{124}}{10}$$
$$y = \frac{-68 \pm 2\sqrt{31}}{10}$$
$$y = \frac{-34 \pm \sqrt{31}}{5}$$
$$x = 2\left(\frac{-34 \pm \sqrt{31}}{5}\right) + 17$$
$$x = \frac{-68 \pm 2\sqrt{31}}{5} + \frac{85}{5}$$
$$x = \frac{17 + 2\sqrt{31}}{5}$$
$$\left(\frac{17 + 2\sqrt{31}}{5}, \frac{-34 + \sqrt{31}}{5}\right), \left(\frac{17 - 2\sqrt{31}}{5}, \frac{-34 - \sqrt{31}}{5}\right)$$
$$\approx (5.627, -5.686), (1.173, -7.914)$$

37. $x^2 + y^2 = 20$

$$x^2 + 4y^2 - 2x - 2 = 0$$
$$-4x^2 - 4y^2 \qquad + 80 = 0$$
$$\underline{x^2 + 4y^2 - 2x - 2 = 0}$$
$$-3x^2 \qquad - 2x + 78 = 0$$
$$x = \frac{2 \pm \sqrt{4 - 4(-3)(78)}}{2(-3)}$$
$$x = \frac{2 \pm \sqrt{4 + 936}}{-6}$$
$$x = \frac{2 \pm \sqrt{940}}{-6}$$
$$x = \frac{2 \pm 2\sqrt{235}}{-6}$$
$$x = \frac{-1 \pm \sqrt{235}}{3}$$
$$\left(\frac{-1 + \sqrt{235}}{3}\right)^2 + y^2 = 20$$
$$\frac{236 - 2\sqrt{235}}{9} + y^2 = 20$$
$$y^2 = 20 - \frac{236 - 2\sqrt{235}}{9}$$
$$y^2 = \frac{180}{9} - \frac{236 - 2\sqrt{235}}{9}$$
$$y^2 = \frac{-56 + 2\sqrt{235}}{9}, \text{ no real roots}$$
$$\left(\frac{-1 - \sqrt{235}}{3}\right)^2 + y^2 = 20$$
$$\frac{236 + 2\sqrt{235}}{9} + y^2 = 20$$
$$y^2 = 20 - \frac{236 + 2\sqrt{235}}{9}$$
$$y^2 = \frac{180}{9} - \frac{236 + 2\sqrt{235}}{9}$$
$$y^2 = \frac{-56 - 2\sqrt{235}}{9}, \text{ no real roots}$$

none

Chapter 10 *continued*

38. $x^2 = 8y$

$x^2 = 2y + 12$

$8y = 2y + 12$

$6y = 12$

$y = 2$

$x^2 = 2(2) + 12$

$x^2 = 16$

$x = \pm 4$

$(4, 2), (-4, 2)$

39. $\frac{x^2}{a^2} + \frac{y^2}{b^2} = 1$

$2a = 230$

$a = 115$

$2b = 200$

$b = 100$

vertices: $(\pm 115, 0)$

co-vertices: $(0, \pm 100)$

$\frac{x^2}{13{,}225} + \frac{y^2}{10{,}000} = 1$

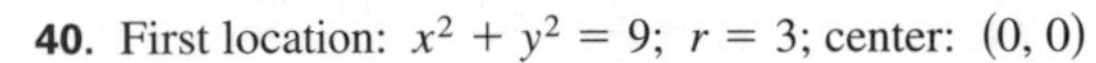

40. First location: $x^2 + y^2 = 9$; $r = 3$; center: $(0, 0)$

Second location center: $(0, 2)$

$(x - h)^2 + (y - k)^2 = r^2$

$(x - 0)^2 + (y - 2)^2 = 9$

$x^2 + (y - 2)^2 = 9$

$x^2 + (y^2 - 4y + 4) = 9$

$x^2 + y^2 - 4y + 4 = 9$

$x^2 + y^2 \quad = 9$

$-x^2 - y^2 + 4y - 4 = -9$

$4y - 4 = 0$

$4(y - 1) = 0$

$y = 1$

$x^2 + y^2 = 9$

$x^2 + (1)^2 = 9$

$x^2 + 1 = 9$

$x^2 = 8$

$x = \pm\sqrt{8} \approx \pm 2.83$

$x^2 + y^2 = 9$

Farthest point east would be $2\sqrt{2}$ or about 2.83 miles east of the midpoint between the other two members.

Chapter 11

Chapter 11 Review (pages 52A–54B)

1. 6, 9, 14, 21, 30, 41

2. 8, 27, 64, 125, 216, 343

3. 4, 2, 0, −2, −4, −6

4. $\frac{1}{4}, \frac{2}{5}, \frac{1}{2}, \frac{4}{7}, \frac{5}{8}, \frac{2}{3}$

5. 10; $a_n = 2n$

6. −48; $a_n = -3(-2)^{n-1}$

7. $\frac{1}{243}$; $a_n = \left(\frac{1}{3}\right)^n$

8. $\sum_{i=1}^{4} 4i$

9. $\sum_{i=1}^{\infty} i$

10. $\sum_{i=0}^{4} 3i$

11. $\sum_{n=1}^{25} n^2 = \frac{25(26)(51)}{6} = 5525$

12. $\sum_{n=4}^{10} n(2n - 1)$

$= 28 + 45 + 66 + 91 + 120 + 153 + 190 = 693$

13. $\sum_{i=1}^{12} i = \frac{12(13)}{2} = 78$

14. $\sum_{k=1}^{30} 4 = 4 \cdot 30 = 120$

15. $a_n = -5 + 6n$

16. $a_n = 2 + 2n$

17. $a_n = 4 - \left(\frac{1}{2}\right)n$

18. $a_n = 8 + 5n$

19. $a_n = 21 - 2n$

20. $a_n = 5n$

21. $a_n = -4 + 12n$

$S_{14} = 14\left(\frac{8 + 164}{2}\right) = 1204$

22. $a_n = -10 + 4n$

$S_{20} = 20\left(\frac{-6 + (70)}{2}\right) = 640$

23. $a_n = 0.1 + 0.4n$

$S_{54} = 54\left(\frac{0.5 + 21.7}{2}\right) = 599.4$

24. $a_n = -16 + 4n$

$S_{40} = 40\left(\frac{-12 + 144}{2}\right) = 2640$

25. $a_n = 64\left(\frac{1}{2}\right)^{n-1}$

26. $a_n = 6 \cdot 2^{n-1}$

27. $a_n = 200\left(\frac{1}{10}\right)^{n-1}$

28. $a_n = 6(3)^{n-1}$

29. $a_n = -64\left(-\frac{1}{4}\right)^{n-1}$

30. $a_n = 500\left(\frac{1}{10}\right)^{n-1}$

31. $\sum_{i=1}^{5} 16(2)^{i-1} = 16\left(\frac{1 - 2^5}{1 - 2}\right) = 16(31) = 496$

32. $\sum_{i=1}^{10} 20(0.2)^{i-1} = 20\left(\frac{1 - (0.2)^{10}}{1 - 0.2}\right)$

$= 20(1.24999) \approx 25$

33. $\sum_{i=0}^{6} 10\left(\frac{1}{2}\right)^i = 10\left(\frac{1 - (0.5)^6}{1 - 0.5}\right)$

$= 10(1.96875) = 19.6875$

Chapter 11 *continued*

34. $\sum_{i=1}^{8} 2\left(\frac{3}{5}\right)^{i-1} = 2\left(\frac{1-\left(\frac{3}{5}\right)^8}{1-\frac{3}{5}}\right)$

$= 2(2.4580096) = 4.9160192$

35. $\sum_{n=1}^{\infty} 15\left(\frac{2}{9}\right)^{n-1} = \frac{15}{1-\frac{2}{9}} = \frac{15}{\frac{7}{9}} = \frac{135}{7}$

36. $\sum_{n=1}^{\infty} 3\left(\frac{3}{4}\right)^{n-1} = \frac{3}{1-\frac{3}{4}} = \frac{3}{\frac{1}{4}} = 12$

37. $\sum_{n=1}^{\infty} 5(0.8)^{n-1} = \frac{5}{1-0.8} = \frac{5}{0.2} = 25$

38. $\sum_{n=1}^{\infty} 4(-0.2)^{n-1} = \frac{4}{1+0.2} = \frac{10}{3}$

39. $18 = \frac{12}{1-r}$

$18 - 18r = 12$

$-18r = -6$

$r = \frac{1}{3}$

40. $2 = \frac{0.5}{1-r}$

$2 - 2r = 0.5$

$-2r = -1.5$

$r = \frac{3}{4}$

41. $20 = \frac{4}{1-r}$

$20 - 20r = 4$

$-20r = -16$

$r = \frac{4}{5}$

42. $-5 = \frac{-2}{1-r}$

$-5 + 5r = -2$

$5r = 3$

$r = \frac{3}{5}$

43. $-10 = \frac{-3}{1-r}$

$-10 + 10r = -3$

$10r = 7$

$r = \frac{7}{10}$

44. $6 = \frac{\frac{1}{3}}{1-r}$

$6 - 6r = \frac{1}{3}$

$-6r = \frac{-17}{3}$

$r = \frac{17}{18}$

45. $\frac{1}{4} = \frac{\frac{1}{16}}{1-r}$

$\frac{1}{4} - \frac{1}{4}r = \frac{1}{16}$

$-\frac{1}{4}r = \frac{-3}{16}$

$r = \frac{3}{4}$

46. $\frac{10}{3} = \frac{6}{1-r}$

$\frac{10}{3} - \frac{10}{3}r = 6$

$-\frac{10}{3}r = \frac{8}{3}$

$r = -\frac{4}{5}$

47. $0.2222\ldots = 2(0.1) + 2(0.1)^2 + \ldots$

$= \frac{2(.1)}{1-0.1} = \frac{0.2}{0.9} = \frac{2}{9}$

48. $0.4545\ldots = 45(0.01) + 45(0.01)^2 + \ldots$

$= \frac{45(0.01)}{1-0.01} = \frac{0.45}{0.99} = \frac{5}{11}$

49. $39.3939\ldots = 3900(0.01) + 3900(0.01)^2 + \ldots$

$= \frac{3900(0.01)}{1-0.01} = \frac{39}{0.99} = \frac{1300}{33}$

50. $0.001001\ldots = 1(0.001) + 1(0.001)^2 + \ldots$

$= \frac{1(0.001)}{1-0.001} = \frac{0.001}{0.999} = \frac{1}{999}$

51. 10, 40, 160, 640, 2560, 10,240

52. 1; 2; 6; 24; 120; 720

53. 2; 0; −3; −7; −12; −18

54. −1; 4; 19; 364; 132, 499; 17, 555, 985, 004

55. $a_1 = 7$, $a_n = 2a_{n-1}$

56. $a_1 = 4$, $a_n = a_{n-1} + n + 2$

57. $a_1 = 1$, $a_n = a_{n-1} + 5$

58. $a_1 = 200$, $a_n = \left(\frac{1}{2}\right)a_{n-1}$

59. $a_1 = 1$, $a_n = (a_{n-1})^2 + 1$

60. $a_1 = -2$, $a_n = a_{n-1} - 2n$

Chapter 11 Test (pages 55A–55B)

1. arithemic; $d = 2$

2. neither

3. geometric; $r = \frac{1}{2}$

4. geometric; $r = 3$

5. 2, 5, 10, 17, 26, 37

6. −2, 1, 4, 7, 10, 13

7. 4, 6, 9, 13, 18, 24

8. 1, 2, 4, 8, 16, 32

9. $a_5 = 32$, $a_n = 2^n$

10. $a_5 = 24$, $a_n = 5n - 1$

11. $a_5 = 1250$, $a_n = (2)5^{n-1}$

12. $a_5 = -13$, $a_n = -8 - n$

13. $a_5 = \frac{5}{16}$, $a_n = 5\left(-\frac{1}{2}\right)^{n-1}$

14. $a_5 = \frac{6}{7}$, $a_n = \frac{n+1}{n+2}$

15. $a_5 = \frac{7}{10}$, $a_n = \frac{n+2}{2n}$

16. $a_5 = 5.5$, $a_n = 1.1n$

17. $a_1 = 4$, $a_n = 0.3a_{n-1}$

18. $a_1 = 1$, $a_n = a_{n-1} + 4$

19. $a_1 = 40$, $a_n = \left(\frac{1}{2}\right)a_{n-1}$

20. $a_1 = 2$, $a_n = a_{n-1} + 4n - 2$

21. $\sum_{i=1}^{100} i = \frac{(100)(101)}{2} = 5050$

22. $\sum_{i=2}^{5} \frac{1}{2}i^2 = \frac{4}{2} + \frac{9}{2} + \frac{16}{2} + \frac{25}{2} = \frac{54}{2} = 27$

23. $\sum_{i=1}^{6} (i - 10) = -9 - 8 - 7 - 6 - 5 - 4 = -39$

Chapter 11 *continued*

24. $\sum_{i=1}^{20}(3i+2) = 3\sum_{i=1}^{20} i + \sum_{i=1}^{20} 2 = 3\left[\frac{20(21)}{2}\right] + 2 \cdot 20$
$= 630 + 40 = 670$

25. $\sum_{i=1}^{5} 7(-2)^{i-1} = 7 - 14 + 28 - 56 + 112 = 77$

26. $\sum_{i=0}^{9} 5\left(\frac{1}{4}\right)^i = 5\left(\frac{1-(\frac{1}{4})^{10}}{1-\frac{1}{4}}\right) = 5\left(\frac{1-(\frac{1}{4})^{10}}{\frac{3}{4}}\right) = 6.667$

27. $\sum_{i=1}^{\infty} 64\left(-\frac{1}{2}\right)^{i-1} = \frac{64}{1+\frac{1}{2}} = \frac{64}{\frac{3}{2}} = \frac{128}{3}$

28. $\sum_{i=1}^{\infty} 100\left(\frac{7}{10}\right)^{i-1} = \frac{100}{1-\frac{7}{10}} = \frac{100}{\frac{3}{10}} = \frac{1000}{3}$

29. $11 = a_1 + 2d$
$3 = a_1$
$11 = 3 + 2d$
$8 = 2d$
$4 = d$
$a_n = 3 + 4n - 4$
$a_n = 4n - 1$
$a_{30} = 119$
$S_{30} = 30\left(\frac{3+119}{2}\right) = 1830$

30. $a_n = 2\left(\frac{1}{2}\right)^{n-1}$
$S = \frac{2}{1-\frac{1}{2}} = \frac{2}{\frac{1}{2}} = 4$

31. $\sum_{i=1}^{6}(2i-1)$

32. $0.7575... = 75(0.01) + 75(0.01)^2 + ...$
$= \frac{75(0.01)}{1-0.01} = \frac{0.75}{0.99} = \frac{25}{33}$

33. $a_n = -4.9 + 9.8n$
$a_{10} = 93.1$
$S_{10} = 10\left(\frac{4.9+93.1}{2}\right)$
$= 490m$

34. $a_n = 2^{n-1}$
$S_9 = \left(\frac{1-2^9}{1-2}\right)$
$= 511$

35. yes;
$\sum_{i=1}^{\infty} 20\left(\frac{9}{10}\right)^{i-1} = \frac{20}{1-\frac{9}{10}} = \frac{20}{\frac{1}{10}}$
$= 200$

Chapter 12

Chapter 12 Review (pages 57A–59B)

1. zip codes $= 10^5$
$= 100{,}000$

2. ways $= 4 \cdot 3 \cdot 2 \cdot 1$
$= 24$

3. ${}_6P_6 = 720$

4. ${}_8P_4 = 1680$

5. ${}_5P_1 = 5$

6. ${}_9P_3 = 504$

7. ${}_{10}P_6 = 151{,}200$

8. ${}_4P_4 = 24$

9. ${}_9C_2 = 36$

10. ${}_7C_1 = 7$

11. ${}_5C_3 = 10$

12. ${}_8C_7 = 8$

13. ${}_{10}C_{10} = 1$

14. ${}_{13}C_5 = 1287$

15. $(x+4)^3 = {}_3C_0x^3 + {}_3C_1x^2(4)^1 + {}_3C_2x^1(4)^2 + {}_3C_3(4)^3$
$= x^3 + 12x^2 + 48x + 64$

16. $(x-10)^5 = {}_5C_0x^5 + {}_5C_1x^4(-10)^1 + {}_5C_2x^3(-10)^2$
$+ {}_5C_3x^2(-10)^3 + {}_5C_4x^1(-10)^4 + {}_5C_5(-10)^5$
$= x^5 - 50x^4 + 1000x^3 - 10{,}000x^2$
$+ 50{,}000x - 100{,}000$

17. $(x-3y)^7 = {}_7C_0x^7 + {}_7C_1x^6(-3y)^1 + {}_7C_2x^5(-3y)^2$
$+ {}_7C_3x^4(-3y)^3 + {}_7C_4x^3(-3y)^4 + {}_7C_5x^2(-3y)^5$
$+ {}_7C_6x^1(-3y)^6 + {}_7C_7(-3y)^7$
$= x^7 - 21x^6y + 189x^5y^2 - 945x^4y^3$
$+ 2835x^3y^4 - 5103x^2y^5 + 5103xy^6 - 2187y^7$

18. $(2x+y^2)^4 = {}_4C_0(2x)^4 + {}_4C_1(2x)^3(y^2)^1 + {}_4C_2(2x)^2(y^2)^2$
$+ {}_4C_3(2x)^1(y^2)^3 + {}_4C_4(y^2)^4$
$= 16x^4 + 32x^3y^2 + 24x^2y^4 + 8xy^6 + y^8$

19. $P = \frac{3}{8}$

20. $P = \frac{7}{8}$

21. experimental probability $= \frac{90}{200}$
$= \frac{9}{20}$
theoretical probability $= \frac{100}{200}$
$= \frac{1}{2}$

The theoretical probability is 0.5. The experimental probability is 0.45. They are very similar.

22. $P = \frac{4^2 - 2^2}{4^2}$
$= 0.75$

23. $P(A \text{ or } B) = (0.25 + 0.2) - 0.15$
$= 0.3$

24. $\frac{1}{2} = \frac{2}{5} + \frac{1}{10} - P(A \text{ and } B)$
$P(A \text{ and } B) = 0$

25. $P(A') = 100\% - 99\%$
$= 1\%$

Chapter 12 *continued*

26. a. $P(A \text{ and } B) = \frac{4}{12} \cdot \frac{6}{12}$
$= 0.166$

b. $P(A \text{ and } B) = \frac{4}{12} \cdot \frac{6}{11}$
$= 0.182$

27. a. $P(A \text{ and } B) = \frac{2}{12} \cdot \frac{4}{12}$
$= 0.056$

b. $P(A \text{ and } B) = \frac{2}{12} \cdot \frac{4}{11}$
$= 0.061$

28. a. $P(A \text{ and } B) = \frac{4}{12} \cdot \frac{4}{12}$
$= 0.111$

b. $P(A \text{ and } B) = \frac{4}{12} \cdot \frac{3}{11}$
$= 0.0909$

29. $P(k = 3) = {}_{10}C_3(0.5)^3(1 - 0.5)^7$
$= 0.117$

30. $P(k = 5) = {}_{10}C_5(0.5)^5(0.5)^5$
$= 0.246$

31. $P(k = 9) = {}_{10}C_9(0.5)^1(0.5)^9$
$= 0.00977$

32. $P(k = 6) = {}_{10}C_6(0.5)^4(0.5)^6$
$= 0.205$

33. $P(k = 1) = {}_{10}C_6(0.5)^4(0.5)^6$
$= 0.00977$

34. $P(k = 10) = {}_{10}C_1(0.5)^9(0.5)^1$
$= 0.000977$

35. $P = 0.34 + 0.34$
$= 0.68$

36. $P = 0.5$

37. $P = 0.0235 + 0.0015$
$= 0.025$

38. $P = 0.0235$

Chapter 12 Test (pages 60A–60B)

1. ${}_4P_3 = 24$

2. ${}_{11}P_5 = 55{,}440$

3. ${}_{14}P_2 = 182$

4. ${}_9C_6 = 84$

5. ${}_{17}C_3 = 680$

6. ${}_5C_4 = 5$

7. $P = \dfrac{7!}{2! \cdot 2!}$
$= 1260$

8. $(x + 4)^6 = {}_6C_0x^6 + {}_6C_1x^5(4)^1 + {}_6C_2x^4(4)^2 + {}_6C_3x^3(4)^3$
$+ {}_6C_4x^2(4)^4 + {}_6C_5x^1(4)^5 + {}_6C_6(4)^6$
$= x^6 + 24x^5 + 240x^4 + 1280x^3 + 3840x^2$
$+ 6144x + 4096$

9. $(2x - 2)^5 = {}_5C_0(2x)^5 + {}_5C_1(2x)^4(-2)^1 + {}_5C_2(2x)^3(-2)^2$
$+ {}_5C_3(2x)^2(-2)^3 + {}_5C_4(2x)^1(-2)^4 + {}_5C_5(-2)^5$
$= 32x^5 - 160x^4 + 320x^3 - 320x^2 + 160x - 32$

10. $(x + 8)^3 = {}_3C_0x^3 + {}_3C_1x^2(8)^1 + {}_3C_2x^1(8)^2 + {}_3C_3(8)^3$
$= x^3 + 24x^2 + 192x + 512$

11. $(x^2 + 1)^4 - {}_4C_0(x^2)^4 + {}_4C_1(x^2)^3 + {}_4C_2(x^2)^2 + {}_4C_3(x^2)^1$
$+ {}_4C_4$
$= x^8 + 4x^6 + 6x^4 + 4x^2 + 1$

12. $(x + y^2)^5 = {}_5C_0x^5 + {}_5C_1x^4(y^2)^1 + {}_5C_2x^3(y^2)^2 + {}_5C_3x^2(y^2)^3$
$+ {}_5C_4x^1(y^2)^4 + {}_5C_5(y^2)^5$
$= x^5 + 5x^4y^2 + 10x^3y^4 + 10x^2y^6 + 5xy^8 + y^{10}$

13. $(3x - y)^3 = {}_3C_0(3x)^3 + {}_3C_1(3x)^2(-y)^1 + {}_3C_2(3x)^1(-y)^2$
$+ {}_3C_3(-y)^3$
$= 27x^3 - 27x^2y + 9xy^2 - y^3$

14. $P = \frac{26}{52} = 0.5$

15. $P = \frac{4}{52} = 0.0769$

16. $P = \frac{2}{52} = 0.0385$

17. $P = \frac{4}{52} = 0.0769$

18. $P = \frac{13}{52} = 0.25$

19. $P = \frac{1}{52} = 0.0192$

20. $100 = 80 + 20 - P(A \text{ and } B)$
$P(A \text{ and } B) = 0\%$

21. $0.82 = P(A) + 0.7 - 0.05$
$P(A) = 0.17$

22. $P(A') = 1 - \frac{1}{4} = \frac{3}{4}$

23. $P(A \text{ and } B) = 0.25(0.75) = 0.1875$

24. $P(A \text{ and } B) = 0.3(0.4) = 12\%$

25. $0.32 = P(A)(0.8)$
$P(A) = 0.4$

26. $P(k \geq 7) = {}_{10}C_7(0.5)^3(0.5)^7$
$+ {}_{10}C_8(0.5)^8(0.5)^2 + {}_{10}C_9(0.5)^9(0.5)^1$
$+ {}_{10}C_{10}(0.5)^{10} \approx 0.172$

27. 68%; 95%

28. choices $= (2)(4)(2) = 16$

29. ways $= \dfrac{9!}{4! \cdot 5!}$
$= 126$

30. land $= \dfrac{57 \text{ million}}{197 \text{ million}} = 0.289$

water $= \dfrac{140 \text{ million}}{197 \text{ million}} = 0.711$

Chapter 12 *continued*

31. $P(k \le 2) = 0$

Reject the claim because the probability of this many no-shows is less than 0.05.

32. $P = 0.0015 + 0.0235 = 0.025$

Chapter 13

Chapter 13 Review (pages 62A–64B)

1. $c = \sqrt{12^2 + 16^2} = 20$

$\sin\theta = \frac{3}{5}, \cos\theta = \frac{4}{5}$

$\tan\theta = \frac{3}{4}, \cot\theta = \frac{4}{3}$

$\csc\theta = \frac{5}{3}, \sec\theta = \frac{5}{4}$

2. $10^2 = 8^2 + b^2$

$100 = 64 + b^2$

$36 = b^2$

$6 = b$

$\sin\theta = \frac{3}{5}, \cos\theta = \frac{4}{5}$

$\tan\theta = \frac{3}{4}, \cot\theta = \frac{4}{3}$

$\csc\theta = \frac{5}{3}, \sec\theta = \frac{5}{4}$

3. $5^2 + b^2 = (5\sqrt{2})^2$

$25 + b^2 = 50$

$b^2 = 25$

$b = 5$

$\sin\theta = \frac{\sqrt{2}}{2}, \cos\theta = \frac{\sqrt{2}}{2}$

$\tan\theta = 1, \cot\theta = 1$

$\csc\theta = \sqrt{2}, \sec\theta = \sqrt{2}$

4. $c = \sqrt{10^2 + 24^2} = 26$

$\sin\theta = \frac{12}{13}, \cos\theta = \frac{5}{13}$

$\tan\theta = \frac{12}{5}, \cot\theta = \frac{5}{12}$

$\csc\theta = \frac{13}{12}, \sec\theta = \frac{13}{5}$

5. $30°\left(\frac{\pi}{180}\right) = \frac{\pi}{6}$ **6.** $225°\left(\frac{\pi}{180}\right) = \frac{5\pi}{4}$

7. $-15°\left(\frac{\pi}{180}\right) = -\frac{\pi}{12}$ **8.** $\frac{3\pi}{4}\left(\frac{180}{\pi}\right) = 135°$

9. $\frac{5\pi}{3}\left(\frac{180}{\pi}\right) = 300°$ **10.** $\frac{\pi}{3}\left(\frac{180}{\pi}\right) = 60°$

11. $s = 5\left(\frac{\pi}{2}\right)$

$= \frac{5\pi}{2}$ ft

$A = \frac{1}{2}(5^2)\left(\frac{\pi}{2}\right)$

$A = \frac{25\pi}{4}$ ft^2

12. $\theta = 25°\left(\frac{\pi}{180}\right) = \frac{5\pi}{36}$

$s = 12\left(\frac{5\pi}{36}\right)$

$= \frac{5\pi}{3}$ in.

$A = \frac{1}{2}(12^2)\left(\frac{5\pi}{36}\right)$

$= 10\pi$ in.^{2}

13. $210°\left(\frac{\pi}{180}\right) = \frac{7\pi}{6}$

$s = 16\left(\frac{7\pi}{6}\right)$

$= \frac{56\pi}{3}$ cm

$A = \frac{1}{2}(16^2)\left(\frac{7\pi}{6}\right) = \frac{\overset{64}{\cancel{128}}(7)\pi}{\underset{3}{\cancel{6}}} = \frac{448\pi}{3}$ cm^2

14. $\tan\frac{11\pi}{4} = \tan\frac{\pi}{4} = -1$ **15.** $\cos\frac{11\pi}{6} = \cos\frac{\pi}{6} = \frac{\sqrt{3}}{2}$

16. $\sec 225° = \sec 225° - 180° = \sec 45° = -\sqrt{2}$

17. $\sin 390° = \sin 390° - 2(180°) = \sin 30° = \frac{1}{2}$

18. $\csc(-120°) = \csc 60° = -\frac{2\sqrt{3}}{3}$

19. $\sin^{-1}\frac{\sqrt{2}}{2} = \frac{\pi}{4}, 45°$ **20.** $\tan^{-1}\frac{\sqrt{3}}{3} = \frac{\pi}{6}, 30°$

21. $\cos^{-1} 0 = \frac{\pi}{2}, 90°$ **22.** $\tan^{-1}(-1) = -\frac{\pi}{4}, -45°$

23. $\cos^{-1}\left(-\frac{1}{2}\right) = \frac{2\pi}{3}, 120°$

24. $C = 180° - 45° - 60° = 75°$

$\frac{44}{\sin 75°} = \frac{b}{\sin 60°}$

$0.96593b = 38.10512$

$b = 39.4$

$\frac{44}{\sin 75°} = \frac{a}{\sin 45°}$

$0.96593a = 31.1127$

$a = 32.2$

Chapter 13 *continued*

25. $\dfrac{12}{\sin 18^\circ} = \dfrac{19}{\sin A}$

$5.87132 = 12 \sin A$

$0.48928 = \sin A$

$A = 29.3^\circ$

$C = 180^\circ - 18^\circ - 29.3^\circ = 132.7^\circ$

$\dfrac{c}{\sin 132.7^\circ} = \dfrac{12}{\sin 18^\circ}$

$c = 28.54$

$A = 29.3^\circ; C = 132.7^\circ; c = 28.5$

$A = 180^\circ - 29.3^\circ = 150.7^\circ$

$C = 180^\circ - 150.7^\circ - 18^\circ = 11.3^\circ$

$\dfrac{c}{\sin 11.3^\circ} = \dfrac{12}{\sin 18^\circ}$

$c = 7.6$

$A = 150.7^\circ; C = 11.3^\circ; c = 7.6$

26. $\dfrac{40}{\sin 140^\circ} = \dfrac{20}{\sin B}$

$\sin B = 0.32139$

$B = 18.7^\circ$

$A = 180^\circ - 140^\circ - 19^\circ = 21^\circ$

$\dfrac{a}{\sin 21^\circ} = \dfrac{20}{\sin 19^\circ}$

$a = 22$

27. $A = \frac{1}{2}(10)(22)\sin 35^\circ = 63.1$

28. $A = \frac{1}{2}(8)(7)\sin 110^\circ = 26.3$

29. $A = \frac{1}{2}(15)(31)\sin 25^\circ = 98.3$

30. $25^2 = 18^2 + 28^2 - 2(18)(28)\cos A$

$625 = 1108 - 1008 \cos A$

$-483 = -1008 \cos A$

$0.4792 = \cos A$

$A = 61.4^\circ$

$\dfrac{25}{\sin 61.4^\circ} = \dfrac{18}{\sin B}$

$15.8037 = 25 \sin B$

$\sin B = 0.63215$

$B = 39.2^\circ$

$C = 180^\circ - 61.4^\circ - 39.2^\circ = 79.4^\circ$

31. $6^2 = 11^2 + 14^2 - 2(11)(14)\cos A$

$36 = 317 - 308 \cos A$

$-281 = -308 \cos A$

$0.91234 = \cos A$

$A = 24.2^\circ$

$\dfrac{6}{\sin 24.2^\circ} = \dfrac{11}{\sin B}$

$4.5092 = 6 \sin B$

$0.7515 = \sin B$

$B = 48.7^\circ$

$C = 180^\circ - 24.2^\circ - 48.7^\circ = 107.1^\circ$

32. $b^2 = 80^2 + 70^2 - 2(80)(70)\cos 30^\circ$

$b^2 = 113{,}001 - 11{,}200 \cos 30^\circ$

$b^2 = 1600.5$

$b = 40$

$\dfrac{40}{\sin 30^\circ} = \dfrac{80}{\sin A}$

$40 = 40 \sin A$

$1 = \sin A$

$A = 90^\circ$

$C = 180^\circ - 90^\circ - 30^\circ = 60^\circ$

33. $s = \frac{1}{2}(11 + 2 + 12) = 12.5$

Area $= \sqrt{12.5(1.5)(10.5)(0.5)} = \sqrt{98.4375} = 9.9$ units^2

34. $s = \frac{1}{2}(4 + 24 + 26) = 27$

Area $= \sqrt{27(23)(3)(1)} = \sqrt{1863} = 43.2$ units^2

35. $s = \frac{1}{2}(15 + 8 + 21) = 22$

Area $= \sqrt{22(7)(14)(1)} = \sqrt{2156} = 46.4$ units^2

36.

t	0	1	2	3	4	5
x	1	4	7	10	13	16
y	6	9	12	15	18	21

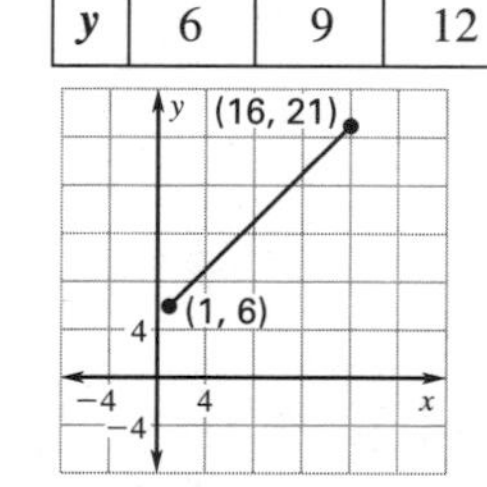

Chapter 13 *continued*

37.

t	2	3	4	5
x	8	10	12	14
y	-6	-10	-14	-18

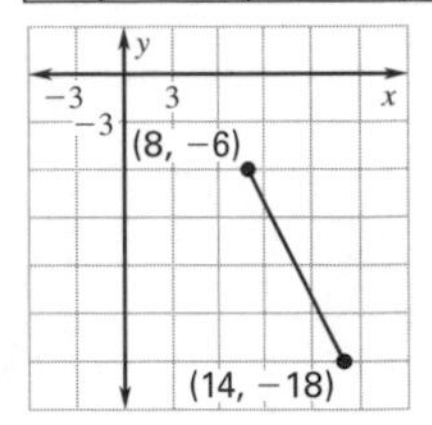

38. $0 \le t \le 20$

$x = 5t$

$t = \frac{x}{5}$

$y = t + 7$

$y = \frac{x}{5} + 7$

$0 \le x \le 100$

39. $0 \le t \le 8$

$x = 2t - 3$

$x + 3 = 2t$

$\frac{1}{2}x + \frac{3}{2} = t$

$y = -4t + 5$

$= -4(\frac{1}{2}x + \frac{3}{2}) + 5$

$= -2x - 6 + 5$

$y = -2x - 1$

$-3 \le x \le 13$

Chapter 13 Test (pages 65A–65B)

1. $1^2 + b^2 = 2^2$

$1 + b^2 = 4$

$b^2 = 3$

$b = \sqrt{3}$

$\sin\theta = \frac{\sqrt{3}}{2}, \cos\theta = \frac{1}{2}$

$\tan\theta = \sqrt{3}, \cot\theta = \frac{\sqrt{3}}{3}$

$\csc\theta = \frac{2\sqrt{3}}{3}, \sec\theta = 2$

2. $3^2 + 4^2 = c^2$

$9 + 16 = c^2$

$25 = c^2$

$5 = c$

$\sin\theta = \frac{4}{5}, \cos\theta = \frac{3}{5}$

$\tan\theta = \frac{4}{3}, \cot\theta = \frac{3}{4}$

$\csc\theta = \frac{5}{4}, \sec\theta = \frac{5}{3}$

3. $8^2 + 8^2 = c^2$

$128 = c^2$

$8\sqrt{2} = c$

$\sin\theta = \frac{\sqrt{2}}{2}, \cos\theta = \frac{\sqrt{2}}{2}$

$\tan\theta = 1, \cot\theta = 1$

$\csc\theta = \sqrt{2}, \sec\theta = \sqrt{2}$

4. $6^2 + b^2 = 6.5^2$

$36 + b^2 = 42.25$

$b^2 = 6.25$

$b = 2.5$

$\sin\theta = \frac{6}{6.5}, \cos\theta = \frac{2.5}{6.5}$

$\tan\theta = \frac{6}{2.5}, \cot\theta = \frac{2.5}{6}$

$\csc\theta = \frac{6.5}{6}, \sec\theta = \frac{6.5}{2.5}$

5. $120°\left(\frac{\pi}{180}\right) = \frac{2\pi}{3}$ **6.** $360°\left(\frac{\pi}{180}\right) = 2\pi$

7. $-60°\left(\frac{\pi}{180}\right) = -\frac{\pi}{3}$ **8.** $\frac{\pi}{9}\left(\frac{180}{\pi}\right) = 20°$

9. $5\pi\left(\frac{180}{\pi}\right) = 900°$ **10.** $-\frac{5\pi}{4}\left(\frac{180}{\pi}\right) = -225°$

11. $240°\left(\frac{\pi}{180}\right) = \frac{4\pi}{3}$

$s = 4\left(\frac{4\pi}{3}\right) = \frac{16\pi}{3}$ ft

$A = \frac{1}{2}(4^2)\left(\frac{4\pi}{3}\right)$

$= \frac{32\pi}{3}$ ft^2

12. $45°\left(\frac{\pi}{180}\right) = \frac{\pi}{4}$

$s = 20\left(\frac{\pi}{4}\right) = 5\pi$ cm

$A = \frac{1}{2}(20^2)\left(\frac{\pi}{4}\right) = 50\pi$ cm^2

13. $150°\left(\frac{\pi}{180}\right) = \frac{5\pi}{6}$

$s = 12\left(\frac{5\pi}{6}\right)$

$= 10\pi$ in.

$A = \frac{1}{2}(12^2)\left(\frac{5\pi}{6}\right)$

$= 60\ \pi$ in.^{2}

14. $\cos 180° = -1$

15. $\sec(-30°) = \frac{2\sqrt{3}}{3}$ **16.** $\cot 495° = \cot 45° = -1$

17. $\sin\frac{7\pi}{6} = \sin\frac{\pi}{6} = -\frac{1}{2}$ **18.** $\tan\left(-\frac{\pi}{4}\right) = -1$

19. $\csc\left(-\frac{7\pi}{4}\right) = \csc\frac{\pi}{4} = \sqrt{2}$ **20.** $\sin^{-1} 1 = \frac{\pi}{2}, 90°$

21. $\tan^{-1}\sqrt{3} = \frac{\pi}{3}, 60°$ **22.** $\cos^{-1}\frac{\sqrt{3}}{2} = \frac{\pi}{6}, 30°$

23. $\tan^{-1} 0 = 0, 0°$ **24.** $\cos^{-1} 1 = 0, 0°$

25. $\sin^{-1}\left(\frac{-\sqrt{2}}{2}\right) = \frac{5\pi}{4}, 225°$

26. $B = 180° - 90° - 22°$

$= 68°$

$\cos 22° = \frac{16}{c}$

$0.92718 = \frac{16}{c}$

$c = 17.3$

$\sin 22° = \frac{a}{17.3}$

$a = 6.4$

27. $\frac{30}{\sin 108°} = \frac{20}{\sin B}$

$19.02113 = 30 \sin B$

$0.63404 = \sin B$

$B = 39.3°$

$A = 180° - 108° - 39.3°$

$= 32.7°$

$\frac{a}{\sin 33°} = \frac{30}{\sin 108°}$

$16.3392 = 0.95106a$

$a = 17.2$

Chapter 13 *continued*

28. $A = 180° - 85° - 38° = 57°$

$$\frac{6}{\sin 38°} = \frac{a}{\sin 57°}$$

$5.03202 = 0.61566a$

$8.17 = a$

$$\frac{b}{\sin 85°} = \frac{6}{\sin 38°}$$

$5.97717 = 0.61566b$

$b = 9.7$

29. $a^2 = 33^2 + 15^2 - 2(33)(15)\cos 60°$

$a^2 = 819$

$a = 28.6$

$$\frac{28.6}{\sin 60°} = \frac{15}{\sin C}$$

$\sin C = 0.4542$

$C = 27°$

$B = 180° - 27° - 60° = 93°$

30. $$\frac{14}{\sin 120°} = \frac{10}{\sin B}$$

$\sin B = 0.6186$

$B = 38°$

$C = 180° - 38° - 120° = 22°$

$$\frac{c}{\sin 22°} = \frac{10}{\sin 38°}$$

$c = 6.11$

31. $b^2 = 7^2 + 10^2 - 2(7)(10)\cos 40°$

$b^2 = 41.754$

$b = 6.46$

$$\frac{6.46}{\sin 40°} = \frac{7}{\sin A}$$

$\sin A = 0.69652$

$A = 44.1°$

$C = 180° - 44.1° - 40° = 95.9°$

32. $c^2 = 4^2 + 3^2 - 2(4)(3)\cos 105°$

$= 25 - (-6.2116)$

$= 31.2116$

$c = 5.586$

$$\frac{5.586}{\sin 105°} = \frac{4}{\sin A}$$

$3.8637 = 5.586 \sin A$

$0.69167 = \sin A$

$43.7° = A$

$B = 180° - 43.7° - 105° = 31.3°$

33. $A = \frac{1}{2}(7)(9)\sin 116° = 28.3$

34. $A = \frac{1}{2}(12)(14)\sin 65° = 76.1$

35. $s = \frac{1}{2}(23 + 17 + 28) = 34$

Area $= \sqrt{34(11)(17)(6)} = \sqrt{38{,}148} = 195.3$

36. $s = \frac{1}{2}(8 + 12 + 11) = 15.5$

Area $= \sqrt{15.5(7.5)(3.5)(4.5)} = \sqrt{1830.9375} = 42.8$

37.

t	1	2	3	4
x	−1	1	3	5
y	1	−4	−9	−14

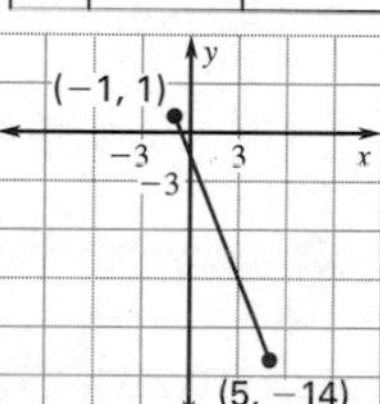

38.

t	0	1	2	3	4	5	6
x	−4	−3	−2	−1	0	1	2
y	6	5	4	3	2	1	0

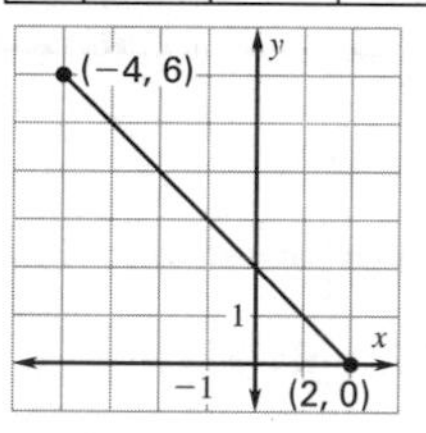

39. $c^2 = 35^2 + 50^2 - 2(35)(50)\cos 155°$

$c^2 = 6897.0773$

$c = 83$ miles

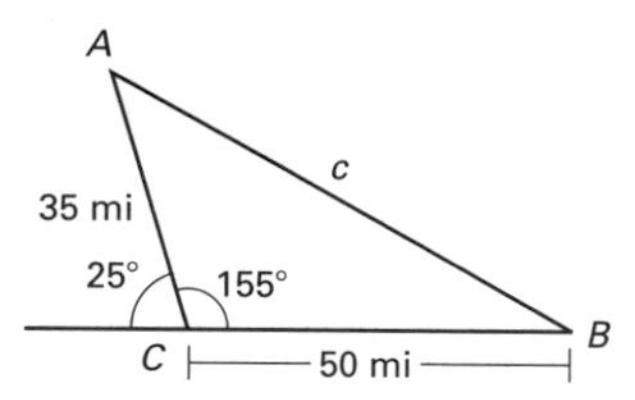

40. $v = 25, \theta = 50° \quad (0, 6)$

$x = (25 \cos 50°)t$

$x = 16t$

$\frac{x}{16} = t$

$y = -16t^2 + 19t + 6$

$= -16\left(\frac{x}{16}\right)^2 + 19\left(\frac{x}{16}\right) + 6$

$= -\frac{1}{16}x^2 + \frac{19}{16}x + 6$

$$x = \frac{-\frac{19}{16} \pm \sqrt{\left(\frac{19}{16}\right)^2 - 4\left(-\frac{1}{16}\right)(6)}}{2\left(-\frac{1}{16}\right)}$$

$= 23.147$

$\frac{23.147}{16} = t$

$1.44 = t$

$x = 16(1.44)$

$= 23.04$ ft

Chapter 14

Chapter 14 Review (pages 67A–69B)

Graphing Sine, Cosine, and Tangent Functions

1. $y = \sin \frac{1}{4}x$

amplitude: 1

period: 8π

key points:

$(0, 0), (2\pi, 1), (4\pi, 0),$

$(6\pi, -1), (8\pi, 0)$

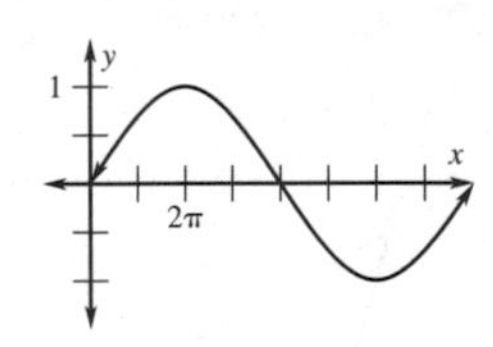

2. $y = \frac{1}{2} \cos \pi x$

amplitude: $\frac{1}{2}$

period: 2

key points: $\left(0, \frac{1}{2}\right), \left(\frac{1}{2}, 0\right),$

$\left(1, -\frac{1}{2}\right), \left(1\frac{1}{2}, 0\right), \left(2, \frac{1}{2}\right)$

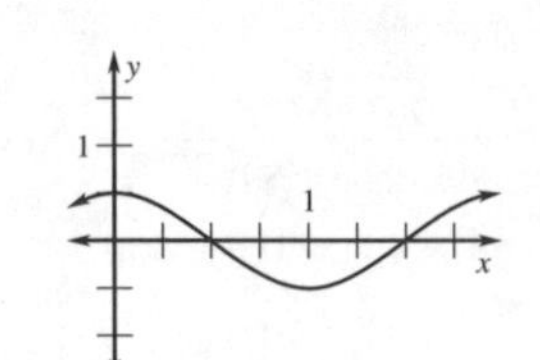

3. $y = \tan 2\pi x$

period: $\frac{1}{2}$

asymptotes: $\frac{1}{4}, -\frac{1}{4}$

key points: $(0, 0), \left(\frac{1}{8}, 1\right),$

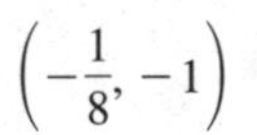

$\left(-\frac{1}{8}, -1\right)$

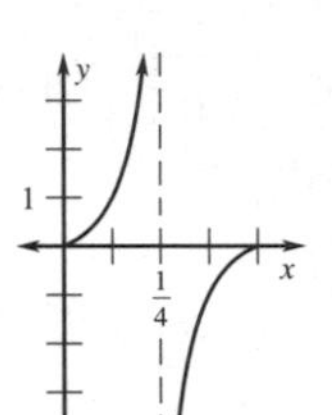

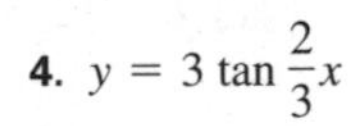

4. $y = 3 \tan \frac{2}{3}x$

period: $\frac{3\pi}{2}$

asymptotes: $\frac{3\pi}{4}, -\frac{3\pi}{4}$

key points: $(0, 0), \left(\frac{3\pi}{8}, 3\right),$

$\left(-\frac{3\pi}{8}, -3\right)$

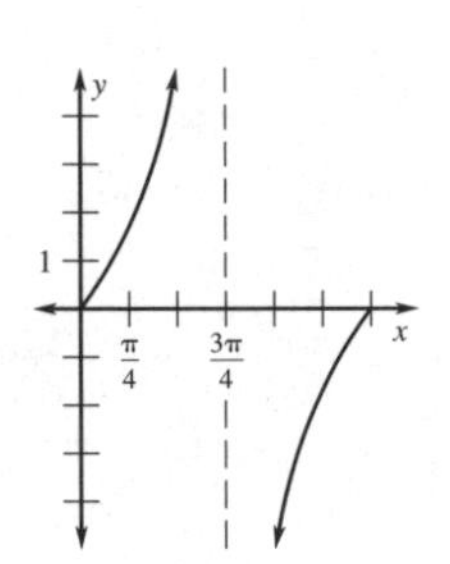

Translations and Reflections of Trigonometric Graphs

5. $y = 5 \sin(2x + \pi)$

amplitude: 5

period: π

key points: $(0, 0), \left(\frac{\pi}{4}, -5\right),$

$\left(\frac{\pi}{2}, 0\right), \left(\frac{3\pi}{4}, 5\right), (\pi, 0)$

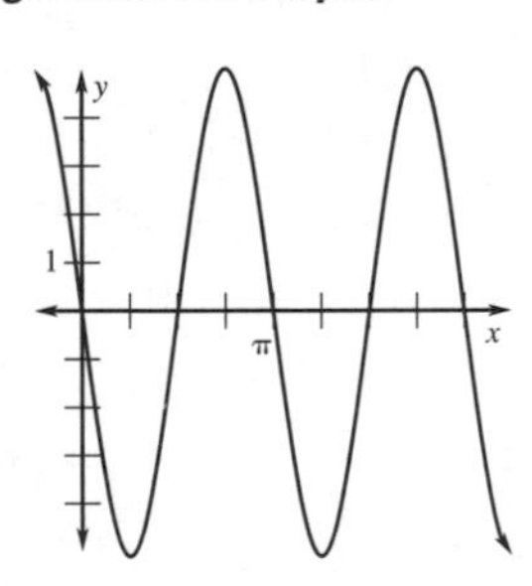

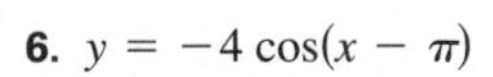

6. $y = -4 \cos(x - \pi)$

amplitude: 4

period: 2π

key points:

$(0, 4), \left(\frac{\pi}{2}, 0\right), (\pi, -4),$

$\left(\frac{3\pi}{2}, 0\right), (2\pi, 4)$

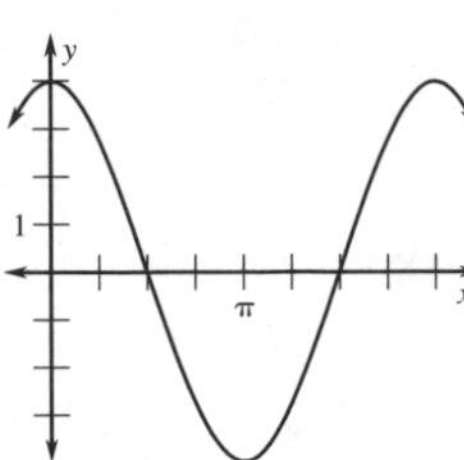

Chapter 14 *continued*

7. $y = 2 + \tan\left(\frac{1}{2}x + \pi\right)$

period: 2π

asymptotes: $\pi, -\pi$

key points: $(0, 2), \left(\frac{\pi}{2}, 3\right), \left(-\frac{\pi}{2}, 1\right)$

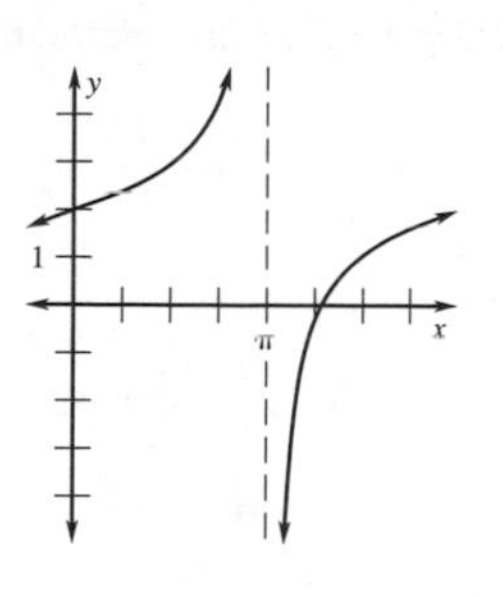

Verifying Trigonometric Identities

8. $\tan(-x)\cos(-x)$

$\frac{-\sin x}{\cos x} \cdot \frac{\cos x}{1}$

$-\sin x$

9. $\csc^2(-x)\cos^2\left(\frac{\pi}{2} - x\right)$

$\frac{1}{\sin^2 x} \cdot \sin^2 x$

1

10. $\sin^2\left(\frac{\pi}{2} - x\right) - 2\sin^2 x + 1$

$\cos^2 x - 2\sin^2 x + 1$

$1 - \sin^2 x - 2\sin^2 x + 1$

$-3\sin^2 x + 2$

11. $\sin^2(-x) = \sin^2 x$

$= \frac{\sin^2 x}{\cos^2 x}\cos^2 x$

$= \frac{\tan^2 x}{\sec^2 x}$

$= \frac{\tan^2 x}{1 + \tan^2 x}$

12. $1 - \cos^2 x = \sin^2 x$

$= \frac{\sin^2 x}{\cos^2 x}\cos^2 x$

$= \tan^2 x \cos^2 x$

$= \tan^2(-x)\cos^2 x$

Solving Trinometric Equations

13. $2\sin^2 x \tan x = \tan x$

$2\sin^2 x = 1$

$\sin x = \pm\frac{\sqrt{2}}{2}$

$x = \frac{\pi}{4} + \frac{n\pi}{2}$

14. $\sec^2 x - 2 = 0$

$\sec^2 x = 2$

$\frac{1}{\cos^2 x} = 2$

$\frac{1}{2} = \cos^2 x$

$\pm\frac{\sqrt{2}}{2} = \cos x$

$x = \frac{\pi}{4} + \frac{n\pi}{2}$

15. $\cos 2x + 2\sin^2 x - \sin x = 0$

$1 - 2\sin^2 x + 2\sin^2 x - \sin x = 0$

$1 = \sin x$

$x = \frac{\pi}{2} + 2n\pi$

16. $\tan^2 3x = 3$

$\tan 3x = \sqrt{3}$

$\tan(2x + x) = \sqrt{3}$

$\tan 2x + \tan x = \sqrt{3}(1 - \tan 2x \tan x)$

$\frac{2 - \tan x}{1 - \tan^2 x} + \tan x = \sqrt{3}\left(1 - \frac{2\tan x}{\tan^2 x} \cdot \tan x\right)$

$2\tan x + \tan x - \tan^3 x = \sqrt{3} - 2\tan^2 x$

$\tan^3 x - 2\tan^2 x - 3\tan x = \sqrt{3}$

$\tan x(\tan^2 x - 2\tan x - 3) = \sqrt{3}$

$\tan x = \sqrt{3}$

$(\tan x - 3)(\tan x + 1) = \sqrt{3}$

$\tan x - 3 = \sqrt{3}$ $\quad$ $\tan x + 1 = \sqrt{3}$

$\tan x = \sqrt{3} + 3$ $\quad$ $\tan x = \sqrt{3} - 1$

$x = \frac{\pi}{9} + \frac{n\pi}{3}, \frac{2\pi}{9} + \frac{n\pi}{3}$

17. $2\sin x - 1 = 0$

$2\sin x = 1$

$\sin x = \frac{1}{2}$

$x = \frac{\pi}{6} + 2n\pi, \frac{5\pi}{6} + 2n\pi$

18. $\sin x(\sin x + 1) = 0$

$\sin x = 0$

$\sin x + 1 = 0$

$\sin x = -1$

$x = \pi n, \frac{3\pi}{2} + 2n\pi$

Modeling with Trigonometric Functions

19. $A\left(\frac{\pi}{2}, 2\right), B\left(\frac{3\pi}{2}, -2\right)$

amplitude: 2

period: 2π

$y = 2\sin x$

20. $A(0, 6), B(2\pi, 0)$

amplitude: 3

vertical shift $\frac{6 + 0}{2} = 3$

period: 4π

$y = 3\cos\frac{x}{2} + 3$

21. $A(0, 1), B\left(\frac{\pi}{2}, -1\right)$

amplitude: 1

period: π

$y = \cos 2x$

Using Sum and Difference Formulas

22. $\sin 150° = \sin(180° - 30°)$

$= \sin 180° \cos 30° - \cos 180° \sin 30°$

$= 0\left(\frac{\sqrt{3}}{2}\right) - (-1)\left(\frac{1}{2}\right)$

$= \frac{1}{2}$

23. $\cos(195°) = \cos(225° - 30°)$

$= \cos 225° \cos 30° + \sin 225° \sin 30°$

$= \left(-\frac{\sqrt{2}}{2}\right)\left(\frac{\sqrt{3}}{2}\right) + \left(\frac{-\sqrt{2}}{2}\right)\left(\frac{1}{2}\right)$

$= \frac{-\sqrt{6} - \sqrt{2}}{4}$

24. $\tan 15° = \tan(60° - 45°)$

$= \frac{\tan 60° - \tan 45°}{1 + \tan 60° \tan 45°}$

$= \frac{\sqrt{3} - 1}{1 + \sqrt{3}} \cdot \frac{1 + \sqrt{3}}{1 + \sqrt{3}}$

$= 2 - \sqrt{3}$

25. $\tan\left(\frac{7\pi}{12}\right) = \tan\left(\frac{\pi}{3} + \frac{\pi}{4}\right)$

$= \frac{\tan\frac{\pi}{3} + \tan\frac{\pi}{4}}{1 - \tan\frac{\pi}{3}\tan\frac{\pi}{4}}$

$= \frac{\sqrt{3} + 1}{1 - \sqrt{3}} \cdot \frac{1 - \sqrt{3}}{1 - \sqrt{3}}$

$= -2 - \sqrt{3}$

26. $\cos\frac{13\pi}{12} = \tan\left(\frac{5\pi}{4} - \frac{\pi}{6}\right)$

$= \frac{\tan\frac{5\pi}{4} - \tan\frac{\pi}{6}}{1 + \tan\frac{5\pi}{4}\tan\frac{\pi}{6}}$

$= \frac{1 - \frac{\sqrt{3}}{3}}{1 + \frac{\sqrt{3}}{3}}$

$= \frac{3 - \sqrt{3}}{3 + \sqrt{3}} \cdot \frac{3 + \sqrt{3}}{3 + \sqrt{3}}$

$= -\frac{\sqrt{6} + \sqrt{2}}{4}$

Using Double-and Half-Angle Formulas

27. $\tan 165° = \tan\frac{1}{2}(330°)$

$= \frac{\sin 330°}{1 + \cos 330°}$

$= \frac{-\frac{1}{2}}{1 + \frac{\sqrt{3}}{2}}$

$= \frac{-1}{2 + \sqrt{3}} \cdot \frac{2 - \sqrt{3}}{2 - \sqrt{3}}$

$= \frac{-2 + \sqrt{3}}{4 - 3}$

$= -2 + \sqrt{3}$

28. $\sin 67.5° = \sin\frac{1}{2}(135°)$

$= \sqrt{\frac{1 - \cos 135°}{2}}$

$= \sqrt{\frac{1 + \frac{\sqrt{2}}{2}}{2}}$

$= \sqrt{\frac{2 + \sqrt{2}}{2}}$

29. $\cos\left(\frac{5\pi}{8}\right) = \cos\frac{1}{2}\left(\frac{5\pi}{4}\right)$

$= \sqrt{\frac{1 + \cos\frac{5\pi}{8}}{2}}$

$= \sqrt{\frac{1 - \frac{\sqrt{2}}{2}}{2}}$

$= -\sqrt{\frac{2 - \sqrt{2}}{4}}$

$= -\frac{\sqrt{2 - \sqrt{2}}}{2}$

30. $\cos\frac{\pi}{12} = \cos\frac{1}{2}\left(\frac{\pi}{6}\right)$

$= \sqrt{\frac{1 + \cos\frac{\pi}{6}}{2}}$

$= \sqrt{\frac{1 + \frac{\sqrt{3}}{2}}{2}}$

$= \sqrt{\frac{2 + \sqrt{3}}{4}}$

$= \frac{\sqrt{2 + \sqrt{3}}}{2}$

31. $\sin 6\pi = \sin 2(3\pi) = 2\sin 3\pi \cos 3\pi = 0$

Chapter 14 Test (pages 70A–70B)

1. $y = 3 \cos \frac{1}{4}x$

amplitude: 3

period: 8π

key points: $(0, 3)$, $(2\pi, 0)$, $(4\pi, -3)$, $(6\pi, 0)$, $(8\pi, 3)$

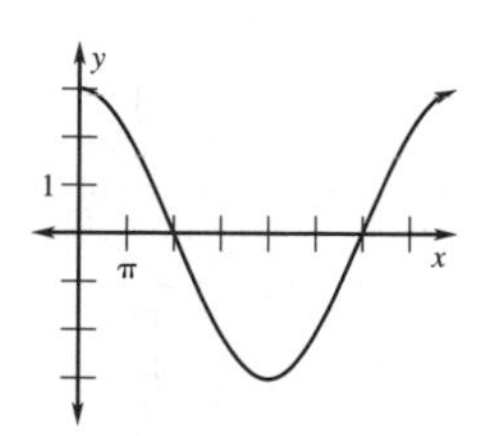

2. $y = 4 \sin \frac{1}{2}\pi x$

amplitude: 4

period: 4

key points: $(0, 0)$, $(1, 4)$, $(2, 0)$, $(3, -4)$, $(4, 0)$

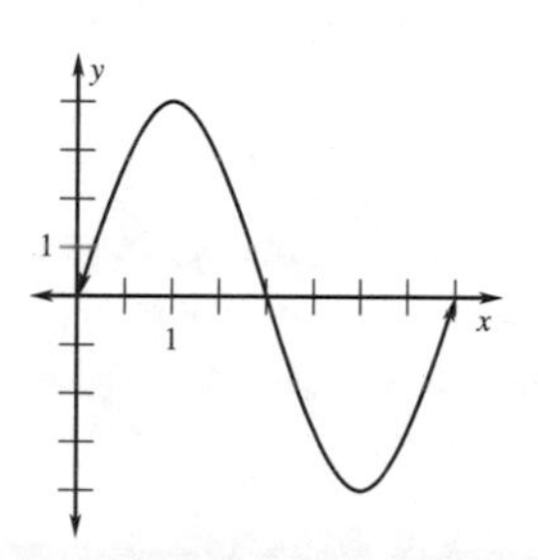

3. $y = \frac{5}{2} \tan x$

period: π

asymptotes: $\frac{\pi}{2}, -\frac{\pi}{2}$

key points: $(0, 0)$, $\left(\frac{\pi}{4}, \frac{5}{2}\right)$, $\left(-\frac{\pi}{4}, -\frac{5}{2}\right)$

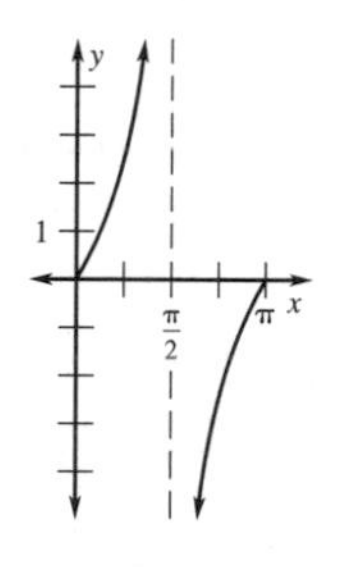

4. $y = -2 \tan 2x$

period: $\frac{\pi}{2}$

asymptotes: $\frac{\pi}{4}, -\frac{\pi}{4}$

key points: $\left(\frac{\pi}{8}, -2\right)$, $\left(-\frac{\pi}{8}, 2\right)$

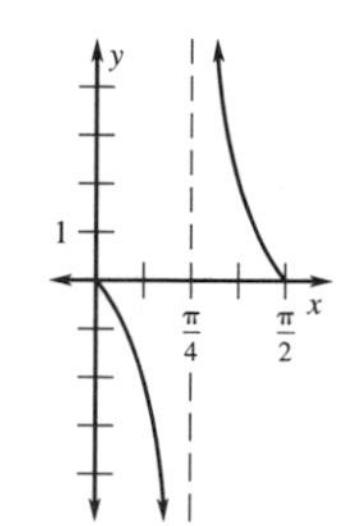

5. $y = -3 + 2 \cos(x - \pi)$

amplitude: 2

period: 2π

key points: $(0, -5)$, $\left(\frac{\pi}{2}, -3\right)$, $(\pi, -1)$, $\left(\frac{3\pi}{4}, -3\right)$, $(2\pi, -5)$

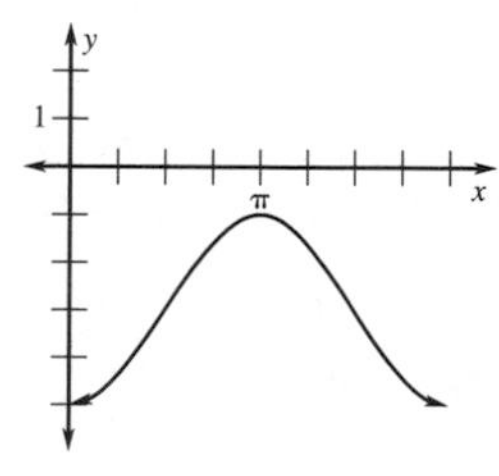

6. $y = 1 - \cos x$

amplitude: 1

period: 2π

key points:

$(0, 0)$, $\left(\frac{\pi}{2}, 1\right)$, $(\pi, 2)$, $\left(\frac{3\pi}{2}, 1\right)$, $(2\pi, 0)$

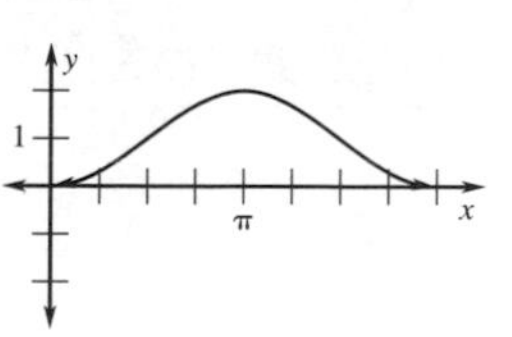

7. $y = 5 + \sin \frac{1}{2}x$

amplitude: 1

period: 4π

key points: $(0, 5)$, $(\pi, 6)$, $(2\pi, 5)$, $(3\pi, 4)$, $(4\pi, 5)$

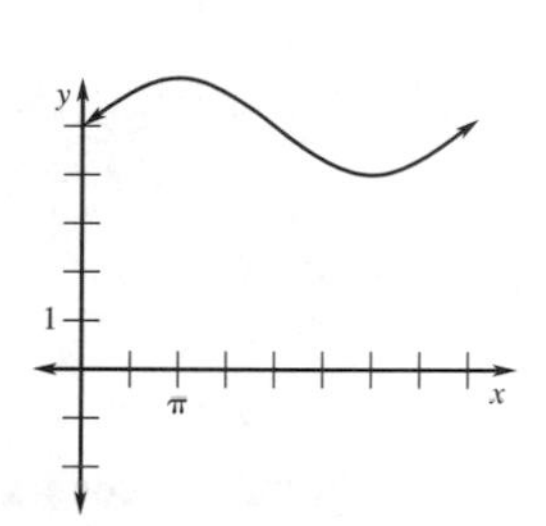

8. $y = 5 + 2 \tan(x + \pi)$

period: π

asymptotes: $\frac{\pi}{2}, -\frac{\pi}{2}$

key points: $(0, 5)$, $\left(\frac{\pi}{4}, 7\right)$, $\left(-\frac{\pi}{4}, 3\right)$

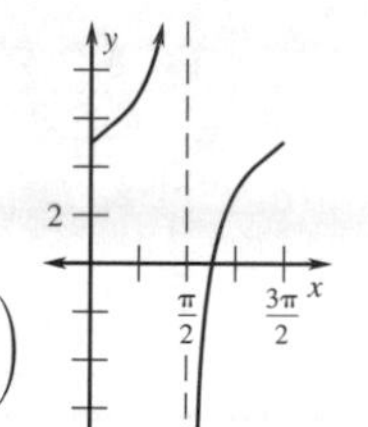

9.
$$\cos\left(x - \frac{\pi}{2}\right) = \cos x \cos \frac{\pi}{2} + \sin x \sin \frac{\pi}{2}$$
$$= \cos x(0) + \sin x(1)$$
$$= \sin x$$

10.
$$\frac{\cos 2x + \sin^2 x}{\cos^2 x} = \frac{1 - 2\sin^2 x + \sin^2 x}{\cos^2 x}$$
$$= \frac{1 - \sin^2 x}{\cos^2 x}$$
$$= \frac{\cos^2 x}{\cos^2 x}$$
$$= 1$$

11.
$$\frac{\tan 2x}{2 \tan x} - \frac{\sec^2 x}{1 - \tan^2 x} = \frac{\frac{2 \tan x}{1 - \tan^2 x}}{2 \tan x} - \frac{\sec^2 x}{1 - \tan^2 x}$$
$$= \frac{1 - \sec^2 x}{1 - \tan^2 x}$$
$$= \frac{\tan^2 x}{\tan^2 x - 1}$$

12. $\dfrac{4 \sin x \cos x - 2 \sin x \sec x}{2 \tan x} = \dfrac{2(2 \sin x \cos x - \tan x)}{2 \tan x}$

$= \dfrac{2 \sin x \cos x - \tan x}{\tan x}$

$= \dfrac{2 \sin x \cos x}{\frac{\sin x}{\cos x}} - 1$

$= 2 \cos^2 x - 1$

13. $-2 \cos^2 x \tan(-x) = 2 \cos^2 x \cdot \dfrac{\sin x}{\cos x}$

$= 2 \cos x \sin x$

$= \sin 2x$

14. $\tan \dfrac{x}{2} = \dfrac{1 - \cos x}{\sin x}$

$= \dfrac{1}{\sin x} - \dfrac{\cos x}{\sin x}$

$= \csc x - \cot x$

15. $\cos 3x = \cos (2x + x)$

$= \cos 2x \cos x - \sin 2x \sin x$

$= (\cos^2 x - \sin^2 x)\cos x - (2 \sin x \cos x)\sin x$

$= \cos^3 x - \sin^2 x \cos x - 2 \sin^2 x \cos x$

$= \cos^3 x - 3 \sin^2 x \cos x$

16. $-6 + 10 \cos x = -1$

$10 \cos x = 5$

$\cos x = \dfrac{1}{2}$

$x = \dfrac{\pi}{3}, \dfrac{5\pi}{3}$

17. $\tan^2 x - 2 \tan x + 1 = 0$

$(\tan x - 1)(\tan x - 1) = 0$

$\tan x - 1 = 0 \qquad \tan x - 1 = 0$

$\tan x = 1 \qquad \tan x = 1$

$x = \dfrac{\pi}{4}, \dfrac{5\pi}{4}$

18. $\tan(x + \pi) + 2 \sin(x + \pi) = 0$

$\dfrac{\tan x + \tan \pi}{1 - \tan x \tan \pi} + 2(\sin x \cos \pi + \cos x \sin \pi) = 0$

$\tan x + 2(-\sin x) = 0$

$\tan x - 2 \sin x = 0$

$\dfrac{\sin x - 2 \sin x \cos x}{\cos x} = 0$

$\sin x - 2 \sin x \cos x = 0$

$\sin x(1 - 2 \cos x) = 0$

$\sin x = 0 \qquad 1 - 2 \cos x = 0$

$\cos x = \dfrac{1}{2}$

$x = 0, \dfrac{\pi}{3}, \dfrac{5\pi}{3}$

19. $4 - 3 \sec^2 x = 0$

$-3\left(\dfrac{1}{\cos^2 x}\right) = -4$

$\dfrac{3}{4} = \cos^2 x$

$\pm\dfrac{\sqrt{3}}{2} = \cos x$

$x = \dfrac{\pi}{6} + \dfrac{n\pi}{2}$

20. $\cos x - \sin x \sin 2x = 0$

$\cos x - \sin x(2 \cos x \sin x) = 0$

$\cos x - 2 \sin^2 x \cos x = 0$

$\cos x(1 - 2 \sin^2 x) = 0$

$\cos x = 0 \qquad 1 - 2 \sin^2 x = 0$

$\sin x = \pm\dfrac{\sqrt{2}}{2}$

$x = \dfrac{\pi}{2} + n\pi, \dfrac{\pi}{4} + \dfrac{n\pi}{2}$

21. $\cos x \csc^2 x + 3 \cos x = 7 \cos x$

$\cos x(\csc^2 x - 4) = 0$

$\cos x = 0 \qquad \csc^2 x - 4 = 0$

$\csc^2 x = 4$

$\pm\dfrac{\sqrt{2}}{2} = \sin x$

$x = \dfrac{\pi}{2} + n\pi, \dfrac{\pi}{6} + n\pi, \dfrac{5\pi}{6} + n\pi$

Chapter 14 *continued*

22. $\sin 345° = \sin(300° + 45°)$

$= \sin 300° \cos 45° + \cos 300° \sin 45°$

$= \left(-\frac{\sqrt{3}}{2}\right)\left(\frac{\sqrt{2}}{2}\right) + \left(\frac{1}{2}\right)\left(\frac{\sqrt{2}}{2}\right)$

$= \frac{-\sqrt{6} + \sqrt{2}}{4}$

23. $\tan 112.5° = \tan \frac{1}{2}(225°)$

$= \frac{\sin 225°}{1 + \cos 225°}$

$= \frac{-\frac{\sqrt{2}}{2}}{1 + \left(-\frac{\sqrt{2}}{2}\right)}$

$= \frac{-\sqrt{2}}{2 - \sqrt{2}} \cdot \frac{2 + \sqrt{2}}{2 + \sqrt{2}}$

$= \frac{-2\sqrt{2} - 2}{4 - 2}$

$= -\sqrt{2} - 1$

24. $\cos 375° = \cos(330° + 45°)$

$= \cos 330° \cos 45° \quad \sin 330° \sin 45°$

$= \left(\frac{\sqrt{3}}{2}\right)\left(\frac{\sqrt{2}}{2}\right) - \left(-\frac{1}{2}\right)\left(\frac{\sqrt{2}}{2}\right)$

$= \frac{\sqrt{6} + \sqrt{2}}{4}$

25. $\tan \frac{13\pi}{12} = \tan\left(\frac{5\pi}{4} - \frac{\pi}{6}\right)$

$= \frac{\tan \frac{5\pi}{4} - \tan \frac{\pi}{6}}{1 + \tan \frac{5\pi}{4} \tan \frac{\pi}{6}}$

$= \frac{1 - \frac{\sqrt{3}}{3}}{1 + \frac{\sqrt{3}}{3}}$

$= \frac{3 - \sqrt{3}}{3 + \sqrt{3}} \cdot \frac{3 - \sqrt{3}}{3 - \sqrt{3}}$

$= \frac{9 - 6\sqrt{3} + 3}{9 - 3}$

$= 2 - \sqrt{3}$

26. $\sin \frac{\pi}{8} = \sin \frac{1}{2}\left(\frac{\pi}{4}\right)$

$= \sqrt{\frac{1 - \cos \frac{\pi}{4}}{2}}$

$= \sqrt{\frac{1 - \frac{\sqrt{2}}{2}}{2}}$

$= \frac{\sqrt{2 - \sqrt{2}}}{2}$

27. $\cos \frac{41\pi}{12} = \cos \frac{1}{2}\left(\frac{41\pi}{6}\right)$

$= \sqrt{\frac{1 + \cos \frac{41\pi}{6}}{2}}$

$= \sqrt{\frac{1 - \frac{\sqrt{3}}{2}}{2}}$

$= \frac{-\sqrt{2 - \sqrt{3}}}{2}$

28. amplitude: 3

period: $\frac{\pi}{3}$

vertical shift: -2

$y = 3 \cos 6x - 2$

29. amplitude: 3

period: 2

$y = -3 \cos \pi x$

30. amplitude: 1

period: 2π

$y = -\sin x + 1$

31. amplitude: $\frac{6 - 2}{2} = 2$

period: 12

vertical shift: 4

$y = 2 \sin \frac{\pi t}{6} + 4$

32. $T = 17 \sin(0.4t - 1) + 87.3$